Krankheiten elektrischer Maschinen Transformatoren und Apparate

Ursachen und Folgen, Behebung und Verhütung

Unter Mitarbeit von

Ing. **Hans Knöpfel**, Stellvertreter des Vorstandes des elektr. Versuchslokals Abt. Maschinen · Ing. **Franz Roggen**, Vorstand der elektr. Abteilung des Dampfturbinen-Versuchslokals · Ing. **August Meyerhans**, Stellvertreter des Vorstandes des elektr. Versuchslokals, Abt. Transformatoren · Ing. **Robert Keller**, Stellvertreter des Vorstandes des elektr. Versuchslokals, Abt. Apparate Dr. chem. **Hans Stäger**, Vorstand des chemischen u. Festigkeits-Laboratoriums

der A. G. Brown, Boveri & Cie.
in Baden (Schweiz)

bearbeitet und herausgegeben

von

Robert Spieser

Professor, Dipl.-Ing.
Technikum Winterthur

Mit 218 Abbildungen im T

Berlin
Verlag von Julius Springer
1932

ISBN 978-3-642-50407-5 ISBN 978-3-642-50716-8 (eBook)
DOI 10.1007/978-3-642-50716-8

Vorwort des Herausgebers.

Dem Benützer der heutigen elektrotechnischen Literatur kann es nur schwer gelingen, sowohl im einzelnen wie im ganzen ein praktisch zutreffendes Bild von der technischen Wirklichkeit in seinem Fachgebiet zu gewinnen. Zahlreiche Werke bieten zwar dem studierenden wie dem schaffenden Elektrotechniker die besten Anleitungen zur allgemein-technischen, rechnerischen oder theoretischen Erfassung seiner Probleme. Doch vermögen sie oft von den häufigen und wichtigen praktischen Erfahrungen an den Konstruktionen und in den Betrieben, von deren Fehlern, Mängeln, Schwierigkeiten und Störungen, kurzweg „Krankheiten", allzu wenig mitzuteilen. Unerfreuliche technische Erfahrungen werden leider von den betroffenen Personen und Firmen meist streng geheimgehalten. Und ihre Veröffentlichung wird um so mehr vermieden, als sie gerade bei Konstrukteuren, Projekteuren und Betriebsleitern auf echtes Interesse stoßen und zu Nutzanwendungen führen könnte. Es war deshalb verlockend, den Versuch zu machen, in dieser Hinsicht einen andern Weg einzuschlagen, auf dem eine Betrachtungsweise vorherrscht, die etwa als „Störungslehre" bezeichnet werden könnte.

Das Ergebnis dieses Versuchs, das vorliegende Buch, will deshalb vor allem Erfahrungen wiedergeben, sowohl aus dem Prüffeld (Versuchslokal), von Montagen und Inbetriebsetzungen, als auch hauptsächlich aus dem Störungsdienst an „kranken" Konstruktionen und Anlagen. Das eigentliche Störereignis steht im Mittelpunkt der Betrachtung; seine Ursachen, sein Ablauf und die Folgen werden möglichst deutlich aufgezeigt. Dann werden diejenigen Maßnahmen zur Behebung angegeben, welche an Ort und Stelle durchführbar sind, jedoch nicht die Instandstellungen im Lieferwerk. Dasselbe gilt für die meßtechnischen Methoden zur Störungsuntersuchung; die Meßgeräte und Hilfseinrichtungen der elektrischen Prüffelder müssen als nicht vorhanden angenommen werden. Was an zweckmäßiger Wartung und Kontrolle sowie bei Neukonstruktionen zur Vorbeugung gegen Krankheiten dienen kann, ist jeweils kurz erwähnt.

Es mußte vorausgesetzt werden, daß die allgemeinen theoretischen Grundlagen sowie der Aufbau und die Wirkungsweise von Maschinen, Apparaten und Anlagen dem Leser bekannt sind oder von ihm in den Lehrbüchern nachgesehen werden. Nur in besonders wichtigen Fällen wurden ausführlichere theoretische oder physikalische Begründungen gegeben. Im übrigen mußten Hinweise in dieser Richtung genügen.

Bei der Umgrenzung des zu behandelnden Gebietes war von Anfang eine Beschränkung auf starkstromtechnische Maschinen, Apparate und Anlagen geboten. Die Einbeziehung anderer bedeutender Störungsgebiete wäre bei dem gegebenen Umfang des Buches nicht möglich gewesen, ohne die notwendige Gründlichkeit aufzugeben. Auch innerhalb der gezogenen Grenzen war eine strenge bis einschneidende Kürzung des vorhandenen Stoffes notwendig.

Um aus den einzelnen Teilgebieten unmittelbare persönliche Erfahrungen zu erhalten, war die Mitarbeit von spezialisierten Fachgenossen notwendig.

Diese Mitarbeit übernahmen: Für das Kapitel „M" (Maschinen) Herr H. Knöpfel in Verbindung mit Herrn F. Roggen für den Abschnitt „MF" (Erschütterungen), ferner die Herren A. Meyerhans für das Kapitel „T" (Transformatoren) und R. Keller für das Kapitel „A" (Apparate). Herr Dr. H. Stäger behandelt die Stoffkrankheiten, die durch ihre physikalisch-chemische Natur eine Sonderstellung einnehmen, im Kapitel „S" (Stoffe).

Die einzelnen Beiträge der Mitarbeiter wurden durch den Herausgeber geordnet, inhaltlich ausgeglichen und teilweise ergänzt, sowie in Ausdrucksweise und Darstellungsart auf eine gemeinsame Linie gebracht. Das Buch sollte dadurch ein einheitliches Ganzes werden.

Der Aktien-Gesellschaft Brown, Boveri & Cie. in Baden, und namentlich ihrem technischen Direktor, Herrn M. Schießer, bin ich zu großem Dank verpflichtet. Seine anregende Aufnahme der Vorschläge und ihre großzügige Förderung war eine wesentliche Bedingung für das Zustandekommen des Buches. Zudem verdanke ich der Firma Brown, Boveri & Cie. die Überlassung aller erforderlichen Unterlagen für die Beiträge der Mitarbeiter sowie ein vielseitiges Entgegenkommen zur Erleichterung der Arbeit.

Auch meinen Herren Mitarbeitern sei an dieser Stelle mein Dank ausgesprochen für die eifrige und ausdauernde Beteiligung an dem gemeinsamen Unternehmen.

Dem Buch ist am Schluß ein vorgedrucktes Blatt beigegeben. Die Leser werden eingeladen, darauf ihre Wünsche und Anregungen über Inhalt und Gestaltung des Buches, sowie eigene Erfahrungen im Störungsdienst, dem Herausgeber mitzuteilen. Beides dient dem weiteren Ausbau der Arbeit.

Winterthur, im August 1932.

Robert Spieser.

Inhaltsverzeichnis[1].

---

[1] Die Kapitelbezeichnungen sind symbolisch, nämlich: M (Maschinen), T (Transformatoren), A (Apparate), S (Stoffe).

T Krankheiten der Transformatoren.

A Krankheiten elektrischer Apparate.

M (Maschinen).

Krankheiten elektrischer Maschinen.

M. A. Übererwärmung.

1. Begriffserklärung.

Als Übererwärmung einer elektrischen Maschine ist hier nicht die Überhitzung nur einzelner Teile gemeint, die etwa bei örtlichen Störungen auftritt, sondern es ist darunter die allgemein gesteigerte Erwärmung der Maschine verstanden. Auch bei dieser allgemeinen Übererwärmung kann es jedoch vorkommen, daß an verschiedenen Stellen der Maschine die üblichen Temperaturgrenzen überschritten werden und daß an einzelnen stark erwärmten Stellen sogar die Zerstörung der umgebenden Isolationen erfolgt.

Die heute gebauten Maschinen werden zum Zweck der Gewichts- und damit der Preis-Verminderung immer mehr ausgenützt als ältere Konstruktionen. Jeder Betriebsleiter muß dies berücksichtigen, wenn er alte und neue Einheiten miteinander vergleicht und dabei feststellen wird, daß die alten Maschinen im Betrieb kälter bleiben. Es kann der dauernd betriebssichere Lauf einer Maschine jedoch als gewährleistet angesehen werden, solange die Erwärmung der einzelnen Teile innerhalb der Grenzen bleibt, welche durch die verschiedenen Landesvorschriften festgesetzt sind.

Diese Vorschriften stützen sich hauptsächlich auf langjährige Erfahrungen und Versuche über die Wärmebeständigkeit der verschiedenen Isoliermaterialien und über die Arbeitsfähigkeit der verschiedenen Maschinenteile: Lager, Schleifringe und Kommutatoren, bei höheren Temperaturen. Wenn also ihre Erwärmungen unter den Werten bleiben, die durch die Vorschriften festgelegt sind, so besteht keine Gefahr für irgendeinen Maschinenteil. Auch ein kurzzeitiges, mäßiges Überschreiten dieser Werte wird der Maschine noch nicht schaden. Dagegen verkürzt eine dauernde Übererwärmung bestimmt ihre Lebensdauer.

2. Schädliche Erwärmung.

Die Temperaturen, welche eine Schädigung verursachen, sind für die einzelnen Teile der Maschinen natürlich verschieden hoch. An einem Kommutator zum Beispiel wird eine Temperatur von 150° C kaum eine ernsthafte Störung verursachen; die Lauffläche wird wohl die Farbe ändern, der ganze Kommutator vielleicht auch ein wenig deformiert werden. Eine bleibende Zerstörung z. B. der Isolation ist jedoch nicht zu befürchten. Auch ein Lager kann bei Temperaturen von 90 bis 100^0 C und darüber noch gut laufen, sofern das verwendete Öl wärmebeständig ist.

Hingegen wird eine nur einmal stark überhitzte Isolation ihre elektrische und mechanische Festigkeit, je nach Höhe und Dauer der Überhitzung, mehr oder weniger verlieren; die Maschine ist dadurch gefährdet und beschädigt worden.

Als zulässige Grenztemperatur, welcher ein Wicklungsteil und damit seine Isolation dauernd ausgesetzt werden darf, muß diejenige bezeichnet werden, bei welcher eine schädliche Veränderung der Isolation durch die Auflockerung des Gefüges nicht eintritt. Die Isolation muß ihre stärkste mechanische Beanspruchung vorwiegend bei der Herstellung der Wicklung aushalten. Hernach darf während des Betriebes eine Verminderung der mechanischen Festigkeit wohl eintreten. Wie weit diese jedoch sinken darf, kann nicht ohne weiteres beurteilt werden. Von verschiedenen Autoren[1] sind Versuchsergebnisse veröffentlicht über die Änderung der mechanischen Festigkeit von Isoliermaterialien, vorwiegend Baumwolle, Seide, Papier, Lacktücher, unter der dauernden Wärmeeinwirkung (siehe Abschn. S. C. 1.). Die Versuche von Schüler wurden grundlegend für die Festsetzung der zulässigen Grenzerwärmungen in den Vorschriften des VDE.

3. Zulässige Erwärmung.

Die zulässigen oder sog. Grenzerwärmungen für die verschiedenen Maschinenteile sind meist durch die Landesvorschriften[2] für die Prüfung elektrischer Maschinen festgelegt. In Zweifelsfällen wird auch der Maschinenlieferant Auskunft geben.

4. Zulässige Überlastung.

Es wird oft verlangt, daß Maschinen, die für Dauerbetrieb gebaut sind, kurzzeitig überlastet werden sollen. Innert welchen Grenzen dies möglich ist, hängt vom Wärmezustand der Maschinen vor der Überlastung und von ihrer Bauart ab. Bei großen Einheiten, die mit Widerstandsthermometern in der Wicklung ausgerüstet sind, ist eine einwandfreie Beobachtung der Erwärmung während der Überlastung möglich und es kann einer Gefährdung vorgebeugt werden. Bei mitt-

[1] Schüler: ETZ 1916 S. 535. Stäger: Elektrotechnische Isoliermaterialien 1931 S. 139, 160, 276. Möllering: Elektr. Betr. 1924 S. 147.

[2] Z. B. Regeln für die Bewertung und Prüfung von elektrischen Maschinen, REM 1930.

leren und kleinen Maschinen wird man im allgemeinen über solche Meßeinrichtungen nicht verfügen und deshalb auf Schätzungen angewiesen sein. Als Anhaltspunkt mag dienen, daß man bei Dreiphasenmotoren und Gleichstrommaschinen offener Bauart und bis zu ungefähr 200 kW Nennleistung, vom warmen Zustand ausgehend, eine Stromüberlastung bei Nennspannung anfügen kann:

von	125%	150%	200% des Normalstromes
während ca.	10—15	2—3	1—1½ Minuten Dauer.

Dabei werden oft die nach Vorschrift zulässigen Grenzerwärmungen überschritten, ohne daß jedoch eine Gefährdung der Maschine eintritt.

Wenn Maschinen mit anderen Belastungen laufen sollen, als bei der Lieferung vorgesehen war, empfiehlt sich stets eine Rückfrage beim Lieferanten.

5. Erwärmungsmessungen.

Besteht die Vermutung, daß die Erwärmung einer Maschine zu hoch sei, so handelt es sich in erster Linie darum, den wirklichen Wert der Temperatur möglichst richtig festzustellen. Schätzungen der Erwärmung mit der Hand führen fast immer zu Fehlschlüssen. Es erfordert eine große Übung, um einigermaßen die Temperatur durch Fühlen richtig zu schätzen. Zuverlässige Werte, die eine Beurteilung erlauben, lassen sich nur mit folgenden Mitteln gewinnen: Thermometer, Thermoelemente, elektrische Widerstandsthermometer und Widerstandsmessungen.

a) Thermometer. Da für betriebsmäßige Temperaturmessungen meist Quecksilber- oder Alkoholthermometer verwendet werden, sollen über ihren Einbau einige wichtige Hinweise gegeben werden.

Beim Einbau solcher Thermometer an der Meßstelle ist darauf zu achten, daß der Meßwert nicht durch fremde Einflüsse gefälscht wird. In erster Linie ist für eine gute Berührung des Thermometers mit dem zu messenden Maschinenteil zu sorgen. Die Kugel des Thermometers wird zu diesem Zwecke mit Stanniol fest umwickelt. Um die Abstrahlung oder die Beeinflussung durch vorbeistreichende Kühlluft zu vermeiden, wird auf die Kugel ein kleiner Bausch Watte oder Putzwolle von ungefähr 2 bis 3 cm Breite und Länge und 1 bis 2 cm Dicke aufgelegt und das Ganze gut mit Schnur oder Band festgebunden. Auch kleine Holz- oder besser Korkstücke, mit entsprechender Auskerbung versehen, eignen sich gut zum Anpressen der Thermometer. Abb. 1 zeigt zwei Beispiele für den Anbau von Thermometern. Beim Anbau an blanke Wicklungsteile ist darauf zu achten, daß keine Kurzschlüsse zwischen benachbarten Windungen entstehen. Für Messungen an Wicklungsteilen, die von starken Strömen durchflossen sind, z. B. an Spulenköpfen, sollten besser Alkoholthermometer verwendet werden, da die Quecksilberkugel durch Streufelder beeinflußt werden kann. Wagerecht liegende oder nur schwach geneigte Thermometer können wegen „Kriechen" des Fadens ungenau zeigen.

Werden Thermometer an Stellen eingebaut, wo sie erst nach der Wegnahme von Verschalungsteilen zugänglich sind, so verstreicht vom Abstellen der Maschine bis zum Ablesen des Thermometers meist so viel Zeit, daß inzwischen schon eine beträchtliche Abkühlung eingetreten ist. In diesem Falle verwendet man zweckmäßig Maximalthermometer,

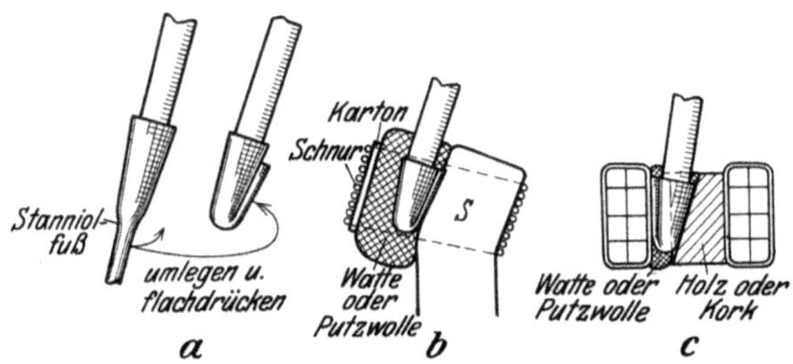

Abb. 1. Temperaturmessung mit Thermometer. *a* Stanniolumhüllung der Quecksilberkugel, *b* Richtiger Anbau an einen Spulenkopf *S*. *c* Richtiger Einbau zwischen zwei Spulenseiten.

die die höchste Temperatur während des Betriebes oder nach dem Abstellen auch nach längerer Zeit noch richtig anzeigen.

b) Widerstandsmessung. Mit steigender Temperatur erhöht sich auch der Widerstand einer Wicklung. Mißt man den Widerstand der kalten und warmen Wicklung, so läßt sich aus der Widerstandsänderung die mittlere Temperaturzunahme wie folgt bestimmen:

Bedeutet R_a den bei der Temperatur t_a °C gemessenen Widerstand im kalten Zustand der Maschine und R_e den bei der Temperatur t_e °C des Kühlmittels am Ende des Versuches gemessenen Warmwiderstand, so wird die Erwärmung einer Kupferwicklung bei Dauerbetrieb berechnet aus

$$t_z = \frac{R_e - R_a}{R_a} \cdot (235 + t_a) - (t_e - t_a);\ {}^0\mathrm{C}.$$

Der Widerstand kann entweder durch die Messung von Strom und Spannung bei Speisung der Wicklung mit Gleichstrom, oder mit einem geeigneten Ohmmeter bestimmt werden.

6. Allgemeine Ursachen der Übererwärmung.

Ist an einer Maschine eine Übererwärmung festgestellt worden, so muß die Ursache gesucht werden. Vielerlei Gründe sind möglich.

a) Belastungswerte sind nicht normal. In erster Linie wird man bei einer Übererwärmung Spannung, Strom, Drehzahl oder Frequenz der

Maschine kontrollieren. Ist die Spannung zu hoch, so wird vorwiegend die Eisenerwärmung wegen der erhöhten Eisenverluste ansteigen. Natürlich hängt mit dieser erhöhten Eisenerwärmung auch eine stärkere Erwärmung der im Eisen eingebetteten Wicklungen zusammen. Bei Synchron- und Gleichstrommaschinen sowie Einankerumformern erfordert die erhöhte Spannung einen stärkeren Erregerstrom, wenn dabei Drehzahl oder Frequenz unverändert bleiben. Eine Vergrößerung der Erwärmung der Erregerwicklungen ist dann die weitere Folge.

Zu hohe Belastungsströme erwärmen die durchflossenen Wicklungen unzulässig stark und verursachen auch eine Temperaturerhöhung in den anliegenden Eisenteilen. Bei Asynchronmaschinen hat eine Vergrößerung des Ständerstromes zugleich auch eine Erhöhung des Läuferstromes und damit der Läufererwärmung zur Folge.

Abb. 2. Überhitzter Spulenkopf im Ständer eines Dreiphasenmotors.

Eine zu hohe Blindbelastung, d. h. ein zu niedriger Leistungsfaktor bei normaler Spannung und Wirkleistung, verlangt von Synchronmaschinen und Umformern eine vergrößerte Erregung. Dadurch entsteht hauptsächlich eine stärkere Erwärmung der Erregerwicklungen. Bei Umformern vergrößert sich zudem die Läufererwärmung.

Bei starker Stromüberlastung der Maschinen kann schon nach kürzerer Zeit eine bleibende Schädigung der Isolation eintreten. Die Isolierfähigkeit von Glimmererzeugnissen wird zwar nicht stark verschlechtert, da in erster Linie nur die Träger des Glimmers: Baumwolle, Seide und Papier brüchig oder schlimmstenfalls verkohlt werden. Bei Isolationen, die nur aus Baumwolle, Seide oder Papier allein bestehen, sind die Schäden jedoch beträchtlich schlimmer. Die spröde gewordene Isolationsschicht wird dann bei Leitern, die etwa mechanisch beansprucht sind, allmählich durchgescheuert; es entstehen daraus Windungsschlüsse.

Abb. 2 stellt den Spulenkopf eines Motors dar, der durch eine starke, mehrere Stunden dauernde Stromüberlastung überhitzt wurde. Die

Spuren der beginnenden Röstung der Isolation sind auf dem Rücken des Spulenkopfes zu erkennen; die Drahtisolation in der Mitte der Spule ist natürlich am stärksten mitgenommen. Die Folge dieser Überhitzung und Isolationszerstörung war ein Windungsschluß.

Auch Kommutatoren und Schleifringe zeigen bei stärkerem Strom eine größere Erwärmung, jedoch nicht im gleichen Grad wie die Wicklungen, weil hier neben den wachsenden Stromverlusten noch beträchtliche Reibungsverluste vorhanden sind, die bei einer Erhöhung des Stromes praktisch unverändert bleiben.

Zu niedere Drehzahlen von Generatoren führen durch die zu erhöhenden Erregerströme ebenfalls zu einer vermehrten Erwärmung der Erregerwicklungen.

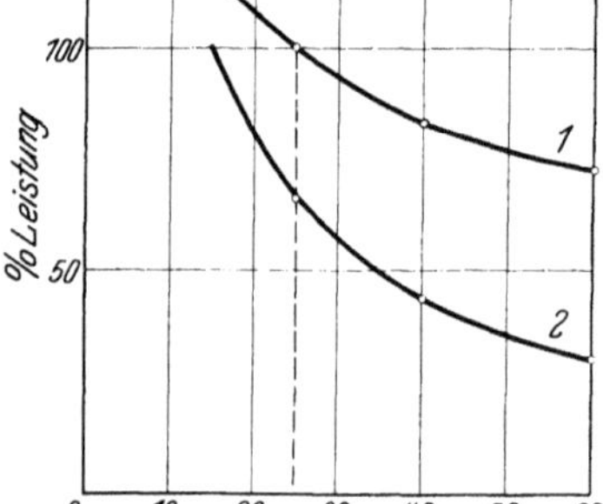

Abb. 3. Änderung der zulässigen Leistung bei verschiedener relativer Einschaltdauer, unter Einhaltung der Erwärmungsgrenzen nach REM. Dreiphasenkranmotor 200 kW, 25% ED, 500 V, 730 U/min. *1* bei halboffener Ausführung, *2* bei geschlossener Ausführung des Motors.

b) Belastungszeit ist unzulässig groß. Wenn Maschinen kurzzeitig oder stoßweise überlastet werden, muß immer auf die Erwärmung Rücksicht genommen werden. Es ist zu bedenken, daß die Erwärmung proportional mit den Verlusten zunimmt. Die Kupferverluste wie auch die Eisenverluste wachsen ungefähr mit dem Quadrat der Stromstärke bzw. der Spannung. Die REM schreiben in § 43 vor:

„Maschinen für Dauerbetrieb müssen in betriebswarmem Zustand während 2 min den 1,5-fachen Nennstrom ohne Beschädigung oder bleibende Formänderung aushalten."

Ganz besondere Erwärmungsverhältnisse bestehen bei Motoren für aussetzende Betriebe, z. B. Kranantriebe. Hier hängt die Erwärmung stark von der relativen Einschaltdauer (ED) ab, d. i. das Verhältnis der Einschalt- bzw. Belastungsdauer zur Spieldauer. Abb. 3 zeigt als Beispiel, wie sich die Leistung, welche eine zulässige Erwärmung im Beharrungszustand ergibt, bei Aussetzerbetrieb mit der relativen Einschaltdauer ändert.

c) Kühlluftmenge ist ungenügend. Als weitere Ursachen für eine Übererwärmung können in Betracht kommen: Ungenügende Kühlluftmenge infolge Verengung und Verstopfung der Kühlluftwege in der Maschine, Drosselung der Frischluft durch unrichtige Ausführung von Luftkanälen, durch Fremdkörper in denselben oder durch Verstaubung von Luftfiltern. Bei Maschinen mit fremdangetriebenen Ventilatoren wird durch Störungen an deren Antrieben die Kühlluftmenge verringert. Ventilatoren mit schräggestellten Flügeln fördern bei falschem Drehsinn der Flügelräder zu wenig Luft.

Das allmähliche Verstopfen der Kühlluftwege einer Maschine und das Bedecken von Wicklungen und Eisen mit einer wärmeisolierenden Schicht ist besonders bei Antriebsmaschinen in der Textil-, Papier-, Holz- und Zementindustrie zu erwarten. Die feinen Fasern, die in Spinnereien überall in der Luft enthalten sind, lagern sich in Maschinen sehr leicht ab und bilden über den Wickelköpfen und auf dem Eisen watteartige Beläge, welche die Luftmenge drosseln und die Wärmeableitung erschweren. Selbst auf sehr glatten, lackierten Maschinenteilen bleibt dieser Flaum haften.

Abb. 4 zeigt den Ständer eines Motors aus einer allerdings nicht modern eingerichteten, daher staubigen Spinnerei. Diesem Motor fehlte zudem das in Spinnereien übliche Schutzsieb. Durch Versuche wurde festgestellt, daß die Verflaumung des offenen Motors durch den Siebschutz auf ein zulässiges Maß vermindert werden konnte. Die Siebe können jederzeit leicht gereinigt werden.

Abb. 4. Verstaubter Ständer eines Dreiphasenmotors offener Konstruktion aus einer Baumwollspinnerei.

Vergleichende Belastungsversuche an einem solchen Spinnereimotor im ungereinigten und gereinigten Zustand lieferten das Ergebnis, daß die Erwärmung bei gleicher Leistung im ungereinigten Zustande 45 bis 65% höher war als im gereinigten Zustand. Am größten war der Unterschied in der Erwärmung des Eisens und der Spulenköpfe. Die Luftmenge des ungereinigten Motors betrug noch ca. 60% derjenigen des gereinigten Motors.

Sehr schädlich wirkt auch die Verstaubung der Motoren in Baumwollwebereien durch Schlichtstaub. Dieser enthält vorwiegend Stärke, die bei der Ablagerung im Motor zu Klumpen zusammenklebt. Abb. 5 zeigt den Läufer eines solchen Motors, der hinsichtlich Verstaubung ganz ungünstig aufgestellt war. Durch die vollständige Verstopfung des Läufers wurden hier die Spulenköpfe ausgelötet.

Welche Ansprüche an die Motoren von Zementfabriken gestellt

Abb. 5. Durch Ablagerung von Schlichtstaub verstopfter Läufer aus einer Baumwollweberei.

werden, zeigt Abb. 6. In Abb. 7 ist ein Motor zu sehen, der lange Zeit ohne irgendwelche Wartung in einer Möbelfabrik im Betrieb war. Daß solche Motoren zu warm werden, ist begreiflich.

Abb. 6. Stark verstaubter Motor aus einer Zementfabrik.

Um die Verstaubung des Motorinnern zu vermeiden, sind die verschiedensten Motorkonstruktionen entwickelt und auf den Markt gebracht worden. Neben dem vollständig gekapselten Motor, dessen

Leistung infolge der Kapselung bei kleinen und mittleren Typen auf 20 bis 45% der Leistung des gleichen Motors offener Bauart zurückgeht, bestehen verschiedene Ausführungen mit Mantelkühlung. Auch bei dieser Motortype ist die Leistung gegenüber der offenen Type noch beträchtlich reduziert und dürfte je nach Motorgröße etwa 60 bis 70% der entsprechenden Größe offener Bauart erreichen. Zudem muß beachtet werden, daß natürlich auch die Luftwege der mantelgekühlten Motoren — der äußere Kühlmantel besitzt entweder Kühlrohre oder gegossene Kühlkanäle — leicht verstopfen, wodurch die Belüftung verringert wird. Eine gute Wartung ist also auch hier unerläßlich. Vorteilhaft ist für alle Fälle die Aufstellung der Motoren in besonderen Betriebsräumen. Wenn dies nicht möglich ist, sollen offene Typen verwendet werden, die leicht zu reinigen sind.

Abb. 7. Mit Holzmehl ganz verstopfter Motor aus einer Möbelfabrik.

Die Verstaubung der Motoren in besonderen Maschinenräumen ist für die Erwärmung nicht mehr von Bedeutung. Hier genügt eine halb- bis ganzjährige Revisionsperiode. Bei ungünstigeren Aufstellungsorten muß die Reinigung unbedingt in kürzeren Zeitabständen erfolgen.

Drosselungen in der Frischluftzufuhr können durch eine unrichtige Fundament-Anordnung entstehen bei Maschinentypen, deren Lufteintrittsöffnungen an der Unterseite der Verschalungen liegen. Ferner hat die baulich unrichtige Ausführung von Zuführungskanälen, z. B. zu viele und zu starke Krümmungen, zu enge Querschnitte, eine Luftdrosselung zur Folge. Bei ungünstiger Anordnung der Luftansaugestellen im Freien können Drosselungen auch durch Anhäufung von angesaugtem Laub und Stroh entstehen; auch durch unachtsames Versperren der Eintrittsstellen mit Brettern kann Luftdrosselung eintreten.

In Abb. 8 ist die Druckvolumenkurve der Eigenventilation eines 5000 kVA-Generators gezeigt. Bei der Aufnahme dieser Kurve wurde der Austrittsquerschnitt der Kühlluft allmählich geschlossen. Man sieht, wie mit zunehmender Drosselung und deshalb ansteigendem Druck die Fördermenge der Lüfter (Ventilator und Polrad) stetig sinkt.

Es wurde schon festgestellt, daß das Maschinenpersonal durch teilweises Schließen der Abluftklappen die Luftmenge absichtlich reduzierte, um damit die Heizung des Maschinenhauses durch die warme Abluft zu verbessern. Es muß also darauf geachtet werden, daß nicht Abschlußklappen, die nur bei ausnahmsweise längerem Stillstand des Generators oder bei einem Brandfall zu schließen sind, im normalen Betrieb willkürlich betätigt werden. Bei zu kleinen Maschinenräumen, z. B. bei der Aufstellung von Maschinen in engen Schutzkasten kann infolge ungenügender Frischluftzufuhr ebenfalls Übererwärmung eintreten.

Früher wurden zur Filterung der Kühlluft, besonders für Turbomaschinen, meistens Tuchfilter, sogenannte Taschenfilter verwendet. Als Filtertuch kam ein Baumwolltuch zur Verwendung ähnlich demjenigen in den elektrischen Staubsaugern. Der Druckabfall in den Filtern steigt rasch durch Verstopfung. Im gereinigten Zustand beträgt er gewöhnlich 2 mm Wassersäule; bei ca. 10 mm Wassersäule Druckverlust müssen die Taschen durch Herausnehmen und Ausklopfen gereinigt werden. Wegen der Feuergefährlichkeit dieser Tuchfilter (es sind mehrere Filterbrände bekannt geworden, bei denen auch die Wicklung der Maschine verbrannte) wurden immer mehr sogenannte Viszinfilter verwendet, die nur Metallteile und ein schwer brennbares Öl enthalten. Hauptsächlich ging diese Entwicklung während des Weltkrieges da rasch vor sich, wo Mangel an Baumwolltuch für Tuchfilter eintrat.

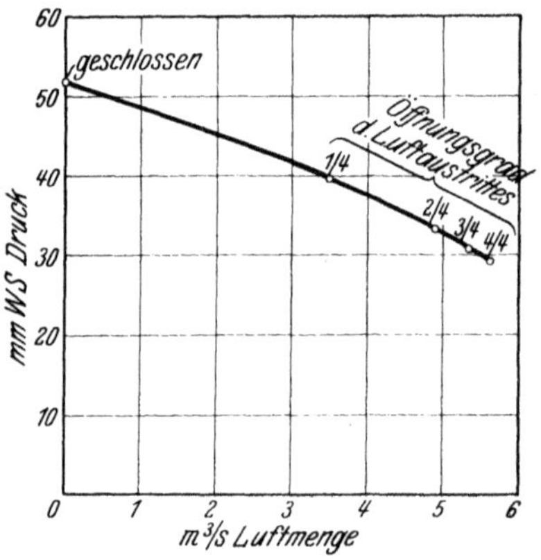

Abb. 8. Druckvolumenkurve der Belüftung eines Dreiphasengenerators 5000 kVA, 750 U/min.

Folgende Vorsichtsregeln sind bei Luftfilteranlagen zu beachten: Bei Anlagen jeden Systems soll keine unfiltrierte Luft durch verborgene Öffnungen, Kabel- und andere Kanäle, undichte Stellen usw. eingesaugt werden können. Der Druckabfall in den Tuchfiltern muß dauernd mit der Wassersäule kontrolliert werden; er darf 10 mm nicht erheblich übersteigen. Zerrissene Taschen sind sofort zu ersetzen oder auszubessern. Räume, in denen sich Tuchfilter befinden, dürfen nicht mit offenem Licht betreten werden; das Rauchen ist darin strengstens zu verbieten.

Bei Viszinfiltern ist darauf zu achten, daß die Zellen nach dem Eintauchen in das Viszinöl vorerst gut abtropfen und erst hernach wieder eingebaut werden, damit kein solches Öl in die Maschine gerissen wird. Die Luftgeschwindigkeit soll deshalb 1 m/s nicht übersteigen. Der Druckverlust beträgt bei richtiger Bemessung der Filter ca. 10 mm Wassersäule.

Störungen in der Fremdkühlung: Wird die Kühlluft durch besonders aufgestellte Ventilatoren gefördert, so können Störungen in der Kühlung des Hauptaggregates dann auftreten, wenn der Antrieb dieser Hilfsventilatoren nicht richtig arbeitet. Man hat hierbei den Antriebsmotor auf normale Drehzahl und richtigen Drehsinn zu prüfen und muß den Lufteintritt des Ventilators auf die bereits oben genannten Fehlermöglichkeiten hin untersuchen. Auch sind die vorhandenen Alarmvorrichtungen gegen das Ausbleiben der Kühlluft regelmäßig auf ihr richtiges Ansprechen zu prüfen.

d) Kühlluft ist vorgewärmt oder ungenügend rückgekühlt. Wenn immer möglich, sollte bei der Entnahme der Frischluft aus dem Freien und beim Ausstoßen der Warmluft wieder ins Freie darauf geachtet werden, daß dies nicht auf der gleichen Gebäudeseite geschieht. Es besteht sonst leicht die Gefahr, daß bei ungenügender Entfernung der Öffnungen die ausgestoßene Warmluft teilweise wieder angesaugt wird. Eine Probemessung der Kühllufttemperatur direkt beim Eintritt in die Maschine und in größerer Entfernung davon, kann rasch Aufschluß geben, ob eine solche Störung vorliegt.

Bei undichten oder teilweise fehlenden Verschalungen zwischen Frischluft und Abluft kann ebenfalls eine Vorwärmung der Frischluft und ein teilweiser Kreislauf der Kühlluft zustande kommen.

Es kommt auch vor, daß warme Luft aus solchen Kabelkanälen eingesaugt wird, die ohne Abschluß in den Druckraum einer Maschine münden, wodurch die Kühlluft wieder vorgewärmt wird.

Sind Frischlufteintritte hinsichtlich Sonnenbestrahlung ganz ungünstig gelegen, so kann ebenfalls eine unzulässige Vorerwärmung der Kühlluft stattfinden.

Zur Reinhaltung des Innern großer Turbomaschinen, selten auch von langsam laufenden Generatoren, wird jetzt meist die Ringlauf- oder Umlaufkühlung angewendet. Bei sonst richtiger Bemessung der Kühler, aber bei zu geringer Wassermenge sind die Kühlorgane derselben nicht mehr ganz mit Wasser gefüllt, so daß die Kühlung teilweise unwirksam wird, wie auch im Abschn. A. D. 3. erklärt ist. Auch Verkalkung und Verschlammung der Kühlrohre kann die Kühlwirkung verschlechtern; diesen Vorgang beschreibt Abschn. S. A. 5. eingehender.

Der Kühlwasserbedarf solcher Kühler beträgt pro 1 kW Verlust und 1^0 C Übertemperatur des Wassers ca. 15 . . . 20 Liter/min; bei 15^0 Übertemperatur ergibt dies ca. 1 . . . 1,3 Liter/min/kW. Wenn die Kühler reichlich bemessen sind, muß jedoch für eine gute Füllung der

Kühlerelemente gesorgt sein und nötigenfalls mehr Wasser durchgelassen werden.

Bei Ringlaufkühlung ist die öftere Kontrolle der Signaleinrichtungen, wie Temperaturmelder, Wasserdurchflußanzeiger, Alarmsignal u. a. notwendig. Ebenfalls sind etwa vorhandene Klappen für den Einlaß von Kühlluft bei aussetzender Wasserkühlung auf ihre leichte Betätigung zu prüfen. Bei solchen Anlagen sind Anordnungen zu treffen, um allfällig eintretende Rohrbrüche im Kühler sofort anzuzeigen. Bei der Ringlaufkühlung sehr großer Maschinen mit getrennt angetriebenem Ventilator ist die unbedingte Betriebssicherheit dieses Antriebes von größter Wichtigkeit.

e) Anschlüsse sind unrichtig oder Zuleitungen unterbrochen. Bei Asynchronmotoren kann nicht selten eine falsche Schaltung der Ständerwicklung die Ursache einer Übererwärmung des Ständers und Läufers werden. Ebenso führt der Unterbruch einer Zuleitung zum Ständer während des Laufs bei unrichtig bemessenem Überstromschutz zu einer Übererwärmung. Näheres geht aus Abschnitt M. M. 3. hervor.

f) Wicklung ist fehlerhaft. Bei Hauptpol- und Wendepolspulen, die eingebandelt und kompoundiert oder lackiert sind, kann eine hohe Erwärmung eintreten, wenn die Füllung der Hohlräume zwischen den Leitern schlecht ist. Besonders gefährdet sind diese Spulen, wenn die Umbandelung sich allmählich ablöst und Luftkissen zwischen der Umbandelung und der Wicklung entstehen, weil die dazwischenliegende Luftschicht wärmeisolierend ist. Auch bei schlecht eingebundenen Spulenköpfen von Ständerwicklungen, sind solche Krankheiten möglich.

Ein weiterer Grund für die zu hohe Erwärmung der Spulenköpfe von Ständerwicklungen, selbst bei genügender Kühlluftmenge, kann darin liegen, daß lange Spulenköpfe zu wenig abgestützt sind und nach längerer Betriebszeit fast aufeinander zu liegen kommen. Dadurch wird die Kühlung zwischen den Wicklungsköpfen verschlechtert. Auch werden durch das oben erwähnte Aufblähen der Isolation, verbunden mit der Bildung wärmeisolierender Luftkissen, die Abstände zwischen den Spulenköpfen noch mehr verringert und die Kühlung weiter verschlechtert.

Zur Abstützung von Wicklungsteilen angebrachte Klemm- oder Distanzierungsstücke aus Isolationsmaterial können örtliche Übererwärmung verursachen, wenn durch dieselben größere Abkühlungsflächen überdeckt und dadurch unwirksam gemacht werden.

Wenn an Synchron- und Gleichstrommaschinen ein Teil der Erregerwicklung infolge Windungs- oder Lagenschluß unwirksam wird, muß der Erregerstrom erhöht werden, um die richtige Spannung zu halten. Dadurch entsteht im wirksam gebliebenen Teil der Erregerwicklung die Gefahr der Überhitzung.

g) Weitere Ursachen der Übererwärmung. Selbstverständlich können auch andere Wicklungs- oder Eisenkrankheiten eine Übererwärmung zur Folge haben. Die Störung wirkt sich jedoch in diesem Falle stets nur an kranken Stellen und deren nächster Umgebung aus. Darüber handelt der Hauptabschnitt M. B. eingehender.

Schleifringe und Kommutatoren werden sowohl bei ungenügender Kühlung wie auch bei unrichtiger Wahl der Kohlensorte zu warm. Auf diese Störungen und ihre Behebung wird in den Hauptabschnitten M. D. und M. E. näher eingegangen. Zu hohe Lagererwärmung kann verschiedene Ursachen haben, die im Hauptabschnitt M. G. besonders behandelt sind.

Natürlich können auch konstruktive Fehler schuld an zu hoher Erwärmung einzelner Maschinenteile sein. Darauf soll hier jedoch nicht näher eingegangen werden, da die führenden Firmen der elektrotechnischen Industrie heute durchwegs über die nötigen Erfahrungen verfügen und zudem die Maschinen im Werk meist so prüfen können, daß solche Mängel nicht übersehen werden.

M. B. Wicklungskrankheiten.

1. Feuchte Wicklungen.

a) Ursachen der Durchfeuchtung. Bei lang andauerndem Lagern von Maschinen in feuchten, schlecht gelüfteten Räumen, bei längerer Außerbetriebsetzung der Maschinen, besonders in feuchten Jahreszeiten, beim direkten Eindringen von Wasser, z. B. auf dem Transport, sowie auch beim Eintritt von Wasserdampf kann die Isolation der Maschinen so viel Feuchtigkeit aufnehmen, daß die unmittelbar anschließende Inbetriebsetzung eine Gefahr für die Wicklungen darstellen kann. Lagerräume für fertige Maschinen müssen daher stets gut gelüftet und wenn möglich in der kalten Jahreszeit mäßig geheizt werden. Auch Reservewicklungen sollen aus demselben Grund in trockenen und gut gelüfteten Räumen aufbewahrt werden und nicht in der Verpackung liegen bleiben. Die Wicklungen von Maschinen, deren Kühlluft aus dem Freien entnommen wird und die während längerer Zeit, oft während Wochen und Monaten außer Betrieb stehen, können bei feuchtem, nebligem Wetter durch die eintretende Luft stark durchfeuchtet werden. Meist können die Zuluft- und Abluft-Kanäle solcher Maschinen geschlossen werden. Diese Maßnahme empfiehlt sich immer bei längeren Stillständen und feuchter Witterung. Bei trockener Luft und warmem Wetter sollen dagegen die Kühlluftkanäle geöffnet werden. Im Freien aufgestellte Maschinen sind auch durch starke Temperaturschwankungen der Möglichkeit der Kondenswasserbildung ausgesetzt. Die gleiche Gefahr besteht auch nach dem Transport von Maschinen, wenn sie nach längerer Lagerung in kalter Luft unverzüglich in Räume mit warmer, feuchter Luft verbracht werden.

b) Messung des Isolationswiderstandes. Um ein Urteil über den Trocknungszustand einer Wicklung zu erhalten, wird am besten der Isolationswiderstand der Wicklung gegen Eisen bestimmt. Bei Mehrphasenwicklungen können auch die Isolationswiderstände zwischen den einzelnen Strängen, sofern letztere elektrisch getrennt werden können, gemessen werden.

Der Isolationswiderstand kann nur mit Gleichstrom richtig gemessen werden, da bei Verwendung von Wechselstrom die auftretenden Ladeströme die Messung fälschen, weil Wicklung und Eisen, getrennt durch die Isolation als Dielektrikum, einen Kondensator bilden. Zweckmäßig verwendet man im allgemeinen für die Messung einen der bekannten Isolationsmesser, bei welchem die Meßspannung, die eine möglichst konstante Gleichspannung sein soll, in einem eingebauten kleinen Kurbelinduktor erzeugt wird.

Bei schlechten Apparaten, welche eine nur sehr ungleichmäßige Gleichspannung erzeugen, kann die Spitzenspannung nach Keinath[1] bis viermal so hoch sein wie die Gleichspannung. Dadurch wird die Messung ungenau und die Isolation besonders bei Niederspannungsmaschinen unnötig hoch beansprucht. Die Höhe der verwendeten Meßspannung richtet sich nach dem Verwendungszweck des Instrumentes; es werden Isolationsmesser mit Spannungen von 250 bis 1000 Volt und noch höher gebaut. Im allgemeinen wird ein Apparat mit einer Meßspannung von 250 bis 500 Volt genügen, besonders wenn er auch für die Prüfung von Niederspannungsmaschinen verwendet werden soll.

Bei der Isolationsmessung muß die Maschine von anderen Anlageteilen abgetrennt sein. Die Ablesung des Meßwertes soll erst erfolgen, wenn der Ausschlag des Instrumentes konstant geworden ist. Die Wicklungen großer Maschinen besitzen eine beträchtliche Kapazität; es dauert deshalb eine gewisse Zeit, bis der Ausschlag seinen Endwert erreicht hat. Der gemessene Widerstand kann je nach der Höhe der Meßspannung verschieden sein; um Vergleichswerte zu erhalten, sollte daher stets die gleiche Meßspannung verwendet werden.

Bei Maschinen, deren Wicklungen eine große Kapazität besitzen, eignet sich der Kurbelinduktor nicht mehr zur Isolationsmessung. Es muß dann eine der bekannten Widerstands-Meßmethoden aus Strom und Spannung dazu benutzt werden. Diese erfordern eine Gleichstromquelle mit möglichst konstanter Spannung. Die erforderlichen Meßinstrumente für diese Messungen werden jedoch in der Regel in einem elektrischen Werkbetrieb nicht zur Verfügung stehen.

[1] Keinath: Die Technik elektrischer Meßgeräte Bd. 2, S. 233.

c) Kleinstzulässige Isolationswiderstände. Die Größe des Isolationswiderstandes ist abhängig vom Trocknungszustand, von der Temperatur, vom verwendeten Isolierstoff und seiner Dicke, sowie von der Fläche, welche die Isolation belegt. Material und Dicke der Isolation sind durch die Betriebsspannung bestimmt; die mit Isolation belegte Fläche ist abhängig von der Leistung und der Polzahl der Maschine.

Die Frage, welchen Isolationswiderstand man von einer Wicklung mindestens fordern muß, kann nicht durch die Angabe einer allgemein gültigen Formel beantwortet werden. Durch einige Werte aus der Praxis soll jedoch versucht werden, einen Anhalt für die Größenordnung zu geben.

Für Wechselstrom-Generatoren mit Nennspannungen von 3000 Volt und höher, mit 2 bis etwa 20 Polen und Leistungen bis 30000 kVA kann man ungefähr angeben, daß der Isolationswiderstand der zusammenhängenden Ständerwicklung, in gut trockenem Zustand, im Betrieb den Wert von 1 Megohm pro 1000 Volt Betriebsspannung erreichen soll. Bei höherer Polzahl werden solche Werte nur nach längerem Dauerbetrieb, also in ganz trockenem Zustand der Wicklung erreicht. Isolationswerte von 0,2 bis 0,5 Megohm pro 1000 Volt sind jedoch noch genügend und für den Betrieb der Maschine nicht gefährlich. Bei Niederspannungsmaschinen sind Werte von 1 bis 2 Megohm als gut zu bezeichnen.

Für Polradwicklungen langsam laufender Generatoren genügen im allgemeinen Isolationswiderstände von mindestens 0,1 bis 0,5 Megohm; an Turboläufern werden Isolationswiderstände von 1 Megohm und weit darüber gemessen.

Ständerwicklungen von Asynchronmotoren erreichen ähnliche Werte des Isolationswiderstandes wie solche von Synchrongeneratoren. An Läuferwicklungen von Asynchronmotoren sind je nach Nennleistung und Läuferspannung Isolationswiderstände von 0,5 bis 3 Megohm und darüber möglich.

Gleichstrommaschinen größerer Leistung und Spannungen bis 1000 Volt können Läuferwicklungen mit Isolationswerten von 2 bis 10 Megohm und darüber besitzen; in ungefähr denselben Grenzen liegen die Isolationswiderstände der Magnetwicklungen.

Es sei nochmals hervorgehoben, daß der gemessene Isolationswiderstand sehr stark von der Temperatur und Spannung und von der Güte des verwendeten Instrumentes abhängt. Auch muß bei der Beurteilung der Meßresultate beachtet werden, daß an einer verschmutzten Wicklung der Isolationswiderstand verringert sein kann, beispielsweise bei Läufern von Gleichstrommaschinen durch Kohlenstaub.

Einige Wegleitungen für die Höhe des Isolationswiderstandes gibt auch die folgende, den AIEE Standards[1] entnommene Formel für

[1] AIEE Standards Nr. 7, Dezember 1927.

Ständer von Synchronmaschinen bei einer Temperatur von ungefähr 75° C:

$$\text{Isolationswiderstand} = \frac{U}{N + 1000}\ \text{Megohm},$$

worin U: Volt, die Nennspannung und N: kVA, die Nenn-Scheinleistung ist. An gleicher Stelle wird verlangt, daß die Läuferwicklung von Turbogeneratoren von 500 bis 25000 kVA bei 75° C keinen geringeren Isolationswiderstand als 1 Megohm aufweisen sollte.

Die angegebene Formel berücksichtigt nicht genügend die Abmessungen der Maschine, die für den „Isolationsbelag“ und damit wieder für den Isolationswiderstand mitbestimmend sind. Zu beachten ist außerdem, daß der aus dieser Formel berechnete Isolationswiderstand für zusammenhängende Wicklungen gegen Eisen gültig ist; bei der Prüfung von Drehstromwicklungen sind demnach alle drei Wicklungsstränge miteinander zu verbinden.

Der Isolationswiderstand einer Wicklung ist im kalten Zustand beträchtlich größer als im warmen Zustand; es empfiehlt sich daher, den Widerstand möglichst bei warmer Wicklung zu bestimmen. Erreicht der Isolationswiderstand der kalten Maschine nur den aus der oben angegebenen Formel bezeichneten Kleinstwert, so sollte die Maschine getrocknet werden; wenigstens sollte sie nur langsam im Verlaufe einiger Stunden auf Nennspannung erregt werden.

2. Trocknung feuchter Wicklungen.

In der Regel kann man Niederspannungs-Generatoren und -Motoren kleinerer Leistung ohne vorherige Trocknung in Betrieb setzen. Eine Ausnahme ist mit Maschinen zu machen, die beim langen Transport oder während der Lagerung Feuchtigkeit aufgenommen haben.

Ist durch eine Messung des Isolationswiderstandes festgestellt worden, daß die Wicklungsisolation feucht ist, dann muß eine sorgfältige Trocknung unter Verwendung von Wärme erfolgen. Bei großen Einheiten für Hochspannung wird man hingegen schon vor der erstmaligen Inbetriebsetzung meist eine kurze Trocknung durchführen. Generatoren können zu diesem Zwecke während 12 bis 24 Stunden ohne Spannung betrieben werden, um durch die Ventilationswirkung getrocknet zu werden; Motoren sollen vorerst, wenn möglich, mit verminderter Spannung in Betrieb genommen werden. Das anzuwendende Trocknungsverfahren für feuchte Wicklungen richtet sich nach der Maschinenart und den am Aufstellungsort zur Verfügung stehenden Hilfsmitteln. Die Hauptsache bleibt in allen Fällen die Bedingung, daß bei der Trocknung die Wicklungsteile durch Luft reichlich bestrichen werden.

Wechselstromgeneratoren, die von ihrer Antriebsmaschine auf Drehzahl gebracht werden können, erhalten durch ihre Eigenventilation eine reichliche Durchlüftung. Die Durchwärmung des Generators kann entweder von außen, durch Zufuhr künstlich vorgewärmter Luft oder von innen durch die Verlustwärme der Eisen- oder Kupferverluste erfolgen. Die Einführung von trockener und reiner durchwärmter Luft kommt in erster Linie bei sehr stark durchnäßten Maschinen in Frage, bei denen es nicht ratsam ist, sie auf noch so geringe Spannung zu bringen oder im Kurzschluß laufen zu lassen. Zur Erwärmung der Trocknungsluft kann man im Zuluftkanal Heizwiderstände einbauen, zu deren Speisung eine Hilfsstromquelle, z. B. die eigene Erregermaschine, dienen kann. Die zur Trocknung dienende Luft darf eine Temperatur von 50 bis 70^0 C besitzen; es empfiehlt sich, die Aufheizung auf diese Temperatur innert 2 bis 5 Stunden langsam vorzunehmen. Bei normaler Drehzahl ist die geförderte Luftmenge so groß, daß zu ihrer Erwärmung ganz beträchtliche Heizleistungen nötig wären. Die Drehzahl des Generators wird deshalb möglichst stark reduziert und die Frischluftzufuhr so stark gedrosselt, daß noch eine lebhafte Luftbewegung vorhanden ist. Besteht durch das Schließen von Klappen die Möglichkeit, die Lüftung so umzustellen, daß die austretende Luft wieder eingesaugt wird, die Kühlluft also im Kreislauf strömen kann, so genügt eine noch geringere Heizleistung zur Erwärmung der Luft. Es muß dann allerdings dafür gesorgt werden, daß dauernd eine Menge trockener Frischluft zugeführt und warme, feuchte Luft abgeblasen werden kann, oder daß die ganze Luftmenge überhaupt von Zeit zu Zeit vollständig erneuert wird.

Zur Trocknung kann man auch die warme Abluft benachbarter Maschinen durch die feuchte Maschine leiten.

Wenn die Wicklungen nur durch Lagerung feucht geworden sind oder wenn es sich um die erstmalige Inbetriebsetzung eines Generators handelt, kann man bei der Trocknung auch so vorgehen: Die Maschine wird auf volle Drehzahl gebracht und zuerst ohne Spannung bei voller Frischluftzufuhr betrieben. Bei Nebel oder Regenwetter wird man dabei die Frischluft aus dem Maschinenhaus entnehmen oder noch besser die warme Abluft anderer Maschinen hinzuleiten. Der Lauf im unerregten Zustand wird je nach der Nennspannung und dem Trocknungszustand der Wicklung auf 2 bis 10 Stunden ausgedehnt. Hernach wird bei offenen Maschinenklemmen langsam erregt. Ist die Sternpunktsverbindung zugänglich, dann soll auch diese abgetrennt werden; eine allfällige Erdverbindung des Sternpunktes ist ebenfalls zu unterbrechen. Die Zeit, in welcher die Nennspannung erreicht werden darf, richtet sich nach der Betriebsspannung der Maschine. Wenn die Wicklungen nicht sehr feucht sind, also schon höhere Isolationswiderstände aufweisen als nach der Formel im Unterabschnitt M. B. 1. c), so soll innert folgender Zeiten die Spannung langsam und stetig auf Nennspannung gesteigert werden:

Nennspannung der Maschine Volt	Zeit Std.
500	2
2000	3
5000	4
10000	5
über 10000	6

Bei geringeren Isolationswiderständen wird man den Generator bei reduzierter Drehzahl und gedrosselter Frischluftzufuhr längere Zeit mit 30 bis 60% der Nennspannung betreiben und so seine allmähliche Durchwärmung zu erreichen suchen. Die Drehzahl sollte nur so weit herabgesetzt sein, daß der Polradstrom anfänglich nicht höher als auf 1/3 bis 1/2 des Nennwertes gesteigert werden muß. Die Erwärmung der Polradwicklung bestimmt man aus der Widerstandszunahme. Durch die Drosselung der Frischluft oder durch den Kreislauf der Kühlluft wird eine beträchtliche Erwärmung in 3 bis 6 Stunden möglich sein. Man kontrolliert die Temperatur im Ständer mit Thermometern, die ans Eisen gelegt werden; diese Temperatur sollte 50 bis 60° C nicht überschreiten. Ist sie erreicht, so regelt man die Frischluftzufuhr derart, daß die Temperatur angenähert konstant bleibt. Man trocknet nun den Generator so lange, bis eine genügende Verbesserung des Isolationswiderstandes erreicht ist; zum Zwecke der Messung stellt man den Generator in Abständen von 2 bis 5 Stunden ab. Mit zunehmender Trocknung und steigendem Isolationswiderstand erhöht man auch die Spannung und Drehzahl der Maschine und steigert gleichzeitig die Frischluftzufuhr, so daß keine beträchtliche Abkühlung eintritt. Nach beendigter Trocknung kühlt man den Generator durch volle Frischluftzufuhr innert 2 bis 5 Stunden ab, erhöht die Spannung um 10 bis 20% über die Nennspannung während ungefähr 1/2 Stunde und nimmt die Maschine in Betrieb. Im normalen Betrieb wird noch eine weitere allmähliche Steigerung des Isolationswiderstandes eintreten.

An Stelle der beschriebenen Durchwärmung der Maschine mittels der Eisenverluste werden oft auch die Stromverluste dazu verwendet. Man schließt zu diesem Zwecke die Maschine kurz, indem man nach dem Stromwandler zur Messung des Ständerstromes die Ableitungen durch eine provisorische Verbindung zusammenschließt, die für den Nennstrom zu bemessen ist. Hierauf bringt man die Maschine auf Nenndrehzahl und erregt zuerst nur so stark, daß in der Ständerwicklung etwa 40 bis 50% des Nennstromes fließen. Die Drosselung der Frischluftzufuhr ist dabei nicht zu empfehlen. Wichtig ist in jedem Fall, daß die Wicklungstemperatur während der Trocknung regelmäßig gemessen wird, weil bei zu hoher Erwärmung doch Schäden an der Isolation auftreten können. Im Verlaufe mehrerer Stunden und mit zunehmender Trocknung steigert man den Ständerstrom, bis ein genügender Isolationswiderstand erreicht ist. Dieses Verfahren kann jedoch, besonders bei Maschinen mit sehr großer Eisenlänge, durch seine ungleiche Erwärmung von Wicklung und Eisen, zu Beschädigungen der Wicklungen führen. An sehr feuchten Wicklungen, die nicht sehr sorgfältig getrocknet werden, können außerdem Blähungen der Isolation entstehen, besonders wenn der Strom zu rasch gesteigert wird.

Der Isolationswiderstand sinkt während der Trocknung anfänglich dauernd und erreicht einen Mindestwert; im weiteren Verlauf der Trocknung steigt er wieder an. In Abb. 9 ist als Beispiel der Verlauf des Isolationswiderstandes während der Trocknung anläßlich der Inbetriebsetzung eines großen Dreiphasengenerators gezeigt.

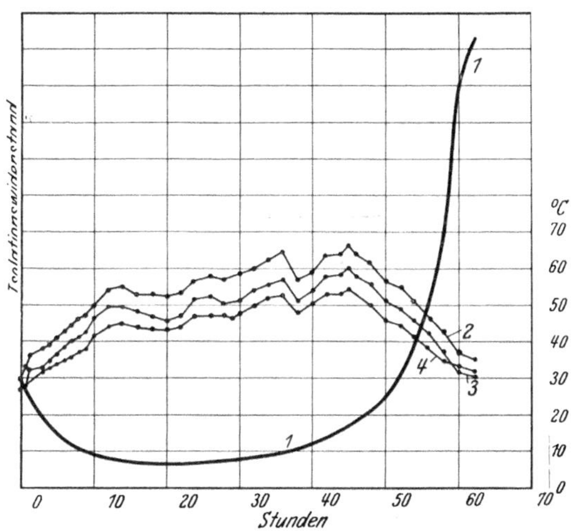

Abb. 9. Änderung des Isolationswiderstandes während der Trocknung eines Dreiphasengenerators.
1 Isolationswiderstand, *2* Temperatur der Wicklung, gemessen mit Widerstandselement, *3* Temperatur des Eisens, gemessen mit Thermometer, *4* Temperatur der Kühlluft.

Gleichstromgeneratoren können im Kurzschluß ausgetrocknet werden, sofern ihre Wicklungen nicht sehr feucht sind. Zu diesem Zwecke ist die Maschine mit einem ganz geringen Erregerstrom fremd zu erregen; zur Vermeidung der Selbsterregung sind die Bürsten dabei um etwa 1 Lamelle vorzuschieben. Meist wird jedoch ein mehrstündiger Leerlauf ohne Erregung schon genügen, um einen hinreichenden Isolationswiderstand herbeizuführen. Sind die Wicklungen sehr feucht, dann ist das Austrocknen im Kurzschluß wegen elektrolytischer Wirkungen nicht zu empfehlen, sondern es muß dann mit warmer Luft getrocknet werden, wie dies bereits früher angegeben wurde.

Motoren werden getrocknet, indem man sie entweder fremd antreibt und genügend lange durchlüftet, oder indem man zudem warme Luft einführt. Ist dies nicht möglich, dann kann man auch Motoren anfänglich mit reduzierter Spannung leer laufen lassen, z. B. Asynchronmotoren mit $^1/_4$ bis $^1/_5$ der Nennspannung. Große Gleichstrommotoren für Förderanlagen, Walzwerke u. a. kann man im Stillstand trocknen, indem man den unerregten Motor von dem zugehörigen Leonardgenerator aus, mit einem Strom von 40 bis 60% des Nennstromes speist. Dabei kontrolliert man die Erwärmung der Wicklungen durch Thermometer. Es ist zu beachten, daß ein solcher unbelasteter Motor bei geringer Verschiebung der Bürsten aus der neutralen Zone anlaufen und durchgehen kann.

Ständer- und Läuferwicklungen von Synchron- und Asynchronmaschinen können außerdem durch direkte Speisung mit Gleichstrom erwärmt und getrocknet werden, sofern die Maschinen zerlegt sind. Aus Rücksicht auf elektrolytische Wirkungen ist dieses Verfahren jedoch nur dann anzuwenden, wenn die Wicklungen nicht sehr feucht sind, wie bereits vorher erwähnt wurde. Um eine genügend hohe Temperatur zu erreichen, werden die zu trocknenden Maschinenteile mit Decken zugedeckt oder mit Brettern verschalt. In dieser Bedeckung sind Öffnungen für den Abzug der Feuchtigkeit vorzusehen. Gleichzeitig kann man zur Vergrößerung der Wirkung noch vorgewärmte Luft einblasen. Am besten wird überhaupt nur mit warmer Luft getrocknet, wenn die nötigen Einrichtungen vorhanden sind. Bei der Trocknung von Mehrphasenwicklungen mit Gleichstrom müssen von Zeit zu Zeit die Anschlüsse der Gleichstromzuleitungen so vertauscht werden, daß alle Wicklungsstränge möglichst gleichmäßig getrocknet werden. Bei der Verwendung von Gleichstrom kann man auch die Erwärmung der Wicklung in sehr einfacher Weise aus der Widerstandszunahme ermitteln nach Unterabschnitt M. A. 5. b). In der Regel sollte die mittlere Wicklungstemperatur 60° C nicht überschreiten.

Als Beispiel sei die Trocknung des Läufers eines Drehstrommotors von 2200 kW Leistung durch direkte Speisung mit Gleichstrom angeführt. Die Anschlüsse wurden nach je 1 bis 2 Stunden vertauscht. Die nötige Heizleistung, um eine Wicklungstemperatur von ca. 60° C des völlig mit einer Bretterverschalung umgebenen Läufers zu erreichen, betrug 8 bis 10 kW oder ca. 0,3 bis 0,5% der Motor-Nennleistung. Die Beharrungstemperatur war nach ungefähr 6 Stunden erreicht. Die fortlaufende Messung des Isolationswiderstandes ergab die folgenden Werte:

Zeit	Isolationswiderstand Megohm
0 (Anfang)	0,2
nach 12 Stunden	0,03
„ 24 „	0,1
„ 36 „	0,8
„ 50 „	5,0

Wenn Wicklungen unter der Einwirkung von Meerwasser gestanden haben, müssen sie vor dem Trocknen mit Süßwasser kräftig abgespült werden, um den Ansatz eines Salzbelages zu vermeiden.

Im allgemeinen soll man sich beim Trocknen von Maschinen nichr von dem Sprichwort verleiten lassen: „Viel hilft, wer viel gibt“, um danach ganz fälschlich möglichst kräftig und schnell zu trocknen, unter Anwendung hoher Temperaturen. Es ist für die Betriebssicherheit einer Maschine von viel größerem Wert, wenn sie langsam und sorgfältig unter Beobachtung aller auftretenden Erscheinungen getrocknet wird. Die hastige Einsparung einiger Stunden Trocknungszeit kann an der Isolation größeren Schaden stiften, der durch den Zeitgewinn nicht aufgewogen wird. Durch richtiges Trocknen kann eine Maschine, welche sogar durch direkte Einwirkung von Wasser stark durchnäßt wurde, wieder in betriebsfähigen Zustand gesetzt werden.

Der Lieferant einer Maschine wird auch stets bereit sein, über das Vorgehen beim Trocknen mit Rat beizustehen.

Bei der Einwirkung von Feuchtigkeit kann natürlich auch das aktive Eisen durch Rostbildung in Mitleidenschaft gezogen werden. Soweit man Zugang findet, reinigt man die Bleche äußerlich sorgfältig durch Abkratzen des Rostes und lackiert sie nachher wieder mit einem guten Isolierlack, zweckmäßig bei angewärmtem Eisenkörper. Auch wenn Rost zwischen die geblechten Zähne eingedrungen ist, kann man meist durch gute Trocknung und Lackbehandlung des angewärmten Blechkörpers ein Fortschreiten des Rostes verhüten, so daß eine Gefahr nicht mehr besteht, wenn hernach die Maschine dauernd im Betrieb bleibt und nicht wieder feucht wird.

Nicht selten will man die Güte der Isolation einer durch Trocknung wieder hergestellten älteren Maschine durch eine Spannungsprobe prüfen. Jedoch ist zu beachten, daß jede Spannungsprobe eine erhöhte Beanspruchung der Isolation darstellt, die durch öftere Wiederholung der Probe unnötig geschwächt wird. Über die Durchführung solcher Prüfungen geben die entsprechenden Landesvorschriften Aufschluß[1]. Ihre Beschreibung geht über den Rahmen dieses Buches hinaus.

Es empfiehlt sich, ältere Maschinen nicht mit so hohen Spannungen zu prüfen wie neue Maschinen, sondern nur etwa mit $^2/_3$ bis $^3/_4$ der Neuprüfspannung.

3. Eisenschlüsse.

a) Ursachen der Eisenschlüsse. Die verschiedenartigsten Zerstörungen der Isolation können in der Folge zu Eisenschlüssen führen. Überspannungen, die in den Leitungen auftreten, an denen Maschinen angeschlossen sind, sowie Ausschalt-Überspannungen in Erregerwicklungen können Durchschläge der Isolation oder Überschläge längs der Oberfläche von Isolationsteilen und damit Eisenschlüsse einleiten. Außerdem können bei betriebsmäßigen Spannungen schon Eisenschlüsse auftreten, wenn durch Staub Kriechwege über die Isolation gebildet oder durch Feuchtigkeit Über- und Durchschläge begünstigt werden. Staubbrücken

[1] Vgl. z. B. Regeln für die Bewertung und Prüfung von elektrischen Maschinen 1930 § 50 u. f.

erzeugen häufig Eisenschlüsse an Läuferwicklungen und Kommutatoren von Kommutatormaschinen, sowie an Schleifringen der Läufer von Synchron- und Asynchronmaschinen. Diese Störungen stehen meist im Zusammenhang mit einem starken Verschleiß der Bürsten bei unrichtig gewählter Sorte oder bei elektrischen oder mechanischen Fehlern an der Stromabnahme. Auch bei ungenügender Wartung der stromabnehmenden Teile kann eine starke Verstaubung entstehen. Besonders gefährdet sind Antriebe in der Eisen- und Kohlenindustrie, in Walzwerken, Förderanlagen, Kokereien u. a. Die Luft in solchen Betrieben enthält meist feinen Eisen- oder Kohlenstaub. Bei der Kühlluftentnahme aus den Arbeitsräumen gelangt dieser Staub an die Läuferwicklungen, Kommutatoren und Schleifringe und bildet leitende Brücken, die allmählich zu Eisenschlüssen führen können. Der in der Luft enthaltene Staub ist sehr leicht und so fein verteilt, daß er durch die Kühlluft an Stellen im Innern der Maschinen getragen wird, wo man ihn nie vermuten könnte. Während dem Drehen oder Schleifen von Kommutatoren sollen die Fahnen sorgfältig mit Papier oder Tuch bedeckt werden. Eingedrungener Kupferstaub oder Drehspäne können außer Windungsschlüssen auch Eisenschlüsse verursachen. Außer Staub kann die Luft beispielsweise in chemischen Betrieben auch Gase und Dämpfe enthalten, deren Niederschlag auf der Isolation zu Überschlägen und damit zu Eisenschlüssen führen kann. Besonders gefährdet sind in dieser Hinsicht Maschinen, welche in solchen Räumen längere Zeit stillstehen.

Zerstörungen der Isolation wurden auch schon beobachtet nach Gebrauch von Lötwasser bei der Reparatur von Spulen. Bei unvorsichtiger Herstellung von Lötverbindungen kann auch die benachbarte Isolation verbrannt werden, so daß Überschläge gegen Eisen möglich sind. Verbrannte Isolation muß stets ersetzt werden. Wenn Hartpapier-Isolationen oberflächlich angesengt sind, müssen diese Stellen durch Abkratzen äußerst sorgfältig gereinigt und neu lackiert werden.

Außerdem sind noch mechanische Ursachen von Eisenschlüssen zu erwähnen. Durch Unachtsamkeit des Betriebspersonals oder bei ungenügend geschütztem Lufteintritt, können Fremdkörper in die Maschinen mit der Kühlluft eindringen. Sie zerstören die Isolation auf mechanischem Weg und erzeugen leitende Brücken zwischen spannungführenden Teilen und Erde.

Durch die allmähliche Lockerung von Niet- oder Schweißverbindungen an Distanzstegen in den Kühlschlitzen oder an den Preßfingern der Endbleche können lose gewordene Teile in dauernde Schwingungen geraten. Benachbarte Spulenisolationen werden davon beschädigt. Bei ungenügender Pressung einzelner Stellen der Blechpakete können Zähne zu vibrieren beginnen und die Isolation der eingebetteten Wicklungen allmählich durchscheuern. Abb. 10 zeigt als Beispiel die Wirkung von losen Endblechen und losen Preßfingern an der benachbarten Spulenisolation an einem alten Einphasengenerator von 3500 kVA. Abb. 11 zeigt einen Eisenschluß im Ständer eines Einphasenturbogenerators älterer Konstruktion aus dem Jahre 1912; dieser Schluß entstand infolge ungenügender Pressung der Bleche, wodurch die Zähne in Vibrationen gelangten. Bei den heutigen Blechungsverfahren und Preßdrücken und bei der kräftigen Ausbildung der Blechpreßkonstruktionen sind solche Fehler an neueren Maschinen nicht mehr zu erwarten.

Abb. 10. Beschädigungen der Spulenisolation eines 3500-kVA-Einphasengenerators durch lose Endbleche und lose Preßfinger.

Außer vielerlei Fremdkörpern können in Maschinen auch Staub und Sand aller Art, ferner Putzwolle, Stanniol, Drahtstücke, Schrauben, Zinn u. a. gefunden werden. Interessante Wirkungen eines Fremdkörpers zeigt Abb. 12. Beim Einsetzen des Nutenkeiles müssen hier kleine Eisenteile mitgerissen und zwischen Stabisolation und Holzkeil eingeklemmt worden sein. Durch die magnetischen Kräfte wurden diese kleinen Eisenstücke dauernd hin und her bewegt und arbeiteten so im Lauf von ungefähr 4 Jahren die im Bilde sichtbare Kerbe in der Spulenisolation und im Keil heraus. Wäre diese Stelle nicht bei einer Reparatur zufällig entdeckt worden, so wäre daraus ein Eisen- und Windungsschluß mit beträchtlichem Schaden entstanden.

Durch Überhitzungen bei Überlast oder durch Alterung bei sehr langer Betriebszeit können Wicklungsisolationen stark verändert werden. Bei eingetretener Verkohlung können sie schon im normalen Betrieb oder bei geringeren Überspannungen durchschlagen. Unter der Einwirkung mechanischer oder elektro-dynamischer Kräfte können Lockerungen und anschließend ebenfalls Durchschläge auftreten. Es sei hier nur hingewiesen auf das Durchscheuern der Isolationsunterlagen von Polradspulen durch die Fliehkräfte, auf die Bewegungen von Magnetspulen bei umsteuerbaren Antrieben (Förder- und Walzwerk-Steuergeneratoren), auf die Lockerung von Wicklungsteilen im Ständer oder Läufer durch die öfteren Stromstöße bei Motoren mit großer Anlaß

Abb. 11. Eisenschluß infolge loser Blechung im Ständer eines 4-poligen Einphasen-Turbogenerators aus dem Jahre 1912.

Abb. 12. Verletzung der Spulenisolation und des Nutenverschlußkeils durch einen Eisenspan.

häufigkeit. Auch Windungsschlüsse, welche die Isolation verbrennen, können noch Eisenschlüsse nach sich ziehen.

b) Folgen der Eisenschlüsse. Bei allen Maschinen mit nicht isoliert aufgestelltem Gehäuse, also in fast allen Fällen, bedeutet ein Eisenschluß stets auch einen Erdschluß. Bei guter Erdung wird das Gehäuse im allgemeinen keine gefährliche Spannung gegen Erde annehmen. Bei

Abb. 13. Wirkungen eines Eisenschlusses im Ständer eines Wechselstromgenerators von 4500 kVA.

isoliert aufgestellten Maschinen kann jedoch die Berührung beim Bestehen eines Eisenschlusses eine Gefahr bedeuten.

Der Erdschluß kann entweder dauernd oder intermittierend sein. Bei einem dauernden Erdschluß wird meist die betroffene Stelle ausgebrannt, da ein entstandener Lichtbogen bestehen bleibt. Besonders schädlich ist das längere Bestehen des Lichtbogens mangels geeigneter Schutzvorrichtungen. Aus einem einfachen Eisenschluß entsteht dabei leicht ein Windungsschluß, unter Umständen ein zweipoliger Eisenschluß und damit ein Kurzschluß. Durch einen Lichtbogen kann das Eisen

Abb. 14. Ausbrennungen durch Eisenschluß im Läufer eines Gleichstromgenerators, 900 kW.

sowie benachbarte Wicklungsteile ganz beträchtlich in Mitleidenschaft gezogen werden. Abb. 13 zeigt als Beispiele die Auswirkungen eines Eisenschlusses und folgenden Windungsschlusses an einem Wechselstromgenerator von 4500 kVA. Das Eisen war über eine große Stelle verschmort; ein Umblechen dieser Maschine war nicht zu umgehen. Abb. 14 zeigt die Anbrennungen im Läufer eines Gleichstromgenerators von 900 kW. Das Übergreifen der Zerstörung auf die nebenliegende Nut war hauptsächlich dadurch verursacht, daß der Maschinenwärter bei der Wahrnehmung der Rauchentwicklung während des normalen Betriebes die Maschine wohl richtig ausschaltete, jedoch ohne weitere Untersuchung später wieder in Betrieb setzte. Aus dem Eisenschluß war ein Windungsschluß geworden.

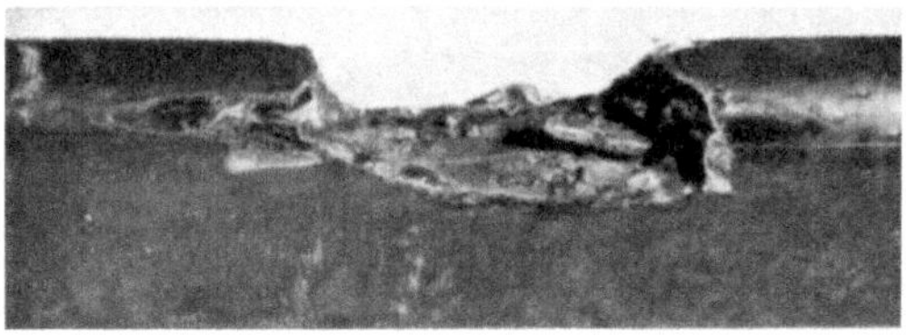

Abb. 15. Durch Blitzschlag im Netz beschädigte Spule eines Drehstromgenerators 750 kVA, 10000 V.

Abb. 15 zeigt die Wirkungen eines Blitzschlages in der Spule eines Drehstromgenerators 750 kVA, 10 kV.

4. Aufsuchen der Eisenschlußstelle.

Ist die Eisenschlußstelle nicht so stark ausgebrannt, daß ihre Lage ohne weiteres sichtbar wird, dann muß sie durch Messungen und Versuche ermittelt werden. In erster Linie wird man durch eine Trennung der bisher verbundenen Wicklungsstränge die kranke Wicklungsgruppe näher eingrenzen. Um die genauere Lage der Fehlerstelle zu finden, sind verschiedene Untersuchungsmethoden bekannt. Hier werden nur diejenigen angedeutet, welche sich mit den meist in Werken vorhandenen Meßinstrumenten durchführen lassen. In Reparaturwerkstätten stehen weitere Einrichtungen zur Fehlerortsbestimmung zur Verfügung, erwähnt seien beispielsweise Meßbrücken für Widerstandsmessungen, Abhorchgeräte unter Verwendung von Telephonen.

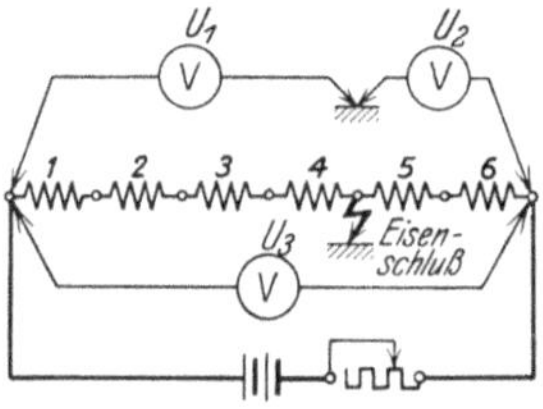

Abb. 16. Aufsuchen eines Eisenschlusses durch Messung der Teilspannungen U_1, U_2.

a) Methode der Widerstandsmessung. Nach Abb. 16 wird die Wicklung mit Gleich- oder Wechselstrom aus einer erdschlußfreien Hilfsstromquelle mit geeigneter Spannung gespeist. Die Messung mit Wechselstrom sollte nur an ausgebauten Polrädern und an Ständerwicklungen bei entferntem Läufer vorgenommen werden. Sonst können im Ständer oder Läufer unter Umständen gefährliche Spannungen induziert werden. Man mißt bei angelegter Speisespannung U_3 die Teilspannungen U_1 und U_2 gegen Eisen. Bei genügend hohem Widerstand des Instrumentes oder bei direktem Eisenschluß fällt der Übergangswiderstand an der Fehlerstelle außer Betracht, so daß $U_1 + U_2 = U_3$ wird. Aus dem Verhältnis der Teilspannungen kann man dann auf die Lage der Fehlerstelle schließen. An Polradwicklungen kann man diese Messungen auch bei Lauf vornehmen und die zugehörigen Erregermaschinen als Stromquelle benutzen.

b) Stromrichtungsmethode. Bei Wicklungen von Maschinen niederer Spannung und hoher Stromstärke ist die vorerwähnte Methode nicht geeignet. Wegen des geringen Widerstandes werden die Teilspannungen so klein, daß sie mit den meist vorhandenen Instrumenten nicht richtig meßbar sind. Auch läßt sich dieses Verfahren bei Läuferwicklungen von Gleichstrommaschinen, ohne sie zu öffnen, nicht mehr anwenden.

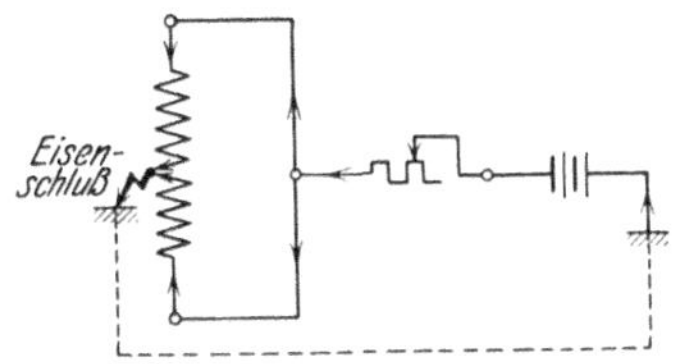

Abb. 17. Stromverteilung in einer Wicklung mit Eisenschluß bei Stromzufuhr über die Wicklung und das Eisen.

In diesen Fällen dient folgende Methode: Man speist den Wicklungsstrang z. B. einer Wechselstromständerwicklung nach Abb. 17, indem man beide Wicklungsenden mit dem einen Pol einer Gleichstromquelle und das Eisen mit dem anderen Pol verbindet. Dann wird sich in der Wicklung eine Stromverteilung nach der Fehlerstelle hin ausbilden, welche der gezeichneten Pfeilrichtung entspricht. Ist die Stromstärke groß, so kann man mit einer Magnetnadel (Kompaß), die man über Nut und Leiter hinbewegt, die Stelle auffinden, an welcher die Stromrichtung wechselt; dies ist die Fehlerstelle. Mit einem genügend empfindlichen Instrument (Millivoltmeter) läßt sich die Stromrichtung in anderer Weise feststellen. Durch die Beobachtung der Teilspannungen an den Verbindungen der Spulen kann man leicht die Stromrichtung ersehen. Diese Art der Untersuchung ist jedoch nur bei Wicklungen anwendbar, bei welchen die Stirnverbindungen blank ausgeführt sind. Abb. 18 zeigt schematisch die Untersuchung an einem Strang einer Drehstromständerwicklung. Mißt man bei bestehendem Eisenschluß die Spannungen zwischen a—a, b—b und c—c, so wird man bei c—c die

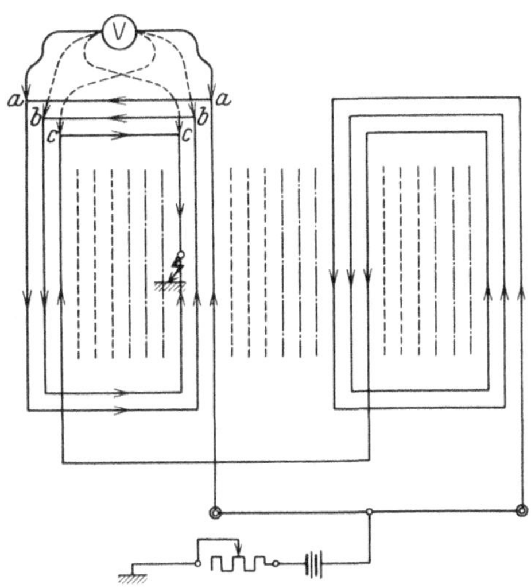

Abb. 18. Bestimmung der Stromverteilung durch Messung des Spannungsabfalles an den Spulenköpfen einer Ständerwicklung.

Voltmeteranschlüsse vertauschen müssen, um einen positiven Ausschlag zu erhalten. Die Stromrichtung in dieser Stirnverbindung ist also umgekehrt wie in den beiden anderen Verbindungen.

Bei Drehstromwicklungen kennt man im voraus oft den Strang nicht, in dem sich die Schlußstelle befindet. Man verbindet dann zweckmäßig die Klemmen miteinander und mit dem eventuell vorhandenen Sternpunkt, und legt die Stromquelle, wie in Abb. 17 bereits angedeutet, an die so verbundenen Wicklungsstränge und an Eisen. Die gesunden Stränge führen nun keinen Strom. Führt man die Magnetnadel über die zu diesen Strängen gehörenden Nuten, so wird man keine Ablenkung der Nadel beobachten.

In der Läuferwicklung einer Gleichstrommaschine läßt sich mit der Magnetnadel eine Schlußstelle, ohne die Wicklung zu öffnen, weniger eindeutig bestimmen. Schließt man nämlich die Stromquelle zwischen Kommutator und Eisen an, indem man alle Lamellen durch ein blankes Metallband oder einen genügend starken Draht kurzschließt, so wird man ein eindeutiges Ausschlagen der Magnetnadel an so viel Nutenstellen beobachten, als Pole vorhanden sind. Dasselbe ist auch der Fall, wenn man nur zwei Lamellen, die um eine Polteilung entfernt sind, durch aufgelegte Kupferstücke anschließt, und sie gemeinsam mit einem Pol der Gleichstromquelle verbindet. Durch diese Versuche kann man also nur sicher feststellen, welche Nutengruppen die Fehlerstelle enthalten. Die genaue Lage der Fehlerstelle kann man erst finden, wenn die Wicklung an einigen zu diesen Nuten führenden Ableitungen geöffnet und hernach weiter untersucht wird.

c) Ausbrennverfahren. Hat man z. B. durch Messungen mit einem Kurbelinduktor oder vermittels einer Prüflampe einen direkten Eisenschluß festgestellt, so kann man die Lage der Fehlerstelle durch das Ausbrennverfahren auffinden. Zu diesem Zwecke legt man zwischen Eisen und Wicklung eine fremde sehr niedere Gleich- oder Wechselspannung von oft nur einigen Volt, an. Der durch die Fehlerstelle fließende Strom bringt dieselbe zur Erwärmung; es sind Rauch- und nicht selten Funken an der Fehlerstelle zu beobachten. Um den Schadenumfang durch Verschmorungen des umliegenden Eisens nicht noch zu vergrößern, ist es unbedingt nötig, daß die angelegte Spannung gering ist und daß womöglich durch genügend große Vorwiderstände die Entstehung einer unzulässigen Stromstärke verhindert wird.

d) Behebung der Eisenschlüsse. Das Vorgehen zur Behebung des Fehlers richtet sich nach der Ursache und den Folgen des Eisenschlusses. Waren Staubbrücken die Ursache, so wird man die Kriechstellen sorgfältig reinigen, angebrannte Isolation wegkratzen oder ersetzen und neu lackieren. Zur Vorbeugung müssen entweder die Maschinenteile besser überwacht oder Verbesserungen an der Maschine angebracht werden. Bei starker Verstaubung durch Bürstenverschleiß müssen geeignetere Kohlenmarken gewählt, nötigenfalls die Kommutation oder die Stromabnahme an den Schleifringen verbessert werden. Oft genügt allein ein sorgfältiges Abdrehen der Kommutatoren oder Schleifringe.

Müssen Wicklungsteile neu isoliert werden, so wird man, besonders bei Hochspannungsmaschinen, neue Spulen durch den Maschinenlieferanten herstellen und einbauen lassen. Niederspannungswicklungen kann man in eigenen Reparaturwerkstätten wieder herstellen. Die Isolierung solcher Wicklungen wird man möglichst gleichartig ausführen wie der Hersteller selbst.

Angebranntes aktives Eisen kann man meist durch Feilen und Wegmeißeln der kranken Teile wieder instand setzen. Der gute Lauf einer Maschine wird im allgemeinen durch solche Eingriffe nicht gefährdet, selbst wenn etwa größere Teile eines Zahnes weggemeißelt werden müssen. Wichtig ist nur die Vorsicht, daß die einzelnen Bleche sorgfältig voneinander getrennt und durch eingeschobenes Papier oder Karton oder durch eingestrichenen Isolierlack wieder isoliert werden, damit nicht neue Eisenkrankheiten mit starken örtlichen Überhitzungen entstehen. Ist das Eisen stark in Mitleidenschaft gezogen, dann muß umgeblecht und teilweise neu geblecht werden. Zu diesen Arbeiten wird man stets am besten den Maschinenlieferanten herbeiziehen.

5. Windungsschlüsse.

a) Ursachen der Windungsschlüsse. Wie die Eisenschlüsse, müssen auch Windungs- und Lagenschlüsse auf verschiedene Ursachen zurückgeführt werden. Überspannungen verschiedenster Art von angeschlossenen Anlageteilen herkommend, Schwächungen der Isolation benachbarter Leiter als Folge von Übererwärmung, Alterung, Verstaubung, mechanischer oder elektrodynamischer Kräftewirkungen. Auch Zinn, das bei Überhitzungen aus den Lötstellen der Spulenköpfe austritt und zwischen die Leiter eindringt, kann zu Windungsschlüssen führen. Nicht selten gehen Windungsschlüsse aus Eisenschlüssen hervor. Überschläge zwischen den Spulenköpfen der Läufer von Asynchronmotoren und Kommutatormaschinen sind bei Brückenbildung aus leitendem Metall- und Kohlenstaub möglich, vermögen jedoch nicht immer dauernde, sogenannte „feste" Windungsschlüsse herbeizuführen.

b) Folgen der Windungsschlüsse. Werden eine oder mehrere Windungen einer induzierten Wicklung durch Windungsschluß kurzgeschlossen, so fließt in dem entstandenen Kurzschlußkreis ein starker Strom. Dieser kann die betroffenen Wicklungsteile unter Rauchentwicklung rasch überhitzen. Wird mangels eines geeigneten Schutzes oder bei ungenügender Wartung die Störung nicht sogleich beachtet, so können durch den entstandenen Lichtbogen weitere benachbarte Wicklungsteile und das Eisen in Mitleidenschaft gezogen werden. Es können sogar Wicklungsbrände daraus entstehen. Abb. 19 zeigt die Wirkung eines Windungsschlusses in der Ständerwicklungsspule eines Drehstrommotors von 700 kW. Die betroffene Spulenisolation ist gänzlich verkohlt, die danebenliegenden Spulen sind stark angesengt; auch das Eisen ist von der Zerstörung erfaßt.

Bei Windungsschlüssen im Ständer von Wechselstrommaschinen kann ein Brummen und Vibrieren wahrgenommen werden. Wechselstrommotoren mit Windungsschlüssen im Ständer oder Läufer laufen

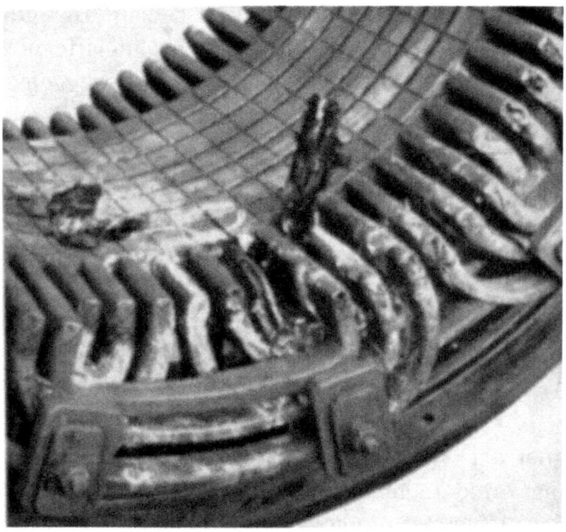

Abb. 19. Windungsschluß im Ständer eines 700-kW-Drehstrommotors.

meist aus Stillstand nicht an; beim Einlegen des Schalters wird dieser nicht selten durch den Überstromschutz wieder ausgelöst. Bei festen Windungsschlüssen im Läufer von erregten Kommutatormaschinen beobachtet man schon bei Leerlauf neben austretendem Rauch auch starkes Bürstenfeuer. Diejenigen Lamellen, welche zu der kranken Spule gehören, werden rasch geschwärzt. Ist die Läuferwicklung mit Ausgleichleitern versehen, dann werden auch andere Lamellen geschwärzt, welche um die doppelte Polteilung von den ersteren entfernt sind; zum Beispiel beobachtet man am Kommutator einer 6poligen Maschine drei um 120° versetzte Lamellengruppen, welche angebrannt sind. Bei Windungsschluß im Läufer eines Einankerumformers werden oft neben den zur kranken Spule gehörenden Lamellen auch die Lamellen aller übrigen Spulen angebrannt, welche mit demselben Schleifring verbunden sind. Bisweilen ist der Windungsschluß nicht von Anfang ein fester, sondern etwa durch die vorerwähnten Staubbrücken auf Spulenköpfen oder Lamellen erzeugt. Dann kann sich die betroffene Spule nicht sofort stark überhitzen, sondern es ist anfänglich nur das verstärkte Funken und das Anbrennen der Lamellen zu beobachten. Erst nach längerer Betriebszeit kann beim Abtasten der Wicklung eine stärkere örtliche Erwärmung an der kranken Spule beobachtet werden. Schließlich würde dann eine Überhitzung derselben entstehen. Abb. 20 zeigt die Auswirkungen eines Windungsschlusses, der durch angesammelten Kohlenstaub im Läufer einer Gleichstrommaschine hervorgerufen war. Zwischen den Leitern sind Staubbrücken noch deutlich zu erkennen.

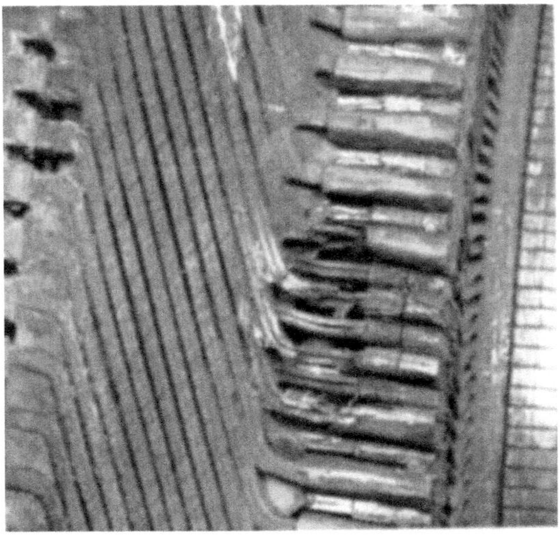

Abb. 20. Windungsschluß infolge Kohlenstaubansammlung zwischen den Spulenköpfen eines Gleichstromläufers.

Bei Windungsschlüssen in induzierenden Wicklungen, etwa in Magnetwicklungen und Polrädern, entstehen selten starke Verbrennungen. Höchstens bilden sich Schmorspuren an den Berührungsstellen. Sind durch den Schluß nur wenige Windungen überbrückt, so wird man den Fehler am Lauf der Maschine überhaupt kaum erkennen. Erst wenn durch den Windungsschluß ein gewisser Teil der Wicklung einer Polspule unwirksam geworden ist, kann durch die entstandene magnetische Unsymmetrie bei Gleichstrommaschinen mit Reihenparallel- und Parallelwicklung des Läufers ein verstärktes Bürstenfeuer entstehen. Bei Synchrongeneratoren und -motoren treten in einem solchen Fall mit zunehmender Erregung Vibrationen auf. Bei asynchron anlaufenden Synchronmotoren können Windungsschlüsse im Polrad den Anlauf verschlechtern, wobei dann auch unter Umständen eine verstärkte Erwärmung der kranken Teile eines Poles festgestellt werden kann.

6. Aufsuchen der Windungsschluß-Stellen.

Zum Aufsuchen der Fehlerstelle sind im folgenden einige einfachere Verfahren angegeben. Nicht näher eingegangen wurde auf die Untersuchungsmethoden, welche besondere Geräte erfordern, die meist nur in Reparaturwerkstätten und Fabriken vorhanden sind. Dazu gehört vor allem die Prüfmagnetmethode mit Verwendung eines Telephons als Sucher.

a) Äußere Wicklungsuntersuchung. Kranke Spulen in induzierten Wicklungen, sofern sie kräftig überhitzt wurden, bemerkt man meist rasch an der angesengten Spulenisolation im Spulenkopf oder an der abnormalen Erwärmung. Oft ist der Schaden so ausgedehnt, daß er auf den ersten Blick erkannt wird. Ist eine starke Verbrennung noch nicht entstanden, weil man durch das Ansprechen von Schutzapparaten oder durch schwache Rauchentwicklung und Brandgeruch auf die Gefahr aufmerksam und zum Abstellen der Maschine veranlaßt wurde, dann kann man meist beim Abtasten der Wicklung eine kranke Spule an ihrer stärkeren Erwärmung feststellen. Gute Dienste bei dieser Nachforschung leistet auch ein empfindliches Geruchsorgan der untersuchenden Person.

Kann der Fehler nicht gefunden werden, so wird die Maschine nochmals kurzzeitig und sehr vorsichtig in Betrieb genommen; Generatoren erregt man dabei ganz langsam auf kleine Spannung und beobachtet sie auf Rauchaustritt oder Vibrationen. Sofort nach raschem Abstellen tastet man die Wicklung wiederholt ab. Motoren schaltet man kurzzeitig ans Netz, wenn möglich mit reduzierter Spannung und beobachtet sie ebenso. In gleicher Weise geht man bei Gleichstrommaschinen vor, wenn ein Windungsschluß im Läufer vermutet wird.

b) Induktionsmethode. Diese Methode läßt sich mit Vorteil bei Asynchronmaschinen anwenden. Speist man bei geöffneter Läuferwicklung den Ständer eines Asynchronmotors, so wird bei einem Windungsschluß im Ständer oder Läufer vor allem meist ein abnormales Brummen auftreten, auch werden die Ströme der drei Stränge ungleich sein. Dreht man den Läufer und befindet sich der Schluß im Läufer, so kann man am Amperemeter in einer beliebigen Ständerzuleitung mit dem Wandern der kurzgeschlossenen Spule ein ausgeprägtes Schwanken der Stromstärke wahrnehmen, und zwar entstehen pro Umdrehung des Läufers so viele Schwankungen, als der Motor Pole hat. Zudem ist die Bewegung des Läufers ruckartig. Sitzt der Windungsschluß im Ständer, so kann man bei Speisung der Läuferwicklung mit geeigneter Spannung, bei offener Ständerwicklung und Drehung des Läufers, die gleichen Beobachtungen am Läuferstrom machen. Daneben wird man rasch eine abnormale Erwärmung der kranken Spule feststellen können. Auch zeigt eine Messung der drei Klemmenspannungen — z. B. bei Speisung des Ständers und Schluß im Läufer der Spannungen an den Läuferklemmen — beträchtliche Unterschiede. Es genügt meist schon eine Speisespannung von 50 bis 70% der Nennspannung, um den Fehler eindeutig erkennen zu lassen.

c) Methode der Widerstandsmessung. Kann bei Gleichstrommaschinen die Fehlerstelle im Läufer nicht mittels der Erwärmung festgestellt werden, z. B. wenn der Motor überhaupt nicht mehr anläuft, dann kann sie durch Widerstandsmessungen gefunden werden. Man geht dabei wie folgt vor: Der Läuferwicklung führt man über zwei geeignete Anschlußstücke, welche auf zwei um eine Polteilung voneinander entfernte Lamellen aufgesetzt werden, einen Gleichstrom von 10 bis 20% des Nennstromes zu. Bei konstant gehaltener Stromstärke mißt man mit einem empfindlichen Voltmeter die Teilspannungen zwischen je zwei benachbarten Lamellen, z. B. *1—2*, *2—3*, *3—4* usw., wie dies in Abb. 21 für eine 4polige Wicklung erläutert ist. Wegen der Stromverteilung sind in der Nähe der Anschlußstücke diese Spannungen etwas größer als in einiger Entfernung davon. Die Abweichungen sind jedoch gering. Bei den meisten Lamellen sind die Teilspannungen nahezu gleich groß, sofern kein Windungsschluß dazwischen vorhanden ist. Ein solcher ist dadurch zu erkennen, daß die Spannung zwischen zwei Lamellen bedeutend geringer, oft fast Null ist. War die erste gemessene Polteilung ohne Schlußstelle, so wiederholt man die Messung über der nächsten Polteilung usw. Die oben erwähnte Ungleichheit der Teilspannungen wird durch Zwischenmessungen ausgeschaltet, indem man die Anschlußstücke jeweils nur um eine halbe Polteilung weiter versetzt, z. B. aus Stellung *A—A* in Stellung *B—B*. Ist die Lamellenzahl durch die Polzahl nicht ganz teilbar, so schließt man an derjenigen Lamelle an, welche der Teilstelle am nächsten liegt. Statt mit Gleichstrom kann die Messung auch mit Wechselstrom erfolgen.

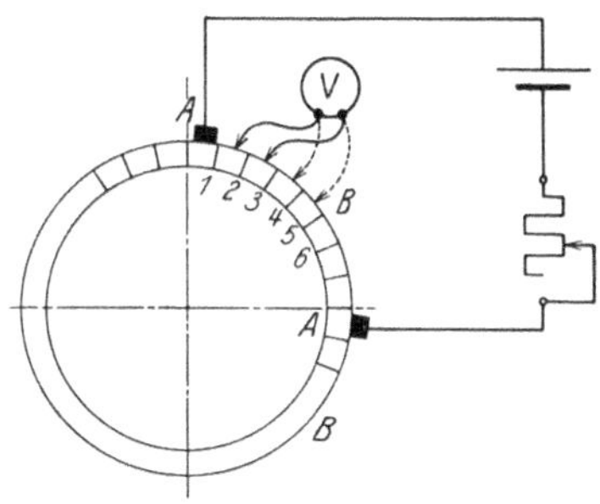

Abb. 21. Aufsuchen eines Windungsschlusses durch Widerstandsmessung in einem Gleichstromläufer.

Um Windungsschlüsse in Polrad und Magnetwicklungen rasch und sicher aufzufinden, speist man sie zweckmäßiger mit Wechselstrom statt mit Gleichstrom.

Um die Spannungsverhältnisse bei kurzgeschlossenen Windungen zu zeigen, wurden an einer Polspule eines 6poligen Synchrongenerators versuchsweise 0 . . . 10 von total 118 Windungen kurzgeschlossen und die Teilspannungen der einzelnen Pole gemessen. Die folgende Tabelle zeigt die Resultate:

Total-spannung Volt	Strom Amp.	Spannung der einzelnen Pole Volt						Anzahl kurzgeschl. Windungen an Pol Nr. 6
		1	2	3	4	5	6	
726	22,35	123	121	124	120	121	122	0
722	23,65	123	127	130	127	122	**99**	1
725	24,9	125	132	134	133	125	**60**	3
725	25,9	127,5	141	140	140	128,5	**51**	7
725	26,5	130	141	140	140	128	**47**	10

Mit Gleichstrom könnte ein Schluß, der nur so wenige Windungen umfaßt, nicht mit Sicherheit festgestellt werden, während mit Wechselstrom die angegebenen großen Spannungsunterschiede auftreten.

Zu solchen Messungen sollte das Polrad ausgebaut werden, da unter Umständen in den Ständerwicklungen gefährliche Spannungen induziert werden können.

Statt das ausgebaute Polrad zu speisen, kann auch die Ständerwicklung bei eingebautem Polrad und offener Erregerwicklung an eine geeignete Stromquelle mit reduzierter Spannung kurzzeitig angeschlossen werden. Meist genügen 15 bis 25% der Nennspannung, wobei ein Strom bis zur Stärke des Nennstromes fließen kann. Durch das Ständerfeld werden die Polspulen induziert; ist in diesen eine kurzgeschlossene Windung vorhanden, so wird darin ein großer Strom fließen und dieselbe beträchtlich erwärmen. Auch kann man die Teilspannungen an den einzelnen Polspulen messen und dabei ebenfalls den kranken Pol an der kleineren Spannung erkennen. An der Polradwicklung können bei diesem Versuche hohe Spannungen entstehen. Eine Berührung der Wicklungsteile bedeutet daher Gefahr.

Schwieriger gestaltet sich das Auffinden von Windungsschlüssen, welche nur während des Laufes der Maschine, z. B. unter dem Einfluß von Fliehkräften vorhanden sind, etwa bei Läufern von Wechselstromgeneratoren. Wenn hier nicht ganze Spulen durch den Kurzschluß unwirksam gemacht werden und deshalb am Unterschied der Erwärmung erkannt werden können, kommt man nur mit äußerst sorgfältigen Widerstandsmessungen im Betrieb zum Ziele, mit Gleichstrom auch nur dann, wenn so viele Windungen kurzgeschlossen sind, daß dadurch der Widerstand um einige Prozent sinkt. Beim Versuch speist man die Polradwicklung über die Schleifringe mit einer möglichst konstanten Gleichspannung. Ausgehend vom Stillstand nimmt man bei verschiedenen Drehzahlen stets den Widerstand aus Strom und Spannung auf; letztere mißt man an den Schleifringen mittels besonders aufgesetzten Hilfsbürsten aus Kupferdrahtgewebe. Beim Anschluß des Voltmeters an die stromführenden Bürsten würde die veränderliche Übergangsspannung die Meßgenauigkeit stark beeinflussen. Mit steigender Drehzahl wird nun plötzlich eine sprunghafte Änderung des Widerstandes feststellbar sein; hernach ist der kranke Pol zu suchen. Dazu sind weitere Widerstandsmessungen bei Lauf nötig, bei denen man nur mehr einzelne Polgruppen mißt. Hierzu muß entweder ein Hilfsschleifring aufgesetzt oder die Welle und eine Hilfsbürste *C* zur Abnahme der Meßspannung verwendet werden, wie dies Abb. 22 andeutet. Man mißt nun zuerst etwa zwischen dem Schleifring *A* und der Hilfsbürste *C*, wozu man eine Verbindung zwischen den Polen *1* und *2* und der Welle anbringt. Alsdann verschiebt man diese Verbindung nach den Polen *3* und *4* und weiter, bis man den kranken Pol dadurch erkennt, daß beim Hochfahren eine sprunghafte Änderung des Widerstandes einer Polgruppe eintritt. Zeigte sich beim Anschluß der Verbindung *2*—*3* an die Welle keine Änderung, bei Anschluß von *3*—*4* jedoch eine sprunghafte Änderung des Widerstandes, so liegt der Fehler im Pol *3*.

d) Behebung der Windungsschlüsse. Ständer- und Läuferspulen von Wechselstrommaschinen und Läuferspulen von Kommutatormaschinen, in denen ein Windungsschluß vorhanden ist, sollten stets gänzlich ersetzt werden. Die Wicklungsisolation ist meist durch Überhitzung so zerstört, daß die Gefahr weiterer Schlüsse besteht, auch wenn es gelingt, die Berührungsstelle zu finden und zu isolieren. Magnetspulen aus dünnem Draht wird man, sofern der Schluß überhaupt eine störende Wirkung hat, teilweise abwickeln und neu wickeln. Polspulen aus blankem Kupfer kann man ziemlich leicht durch Einlegen neuer Isolation reparieren. Ist bei der Verbrennung der Spulen auch das Eisen in Mitleidenschaft gezogen worden, dann müssen die allfällig zusammengeschmolzenen Eisenstellen repariert werden. Über die Untersuchung des kranken Eisens und dessen Reparatur siehe Unterabschnitt M. C. 1. b).

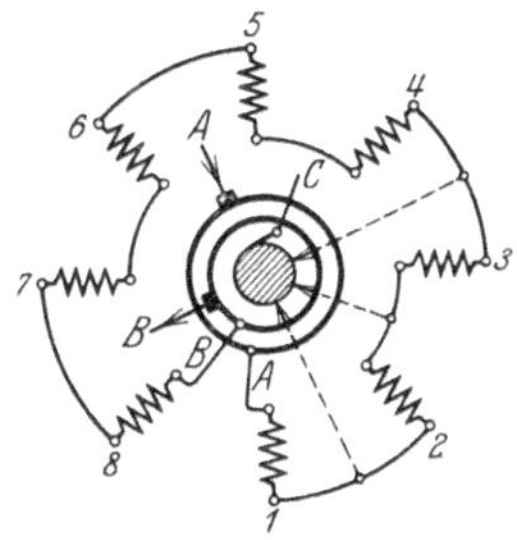

Abb. 22. Aufsuchen eines nur bei Lauf auftretenden Polschlusses durch Widerstandsmessungen.

7. Wicklungsunterbrüche.

a) Ursachen der Unterbrüche. Die Hauptursachen für Unterbrüche in Wicklungen und Wicklungsverbindungen sind mechanischer Natur: Ermüdungsbrüche von Leitern infolge Vibrationen bei ungenügender Abstützung — z. B. Brüche von Kommutatorfahnen —, Beschädigung dünner Leiter infolge von Schlägen und Stößen bei unsorgfältiger Behandlung, Unterbrüche an Kontaktstellen mit verhältnismäßig hohem Widerstand infolge Schmelzen der Lötungen. Dieser letztere Fehler kann entstehen an Spulenköpfen der Läuferwicklungen von Gleichstrom- und Wechselstrommaschinen, wie auch an Wechselstromständerwicklungen bei Überlastung der Wicklung. Besonders groß ist die Gefährdung, wenn der Querschnitt der Lötverbindung kleiner ist als der Leiterquerschnitt und wenn die Überlastung kurzzeitig sehr hoch ist.

b) Folgen der Unterbrüche. Diejenigen Folgen eines Unterbruches, welche die Spannungserzeugung von Generatoren oder den Anlauf und Betrieb von Motoren störend beeinflussen, sind in den betreffenden Abschnitten eingehend besprochen. Erwähnt seien hier nur noch die Erscheinungen bei Unterbrüchen in der Läuferwicklung von Kommutatormaschinen. Besitzt darin eine Spule einen Unterbruch oder eine ausgeflossene Lötstelle, dann tritt am Kommutator ein starkes charakteristisches Perlfeuer auf, das infolge der Verbrennung des Kupfers grünlich erscheint. Die mit der Unterbruchstelle zusammenhängenden Lamellen sind an den Kanten stark verbrannt, die Fuge zwischen den Lamellen ist bis auf den Grund verrußt.

Außerdem müssen noch Unterbrechungen in einzelnen Parallelzweigen von Ständerwicklungen erwähnt werden. Diese machen sich bei Generatoren nicht durch fehlende Strangspannung und bei Motoren nicht durch Nichtanlaufen bemerkbar, sondern nur durch starkes Geräusch und Vibrationen.

8. Verschaltung von Wicklungen.

Solche Fehler treten nur auf, wenn Maschinen entweder im Lieferwerk nicht geprüft oder nachdem sie einer Reparatur unterworfen wurden. Die möglichen Verschaltungen der Erreger- und Hauptstromkreise von Generatoren und Motoren sind in den betr. Abschnitten erwähnt.

Bemerkenswert sind noch die Verschaltungen von Wechselstromständerwicklungen beim Vertauschen der Anschlüsse einzelner Spulen eines Stranges. Dieser Fehler macht sich in Wicklungen mit Serienschaltung im Leerlauf nur durch die verminderte Strangspannung geltend. Die Verschaltung ist durch Messung der einzelnen Spulenspannungen und der ganzen Strangspannung im Leerlauf leicht feststellbar. Bei Parallelschaltung zweier und mehrerer Zweige eines Stranges treten jedoch im erregten Leerlauf schon starke Geräusche und Vibrationen auf.

An Drehstrommotoren wird man in erster Linie durch den unter Umständen verzögerten Anlauf, das abnormale Geräusch und die Vibrationen auf die ungleiche Stromaufnahme aufmerksam. Hier wird am besten zur Auffindung einer solchen Verschaltung bei offener Ständerwicklung der Läufer, oder bei offener Läuferwicklung der Ständer, mit geeigneter Spannung gespeist und dann die induzierten Spannungen an den Spulen und Strängen gemessen.

9. Elektrodynamische Wirkungen.

Beim Auftreten von Überströmen, z. B. bei Ein- und Umschaltvorgängen, oder bei Kurzschlüssen treten zwischen benachbarten Leitern große Kräfte auf. Ungenügend befestigte Wicklungsteile, wie: Spulenköpfe von Wechselstrom-Ständerwicklungen, Verbindungen von Dämpferwicklungen, Leiter von Polspulen u. a. können dabei vorübergehend oder bleibend deformiert werden, weil Spulenköpfe von Ständerwicklungen gegen das Ständereisen gezogen, benachbarte Wickelschichten sowie Leiter ungleicher Stränge gegenseitig abgestoßen und die Leiter desselben Stranges gegeneinander gezerrt werden. Wenn diese Bewegungen von Wicklungsteilen und einzelner Leiter nicht durch geeignete Abstützungen auf ein Kleinstmaß beschränkt sind, so können Brüche von Isolierrohren und Durchscheuerungen von Windungsisolationen und als Folge Eisen- und Windungsschlüsse entstehen. Bei

Abb. 23. Elektrodynamische Wirkungen von Kurzschlüssen auf die Windungen einer Wendepolspule eines 750-kW-Umformers alter Bauart.

modernen Maschinen werden solche Fehler jedoch kaum mehr vorkommen, da die Aufgaben zweckmäßiger Wicklungsabstützung inzwischen gelöst wurden.

Abb. 23 zeigt die Kraftwirkungen eines Kurzschlußstromes an der Wendepolspule eines 750 kW-Einankerumformers alter Bauart; in Abb. 24 ersieht man die Folgen sehr häufiger Kurzschlüsse an der Ständerwicklung eines ehemals zu Kurzschlußversuchen verwendeten Dreiphasen-Turbogenerators von 12000 kVA Leistung, 3000 Umdr./min. Die Spulenkopfabstützungen waren hier ungenügend.

Durch die bei Kurzschlüssen auftretenden Drehmomentstöße können auch Wellen, Kupplungen und Befestigungen von Läuferkörpern beschädigt werden. Abb. 25 stellt die Kupplungshälfte mit Keil des obenerwähnten Generators dar; Keil und Keilbahn sind ausgeschlagen.

Durch elektrodynamische Wirkung kann an lockeren Klemmen auf Klemmbrettern und an schlechten Übergangsstellen Spritzfeuer entstehen, welches Kurzschlüsse zwischen blanken Anlageteilen oder Erdschlüsse und damit Wanderwellen einleiten kann. Durch Wanderwellen können weiterhin Durchschläge gegen Erde an den Eingangswindungen von Wicklungen entstehen, ferner Windungsschlüsse durch Überschläge in Eingangsspulen, gefolgt vom Abschmelzen der ersten Windungen. Auch sind Überschläge in anderen Anlageteilen möglich. Manche Störungen, eingehend untersucht, sind auf Spritzfeuer zurückzuführen.

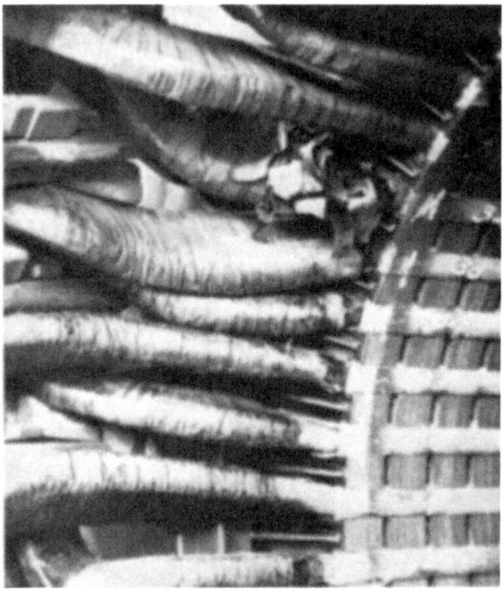

Abb. 24. Elektrodynamische Wirkungen von Kurzschlüssen auf die Ständerspulenköpfe eines 12000-kVA-Turbogenerators 3000 U/min alter Bauart.

10. Glimmwirkungen.

Im normalen Betrieb von Wechselstromgeneratoren und -motoren für Hochspannung wird man Entladungserscheinungen meist nur an Maschinen älterer Konstruktion mit Nennspannungen zwischen 10 und 15 kV wahrnehmen, und zwar nur als Glimmentladungen. Das Glimmen ist in Form leuchtender Punkte nur bei Nacht und nur an den Stellen höchster Beanspruhung der Luft sichtbar, z. B. an der Austrittsstelle der Leiter aus dem Eisen. Auch kann hie und da in der Kühlluft ein durch das Glimmen verursachter Ozongehalt festgestellt werden. Die Riechgrenze für Ozon liegt jedoch für eine empfindliche Nase schon bei etwa 0,0002 Vol-%, einem äußerst geringen Wert. Der Ozongehalt in der Kühlluft älterer Generatoren kann bis zum zehnfachen dieses Wertes ansteigen, ohne daß von einem starken Ozongeruch gesprochen oder

Abb. 25. Keil und ausgeschlagene Keilbahn als Folge von Kurzschlüssen.

eine Gefährdung der Isolation vermutet werden kann. Wird die Spulenisolation, besonders der im Eisen liegende, oft mit Glimmererzeugnissen umpreßte Teil, so unsorgfältig ausgeführt, daß Luftschichten darin eingeschlossen werden, dann kann auch in diesen Luftschichten Glimmentladung entstehen.

Bei alten Maschinen für hohe Spannungen wurden noch keine Schutzmaßnahmen zur Vermeidung des Glimmens am Nutaustritt und im Innern der Nut angewendet. Deshalb konnte z. B. die zum mecha-

Abb. 26. Nutauskleidung aus rohem Preßspan, durch Glimmen zerstört. (Aus einem Einphasengenerator für 16 kV Betriebsspannung bei einpoliger Erdung nach 12 Jahren Betrieb.)

nischen Schutz des Nutstabes gegen die Nutwand vorhandene Preßspaneinlage zerstört werden, wovon Abb. 26 einige Stücke zeigt. Die am wenigsten angegriffenen Stellen liegen in der Mitte der Kühlschlitze. Ähnliche Folgen des Glimmens an einem Deckpapier einer mit Glimmer umpreßten Spule zeigt Abb. 27. Die Glimmerumpressung selbst ist vollkommen gesund.

Im allgemeinen sind Betriebsleute hinsichtlich der Folgen des Glimmens zu ängstlich. Wirkliche Schädigungen durch Glimmentladungen sind äußerst selten und nur auf Maschinen ganz alter Konstruktion beschränkt.

Die Wicklungen von neueren Maschinen für hohe Spannung erhalten als Glimmschutz meist am Nutaustritt leitende Beläge oder

Abb. 27. Durch Glimmen angegriffene Deckschicht einer mit Glimmer umpreßten Spule. (Aus einem Einphasengenerator für 16 kV Betriebsspannung bei einpoliger Erdung nach 12 Jahren Betrieb.)

Lackanstriche. Auch die Nutauskleidungen aus Preßspan- und anderen Materialien werden mit leitenden Lacken überzogen.

M. C. Eisenkrankheiten.

1. Blechschluß.

a) Ursachen und Folgen des Blechschlusses. Die Bleche des aktiven Eisens von Ständern und Läufern sind zur gegenseitigen Isolierung mit dünnem Papier beklebt oder mit einer Lack- oder Oxydschicht versehen. Durch Gratbildung beim Bearbeiten der Eisenkörper mit ungeeigneten Werkzeugen, oder durch Verschleifen der Bleche beim Streifen von Läufer- und Ständereisen, kann diese Isolierung durch eine leitende Schicht überbrückt werden. In dieser erhöhen sich die Eisenverluste durch Wirbelstrombildung und verursachen eine vergrößerte Erwärmung der kranken Stellen. Außerdem können daraus, in Verbindung mit den meist nicht isolierten Preßbolzen der Eisenpakete, Kurzschlußwindungen entstehen, wie Abb. 28 andeutet. Der von ihnen umschlungene magnetische Fluß induziert weitere Kurzschlußströme, welche die Stromwärmeverluste noch vermehren und die Erwärmung der kranken Eisenstellen noch weiter steigern.

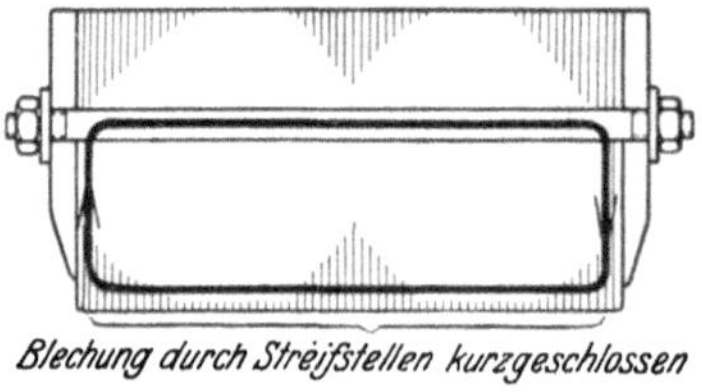

Abb. 28. Bildung einer Kurzschlußwindung im Ständereisen eines Generators.

In Abb. 29 sind die Ergebnisse der Eisentemperaturmessung am Rücken eines alten und eisenkranken Dreiphasen-Generators von

900 kVA, 8000 Volt, 66⅔ Umdr./min dargestellt. Die Stelle der erhöhten Eisenerwärmung fällt zusammen mit starken Streifstellen an der Luftspaltseite.

b) Feststellung und Reparatur des Blechschlusses. Einen geblechten Ständer oder Läuferkörper kann man in folgender Weise auf das Vorhandensein kranker Stellen im Eisen prüfen, bei welchen sich infolge zerstörter Isolation und ungenügender Trennung die Bleche gegenseitig berühren. Man legt nach Abb. 30 eine Anzahl Windungen um das Eisen und beschickt diese provisorische Erregerwicklung mit einem Wechselstrom während ¼ bis ½ Std. Durch den im Eisen entstehenden magnetischen Fluß werden an Stellen, wo die Bleche ungenügend isoliert sind, Wirbelströme erzeugt, welche die kranken Stellen erwärmen. Durch sorgfältiges Abtasten kann man solche Stellen leicht finden.

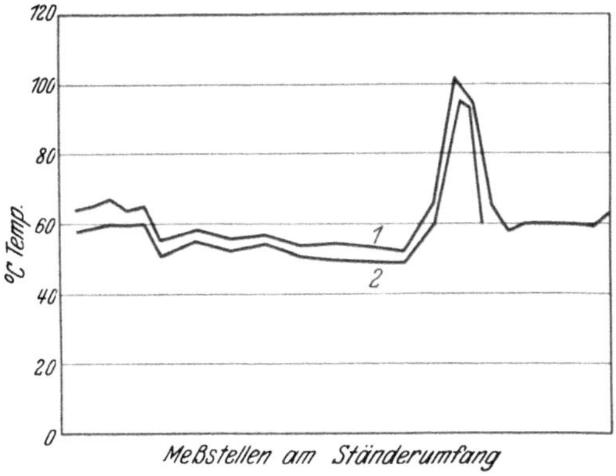

Abb. 29. Temperatur am Eisen des eisenkranken Ständers eines Dreiphasengenerators 900 kVA. *1* bei Lauf mit Nennlast, *2* bei Leerlauf mit Nennspannung.

Die Windungszahl W der Wicklung bestimmt man näherungsweise mit folgender Formel:

$W = 8 \ldots 10 \cdot \frac{D_m}{I}$, worin

D_m in cm = der mittlere Durchmesser des Eisenringes,

I in Amp. = die zulässige oder verfügbare Stromstärke.

Abb. 30. Einbau einer Hilfswicklung zur Magnetisierung des Eisenkörpers. Stemmen kranker Blechstellen.

Diese Formel ist gültig für 50 Hertz und eine mittlere Induktion von 10000 Gauß. Die erforderliche Spannung an der Spule wird:

$$U = 4{,}4 \cdot F \cdot B \cdot Q \cdot W \cdot 10^{-8}; \text{ Volt, worin}$$

F in Hertz = Frequenz,
B in Gauß = die Induktion,
Q in cm^2 = der kleinste Querschnitt des aktiven Eisens,

$$Q = 0{,}9 \cdot l \cdot h; \quad cm^2,$$

l in cm = Länge des Eisens abzüglich der Breite sämtlicher Luftschlitze,
h in cm = Höhe des Querschnittes.

Setzt man F zu 50 Hertz, B wie angenommen zu 10000 Gauß ein, dann wird

$$U = 0{,}022 \cdot Q \cdot W; \quad \text{Volt.}$$

Die Behebung von Eisenkrankheiten bereitet dann Schwierigkeiten, wenn die verschliffene Schicht sehr dicht ist, was bei größeren Streifstellen der Fall sein kann. Sehr starke und tiefe Streifstellen machen unter Umständen eine teilweise Umblechung des Eisenkörpers notwendig. Schwache Streifschichten kann man durch sorgfältiges Überfeilen mit guten, scharfen Feilen und nachher durch vorsichtiges Stemmen der einzelnen Eisenpakete wieder beseitigen. In Abb. 30 ist auch gezeigt, wie beim Stemmen vorgegangen werden soll. Verbrannte Stellen als Folge von Eisen- und Windungsschlüssen werden repariert, indem man die kranken Teile wegmeißelt oder wegfräßt und hernach die einzelnen Bleche gegeneinander durch Papier oder eingestrichenen Lack wieder isoliert.

2. Geräusche.

Neben dem bekannten magnetischen Brummen oder „Singen" der Maschine können hie und da auch rasselnde Geräusche wahrgenommen werden, welche bei spannungsloser Maschine meist verschwinden. Bei näherer Untersuchung kann man die Herkunftsstelle des Geräusches auf einen ziemlich engen Bereich eingrenzen. Man wird oft als Urheber schwingende Distanzstege zwischen den Blechpaketen oder schwingende Endblechzacken feststellen. Nicht selten findet man an den betreffenden Stellen auch geringe Mengen von Rostpulver. Dies ist stets ein sicheres Merkmal von locker gewordenen, gegenseitig trocken reibenden Eisenteilen. Auch an den Trennstellen von mehrteiligen Ständern kann man etwa bei abnormalem Geräusch oder bei Vibrationen solche Rostansammlungen feststellen.

Lockere Distanzstege lassen sich oft mit unmagnetischem Material verkeilen, wobei man darauf zu achten hat, daß die hereingebrachten Keilstücke nicht allmählich in den Luftspalt gelangen können. Schwingende Preßfinger oder Endbleche werden ebenfalls verkeilt, verschweißt oder ganz entfernt. Schlecht sitzende Trennstellen müssen entweder besser gerichtet oder durch Zwischenlegen von Preßspan oder ähnlichem Material ausgeglichen werden.

3. Wälzen des Läufers.

Ist ein runder Läufer in einem runden oder unrunden Ständer exzentrisch gelagert, so werden im allgemeinen keine Vibrationen und kein Wälzen des Läufers eintreten. Die einseitige Verlagerung vergrößert jedoch den einseitigen magnetischen Zug. Dies kann eine zusätzliche Wellendurchbiegung und zudem eine Durchbiegung des Ständers zur Folge haben, wodurch im schlimmsten Fall der Läufer im Ständer streift. Besitzt dagegen die Ständerwicklung eines Motors oder Generators parallele Spulengruppen und ist durch die Läuferverlagerung ein ungleicher Luftspalt entstanden, so können in diesen Parallelkreisen ungleiche Spannungen und daher Ausgleichströme auftreten. Diese verursachen ein vermehrtes Geräusch und bisweilen Erschütterungen.

Ist ein unrunder Läufer in einem unrunden Ständer gelagert, so kann das Wälzen des Läufers eintreten. Bei langsam laufenden vertikalachsigen Maschinen entsteht beim Wälzen der Welle in den Führungslagern auch ein seitliches Schwanken des Erreger-Kommutators und der Schleifringe. Bei spannungsloser Maschine verschwinden diese Schwankungen. Durch Anzeichnen der Welle mit Farbstiften und Messen des Luftspaltes kann man die entsprechenden Stellen im Ständer und Läufer finden. Über die Mittel zur Abhilfe wird man am besten die Lieferfirma befragen; der Fehler muß entweder am Ständer oder Läufer oder sogar an beiden Teilen behoben werden.

M. D. Krankheiten der Schleifringe und Bürsten.

1. Das Material der Ringe und Materialfehler.

Je nach den elektrischen und mechanischen Beanspruchungen, welchen die Schleifringe im Betriebe unterliegen, ist deren Bauart und deren Material verschieden. Neben Ringen, welche unter Zwischenlage von Glimmer oder ähnlichen Isolationen auf besondere Büchsen oder direkt auf die Welle aufgeschrumpft werden, werden eine große Anzahl Konstruktionen ausgeführt, welche Ringe auf eine Nabe aufschrauben oder auf Bolzenkonstruktionen aufreihen. Geschrumpfte Ringe bestehen vorwiegend aus Bronze, Gußeisen und Stahl; für geschraubte Ringe wird neben diesen Materialien auch Kupfer verwendet, besonders dann, wenn es sich um Sonderkonstruktionen für Abnahme sehr hoher Stromstärken handelt. Messing kommt für Schleifringe meist nur bei kleinen Motoren zur Anwendung.

An gegossenen Schleifringen sind Störungen infolge von Materialfehlern der Bronze oder des Gußeisens möglich. Die Ringe können Poren und selbst Lunker oder durch ungleichmäßige Abkühlung auch Stellen von ungleicher Härte und verschiedenem Gefüge enthalten. Dadurch kann sich eine Ringfläche allmählich ungleich abnützen, wobei sich flache Stellen bilden, welche Vibrationen der Bürsten zur Folge haben. Geschmiedete Ringe aus Stahl oder gewalzte oder gezogene Ringe aus Kupfer sind diesen Störungen seltener ausgesetzt, obwohl auch bei ihnen infolge ungleichmäßiger Abkühlung Härteunterschiede entstehen können.

Die Feststellung von Materialfehlern im Ring ist äußerlich nur möglich, wenn grobe Einschlüsse, poröse Stellen, Risse wahrnehmbar sind; sonst müssen mikroskopische Schliffaufnahmen und Härteprüfungen an den ausgebauten Ringen gemacht werden, wenn bei Störungen, wie z. B. bei Rillenbildung, keine andere Erklärung möglich ist. Die Veranlassung dazu wird jedoch sehr selten eintreten.

2. Bürstenmaterial, Druck und Strombelastung der Bürsten.

Die Materialien der heute verwendeten Bürsten lassen sich in folgende vier Hauptgruppen einteilen:

1. Hartkohle (Kohlenstoff, Retortenkohle und Koks).
2. Elektrographitierte Kohle (dieselben Ausgangsmaterialien, jedoch noch elektrothermisch graphitiert).
3. Hochgraphitkohle (Naturgraphit und Beimengungen).
4. Metallkohle (Graphit und Metall mit Bindemitteln).

Die technologische Herstellung der verschiedenen Bürsten ist in der Spezialliteratur beschrieben[1].

Hartkohlen werden auf Schleifringen im allgemeinen nicht verwendet, Elektrographitkohlen hingegen auf Stahlringen bei nicht zu hohen Umlaufgeschwindigkeiten. Hochgraphitkohlen eignen sich besonders auf Schleifringen aus Stahl und Guß, wie auch auf schnellaufenden Ringen aus Kupfer. Metallkohlen befinden sich heute vorwiegend auf Bronze- und Kupfer-Schleifringen bis zu Geschwindigkeiten von 30 m/s und noch darüber. Die Metallbürstenfabrikate unterscheiden sich durch einen sehr veränderlichen Metallgehalt; dadurch wird die Auswahl einer geeigneten Bürste auch für schwierige Bedingungen — hohe Geschwindigkeit und hohe Strombelastung — erleichtert.

Die zulässige spezifische Strombelastung in Amp./cm^2 der aktiven Bürstenfläche hängt ab von Qualität und Abmessung der Bürste, sowie

[1] z. B. W. Heinrich: Das Bürstenproblem im Elektromaschinenbau.

von Material, Abmessung und Geschwindigkeit des Ringes. Genaue Angaben hierüber gibt entweder der Lieferant der Maschine oder der Bürsten. Weiche Hochgraphitkohlen und Elektrographitkohlen wird man etwa mit 8 bis 12 Amp./cm², Metallkohlen mit 10 bis 16 Amp./cm² belasten. Je höher diese Belastung getrieben wird, um so besser muß auch das mechanische Zusammenarbeiten von Ring und Bürste sein. Allgemein können Bürsten von kleiner Fläche, dank besserer Kühlung und besserem Aufliegen auf dem Ring, höher beansprucht werden als große Kohlenstücke. Nur kurzzeitig stromführende Bürsten, z. B. bei Motoren mit Bürstenabhebung, können in der kurzen Arbeitszeit bedeutend höher belastet werden.

Die Bürsten verhalten sich auch hinsichtlich Abnützung und Feuern bei Wechselstrom und Gleichstrom verschieden, weil im letzteren Fall die Polaritätswirkung eintritt (s. Abschn. M. D. 6.).

Der Bürstendruck richtet sich vorwiegend nach Bürsten- und Ringmaterial und Laufgeschwindigkeit. Im allgemeinen genügen für Bürsten aus Naturgraphit und Elektrographit Drücke von 120 bis 160 g/cm², für Metallkohlen 150 bis 220 g/cm². Der günstigste Druck wird vom Maschinen- oder Bürstenlieferanten angegeben. Der Bürstendruck muß vom neuen bis zum abgenützten Zustand der Bürste möglichst unverändert bleiben. Auf dem gleichen Ring sitzende Bürsten sollen keine zu großen Druckunterschiede aufweisen, Abweichungen von etwa 10% sind jedoch zulässig.

3. Bürstenfeuer.

Das Bürstenfeuer kann verschiedenartiges Aussehen zeigen. Bisweilen auftretende Spritzfunken von gleichbleibender Stärke sind meist unschädlich; sie können von weggeschleuderten Kohlenteilchen herrühren. Häufiges Spritzfeuer von rötlicher, bläulicher bis grünlich-weißer Farbe, sowie Perlfunken deuten auf eine Störung der Stromabnahme und lassen eine allmähliche Zerstörung der Ringfläche und erhöhten Bürstenverschleiß erwarten.

Unter den Ursachen des Bürstenfeuers stehen unrunde Ringe an erster Stelle, weil sie Erschütterungen der Bürsten veranlassen. Sie können entstehen durch Verwerfen und Verlagern der Ringe auf den Tragkonstruktionen, wenn die Ringe von Anfang nicht gut aufgeschrumpft waren und sich schon bei betriebsmäßiger Erwärmung lockern konnten. Ferner kann sich bei einer Überhitzung der Ringe durch ungeeignete Bürsten der Schrumpf als zu gering erweisen. Auch die früher erwähnten flachen Ringstellen erzeugen unruhigen Lauf der Bürsten. Im Abschnitt D. 6. sind noch einige weitere Möglichkeiten der Fleckenbildung auf Ringoberflächen gesondert beschrieben.

Wasser, Säuren und andere Flüssigkeiten, welche auf die stillstehenden Ringe gelangen, können Flecken auf der Lauffläche hervorbringen, welche die Bürste im Lauf zu Erschütterungen anregen. Dadurch entstehen zuerst Bürstenfeuer, später Anbrennungen der Ringe und einzelne flache Stellen. Ähnlich wirken sich mechanische Beschädigungen aus, z. B. Schläge auf die Ringlauffläche.

Anbrennungen auf dem ganzen Umfang der Lauffläche entstehen bei Vibrationen des Bürstenapparates, deren Ursache nicht in der Lauffläche liegen: Lose Bürstenträger infolge Lockerung von Verschraubungen oder Schwinden von Isolationsteilen, Erschütterungen der ganzen Maschine infolge eines Wuchtfehlers oder infolge von Schlägen des Läufers in axialer Richtung gegen die Lager, wodurch der Bürstenapparat erschüttert wird, der nicht selten an Lagerschildern und Lagerböcken befestigt ist. Auch Übertragungsorgane, z. B. schlagende Riemen oder Zahnräder, können indirekt durch die Maschine Erschütterungen der Bürsten und Bürstenfeuer verursachen. Seitliches Überstehen der Bürsten an der Ringkante kommt bei zu schmalen Ringen oder bei nicht richtig aufgesetzten Bürsten vor, wie Abb. 31 zeigt. Bei der geringsten seitlichen Verschiebung des Läufers erhält die Bürste einen Schlag und feuert.

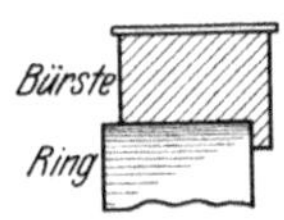

Abb. 31. Seitlich überhängende, unrichtig aufgesetzte Bürste.

Als weitere Ursache des Bürstenfeuers kommen unrichtige Bürsten in Frage, wobei die Reibung zwischen Bürste und Ring ungünstig ausfallen kann, während bei gut angepaßter Bürste die Ringoberfläche in der Regel rasch poliert wird. Nicht selten wird die Lauffläche angefressen und die Reibung damit so gefährlich erhöht, daß die Oberfläche Riefen erhält. Auf einem solchen Ring wird die Bürste niemals ruhig laufen, sondern infolge der Erschütterungen zu feuern beginnen. Statt der Riefenbildung kann eine unrichtige Kohlensorte einen zu großen Übergangsverlust und deshalb eine Überhitzung des Ringes verursachen. Nicht selten entsteht dann noch ungleiche Stromverteilung auf einzelne Bürsten, so daß diese überlastet und zerstört werden. Dieser Vorgang ist im Abschn. M. D. 4. eingehender beschrieben. Auch ein zu kräftiger oder zu schwacher Bürstendruck kann zu ähnlichen Störungen führen, weil durch den unrichtigen Bürstendruck unmittelbar die Reibung zwischen Ring und Bürste ungünstig ausfallen kann. Nicht selten entstehen Riefen, Bürstenfeuer und dadurch Anbrennungen als Folge einer Verschmutzung der Ringe und Bürsten durch Öl, welches bei Ölverlusten aus den Lagern oder beim Lauf der Maschine in öldunsthaltigen Räumen auf die Lauffläche gelangen kann. Gelegentlich werden auch Ringe unnötig geschmiert.

Bürstenfeuer kann auch entstehen, wenn Bürsten in den Haltern verklemmt oder so abgenützt sind, daß sie am Halter aufsitzen.

Selbstverständlich hat die Bauart der Bürstenhalter auf das gute Arbeiten der Bürsten einen beträchtlichen Einfluß. Die modernen Ausführungen verschiedener Art bieten Gewähr für einen guten Lauf der Bürsten, sofern die richtige Kohlensorte verwendet wird. Vor allem soll sich die Bürste im Halterkasten frei und nicht mit zu großem Spiel bewegen können; sie soll nicht verkanten und nicht verklemmt werden, damit immer der richtige Druck vorhanden ist.

4. Ungleiche Stromverteilung.

Diese Störung bedeutet die Übernahme des größten Stromanteils durch nur eine oder wenige von sämtlichen Bürsten eines Schleifringes.

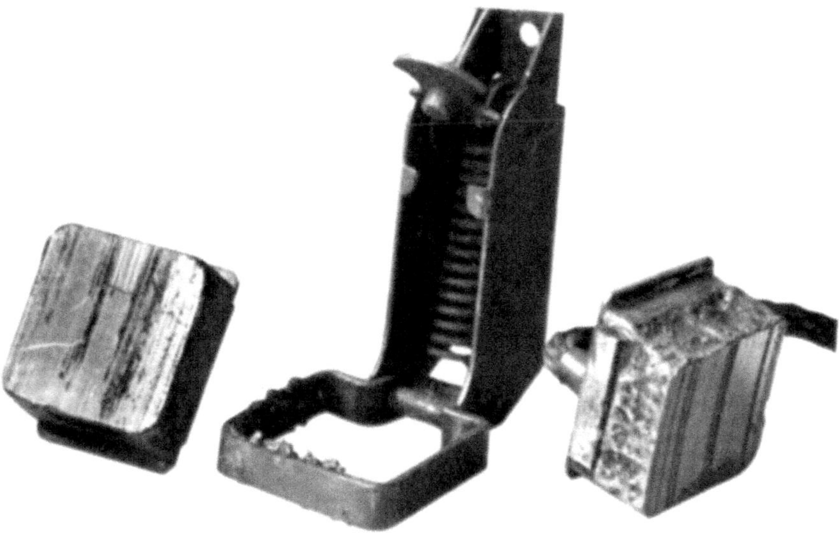

Abb. 32. Rechts: Beschädigte Bürste und Halter als Folge ungleicher Stromverteilung. Links: Metalleinschlüsse in der Bürstenlauffläche.

Anfänglich beobachtet man meist nur das Feuern der höher belasteten Bürsten. Wird ein Stromausgleich nicht bald vorgenommen, so können während längerer Betriebszeit die Bürstenkabel ausglühen, an der Armierung vorhandene Lötstellen sich überhitzen und ausschmelzen; zuletzt können sogar die Bürstenableitungen abschmelzen. Die Überhitzung der meist aus Kupfer bestehenden Bürstenarmatur erkennt man an ihrer gelben bis bläulichen Verfärbung. Sind etwa sogar die Ableitungen durchgebrannt und wird die Störung nicht sogleich beachtet, so fließt der Strom über den Kasten des Bürstenhalters; Kastenwände und Bürstenflanken schmoren an. Im schlimmsten Falle kann sogar der Halterkasten abschmelzen oder mit der Bürste ganz zusammenschweißen. Abb. 32 zeigt als Beispiel eine verschmorte Hochgraphitbürste, welche auf Stahlringen lief. Wegen einer oxydierten Kontaktstelle der Armierung war der Strom zum Teil über den Halterkasten zur Bürste geflossen; die anliegenden Kohlenteile sind deshalb zerfallen. Die danebenliegende Kohle läßt ungleiche Stromverteilung begünstigende Metalleinschlüsse erkennen, welche durch Oxydation während der nachherigen Lagerung der Kohle deutlich sichtbar wurden. Immer geht bei andauernd ungleicher Stromverteilung der gänzliche Verschleiß einer Bürste rasch vor sich, oft innert wenigen Stunden. Dabei stellt sich eine vermehrte Erwärmung der Ringe ein, so daß sich schon Ringe deswegen von den Tragkörpern lockern konnten.

Ursachen ungleicher Stromverteilung können vorerst sein: Ungeeignete Bürsten oder ungleiche Bürstensorten auf demselben Ring. Letzteres ist ein Hauptfehler. Wenn zwei Bürstensorten mit ungleichen Übergangsspannungen, z. B. Metall- und Graphitbürsten, oder zwei Metallkohlen mit verschiedenem Metallgehalt gleichzeitig verwendet werden, so verteilt sich der Strom entsprechend den Übergangsspannungen auf die einzelnen Bürsten. Im ersteren Fall würden dann die Metallbürsten den Großteil des Stromes führen und stark überlastet, da sie kleineren Übergangswiderstand besitzen als die Graphitbürsten. Die Stromverteilung auf die Bürsten wird geregelt durch die in Reihe liegenden Spannungsabfälle in den Bürsten selbst, zwischen Bürsten und Ring und noch längs den Sammelringen. Werden Bürsten mit hoher Übergangsspannung, also graphitierte, verwendet, so sind zwar meist die Spannungsabfälle in den Sammelringen nur mehr unbeträchtlich. Umgekehrt können diese letzteren Abfälle die Stromverteilung auf die parallelen Bürstenzweige stark beeinflussen, wenn Bürsten mit starkem Metallgehalt und sehr niedrigen Übergangsspannungen verwendet sind.

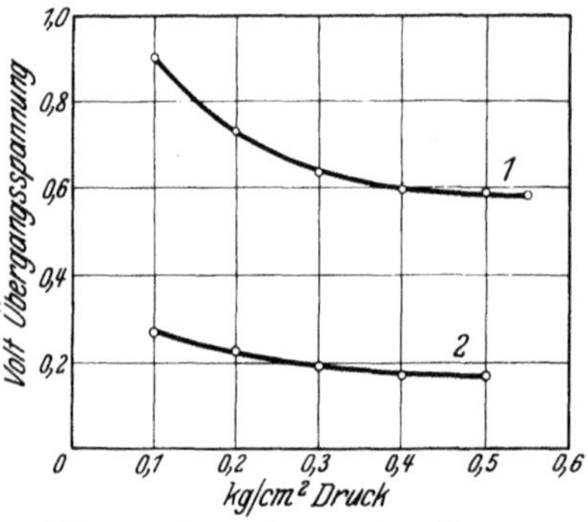

Abb. 33. Abhängigkeit der Übergangsspannung vom Bürstendruck bei unveränderter Stromdichte und Geschwindigkeit. *1* Hochgraphitbürste, *2* Stark metallhaltige Bürste.

Die fabrikatorischen Ungleichheiten der Bürsten, die Unterschiede in Druck und Länge, beeinflussen die Übergangsspannung, stören also die gleichmäßige Stromverteilung. Höherer Metallgehalt und höherer Druck der Bürsten ergeben geringere Übergangsspannungen. Abb. 33 zeigt als Beispiel die Abhängigkeit der Übergangsspannung zwischen Bürste und Ring vom Bürstendruck. An vibrierenden Bürsten erhöht sich die Übergangsspannung. Von erhöhendem Einfluß kann auch noch eine sehr schlecht eingeschliffene Lauffläche der Bürste sein. Bei unrichtig gewählter Stromdichte einer Bürste kann der Arbeitsbereich ungünstig in der Stromspannungscharakteristik liegen. Abb. 34 zeigt diese Kurve für eine metallhaltige Bürste. Bei hohen Stromdichten, etwa im Bereich A, steigt die Übergangsspannung mit zunehmender Stromdichte nur noch wenig an. Die so hoch belastete Bürste ist deshalb nicht mehr in der Lage, eine vermehrte Strombelastung dadurch zu unterdrücken, daß sie eine höhere Übergangsspannung verlangt. Diese bleibt vielmehr auch bei steigender Belastung nahezu unverändert.

Die Spannungsabfälle in den meist reichlich bemessenen Sammelringen und Ableitungen sind gering und bisweilen unbeträchtlich, wie vorher erwähnt wurde. Abb. 35 zeigt schematisch eine Konstruktion mit einseitiger Stromableitung. Bei ungenügenden Querschnitten der Ableitungen können die ungleichen Spannungsabfälle eine ungleiche Stromverteilung verursachen; es werden deshalb die in der Nähe von A

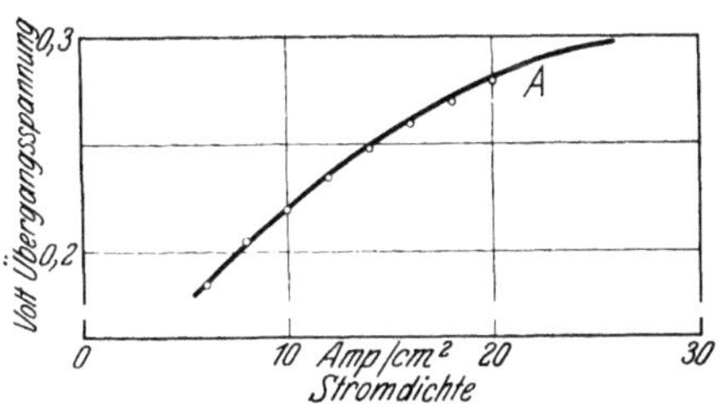

Abb. 34. Abhängigkeit der Übergangsspannung von der Stromdichte einer Bürste mit hohem Metallgehalt (Druck konstant 0,15 kg/cm²).

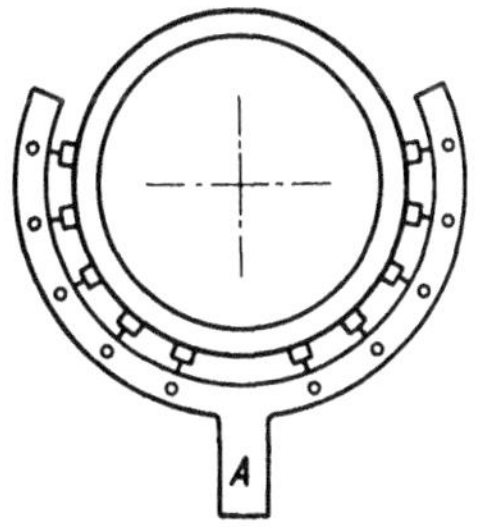

Abb. 35. Schleifring mit einseitiger Zu- oder Ableitung der Bürstenströme.

liegenden Bürsten mehr Strom aufnehmen als die weiter entfernten. Oft werden daher, besonders bei Konstruktionen für die Abnahme sehr starker Ströme, die Ableitungsquerschnitte abgestuft.

An stark metallhaltigen Bürsten tritt bei Überlastung eine größere Verstaubung und damit ein größerer Verschleiß ein, sonst sind sie gegen hohe Überlastungen weniger empfindlich als graphitreiche Bürsten, weil stark metallische Anteile der Bürsten, wie Kupfer, Bronze oder Messing, die Leitung begünstigen. Metallhaltige Bürsten mit ziemlich hohem Graphitgehalt verhalten sich bei Stromüberlastungen wie folgt: Zuerst setzt Graphitanreicherung der Lauffläche ein, worauf die Übergangsspannung steigt und damit auch die Erwärmung (Abb. 36). Der negative Temperaturkoeffizient der Bürste setzt darauf den Widerstand und Spannungsabfall herab, so daß der Strom weiter ansteigen kann. Schließlich wird die Bürste rasch abgenützt. Bei starker örtlicher Stromüberlastung einer Bürste tritt meist Bürstenfeuer auf. Dabei entstehen kleine Brandperlen auf den Ringen, welche die Reibung erhöhen. Zuletzt sind die Ringe so rauh und aufgerissen, daß auch die übrigen Bürsten abgeschmirgelt werden. Während diesem Vorgang werden die Ableitungen erhitzt, ihre Kontaktstellen oxydieren, wobei sich die Übergangswiderstände erhöhen. Deshalb kann zuletzt der Strom der kranken Bürste stark zurückgehen oder durch das Abschmelzen der Ableitungen ganz unterbrochen werden. Die übrigen Bürsten werden nachher stärker belastet und die Störung pflanzt sich auch auf diese fort, so daß die Maschine nicht mehr länger im Betrieb stehen kann.

Die Maßnahmen gegen ungleiche Stromverteilung sind aus der Beschreibung der Störungsursachen leicht abzuleiten oder nötigenfalls durch Versuche festzustellen. Werden die ersten Anzeichen ungleicher Stromverteilung beobachtet, etwa Überhitzungen der Ableitungen, oder starke Abnützung der Bürsten, so kann oft ein Betriebsunterbruch verhütet werden, wenn die Ringe mit Kunstbimsstein oder einem anderen Schleifstein behandelt werden. Durch die leichte Aufrauhung

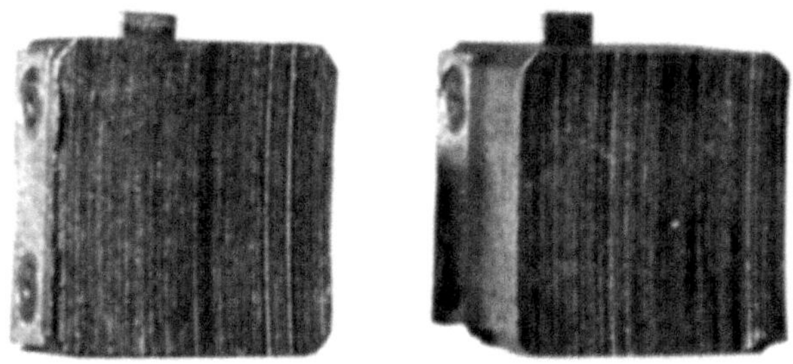

Abb. 36. Graphitanreicherung in der Lauffläche von metallhaltigen Bürsten. Links: ganze Lauffläche stark mit Graphit durchsetzt. Rechts: Lauffläche teilweise noch metallisch erkenntlich an glänzenden Flächen.

der Ringoberfläche und vor allem durch den mitgerissenen Schleifstaub wird die Lauffläche der Bürsten verbessert; es stellt sich eine neue stabile Stromverteilung ein. Natürlich ist dies ein Notbehelf. Sollte sich die Störung wiederholen oder unbemerkt weiter entwickeln, so helfen nur gründliche Maßnahmen, z. B. die Einstellung eines möglichst gleichmäßigen erhöhten Bürstendruckes oder eine Änderung der ganzen Bestückung.

5. Rillenbildung.

Bei richtigem Ring- und Bürstenmaterial, bei richtigem Druck und gut laufenden Ringen wird an einer neuen Maschine nach kurzer Zeit die Ringoberfläche poliert und die Bürstenlauffläche glatt sein. Ring und Bürste arbeiten dann dauernd gut, die Stromverteilung bleibt unverändert. Eine unzulässige Ringabnützung wird sich jedoch als breite eingelaufene Bahn — sog. „Spur“ — oder durch feine Rillen — sog. „Haarrillen“ — oder nur als Aufrauhung der Ringoberfläche kenntlich machen. Abb. 37 zeigt metallhaltige Bürsten mit Haarrillen. Die

Ursachen können sowohl beim Ring wie bei der Bürste oder bei beiden liegen. Am Ring: Schlechter poröser Guß, unsauber abgedrehte und unrunde Ringe. An der Bürste: Unrichtiger Metallgehalt, Unreinigkeiten und Unhomogenität des Materials, unrichtiger Druck und ungünstige Reibungsverhältnisse. Ungünstige Strombelastung, ungleiche Stromverteilung und dadurch starke Verstaubung der Bürsten und erhöhte Reibung, wie auch Verbrennung der Ringoberfläche sind Störungen, die mit dem Stromdurchgang zusammenhängen.

Als fremde Ursache sind noch Staub und Sand zu nennen, die aus verstaubter Luft herangebracht werden.

Die Auffindung des wirklichen Fehlers ist oft schwer und erfordert bisweilen besondere Versuche. Man wird rillig gewordene Ringe zuerst gut überdrehen und polieren und dann den Bürstenapparat auf rich-

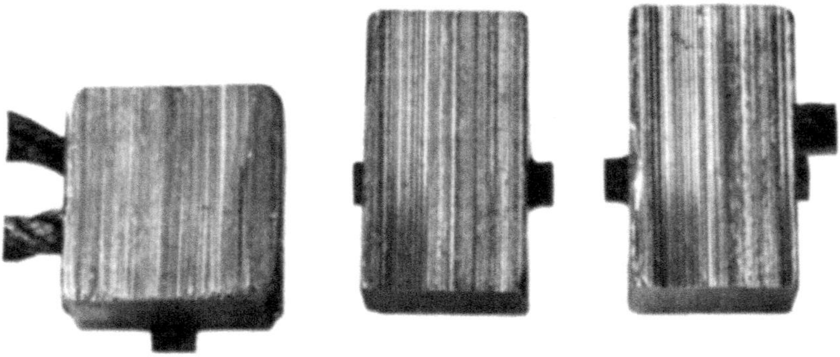

Abb. 37. Metallhaltige Bürsten mit Haarrillen.

tigen Druck, gutes Spiel der Bürsten in den Haltern und Vibrationen hin untersuchen und wenn nötig instand stellen, um einen einwandfreien mechanischen Zustand an Ring und Bürste herzustellen. Sind keine solchen Störmöglichkeiten vorhanden, so wird man auf denselben Ringen eine andere Bürstenmarke verwenden, wobei man sich vom Maschinen- oder Bürstenlieferant unter Angabe der bisherigen Schwierigkeiten beraten läßt.

6. Fleckenbildung.

Bei Verwendung bestimmter Bürsten aus Naturgraphit treten an der stillstehenden Maschine, vorwiegend auf Stahlringen, hie und da Flecken auf. Sie entstehen auf elektrochemischem Weg — Bildung eines Elementes — bei feuchter Umgebungsluft und vermutlich unter Mitwirkung der Wärme. Je nach der Dauer des Stillstandes wird die polierte Ringfläche unter der Bürstenfläche mehr oder weniger stark angegriffen. Beim nachherigen Lauf eines solchen Ringes werden die

Angriffstellen infolge des durch Erschütterungen entstehenden Bürstenfeuers bald schwarz und rauh. Nach längerem Betrieb und immer heftigerem Bürstenfeuer zeigt der Ring ausgefressene und flache Stellen in Bürstenabstand. Zur Abhilfe muß eine andere Kohlensorte verwendet oder die direkte Berührung von Ring und Bürste bei Stillstand der Maschine durch eine Papierzwischenlage verhindert werden.

Auf Schleifringen von Einanker-Umformern kann Fleckenbildung auftreten, wenn die Bürsten so angeordnet sind, daß bei jeder Umdrehung der Maximalwert des Wechselstromes an derselben Ringstelle und in gleicher Richtung von der Bürste auf den Ring übergeht. Der Ring wird dadurch an einer Stelle dauernd höher beansprucht; aus den anfänglichen Flecken können rauhe und angefressene Stellen entstehen. Die darüberlaufenden Bürsten werden feuern. Durch richtige Bürstenanordnung ist diese Störung vermeidbar. Ähnliche Erscheinungen können an den Schleifringen der Polräder von Einphasen-Generatoren auftreten unter dem Einfluß des dem Erregerstrom übergelagerten Wechselstromes.

An den Gleichstrom führenden Schleifringen von Synchron-Generatoren und -Motoren kann vereinzelt beobachtet werden, daß nur der positive Ring eine polierte Oberfläche besitzt, während der negative Ring matt ist und in Ausnahmefällen sogar aufgerauht wird. Die Ursache liegt in dem Transport von Metallteilchen durch den Strom in der Richtung vom negativen Ring zu seiner Bürste; die Wirkung ist bei höherer Strombelastung ausgeprägter. Zur Abhilfe wird am einfachsten die Polarität der Ringe von Zeit zu Zeit gewechselt; sonst wäre eine ungleiche Abnützung von Ring und Bürsten der negativen Polarität zu erwarten, besonders bei Kupfer- und Bronzeringen, weniger bei Stahlringen.

7. Übermäßige Bürstenabnützung.

Zur Beurteilung, ob die Bürstenabnützung zu groß ist, muß das gewöhnliche Maß der Abnützung bekannt sein. Versuche mit Wechselstrom auf Bronzeringen ergaben, daß an guten metallhaltigen Bürsten mit etwa 12 Amp./cm² Belastung, bei 25 bis 30 m/s Geschwindigkeit, eine Abnützung in der Größenordnung von 4 bis 7 mm je 1000 Betriebsstunden erwartet werden darf. Mit Gleichstrom von etwa 14 Amp./cm² wurde auf gleichartigen Ringen und mit guten metallhaltigen Bürsten ähnliche Abnützungsziffern als Mittelwerte für beide Stromrichtungen erreicht. Im allgemeinen beobachtet man jedoch, daß Bürsten bei der Stromrichtung Ring—Bürste eine vielfach größere Abnützung erfahren als bei entgegengesetzter Stromrichtung. Innert einer Versuchsreihe mit verschiedenen Bürstenmarken stand das Verhältnis der Abnützung am negativen zu derjenigen am positiven Pol innert 2 bis 10.

Auf Kupferringen und bei günstigen Arbeitsverhältnissen der Bürste wurden geringere Abnützungen als die vorstehenden Werte erreicht, ebenso an Graphitkohlen auf Stahlringen bei ähnlichen Betriebsbedingungen. Die Abnützung hängt natürlich stark ab von der Wartung der Ringe, den Abmessungen der Bürsten, dem Kupfergehalt der Ringe, sowie von Geschwindigkeit, Stromdichte, Druck und Abkühlung. Die einzelnen Bürsten auf demselben Ring weisen verschieden starke Abnützung auf; hier kommt eine ungleichmäßige Fabrikation und alle die früher beschriebenen Störeinflüsse mehr oder weniger ins Spiel. Eine Bürste, welche z. B. bei 10 bis 12 m/s und hohen Strombelastungen noch einwandfrei arbeitet, kann bei der doppelten Geschwindigkeit völlig versagen.

Auch die Anordnung der Bürsten auf dem Ring beeinflußt stark die Abnützung. Auf dicht besetzten Ringen ist die Kühlung behindert und der Staub einer Kohle kann unter die Lauffläche der nächstfolgenden gerissen werden. Die Bürstenabnützung ist deshalb größer als auf Ringen mit weit abstehenden Bürsten. Um den Staub fortzuschleudern und die Lauffläche besser zu kühlen, werden bisweilen die Bürsten schräg oder quer zur Laufrichtung geschlitzt. Die Abnützung der Bürsten kann auch durch Fremdstaub stark gefördert werden. Dasselbe Ergebnis bringt eine unrichtige Behandlung der Ringe; öfteres Schmirgeln, Schmieren mit ungeeigneten Mitteln. Nur gut geeignete Bürsten und eine sorgfältige Wartung von Ring und Bürstengarnitur können den Verschleiß auf einem Minimum halten. Tritt eine der früher beschriebenen Störungen ein, so steigt die Bürstenabnützung sofort gewaltig an; sie erreicht dann ein Mehrfaches der eingangs erwähnten Werte. Ungleiche Stromverteilung ist am gefährlichsten für die Bürstenabnützung.

Bei großer Bürstenabnützung forscht man nach den vorerwähnten Störungsursachen und behebt sie mit den ebenfalls angegebenen Maßnahmen.

8. Wartung und Instandstellung der Schleifringe.

Im allgemeinen bedürfen Schleifringe und Bürsten außer der gelegentlichen Entfernung des Staubes von Ringen und Bürsten und außer dem leichten Schmirgeln fleckig gewordener Ringe sowie dem Ersatz abgenützter Bürsten keiner Wartung, sofern die passenden Bürsten verwendet werden. Gelegentlich können Schmiermittel — Vaseline, Öle — in äußerst geringen Mengen angewendet, die Arbeitsverhältnisse verbessern. Man muß jedoch bei der Benutzung von Schmier- und Pflegemitteln, die so oft empfohlen und teuer verkauft werden, äußerst vorsichtig sein. Meist wird damit mehr Schaden als Nutzen gestiftet.

Die rauhe Oberfläche eines noch runden Ringes kann mit einem geeigneten Schleifstein und mit Schmirgelleinen meist leicht wieder instand gestellt werden. Mit denselben Hilfsmitteln kann jedoch ein unrunder Ring nicht mehr rund gemacht werden. Man wird im Gegenteil mit Handschleifsteinen das Übel nur verschlimmern, flache Stellen und Vertiefungen noch größer machen. Unrunde Ringe können nur durch Überdrehen mit dem Stahl oder mit einem besonderen Schleifapparat mit fest eingespanntem Stein richtig instand gestellt werden. Vor dem Abdrehen prüfe man, ob die Ringe fest auf der Büchse oder den Tragkonstruktionen sitzen.

Damit kein Kupferstaub unter die Ableitungen und Anschlüsse eindringt und nachher daraus nicht Kriechwege und Überschläge entstehen, dichtet man die Stellen zwischen den Ringen durch Baumwollband oder etwas Ähnliches ab. Es soll nur mit kleinem Vorschub von etwa 0,05 bis 0,1 mm pro Umdrehung überdreht werden, um eine glatte Oberfläche zu erhalten. Die Umfangsgeschwindigkeit darf dabei etwa betragen:

für Ringe aus Gußeisen und Stahl . . .	12—16 m/min
„ „ „ Bronze	20—30 „
„ „ „ Kupfer	30—50 „

Es können zum Drehen alle guten Stähle verwendet werden. Der Ring soll stetig gedreht werden; vor allem ist auf ein unzulässig großes Spiel im Drehbankgetriebe zu achten, wodurch Ungleichheiten in der überdrehten Oberfläche entstehen können. Nach dem Drehen poliert man die Ringe nach, wenn nötig mit Polierschmirgelleinwand, die man auf ein Stück Holz mit einer dem Ringdurchmesser entsprechenden Rundung aufzieht.

9. Aufsetzen der Bürsten.

Bürsten sollen überall sorgfältig aufgesetzt und eingeschliffen werden. Beim Einsetzen der Bürsten sind gleichzeitig die Bürstenhalter auf richtigen Sitz zu prüfen, von Staub zu reinigen und die Druckhebel und Drehpunkte der Gelenke nach Klemmungen zu untersuchen. Der Abstand zwischen Kasten-Unterkante und Ring sollte nicht größer als 2 mm sein; die Halter sollen so aufgesetzt sein, daß die Bürsten nicht über den Rand der Schleifringe hinausragen. Ist die Ringbreite größer als die Breite einer einzelnen oder mehrerer nebeneinander sitzender Bürsten, dann sollen die Bürsten der einzelnen Stifte versetzt werden, um eine möglichst gleichmäßige Abnützung des Ringes über die ganze

Breite zu erreichen. Die Bürsten sollen durch die Halter nicht geklemmt werden und es ist besonders auch darauf zu achten, daß die Ableitungen nicht die Beweglichkeit der Bürste hemmen. Das Spiel der Bürste im Halterkasten sollte normalerweise etwa folgende Werte nicht überschreiten:

	Spiel in mm		
	Längsrichtung (axial)	Laufrichtung bei Bürstenbreite	
		5 bis 16 mm	über 16 mm
Kleinstspiel	0,2	0,1	0,15
Größtspiel	0,5	0,3	0,4

Zu großes Spiel ist ebenso schädlich wie zu kleines Spiel, da im ersteren Fall die Bürsten im Halter wackeln und keine richtige Lauffläche entsteht. Die Unterschiede der Federdrücke aller Halter eines Ringes sollten kaum mehr als 10% betragen, um nicht ungleiche Stromverteilung zu begünstigen. Außerdem sollte der Bürstendruck über den ganzen Arbeitsbereich möglichst konstant bleiben.

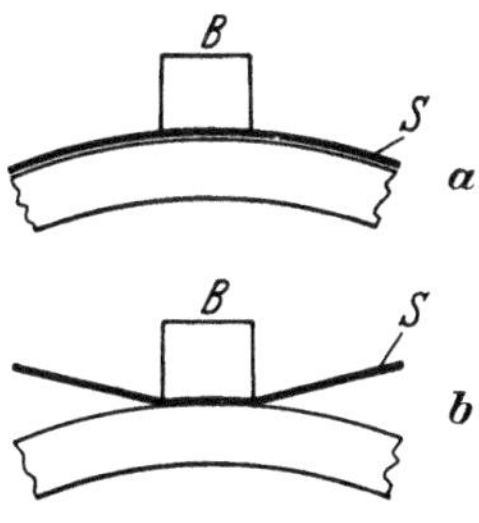

Abb. 38. Einschleifen von Bürsten *B*. *S* Schmirgelleinen oder Glaspapier: *a* richtig geführt, *b* falsch geführt.

Die Bürstenfläche wird zur Anpassung an die Ringwölbung mit Glaspapier oder Schmirgelleinen von mittlerer Korngröße eingeschliffen. Man legt diese nach Abb. 38 zwischen Ring und Bürste, setzt den Druckhebel des Halters betriebsmäßig auf und bewegt das Band solange hin und her, bis die ganze Bürstenfläche aufliegt. Metallhaltige Bürsten sind wegen ihrer Härte schwerer einzuschleifen als Graphitbürsten. Zur Erleichterung kann man die Bürste nach einer Schablone, die der Ringrundung entspricht, mit einer Feile oder geeigneten Schleifscheibe vorbereiten. Auch können die Bürstenlieferanten bei großen Bezügen Bürsten mit Rundung liefern. Nach dem Einschleifen werden Bürsten und Ringe sorgfältig vom Staub gereinigt und die Maschine wieder dem Betriebe übergeben. Es empfiehlt sich, das Aufsetzen und Einschleifen der Bürsten immer sorgfältig durchzuführen; mancher Mißerfolg kann dadurch vermieden werden. Bei der betriebsmäßigen Auswechslung und Erneuerung der Bürsten sollte gleichzeitig nicht mehr als etwa 1/3 der ganzen Bestückung ersetzt werden. Während die alten Bürsten dann noch weiter für eine gute Stromabnahme sorgen, haben die neuen Bürsten Gelegenheit, sich einzuschleifen. Die Erneuerung geht so ohne besonders bemerkbaren Übergang vor sich.

M. E. Krankheiten der Kommutatoren und Bürsten.

1. Der Begriff einer guten Kommutation.

Die Entwicklung des Elektromaschinenbaues hat in jüngster Zeit dazu geführt, daß neben der weitgehendsten mechanischen Beanspruchungen auch die elektrische Belastbarkeit bis an die Grenze ausgenützt wird. Dies bezieht sich auch auf die Kommutation, mit der man sich bei neuen Gleichstrommaschinen den Grenzbedingungen nähert. Damit mußte auch die alt eingesessene Anschauung aufgegeben werden, an einer Gleichstrommaschine dürfe bei allen Belastungen, womöglich noch bei Überlast, auch nicht das kleinste Fünkchen an den Bürsten sichtbar werden. Die heutige Auffassung wird maßgeblich von den REM 1930 in folgender Weise festgelegt: „Ein Betrieb gilt als praktisch funkenfrei, wenn Kommutator und Bürsten in betriebsfähigem Zustande bleiben.“ Wenn demnach zur Aufrechterhaltung des Betriebes nur die periodischen Reinigungen des Kommutators, der Ersatz abgenützter Bürsten und eine nur leichte Behandlung des Kommutators mit unschädlichen Schmiermitteln ohne Betriebsunterbruch notwendig sind, so kann eine Kommutation als gut bezeichnet werden, wenn auch geringe Funkenbildung zu beobachten ist. Die Praxis zeigt denn auch, daß große Maschinen mit hohen Stromstärken bei dauernder Volllast monatelang mit geringem Perlfeuer, jedoch ohne Störungen oder Nachteile für Bürsten und Kommutator, im Betrieb stehen können. Maschinen mit stark wechselnder Last und kurzzeitigen sehr hohen Stromüberlastungen, z. B. in Bahn-, Förder- und Walzwerksbetrieben, sind in dieser Beziehung noch weniger empfindlich. Während kurzzeitigen hohen Stromspitzen können sich die Folgen des Bürstenfeuers nicht voll auswirken; Bürsten und Kommutatoren ertragen sie ohne Schädigung, da die Lauffläche sich während den folgenden geringen Belastungszeiten wieder aufpolieren und die Bürsten inzwischen gekühlt werden.

2. Einstellung der Wendepole, Polfolge.

Die Vorgänge in einer kommutierenden Ankerspule müssen beim Leser als bekannt angenommen werden; ihre gründliche Erklärung würde hier zu weit führen und ist in den Lehrbüchern zu suchen. Die Stromrichtungsänderung in der von der Bürste kurzgeschlossenen Spule und in den benachbarten Spulen ruft in der ersteren eine sog. Reaktanzspannung hervor. Zur Unterdrückung derselben bei allen Belastungen dienen die Wendepole. Der richtige Anschluß der Wendepole ist in Abb. 39 ersichtlich. Die Stärke des Wendefeldes wird im Prüffeld des Lieferanten richtig eingestellt. Sollte ausnahmsweise die Einstellung erst bei Inbetriebsetzung möglich sein, so wird sie auch dann meist vom Prüffeldpersonal besorgt. Zur Untersuchung der Wendepoleinstellung bzw. der Kommutation müssen neben anderen Untersuchungen die sog. Bürstenpotential-Diagramme aufgenommen werden, wozu meist Prüffeldpersonal herangezogen werden muß, weniger wegen der Anordnung und Durchführung des Versuches als vielmehr wegen der Auswertung der aufgenommenen Diagramme. Diese setzt eine große Erfahrung voraus, wenn sie den Zweck erfüllen soll, zuverlässige Schlüsse auf richtige oder unrichtige Wendepoleinstellung zu ziehen und praktische Vorschläge für die Änderung des Wendefeldes zu liefern.

Im Betrieb einer Gleichstrommaschine sind kaum Beobachtungen möglich, welche eindeutig auf unrichtige Wendefeldeinstellung schließen lassen, selbst nicht starkes Bürstenfeuer. Wird eine solche doch vermutet, etwa nach einer Änderung der Bürstensorte, oder der Bürstenbreite oder nach dauernderÄnderung der Betriebsverhältnisse — Spannung, Drehzahl usw. —, so wird zweckmäßig der Maschinenlieferant benachrichtigt. Dieser wird eine Änderung des Wendefeldes vornehmen durch Anbringen eines Parallelwiderstandes zur Wendepolwicklung oder durch Änderung des Luftspaltes mittels Zwischenlagen im Polkern oder mittels Blechunterlagen zwischen Kern und Joch.

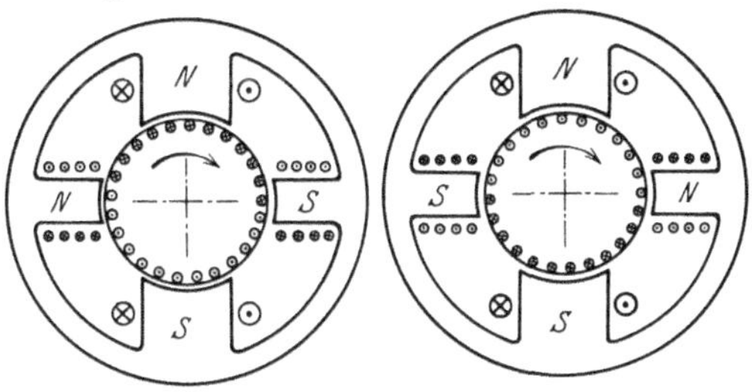

Abb. 39. Richtige Polfolge an Gleichstromgeneratoren und Motoren. Links: Generator, rechts: Motor.

3. Kommutator-Alterung.

Ein Kommutator muß im Betrieb unabhängig von Temperatur und Geschwindigkeit möglichst unverändert rund bleiben. Die Lamellen dürfen trotz der Erwärmung und den Fliehkräften sich nicht deformieren und nicht einzeln oder in Gruppen hervortreten, da sonst dadurch die Bürsten zum „Tanzen“ angeregt werden. Die geringste Veränderung von Konstruktionsteilen des Kommutators sind von Einfluß auf dessen Zustand und Abmessungen. Es ist deshalb begreiflich, daß besonders größere, schnellaufende Kommutatoren erst innert einer gewissen Betriebszeit ihren Endzustand erreichen, in dem alle Veränderungen zum Stillstand kommen. Oft müssen Kommutatoren schon nach den Probeläufen im Lieferwerk nochmals überdreht werden, um die geringen Deformationen zu beseitigen, die durch Erwärmung und Abkühlung entstanden sind. Auch nach einer ersten längeren

Betriebsperiode, in der die „Alterung" des Kommutators stattfindet, ist oft ein nochmaliges Überdrehen notwendig. Viele Firmen versuchen ihre Kommutatoren künstlich zu altern, indem sie dieselben oft erwärmen und abkühlen, wobei sie die Erwärmung durch Reibung auf dem laufenden Kommutator erzeugen.

4. Bürstenhalter.

Bei richtig gebautem Radialhalter sollte die Bürste unabhängig von der Drehrichtung gut arbeiten. Bei Schräg- und Reaktionshaltern muß jedoch eine bestimmte Drehrichtung eingehalten werden. Abb. 40 zeigt schematisch den richtigen und falschen Aufbau eines Reaktionshalters. Die Neigung der Bürsten ist bei verschiedenen Konstruktionen ungleich groß.

Der Kasten darf besonders für weiche Bürsten nicht zu niedrig sein, damit er sich in die weiche Bürstenfläche nicht einarbeiten und dadurch die Bürsten nicht einklemmen kann.

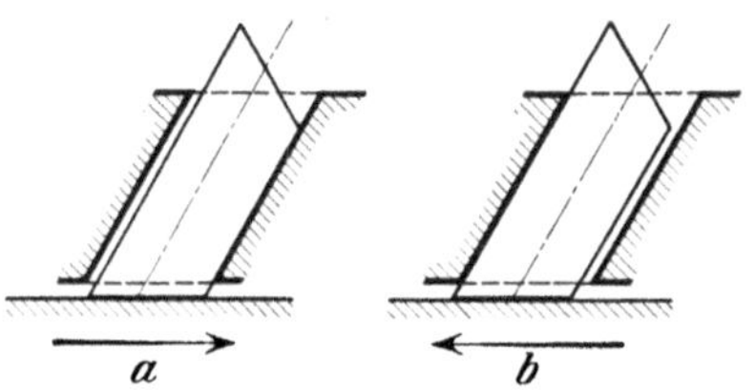

Abb. 40. Aufbau eines Reaktionsbürstenhalters. *a* richtige Stellung beim eingezeichneten Drehsinn, *b* falsche Stellung.

Von großer Wichtigkeit ist auch ein richtiges seitliches Spiel zwischen Bürste und Kasten, um das Wackeln der Bürsten im Halterkasten zu verhindern, ebenso ist die glatte Bearbeitung der gegenüberstehenden Flächen notwendig. Die einzuhaltenden Spiele, die auch für Bürsten auf Schleifringen gelten, sind im Abschn. M. D. 9. angegeben.

Der Bürstendruck ist hauptsächlich der Bürstensorte und der Geschwindigkeit anzupassen. Sehr wichtig, besonders bei Maschinen für hohe Ströme und daher großer Bürstenzahl je Stift, ist die Gleichmäßigkeit des Bürstendruckes über den ganzen Arbeitsbereich der Bürste.

Einige Konstruktionen erlauben eine Nachstellung des Druckes während des Ablaufes einer Bürste. Bei einem gut durchgebildeten Halter ist dies nicht nötig. Das Betriebspersonal wird dadurch leicht verleitet, die Bürsteneinstellung nach Gutdünken zu ändern, wobei jedoch mehr Schaden als Nutzen entstehen kann. Im allgemeinen genügt vom neuen bis zum verbrauchten Zustand der Bürste eine Einhaltung des Druckes innert 10 bis 15%. Die Druckunterschiede verschiedener Halter sollten diesen Wert auch nicht überschreiten.

Zwischen Druckbügel und Bürste der meisten Halter oder im Drehpunkt des Druckbügels befindet sich ein Isolierstück; ist dieses defekt geworden, so können Feder und Druckbügel an der Stromleitung unzulässig teilnehmen.

Die Halter sollen auf den Spindeln oder Tragarmen so stark befestigt und der Bürstenapparat selbst soll so konstruiert sein, daß keine Erschütterungen der Bürsten entstehen können. Sammelringe und Bürstenspindeln müssen, besonders bei Hochstrommaschinen, reichlich bemessen sein, damit nicht durch zu große Erwärmung der Übergangsstellen eine Oxydation einsetzt, welche den Übergangswiderstand vergrößert und eine ungleiche Stromverteilung auf die einzelnen Spindeln verursacht. Bei der Revision der Maschinen sollen solche Kontaktstellen, wie auch die Anschlüsse der Bürstenableitungen, auf richtigen Festsitz geprüft werden.

5. Bürstenmaterial, Druck und Strombelastung.

Auf Kommutatoren kommen heute vorwiegend Hart-, Naturgraphit- und Elektrographitkohlen zur Anwendung; metallhaltige Kohlen nur auf Maschinen mit sehr niedriger Nennspannung.

Hartkohlen eignen sich in der Regel nur für Geschwindigkeiten bis etwa 15 m/s und Stromdichten von etwa 4 bis 8 Amp./cm^2. Sie besitzen hohen spezifischen Widerstand, hohe Übergangsspannung und werden gewöhnlich für Maschinen kleiner Leistung verwendet, sowie in Fällen, wo schwierige Kommutationsverhältnisse eine Bürste von hohem Querwiderstand erfordern. Wechselstromkommutatormaschinen sind auch meist mit Hartkohlen ausgerüstet. Sie neigen leicht zum „Tanzen“, besonders bei stromlosem Lauf einer Maschine; deshalb entstehen oft bei ein wenig unruhigem Lauf des Kommutators schon Kohlenbrüche.

Natur- oder Hochgraphitkohlen sind weiche Kohlen, die für alle Zwecke auf Gleichstrommaschinen zur Verwendung kommen können. Ihr spezifischer Widerstand ist kleiner als derjenige von Hartkohlen, ebenso die Reibungsziffer, welche in der Größenordnung 0,1 bis 0,2 liegt. Diese Kohlen eignen sich auf Kommutatoren bis zu ca. 50 m/s und ergeben einen ruhigen Lauf.

Elektrographitierte Kohlen sind härter als Naturgraphitkohlen, aber im allgemeinen weicher als Hartkohlen. Sie kommen heute für alle Arten von Kommutatormaschinen zur Anwendung und eignen sich je nach dem Grade der Elektrographitierung für mittlere und hohe Umfangsgeschwindigkeiten bis zu 50 m/s. Die Reibungszahl, der spezifische Widerstand und die Übergangsspannung sind höher als bei weichen Bürsten; die Neigung zum „Tanzen“ bei stromlosem Lauf ist geringer als bei Hartkohlen.

Metallhaltige Bürsten werden nur auf Maschinen für hohe Ströme und niedere Spannungen verwendet, welche leicht und gut kommutieren, z. B. Maschinen für elektrolytische Zwecke. Die Übergangsspannung ist niedrig, je nach Metallgehalt etwa innert 0,3 bis 0,6 Volt pro Bürste; damit werden die Übergangsverluste gering. Die höchste zulässige Umfangsgeschwindigkeit dürfte etwa bei 25 m/s liegen.

Der spezifische Bürstendruck für Hart-, Elektro- und Hochgraphitkohlen darf innert 100 bis 160 g/cm^2 liegen, ausnahmsweise bei stationären Maschinen bis 180 g/cm^2 gehen. Auf Fahrzeugmotoren, welche Stößen und Erschütterungen unterliegen, sind noch höhere Drücke nötig. Metallhaltige Kohlen verschleißen bei zu kleinem Bürstendruck allzu leicht infolge ungleicher Stromverteilung; für sie sind Drücke von etwa 160 bis 180 g/cm^2 erforderlich.

6. Ursachen des Bürstenfeuers.

a) Aussehen des Bürstenfeuers. Je nach der Störungsursache und ihrem Stärkegrad kann Bürstenfeuer verschiedener Form und Farbe auftreten. Unzulässig wird ein Bürstenfeuer erst, wenn einzelne Lamellen und Stellen der Bürstenfläche anbrennen. Feuer in kugeliger Form bezeichnet man meist als Perlfeuer; daneben kann noch Spritzfeuer auftreten. Schwaches Perlfeuer, das an der ablaufenden Bürstenkante als kleine weiß-bläuliche bis rötliche Punkte auftritt, ist meist unschädlich. Stärkere Perlen bis gegen Stecknadelkopfgröße, besonders gelblich gefärbte, deuten auf eine Störung in der Kommutierung hin und schwärzen bei dauerndem Bestehen den Kommutator. Bei größeren Störungen tritt oft zum Perlfeuer noch Spritzfeuer hinzu; der Kommutator wird dann meist in kurzer Zeit angegriffen, die Bürstenflächen zeigen rußige mattschwarze Streifen quer zur Laufrichtung, sog. „Zonen“ oder Streifen. An einer Maschine mit vibrierenden Bürsten tritt neben starkem Perlfeuer auch Spritzfeuer von meist grünlich-weißer Farbe auf, wobei grünliche Farbe auf verbrennendes Kupfer hindeutet. Bei fortgeschrittener Anbrennung der Lamellen wird meist das Feuer so stark, daß ein prasselndes Geräusch zu hören ist. Das Feuer tritt dann nicht nur vorwiegend an der ablaufenden Kante auf, sondern auch unter der Lauffläche; Spritzer treten auch seitlich unter den Bürsten hervor; die Bürste scheint auf einem Feuerkissen zu laufen. Ihre Lauffläche zeigt keine Politur mehr, sondern rußige oder matte Flecken von unregelmäßiger Form, oft noch Zonen.

Zeitweises Aufglühen der Bürstenkanten, verbunden mit Perl- und Spritzfeuer, deutet auf unrichtigen Verlauf der Kommutierung und auf wechselnde ungleiche Stromverteilung unter den Bürsten desselben Stiftes. Diese Zustände sind unhaltbar. Sie führen zur Zerstörung der Bürsten und der Kommutatorlauffläche. Die Erscheinungen bei der Funkenbildung sind von so verschiedener Form, daß eine genaue

Trennung von Ursache und Wirkung nur bei großer Erfahrung einigermaßen möglich ist.

Wechselstrom-Kommutatormaschinen zeigen meist ein Feuer von weiß-rötlicher Farbe; sie ertragen ohne Schädigung ein viel stärkeres Bürstenfeuer als Gleichstrommaschinen.

b) Erschütterungen der Bürsten. Durch diese sind wohl die häufigsten betriebsmäßigen Störungen an Kommutatoren veranlaßt. Am leichtesten entstehen Störungen durch unrunde Kommutatoren oder durch hervor- und zurückstehende Lamellen, vorstehende Glimmerisolation oder auch Rillen und Bahnen im Kommutator oder durch eine rauh gewordene aufgerissene Kommutatoroberfläche. Bei höheren Geschwindigkeiten, bei welchen die Bürste den Schwankungen des Kommutators nicht mehr zu folgen vermag, genügt ein geringes Unrundlaufen, ein kaum fühlbares Heraustreten einzelner Lamellen oder ein ganz geringes Überstehen des Glimmers, die Bürste zu Erschütterungen anzuregen und dadurch die Stromabnahme zu verschlechtern. Man bemerkt oft an frisch gereinigten Kommutatoren ungleiche Politurbildung, wobei die Kommutatoroberfläche nahezu gänzlich poliert ist, einzelne Lamellen jedoch noch ganz blank und unpoliert sind. Solche Lamellen oder Lamellengruppen stehen zurück, bedingen dabei ganz geringe Unterschiede in der Lauffläche und einen unruhigen Lauf der Bürsten. Je größer die Geschwindigkeit eines Kommutators und je empfindlicher eine Maschine in ihrer Kommutation ist, um so besser muß der Kommutator rund laufen und um so geringer dürfen die Deformationen des Kommutators im Betrieb sein, auf welche unter M. E. 3. hingewiesen ist. Der Kommutator kann aber auch infolge ungleicher Abnützung der Lauffläche dauernd unrund werden. Vorübergehende Deformationen entstehen bei raschen Temperaturänderungen, beispielsweise bei raschem Anstieg der Kühllufttemperatur. Bleibende Deformationen der Kommutatorlauffläche verschlechtern naturgemäß auch die Kommutation dauernd; vorübergehende Deformationen nur während kürzerer oder längerer Zeit. Wenn der Kommutator dabei den veränderten Temperaturen entsprechend einen neuen Dauerzustand erreicht hat, kommutiert die Maschine wieder ebensogut. Ist eine bleibende, wenn auch geringe Deformation eingetreten, z. B. Hervor- oder Zurückstehen einer Lamelle, und hat sich das Bürstenfeuer deswegen etwas verstärkt, so kann die Maschine dennoch weiter im Betrieb bleiben, solange nicht durch ein allzu starkes Feuern einzelne Lamellen angebrannt sind oder die Bürstenlauffläche zerstört wird, wobei dann Spritzfeuer auftritt. Nicht selten bilden sich dann auf der Bürstenlauffläche Flecken und matte Streifen.

Deformationen des Kommutators erkennt man am besten beim Auslaufen der Maschine, in schlimmen Fällen schon von Auge an der

Bewegung der Bürsten im Halter. Sonst kann man mit den Fingerspitzen, die auf den Halterrand der spannungslosen Maschine gestützt werden, Auf- und Ab-Bewegungen der Bürste im Halter spüren. Dabei können selbst Deformationen von ganz geringem Ausmaß festgestellt werden. Vorstehende Lamellen machen sich beim Auslauf durch ein klapperndes Geräusch hörbar. Auch die Seitenflächen der Bürsten zeigen als Folge dann oft Spuren von Vibrationen, die Berührungsstellen sind blank gescheuert.

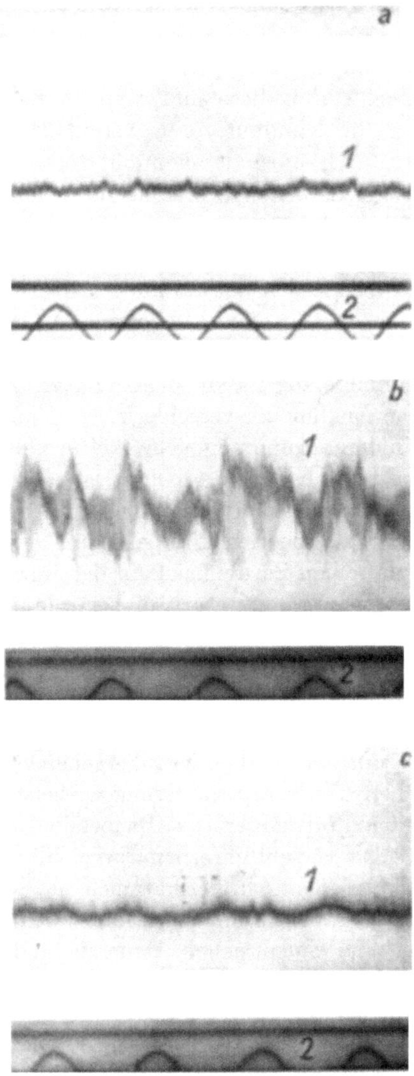

Abb. 41. Oszillographische Aufnahmen der Bürstenübergangsspannung:
a Normaler Radialhalter, normaler Bürstenarm.
b Versuchsreaktionshalter, normaler Bürstenarm.
c Versuchsreaktionshalter, versteifter Bürstenarm.
1 Übergangsspannung. *2* Eichfrequenz 50 Hertz.

Im weiteren sind Bürstenvibrationen bei unrundem Läufer möglich, z. B. wird durch einseitig vorstehendes Läufereisen der Luftspalt verkleinert; der Läufer erfährt dann besonders bei Maschinen mit kleinem Luftspalt einseitig vergrößerten Zug. Ist zugleich noch das Lagerspiel groß, so kann der Läufer eine wälzende Bewegung ausführen, welcher auch der Kommutator und damit auch die Bürsten folgen. Bei hoher Drehzahl verursacht dies unregelmäßige Erschütterungen der Bürsten.

Mechanische Schwingungen der Bürsten, der Bürstenausleger und des ganzen Bürstenapparates können von Lamellenstößen auf die Bürsten und von der bloßen Reibung erzeugt werden. Bei zu großem Spiel im Halter kann die Bürste zum „Tanzen“ kommen. Werden dadurch Eigenschwingungen der Bürste mitsamt Halter oder Bürstenträger erregt, so kann ein weiterer Betrieb der Maschine durch unzulässiges Feuern unmöglich werden. Mitbestimmend für die Entstehung solcher Eigenschwingungen sind Bürstensorte, Halterform und ihre konstruktive Anpassung an die tragenden Teile (Stifte) und ferner der Bürstendruck und dessen Änderung, beispielsweise mit der Bürstenabnützung, die Politurbildung von Kommutator und Bürstenlauffläche, der Abstand des Halterrandes vom Kommutator.

Als Beispiel dafür, wie bei einer ungünstigen konstruktiven Anpassung des Halters an den Bürstentragarm die Schwingungen verstärkt werden können, dienen die Oszillogramme der Bürstenübergangsspannung von Abb. 41, aufgenommen zwischen zwei fremd gespeisten benachbarten Bürsten. Abb. 41a entspricht der normalen Ausführung des Bürstenarmes bei normalem Radialhalter. Bei der Aufnahme des Oszillogramms in Abb. 41b ist versuchsweise ein Reaktionshalter mit ganz anderen Massenverhältnissen auf dem gleichen Bürstenarm angebracht. Bei Versuch Abb. 41c ist der gleiche Reaktionsschalter vorhanden, der Bürstentragarm jedoch durch zusätzliche Verstrebungen versteift. Beim Ersatz von Bürstenhaltern durch solche anderer Bauart ist also Vorsicht nötig; statt der erwarteten Verbesserung kann ein Mißerfolg eintreten.

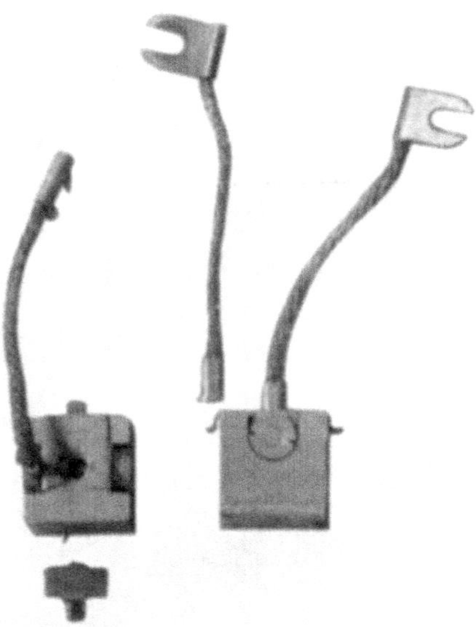

Abb. 42. Zerstörungen an Bürstenarmierungen infolge Erschütterungen beim stromlosen Einfahren.

Als auffallendes Anzeichen für die Erregung von Schwingungen durch Reibung zwischen Kommutator und Bürste ist dieses bekannt: Plötzlich, besonders bei geringer Last oder Leerlauf, beginnen die Bürsten zu kreischen und zu „tanzen“. Durch Überfahren der Kommutatorlauffläche mit einem trockenen Tuch oder durch ganz leichtes Schmieren mit Paraffin verschwinden Geräusch und Vibrationen. Diese Erscheinung, welche mit der Veränderung der Bürstenlauffläche bei Leerlauf und beim Stromdurchgang zusammenhängt, ist besonders auch im Bahnbetrieb bekannt. Bei Leerfahrten, etwa bei stromloser Talfahrt einer Lokomotive, bricht bisweilen eine große Anzahl von Bürsten. Auch beim stromlosen Einlaufen von neuen Bürsten gewisser Sorten tritt diese Störung auf. Die Vibrationen können so heftig werden, daß Armierungsteile brechen, und zwar an ganz unerwarteten Stellen. Abb. 42

zeigt zwei solcher Bürsten. In Abb. 43 sind Bürsten ersichtlich, deren Armierungen im Nennbetrieb der Maschine durch Vibrationen, herrührend von ungeeigneter Bürstensorte, zerstört wurden. Eigenerregte Schwingungen führen oft erst dann zu Störungen in der Kommutation, wenn die Bürstenabnutzung einen gewissen Wert erreicht hat. Die verkürzte Bürste wird entweder im Halter weniger gut geführt, sie kann verklemmt werden, was so schädlich sein kann wie ein zu großes Spiel. Oder es werden die Massenverhältnisse und die Reibung im Kasten und damit die Eigenschwindungszahl verändert. Trotz gleichbleibendem oder nur wenig verändertem Druck kommt die Bürste dabei in Schwin-

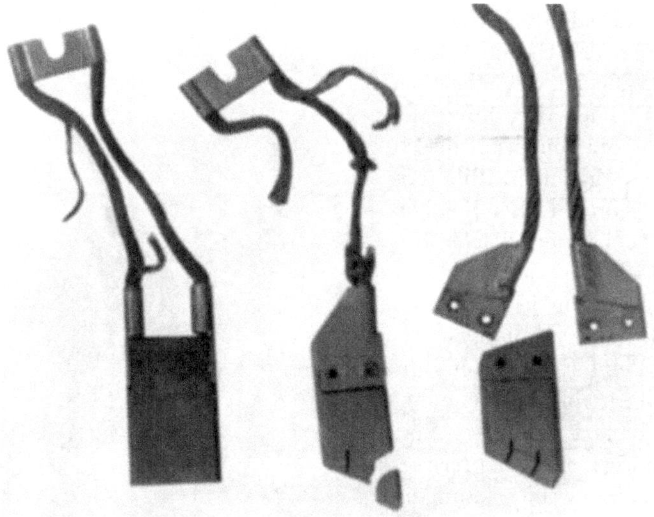

Abb. 43. Zerstörungen von Bürsten und Armierungen bei normaler Belastung durch Erschütterungen infolge ungeeigneter Bürstensorte.

gungen. Werden die Bürsten durch neue von gleicher Qualität ersetzt, so arbeitet die Maschine wieder monatelang störungsfrei, bis die kritische Länge der Bürste neuerdings erreicht wird.

Während die Störungen durch Vibrationen sehr verschiedene Ursachen haben, sind die Folgen jedoch stets die gleichen; hat die Störung ein kritisches Maß erreicht, dann treten Schwierigkeiten in der Kommutierung auf. Allgemeine Anleitungen für die Behebung dieser Störungen lassen sich nicht geben, außer für die Fälle: Unrunder Kommutator, vorstehende Lamellen oder Isolation. Sind fremderregte Vibrationen, hervorgerufen durch Antriebs- und Übertragungsorgane, die Störungsursache, so wird man sie bei genauer Beobachtung erkennen und beheben können. Schwieriger sind eigenerregte Schwingungen zu untersuchen. Vermutet man solche und hat man andere Störungsmöglichkeiten beseitigt, dann wird man meist erst Versuche mit einer anderen Bürstensorte anstellen. In jedem Fall empfiehlt es sich, die Vorschläge des Lieferanten einzuholen. Durch falsche Eingriffe sind oft größere Schäden möglich.

c) Wendepoleinstellung ist unrichtig. Das Zustandekommen der richtigen Wendefeldeinstellung und die Möglichkeiten zu ihrer Änderung im Betrieb sind eingangs unter M. E. 2. erwähnt.

Bei unrichtiger Einstellung zeigen sich folgende Erscheinungen: Die Maschine feuert, unter Umständen schon bei Teilbelastung, an allen Stiften gleichmäßig; das Bürstenfeuer wird mit längerer Betriebszeit stärker, bis der Betrieb unmöglich wird. Oft erträgt jedoch die Maschine dank ihrer Bauart und Berechnung eine ungünstige Wendepoleinstellung längere Zeit, dies auch, wenn die Belastungsverhältnisse stark

Abb. 44. Zonenbildung in der Lauffläche von Hochgraphitkohlen infolge unrichtiger Einstellung des Wendefeldes.

wechseln. Dann entstehen oft neben geringem Bürstenfeuer ganz geringe Anbrennungen der Lamellen, die Kommutatoroberfläche erscheint besonders im Lauf gräulich verschmiert. Die Bürsten erhalten je nach der Stärke der Wendepolerregung an der ablaufenden oder auflaufenden Kante zuerst nur schwache und mit der Betriebszeit größer werdende matte Streifen, sog. „Zonen", wie dies in Abb. 44 gezeigt ist. Es braucht jedoch eine große Erfahrung, um daraus zu beurteilen, ob unrichtige Wendepoleinstellung vorliegt; solche Zonenbildung kann auch im Zusammenhang mit Vibrationen auftreten.

Wird die Bürstenbreite geändert, so ist zu beachten, daß eine in der Laufrichtung schmalere Kohle ein stärkeres Wendefeld verlangt und umgekehrt.

d) Wendepolwicklung ist verkehrt angeschlossen. Tritt bei einer Maschine schon im Leerlauf oder bei ganz geringer Belastung starkes Bürstenfeuer auf, so kann ein unrichtiger Anschluß der Wendepolwicklung vorliegen, eine Störung, die nach einer Revision oder Reparatur möglich ist. In diesem Falle prüft man zuerst die Anschlüsse zur

Wendepolwicklung, meist sind zusammengehörige Klemmen an den Anschlüssen der Bürstenbrücke bezeichnet. Die Polfolge ist in Abb. 39 dargestellt. Man kommt jedoch am schnellsten zum Ziele, wenn man versuchsweise die zur Bürstenbrücke gehenden Verbindungen vertauscht und die Maschine nachher wieder beobachtet.

e) Bürstenstellung ist unrichtig; Bestimmung der neutralen Zone. Die Bürsten von Gleichstrommaschinen mit Wendepolen stehen allgemein in der neutralen Zone oder sind nur wenig aus derselben verschoben. Die günstigste Bürstenstellung ist bei neueren Maschinen stets durch eine Marke an der Bürstenbrücke gekennzeichnet. Ist eine Nachprüfung der Bürstenstellung nötig geworden, dann kann dies auf folgende Weise geschehen:

Bei geöffnetem Läuferstromkreis und stillstehender Maschine speist man die Hauptpolwicklung aus einer fremden Stromquelle — z. B. einer Akkumulatorenbatterie — mit einem schwachen Strom, den man leicht schließen und unterbrechen kann. Zwischen zwei benachbarte Bürstenstifte ist ein empfindliches Gleichstrom-Voltmeter mit einem Meßbereich von einigen Volt anzuschließen. Beim raschen Öffnen und Schließen des Stromkreises werden in der Läuferwicklung Spannungen induziert, welche dann ihren kleinsten Wert erreichen, wenn die Bürsten in der neutralen Zone stehen. Diese Stellung ist durch Verschieben der Bürsten aufzusuchen. Der Versuch sollte mit zwei oder drei verschiedenen Läuferstellungen wiederholt werden.

Ein zweites Verfahren: Bei unterbrochenem Stromkreis der Hauptpolwicklung speist man Läufer und Wendepolwicklung mit einem Hilfsstrom von etwa $^1/_{10}$ des Nennstromes; man verschiebt dann die Bürstenbrücke solange in gleicher Richtung, bis sich der Läufer der Maschine zu drehen beginnt und bezeichnet diese Stellung. Dasselbe wird bei gleicher Stromrichtung in der entgegengesetzten Verschiebungsrichtung der Bürsten getan und die neue Stellung ebenfalls markiert. Der Versuch ist mehrmals bei konstant gehaltenem Strom durchzuführen. Die neutrale Zone liegt ziemlich genau in der Mitte zwischen den beiden gefundenen Anlaufstellungen, welche meist einige Zentimeter entfernt sind. Bei diesem Versuch sind Kompoundwicklungen abzutrennen. Auch darf nach einsetzender Läuferdrehung die Bürstenbrücke nicht zu lange verschoben bleiben, da sonst der Läufer seine Drehzahl rasch gefährlich steigern könnte. Dieser Versuch läßt gleichzeitig den richtigen Anschluß der Wendepolwicklung kontrollieren, indem die Läuferdrehung im gleichen Sinne wie die Verschiebung der Bürstenbrücke erfolgen muß.

Bei Motoren, welche in beiden Drehrichtungen betrieben werden können, ist die neutrale Zone auch sehr genau aus der Drehzahländerung zu bestimmen nach Unterabschnitt M. M. 2. g).

f) Bürstensorte ist unrichtig. Ändert sich die Kommutierung einer Maschine nach dem Aufsetzen neuer Bürsten von gleicher Sorte, so kann dies an unrichtigem Einschleifen der neuen Bürste liegen. Meist wird allerdings die Kommutation mit fortschreitendem Einarbeiten der Bürsten wieder wie früher vor sich gehen. Wurde jedoch die Bürstenqualität absichtlich geändert und hat sich die Kommutation trotz gut eingearbeiteter Bürstenlauffläche beträchtlich verschlechtert, dann muß geschlossen werden, daß die Bürstenqualität für die betreffende Maschine nicht geeignet ist. Es empfiehlt sich möglichst diejenige Bürstenqualität weiter zu verwenden, die von Anfang mitgeliefert wurde.

Ungünstig ist auf alle Fälle die gleichzeitige Verwendung verschiedener Bürstensorten auf einer Maschine, ganz besonders auf demselben Bürstenstift. Müssen in Ausnahmefällen ungleiche Bürsten verwendet werden, so sollten doch wenigstens die Stifte von gleicher Polarität einheitlich bestückt sein.

g) Bürstenverteilung ist ungenau. Weichen die Abstände einzelner Bürstenstifte in der Umfangsrichtung stark voneinander ab, dann liegen diejenigen Ankerleiter, welche durch gleichpolige Bürsten parallel geschaltet sind, nicht an der gleichen Stelle des Feldes. Die entstehenden Ausgleichströme können Bürstenfeuer an einzelnen Stiften zur Folge haben. Dieser Fehler entsteht u. a. durch das Schwinden oder Verziehen der Bürstenstiftisolationen, wodurch die Bürstenausleger verdreht werden, oder durch einen nachlässigen Aufbau der Ausleger und Bürstenhalter. Äußerst selten kommt es vor, daß alle Bürsten von derselben Polarität vom Maschinenlieferanten selbst verschoben eingestellt wurden; verglichen mit den vorerwähnten Ungleichheiten sind aber in diesem Fall immer noch regelmäßige Teilungen vorhanden.

Die Sollteilung benachbarter Bürsten beträgt:

$$t_s = \frac{\text{Kommutatorumfang}}{\text{Anzahl Bürstenstifte}}\,;\ \text{mm}\,.$$

Die wirklichen Bürstenabstände, am Kommutatorumfang gemessen, sollten in der Regel von der Sollteilung nicht stärker abweichen als um die Dicke der Lamellenisolation. Die Empfindlichkeit der Maschinen gegen Fehler in der Bürstenteilung ist verschieden.

Bei ungleicher Bürstenteilung können auch einzelne Bürsten schräg zum Kommutator zu stehen kommen und zu Erschütterungen angeregt werden, welche ebenfalls ein Feuern veranlassen.

h) Bürsten sind schlecht ausgerichtet. Bei unsorgfältigem Aufbau der Bürsten eines Stiftes stehen diese nicht in einer Linie. Dabei ist die totale Bürstenbreite vergrößert und die Lamellenüberdeckung geändert; die Kommutierung kann verschlechtert werden; meist funken die am weitesten vorstehenden Bürsten. Zur richtigen Einstellung der Bürsten verschiebt man entweder die Bürstenbrücke oder verdreht den Läufer so, daß alle ablaufenden Bürstenkanten mit einer Lamellenkante eine Linie bilden. Waren die Bürsten eines Stiftes von Anfang gestaffelt, so sind die Bürsten jeder Staffel unter sich auszurichten.

i) Bürstendruck ist unrichtig. Bei zu geringem Bürstendruck werden besonders die schmalen Bürsten durch die Stöße des Kommutators und durch die wechselnde Reibung abgeschleudert und beginnen zu feuern; zudem wird dabei die Stromverteilung ungleich. Der Bürstendruck muß sowohl der Bürstenmarke wie den Betriebsverhältnissen der Maschine entsprechen. Einige orientierende Werte sind im Abschnitt M. E. 5. angegeben. Ebenso sind die Folgen ungleicher Stromverteilung unter M. E. 7. erwähnt.

Der eingestellte Bürstendruck kann nachlassen durch das Ausglühen der Federn bei ungleicher Stromverteilung oder durch Ermüdung der Federn bei mechanischer Überbeanspruchung. Nicht selten verstellt auch das Betriebspersonal bei Haltern mit einstellbarem Federdruck denselben willkürlich. Bei richtig konstruierten Haltern bleibt der Druck über den ganzen Arbeitsbereich der Bürste genügend konstant; ein Nachstellen ist nicht notwendig und meist auch nicht ohne weiteres möglich.

k) Luftspalte sind ungleich. Durch stark verschiedenen Luftspalt unter den Hauptpolen, wie durch ungleiche Polabstände, werden die parallelen Ankerkreise verschieden stark induziert, so daß innere Ausgleichströme auftreten. Maschinen neuerer Bauart, besonders solche für große Leistungen, besitzen deshalb Ausgleichverbindungen. Da auch bei genauem Aufbau der Maschine doch kleine Unterschiede des Luftspaltes und der magnetischen Leitfähigkeit unvermeidlich sind, haben die Ausgleichleiter eine Störung der Kommutierung zu verhindern, indem sie die Ausgleichströme direkt ableiten. Sind jedoch die Unterschiede im Luftspalt zu groß, und fehlen in einem Anker die Ausgleichverbinder, oder ist nicht jede Lamelle an dieselben angeschlossen, so muß der Ausgleichstrom über Bürsten und Sammelringe fließen und kann die Kommutation verschlechtern.

Starke Abweichungen in der Breite des Luftspalts können entstehen durch Auslaufen der Lager oder durch Fehler beim Wiedereinbau der Pole nach einer Überholung oder Reparatur. Dabei können Unterlagbleche zwischen Polkern und Joch vergessen, Pole schief gestellt und Pole seitlich verschoben werden, wodurch Teilungsfehler entstehen. Die Unterschiede im Luftspalt einzelner Pole sollten etwa 10% des Mittelwertes nicht überschreiten. Die Polteilungen, gemessen zwischen den Polecken gleichartiger Pole, sollten nicht mehr als 0,5 bis 1,0 mm voneinander abweichen.

Ungleichheiten im Luftspalt und in der Teilung der Wendepole haben ähnliche Folgen. Die zulässigen Abweichungen sind in derselben Größenordnung wie an den Hauptpolen. Es ist bei Wendepolen wichtig, daß ihre Achse möglichst genau in die Mitte zwischen die Hauptpole eingestellt wird.

l) Sammelringe und Bürstenstifte haben ungleiche Widerstände. Verschmutzung und Oxydation von Kontaktstellen an den Sammelringen, welche die Bürstenstifte unter sich verbinden, können die gleichmäßige Stromverteilung auf die einzelnen Stifte stören, besonders an Maschinen für hohe Stromstärken. Die Bürsten einzelner Stifte können dabei feuern. Solche Fehler entdeckt man am raschesten bei einer genauen Besichtigung der Übergänge. Kontaktstellen von hohem Widerstand zeigen nicht selten Erwärmungsfarben. In diesem Fall löst man am besten alle Kontaktstellen und unterzieht sie einer gründlichen Reinigung.

Selbst an ein und demselben langen Bürstenstift kann die Stromabnahme an einzelnen Bürsten oder Bürstengruppen ungleich erfolgen, wenn die Übergangswiderstände aus obigen Gründen erhöht sind.

Ableitungen und Bürstenapparate können für die Stromabnahme auch konstruktiv fehlerhaft sein. Einzelheiten sind aus der Literatur zu entnehmen[1].

m) Wicklungen sind fehlerhaft. Windungsschlüsse in Haupt- und Wendepolwicklungen, Eisenschlüsse an zwei und mehr Spulenstellen, verkehrt angeschlossene Pole erzeugen magnetische Unsymmetrien, die gleiche Wirkungen haben wie Ungleichheiten im Luftspalt. Die Wirkungen von Eisenschlüssen und Windungsschlüssen sind unter M. B. 3. und M. B. 5. beschrieben.

Bei magnetischer Unsymmetrie wie auch bei ungleicher Bürstenteilung feuern oft nur einzelne aufeinanderfolgende Stifte. Das Aufsuchen ersterer Fehler ist M. F. 4. besprochen.

Im Läufer zeigen sich Windungsschlüsse und Unterbrüche bald an einer Verschlechterung der Kommutation und durch Anbrennen derjenigen Lamellen, welche mit den kranken Wicklungsteilen verbunden sind. Ein Läufer mit schlechten Lötverbindungen kann jedoch oft lange Zeit im Betrieb bleiben, ohne daß sich die Störung zeigt. Oft ist die Widerstandserhöhung einer Lötstelle — z. B. an der Ableitung zum Kommutator oder bei Stabwicklungen an einer rückseitigen Spulenkopfverbindung — anfänglich noch gering. Nur eine Maschine mit sehr empfindlicher Kommutation wird dabei schon eine merkbare Verschlechterung der Kommutierung und Bürstenfeuer zeigen. Erst mit fortschreitender Oxydation der schlechten Lötstelle verstärken sich dann die Erscheinungen. Die mit der kranken Stelle direkt zusammenhängenden, wie auch die über die Ausgleichleiter damit verbundenen Lamellen, beginnen sich zu schwärzen; dabei verstärkt sich das Bürstenfeuer. Durch Reinigen des Kommutators und Wegschleifen der angebrannten Stellen können bisweilen die Verhältnisse so verbessert werden,

[1] Heinrich, W.: Das Bürstenproblem im Elektromaschinenbau.

daß noch ein länger dauernder Betrieb möglich ist. Zuletzt schmilzt die kranke Lötstelle aus, ein weiterer Betrieb wird unmöglich; die schlechte Lötstelle ist nahezu eine Unterbruchstelle geworden. Beobachtet man angebrannte Lamellen, die unregelmäßig oder um eine Pol- bzw. Polpaarteilung voneinander entfernt liegen, so muß auf Windungsschluß oder schlechte Lötstellen geschlossen werden. Wenn nicht von bloßem Auge ausgeflossenes Zinn als eindeutiges Anzeichen der Ausschmelzung sichtbar ist, kann man durch Widerstandsmessungen nach M. B. 6. c) die Fehlerstelle aufsuchen. Gelingt dies nicht mit Sicherheit, wie etwa bei schlechten Lötstellen, dann empfiehlt sich das Nachlöten aller Stellen, welche in der Nähe der angebrannten Lamellen liegen. Bei Windungsschlüssen im Läufer wird die Schlußstelle meist durch Überhitzung und deren Folgen in kurzer Zeit leicht erkenntlich.

Eisenschlüsse im Läufer beeinflussen die Kommutierung nur dann, wenn sie an zwei Wicklungsstellen auftreten, wodurch ein begrenzter Wicklungsteil kurzgeschlossen wird; in einem einpolig geerdeten Netz genügt eine Eisenschlußstelle. Hat der Eisenschluß wenig Widerstand, so kann durch den Störstrom ein Kurzschluß und Rundfeuer entstehen. Selbstverständlich ist bei allen Störungen der Kommutation die Wicklung auf ihren Isolationszustand zu prüfen.

n) Kommutator hat Lamellenschlüsse. Zwischen benachbarten Lamellen und auch zwischen ihren Ableitungen können Schlüsse durch abgelagerten Kohlenstaub entstehen. Diese Schlüsse vermögen, besonders bei Maschinen mit hoher Lamellenspannung, einzelne Lamellengruppen anzubrennen, woraus Bürstenfeuer entstehen kann, bisweilen selbst Rundfeuer. Bei kleinem Widerstand der Schlußstelle werden sogar die Anschlüsse auslöten und unter Umständen Erwärmungsfarben an der kranken Lamelle ersichtlich sein. Bei Lamellenschlüssen werden auch diejenigen Lamellen im Abstand doppelter Polteilung angebrannt sein, welche durch Ausgleichverbindungen leitend zusammenhängen. Selten kommen Lamellenschlüsse vor durch das Eindringen von Säure in die Glimmerisolation beim Löten der Anschlüsse mit säurehaltigen Lötmitteln, durch schlechte Kommutatorschmiermittel oder durch metallische Fremdkörper, welche in die Glimmerisolation zwischen den Lamellen oder in die Isolationsringe eindringen. Solche Störungen können sehr umfangreich ausfallen, besonders wenn der Schluß im Innern des Kommutators entsteht; nicht selten muß dann der Kommutator zerlegt werden. Bei allen äußerlichen Lamellenschlüssen muß der Glimmer mit einer Säge oder Fräse gründlich ausgekratzt werden, bis er weiß erscheint. Ist dadurch der Fehler nicht zu beseitigen, dann muß der Kommutator abgelötet und die Isolation zwischen den einzelnen Lamellen getrennt untersucht werden mit Prüflampen oder noch besser mit dem Isolationsprüfer.

7. Ungleiche Stromverteilung, Abbrennen von Bürstenkabeln.

An Maschinen für hohe Stromstärken und mit Dauerbetrieb, z. B. in elektrochemischen Werken, können mitunter plötzlich Bürstenableitungen wegschmelzen oder sich doch stark verfärben. Auch kann sich überraschend schnell das Gefüge von Bürsten lockern und zerfallen, in schlimmen Fällen können sogar die Halterkasten abschmelzen. Oft feuern dabei die Bürsten; die ganze Störung kann jedoch auch ohne Glühen und Feuern der Bürsten ablaufen, je nach der Empfindlichkeit der Maschine in der Kommutierung und nach der Überlastungsfähigkeit der Bürsten. Alle diese Erscheinungen sind Folgen ungleicher Stromverteilung. Die Reihenfolge der Vorgänge ist dabei folgende: Zufällige stärkere Stromaufnahme einer Bürste; Rückgang des Übergangswiderstandes wegen des negativen Temperaturkoeffizienten desselben; weitere vermehrte Strombelastung der Bürste; Lockerung der Kohle durch Verglühen; Erhöhung der Ableitwiderstände mit der Erhitzung; Zerstörung der Bürste und Armierung. Die Neigung von verschiedenen Bürstensorten zu ungleicher Stromverteilung ist verschieden; bei Hochgraphitkohlen ist sie — besonders bei geringem Druck — stärker als bei Hart- und Elektrographitkohlen. Abb. 45 zeigt mehrere Hochgraphitbürsten, welche durch ungleiche Stromverteilung und daher örtliche Stromüberlastung in ihrem Aufbau so gelockert wurden, daß sie zuletzt teilweise zerfielen. Die Ursache der Störung war hier neben der besonderen Neigung zu ungleicher Stromverteilung noch ein zu geringer Bürstendruck. Abb. 46 zeigt die verheerenden Folgen ungleicher Stromverteilung wegen ganz ungeeigneten Elektrographitbürsten. Die Maschine von 400 kW, 100 Volt und 4000 Amp. lief bei ganz ungenügender Wartung Tag und Nacht und der Maschinenwärter hatte von sich aus diese ungeeignete Bürste aufgesetzt. Man erkennt deutlich, wie nach dem

Abb. 45. Zerfall von Hochgraphitbürsten als Folge ungleicher Stromverteilung. Druck 130 g/cm². Stromdichte 7 bis 8 A/cm².

Abbrennen der Ableitung der Halterkasten die Stromleitung übernahm und daß dieser zuletzt an der ablaufenden Seite, wo die Bürste anliegt, wegen Stromüberlastung ausschmolz.

Bei ungleicher Stromverteilung wird man in erster Linie die Kontaktstellen an den Bürsten und Haltern nachsehen. Besonders schädlich können folgende Störungen an den Verbindungsstellen zwischen Litze und Bürste sein: Oxydierung bei Erwärmung, schlechte Verkupferungen, Ausfließen der Lötungen.

Die Druckunterschiede der Bürsten sollten 10% des Mittelwertes

Abb. 46. Zerstörung einer Bürstenarmatur mit Halter durch ungleiche Stromverteilung bei ungeeigneter Bürstensorte.

nicht übersteigen. Bei Hochgraphitbürsten sollte der Druck aus Rücksicht auf ungleiche Stromverteilung 160 g/cm² nicht unterschreiten. Elektrographitbürsten können noch bei geringerem Druck gut arbeiten. Versuchsweise kann man auch die spezifische Belastung der Bürsten eines Stiftes ändern durch Wegnehmen oder Zufügen einzelner Bürsten. Hauptbedingung bleibt jedoch immer die Verwendung gleicher Bürsten auf der ganzen Maschine oder doch wenigstens auf allen Stiften derselben Polarität.

Die Folgen der Verwendung verschiedener Bürstensorten auf einem Kommutator zeigt Abb. 47 an einem Dreiphasen-Kommutatorläufer. Der Inhaber hatte zur Bestückung mit total 36 Kohlen nicht weniger als drei Qualitäten verwendet. Während die Bürsten der Außenseite einigermaßen gut arbeiteten und ruhig liefen, neigten die inneren ungeeigneteren Kohlen von anderer Sorte zum „Tanzen". Dadurch entstanden stromloser Lauf und Litzenbrüche; die Stromabnahme fand also nur an der äußeren Bürstenreihe statt. Schleifwirkung und stark vergrößerte Reibung der stromlosen Bürsten führte zum sog. Spurlauf dieser Kommutatorhälfte, wodurch eine ungleich tiefe Spur am ganzen Umfang entstand. Hier wirkte sich die ungleiche Stromverteilung nicht im Verglühen und Verbrennen der Bürstenlitzen aus; die geringe Strombelastung wurde ohne weiteres nur von einer Bürstenreihe übernommen. Hingegen führten die Vibrationen der wenig belasteten Bürsten zu ihrem Bruch. In der inneren Reihe waren 3/4 der Bürsten gebrochen; in der äußeren Reihe waren 95% der Kohlen gut.

Abb. 47. Spurlauf als Folge des stromlosen Laufes einer Bürstenreihe wegen ungeeigneter und verschiedenartiger Bestückung der beiden Bürstenreihen.

Abb. 48 zeigt, wie fabrikatorische Ungleichheiten ein und derselben Bürstensorte des gleichen Lieferanten doch ein verschiedenes Verhalten von Bürsten veranlassen können. Eine Bürstenreihe des Dreiphasen-Kommutators war von einer älteren, die andere Reihe von einer neueren Lieferung. Die Stromaufnahme war nach kurzer Betriebszeit verschieden; eine Bürstenreihe begann zu „tanzen", wodurch die andere Reihe noch mehr Strom erhielt, so daß ihre Bürsten ruhig blieben. Die fast stromlose Bürstenreihe vibrierte schließlich so stark, daß ihre Bürsten, besonders an den Kabelbefestigungsstellen, brachen. Auch die Politurbildung in den beiden Bürstenbahnen des Kommutators war verschieden. Die stromführende hintere Bahn war gleichmäßig poliert und zeigte ganz schwache Rillen; die vordere Bahn war fleckig und nicht gleichmäßig durchpoliert.

Beim Beginn ungleicher Stromverteilung kann man die Weiterentwicklung der Störung zurückhalten durch periodisches Reinigen des Kommutators bei aufgesetzten Bürsten, Überschleifen mit feinkörnigem Kunstbimsstein, mit Schmirgelleinen und Glaspapier, letztere beiden aufgezogen auf ein Holz mit geeigneter Rundung. Ungleiche Stromverteilung durch Tanzen der Bürsten kann auch durch leichtes Schmieren mit Paraffin oder Vaseline behoben werden. Müssen diese Abhilfen jedoch zu oft vorgenommen werden, so daß Kommutator und Bürsten rasch verschleißen, so ist eine Änderung der Bestückung die beste Abhilfe, vorausgesetzt, daß Drücke und Übergangswiderstände von Bürste und Bürstenapparat in Ordnung sind.

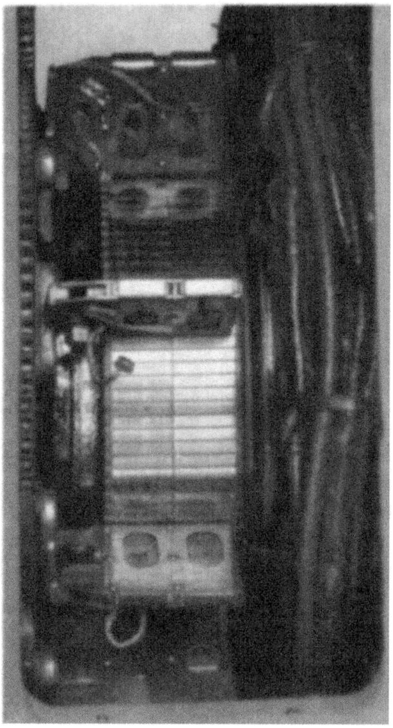

Abb. 48. Stromloser Lauf und Bruch von Bürsten infolge ungleichartiger Fabrikation derselben Bürstensorte.

8. Rillenbildung.

Bei ungleicher Abnützung des Kommutators in der Umfangsrichtung spricht man von Rillenbildung. Je nach den Erscheinungen kann man von Riefen, Haarrillen, Bahnen, Spurlauf sprechen, welche von verschiedenen Ursachen herrühren. Vorwiegend ist wohl die Bildung von breiten und ausgeprägten Bahnen durch ungeeignetes Bürstenmaterial bei zu hohem Druck und großer Kommutatorgeschwindigkeit. Das Abbild sind dann die welligen Bürstenlaufflächen nach Abb. 49. Daneben zeigen sich feine Haarrillen ähnlich wie in Abb. 37 an metallhaltigen Bürsten oder Spuren von ganzer Bürstenbreite wie in Abb. 47. Riefen bedeuten eine aufgerissene

Abb. 49. Bürsten mit starker Rillenbildung.

Kommutatoroberfläche, wie dies bei Verwendung von Metallkohlen zuweilen vorkommt.

Leichte Rillen, die sich nach dem Erreichen eines gewissen Wertes und nach eingetretener Härtung der Kommutatoroberfläche nicht mehr weiter vertiefen, sind weniger als Störung, eher als Schönheitsfehler zu bewerten. Es muß davor gewarnt werden, Kommutatoren nur wegen ihrer Welligkeit zu überdrehen oder zu schleifen. Die während der Politurbildung gehärtete Oberfläche des Kupfers wird dabei aufs neue aufgerissen; nachher können sich ohne weiteres wieder neue Rillen bilden, wenn nicht gleichzeitig die Bestückung geändert wird.

Die Hauptursache der Rillenbildung ist wohl eine ungeeignete Bürstensorte. Vor allem neigen Hochgraphitkohlen vielfach durch ihre mechanische Schleifwirkung zu Rillenbildung; Hart- und Elektrographitkohlen sind hingegen weniger dazu geneigt. Metallhaltige Kohlen reißen den Kommutator eher auf und bilden Riefen. Ungleichheiten in der Fabrikation können allein schon zu Rillenbildung führen. Weitere Ursachen der Rillenbildung sind: Schlechte Kommutation, ungeeignete Strombelastung der Bürsten, unrichtiger Bürstendruck und schlechter mechanischer Lauf des Kommutators, Staub und Sand, Schleifstaub bei häufigem Schmirgeln, Öl, Fett und andere Schmiermittel. Das Lamellenkupfer ist in seltenen Fällen bei zu geringer Härte oder wenn Einschlüsse von Oxydul vorhanden sind, schuld an der Rillenbildung. Auch Kupferablagerung in den Bürstenlaufflächen bei Vibrationen der Bürste oder bei ungünstiger Kommutierung kann störend wirken. Mit schlecht geschliffenem Stahl gedrehte oder mit rauhem Stein geschliffene Kommutatoren neigen eher zur Rillenbildung als solche, die beim Dreh- oder Schleifprozeß möglichst schonend behandelt wurden. Kommutatoren, die dem Einfluß von gas- und säurehaltiger Luft ausgesetzt sind, zeigen bisweilen eine vermehrte Abnützung. Sehr schädlich sind in dieser Hinsicht die Schwefelgase der Kokereien, die auch Kontakte von Schaltapparaten angreifen.

Die Entdeckung einer vorhandenen Ursache für die Rillenbildung weist auch auf den richtigen Weg zur Abhilfe.

9. Übermäßige Bürstenabnützung.

Die Bürstenabnützung hängt von Bauart und Betriebsverhältnissen, Bürstensorte und Unterhalt des Kommutators ab. Allgemeine Regeln sind nicht angebbar. Die Größenordnung der Abnützung zeigt etwa folgendes Beispiel: Elektrographitierte Kohlen erlitten auf einer 2500 kW-Maschine in einem chemischen Betrieb mit Tag- und Nachtbelastung bei einer Stromdichte von 7,4 Amp./cm^2 und einer Kommutatorgeschwindigkeit von 29 m/s eine mittlere Abnützung von etwa 4 mm je 1000 Std. An Gleichstrommaschinen kleinerer Leistung bis gegen 100 kW und bei Stromdichten von 4 bis 8 Amp./cm^2, sowie Kommutatorgeschwindigkeiten bis gegen 20 m/s wurden Elektrographit- und Hochgraphitkohlen um 0,5 bis 2,0 mm je 1000 Std. abgenützt.

Verstaubung am Aufstellungsort durch Flugsand oder Metallstaub kann die Abnützung verstärken; ebenso wirken: Starkes Bürstenfeuer bei schlechter Kommutation, Stromstöße mit Spritzfeuer, Kurzschlüsse, rauhe Kommutatoroberfläche bei zu häufigem Schmirgeln, Öle, Fette und Schmiermittel.

Hochgraphitkohlen nutzen sich im allgemeinen weniger ab, eignen sich aber nicht für alle Zwecke ebensogut wie Elektrographitbürsten.

10. Kommutator-Überwärmung.

Die in Wärme umgesetzten Kommutatorverluste setzen sich zusammen aus den Bürstenreibungs- und Stromübergangsverlusten. Ihre Anteile am Gesamtverlust hängen von der Kommutatorgeschwindigkeit, der Oberflächenbeschaffenheit und von der verwendeten Bürstensorte ab. Erwärmt sich ein Kommutator zu stark — nach REM sind 60^0 für stationäre Maschinen zulässig — so kann entweder einer dieser Teilverluste oder bei ungünstigem Zusammenwirken von Reibung und Stromübergang beide Verlustteile erhöht sein. Mit zunehmender Politurbildung eines Kommutators wachsen im allgemeinen die Übergangsverluste, während die Reibungsverluste abnehmen. Beim frisch geschmirgelten Kommutator sinken hingegen die Stromverluste, während die Reibungsverluste steigen. Bei übermäßiger Kommutatorerwärmung können also folgende Störungsursachen vorliegen: Starke Verschmutzung und Oxydation der Kommutatorlauffläche — letzteres z. B. als Folge der Einwirkung von Gasen in chemischen Betrieben —, schlechte Kommutation, rauhe Kommutatorfläche, zu großer Bürstendruck, Verwendung ungeeigneter Bürsten — beispielsweise mit unpassender Imprägnierung. Bei ungeeigneter Bürstensorte kann die Übergangsspannung und damit die Erwärmung zu hoch ausfallen. Die Übergangsspannung hängt von vielen Einflüssen ab: Stromdichte und Stromrichtung, Zustand beider Laufflächen, Geschwindigkeit und Bürstendruck, sowie von den allgemeinen Laufverhältnissen. Hoch- und Elektrographitkohlen haben 1 bis 2 Volt, Hartkohlen noch höhere Übergangsspannung, metallhaltige Kohlen je nach Zusammensetzung 0,3 bis 0,6 Volt. Abb. 50 zeigt die Übergangsspannung bei Betriebsbeginn und nach längerer Betriebszeit; der erhöhende Einfluß der Politur ist auffällig. Es ist bekannt, daß die Bürstenreibungsverluste bei Hartkohlen und teilweise auch bei Elektrographitkohlen stark steigen, wenn die Maschine mit nur geringem Strom oder ganz stromlos läuft. Es kann demnach bei bloßem Leerlauf eine Übererwärmung des Kommutators eintreten, besonders dann, wenn die Bürstenreibungsverluste ohnehin den Hauptanteil der

Kommutatorverluste ausmachen, wie dies bei schnellaufenden Maschinen der Fall sein kann.

Natürlich können auch Störungen in der Belüftung, die im Unterabschnitt M. A. 6. c) und d) angeführt sind, eine zu große Erwärmung verschulden.

Bei Übererwärmung wird man in erster Linie den Kommutator und die Bürsten auf den Zustand ihrer Laufflächen untersuchen und unter Umständen durch Versuche mit anderen Bürstenmarken eine Abhilfe zu erreichen suchen. Es kann auch versuchsweise eine Anzahl Bürsten jeder Polarität entfernt werden, was dann Erfolg verspricht, wenn die Reibungsverluste die Bürstenübergangsverluste überwiegen.

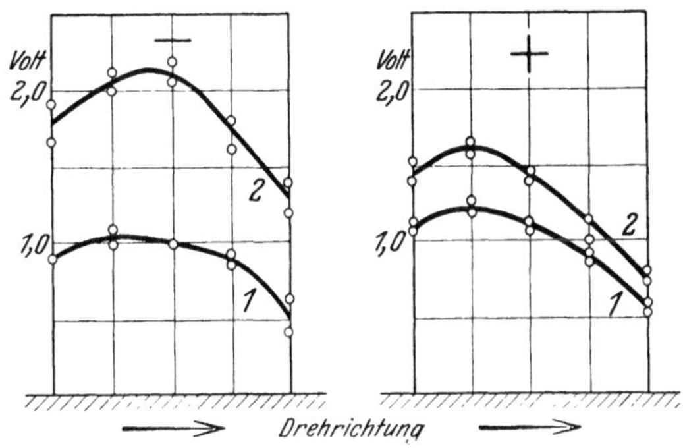

Abb. 50. Änderung der Bürstenübergangsspannung durch Politurbildung an Kommutator und Bürstenlauffläche. Kurven *1*: Kommutator und Bürsten frisch geschmirgelt. Kurven *2*: Nach 700 Std. ununterbrochenem Betrieb mit 70% Nennstrom. Kurven sind Mittelwerte der Messungen an je 2 verschiedenen Stiften bei Nennstrom. Spez. Stromdichte = 10 A/cm², Spez. Druck = 170 g/cm², Hochgraphitkohlen.

11. Kurzschlüsse und Rundfeuer.

Um Kurzschlüsse am Kommutator möglichst unschädlich zu machen, wird man vor allem einen wirksamen Kurzschlußschutz einbauen. Dazu sind Schnellschalter geeignet, welche einen Kurzschluß innert äußerst kurzer Zeit, wenn möglich schon vor dem Eintritt des Höchststromes abschalten. Dann sind vor allem solche Kohlensorten zu verwenden, welche die sehr hohen momentanen Überlastungen aushalten, ohne viele glühende Kohleteilchen wegzuschleudern und dabei Rundfeuer einzuleiten. Vor allem geeignet sind elektrographitierte Bürsten, weniger die extra widerstandsfähigen Hochgraphitkohlen. Tritt Rundfeuer auf, so werden zu weiche Kohlen durch die von den Lichtbogenansätzen aufgerauhte Kommutatorlauffläche wie durch eine rauhe Feile rasch abgeschliffen; der entstehende Kohlenstaub bildet eine ernste Gefahr für Überschläge. Mit geeigneten Bürsten versehen kann eine Maschine meist einen Kurzschluß mit geringem Bürstenfeuer ohne Schaden ertragen, während bei ungeeigneten Kohlen nicht selten eine Betriebsstörung eintritt.

Außer durch Kurzschlüsse zwischen den Lamellen können Rundfeuer entstehen bei Ansammlung von Kohlenstaub und Kupfer. Diese Störung tritt bei Verwendung ungeeigneter Bürsten, bei ungenügender Reinigung der Nuten zwischen den Lamellen nach dem Einschleifen der Bürsten oder nach dem Überdrehen oder Schmirgeln der Kommutatoren ein. Maschinen mit hohen Lamellenspannungen sind in dieser Hinsicht natürlich besonders gefährdet. Es soll daher stets der Kommutator nach dem Einschleifen der Bürsten oder nach dem Schmirgeln gründlich gereinigt werden, etwa durch Ausblasen mit trockener Preßluft und Nachkratzen des Glimmers. Bei Maschinen mit hoher Lamellenspannung ist die Verwendung elektrographitierter Bürsten zu empfehlen, welche bei Überlastungen weniger zum Abbrechen und Zerfallen neigen als Hochgraphitbürsten.

12. Wartung und Instandstellung der Kommutatoren.

Außer dem regelmäßigen Entfernen von Staub und Schmutz und dem Ausziehen der Nuten zwischen den Lamellen ist bei geeigneten Bürsten kein weiterer Unterhalt des Kommutators nötig In seltenen Fällen, z. B. bei Maschinen, deren Bürsten infolge zeitweise stromlosem Lauf eher zum Tanzen neigen, kann ein Kommutator mit einem trockenen oder leicht mit Paraffin- und Vaseline-Auftrag versehenen Lappen abgerieben werden. Schmiermittel sind am Kommutator vorsichtig und sparsam zu benützen; manches empfohlene Kommutator-Schmier- und Pflegemittel enthält wertlose oder zum mindesten nicht nützliche Stoffe. Die Kommutatoren erhalten davon oft eine harzige Oberfläche. Die Schmiermittelreste setzen sich in der Bürstenlauffläche fest, regen dadurch die Bürsten zu Erschütterungen an und verschlechtern die Kommutation. Häufiges Schmirgeln des Kommutators ist unnötig, außer zur Entfernung von Anbrennungen, herrührend von Kurzschlüssen oder Rundfeuer oder zur Reinigung einer von Gasen oxydierten Lauffläche. Bei gutem Lauf und richtiger Bürstensorte wird eine polierte Oberfläche im Betrieb rotbraun bis schwarzrot gefärbt; bei besonderen Kohlen kann ein gesunder Kommutator auch schwarz aussehen.

Stehen nur kleinere Lamellengruppen am Kommutator hervor oder zurück, so kann mit einem Handschleifstein nachgeschliffen werden. Ist jedoch der Kommutator so stark unrund, daß die dadurch vibrierenden Bürsten die Kommutation verschlechtern, so wird Überdrehen oder Schleifen notwendig. Der Kommutator kann bei eingebautem Läufer oder auf einer Drehbank überdreht werden; im ersteren Fall ist ein gut befestigter Stahlhalter erforderlich. Bei ausgefrästem Glimmer kann mit max. 60 m/min auf einer ganz guten Drehbank mit etwa 90 m/min Geschwindigkeit gedreht werden, bei nicht ausgefrästem Glimmer mit etwa 30 m/min. Der Vorschub sollte 0,1 mm pro Umdrehung nicht überschreiten. Es sind gute Kohlenstoff- und naturharte Stähle zu verwenden.

Zum Schleifen werden entweder rotierende Schleifscheiben oder Schleifapparate mit eingespanntem Schleifstein verwendet.

Abb. 51 zeigt als Beispiel einen solchen Schleifapparat nach Pat. Norrel mit verstellbarem Schleifstein. Maschinen bis gegen 200 Volt Nennspannung können mit diesem Apparat unter Spannung geschliffen werden; die Schleifgeschwindigkeit beträgt 6 bis 18 m/s.

Nachher sind die Nuten zwischen den Lamellen mit einer geeigneten Säge auszuziehen, um den Glimmer auf genügende Tiefe zu entfernen. Dabei darf der Glimmer nicht nach Abb. 52a konisch und mit vorstehenden Glimmerrändern ausgefräst werden; Abb. 52b zeigt die richtige Ausführung dieser Arbeit. Die Kanten der Lamellen werden hernach mit der Dreikantfeile oder dem Schaber leicht gebrochen und die ganze Oberfläche mit Schmirgelleinwand auf passendem Holz oder auch mit feinkörnigem Kunstbimstein nachpoliert. Zuletzt muß mit einem Lappen der Kupferstaub auf der Lauffläche sorgfältig entfernt werden, um das Festsetzen von Kupfer in der Kohlenlauffläche zu verhüten. Die an vielen Kommutatoren seitlich der Lauffläche vorhandenen Eindrehungen und die Ventilationswege sind evtl. mit Benzin sorgfältig zu reinigen und wenn nötig wieder neu zu lackieren. Dadurch werden Überschläge zwischen Lamellen und Fahnen, wie sie nicht selten an frisch überdrehten Kommutatoren beobachtet werden, vermieden. Das Eindringen von Drehspänen und Kupferstaub zwischen die Wicklungsteile verhütet man durch sorgfältiges Decken der Kommutatorfahnen mit Papier oder Stoff.

Abb. 51. Schleifapparat, Pat. Norrel, mit fest eingespanntem Stein.

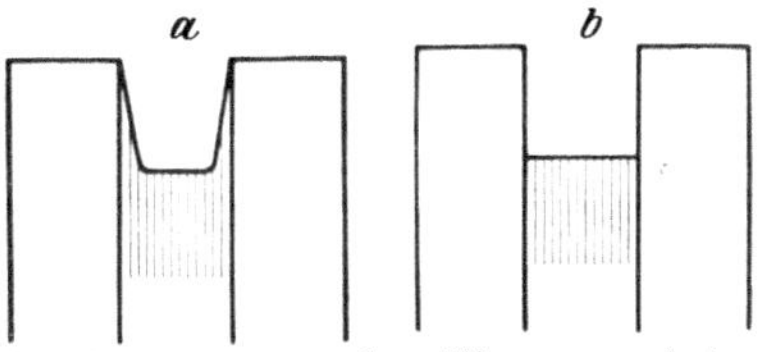

Abb. 52. Ausfräsen des Glimmers zwischen Kommutatorlamellen.

Vor dem Drehen prüfe man die Preßschrauben der Kommutatorbüchse auf festen Sitz. Ein Nachziehen soll nur bei lockeren Bolzen erfolgen; mit großer Gewalt den Kommutator nachpressen zu wollen, ist zwecklos. Die Lamellen würden dabei nur aus ihrer im bisherigen Betrieb gewonnenen Lage verdrängt.

13. Aufsetzen der Bürsten.

Die Bürstenhalter sind wie bei Schleifringen aufzusetzen. Sie sind gut auszurichten; die Bürsten sollen frei spielen können, nach den Angaben im Abschnitt M. D. 9. Wenn nicht die ganze Breite des Kommutators mit Bürsten besetzt ist, dürfen sie nicht nach Abb. 53a angeordnet werden, weil dadurch ungleiche Kommutatorabnützung entsteht; richtig ist die Anordnung nach Abb. 53b. Die ganze Kommutatorbreite soll gleichmäßig besetzt sein, um Bahnenbildung möglichst zu vermeiden.

Das Einschleifen der Bürsten ist in Abschn. M. D. 9. beschrieben. Gleichzeitig mit dem Einschleifen und Reinigen der Bürsten und Halter vom Kohlenstaub sind auch die Bürsten auf der Lauffläche zu reinigen. Bei der Inbetriebnahme können Maschinen mit Hochgraphitkohlen rascher wieder voll belastet werden, weil die Lauffläche sich dort viel rascher einarbeitet als bei Maschinen mit Elektrographitkohlen. Bei letzteren soll zuerst auf Halblast und erst innert einiger Stunden auf Vollast gegangen werden. Manche Mißerfolge mit Elektrographitkohlen werden durch unsorgfältige Inbetriebnahme der Maschinen verursacht.

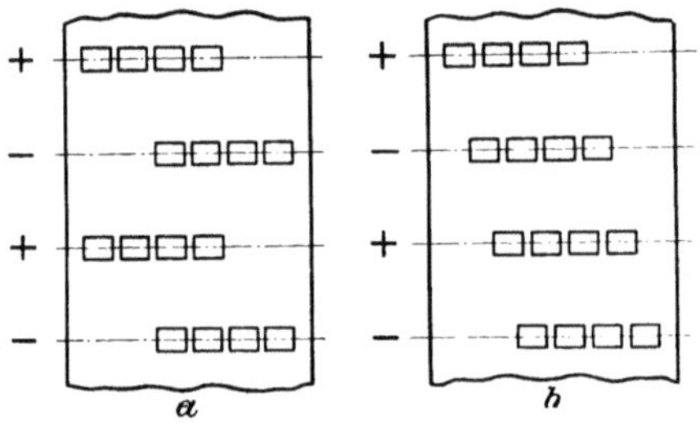

Abb. 53. Bürstenverteilung auf Kommutatoren.

14. Wechselstrom-Kommutatormaschinen.

Die meisten hier beschriebenen Störungen treten auch an Wechselstrom-Kommutatormaschinen auf. Als eine Besonderheit der Kommutatormotoren kommt hinzu die Erschwerung der Kommutierung durch Oberwellen und hauptsächlich infolge der Transformatorspannung, welche vom Ankerfeld in der kommutierenden Spule erregt wird. Aus diesem Grund können für solche Motoren nur Bürsten aus Hart- und Elektrographit und von geringerer Breite benützt werden. Schmale Bürsten sind jedoch für einen ruhigen Lauf ungünstiger; die Wahl einer geeigneten Bürstensorte wird daher schwieriger. Andererseits wird aber das Bürstenfeuer bei Wechselstrom vom Kommutator und von geeigneten Kohlen in weit stärkerem Maß ertragen als bei Gleichstrom.

Es würde zu weit führen, alle abweichenden Bauarten von Wechselstrom-Kommutatormaschinen und ihre Kommutationsstörungen zu beschreiben; bei ernsthaften Schwierigkeiten wird man sich zuerst an den Lieferanten der Maschine wenden.

M. F. Erschütterungen.

Erschütterungen an elektrischen Maschinen können ihre Ursache entweder in der Maschine selbst haben oder sie können entstehen durch Einwirkungen der antreibenden oder angetriebenen Maschine oder der zwischenliegenden Übertragungsorgane. Es sei als Beispiel hingewiesen auf die Übertragung von Erschütterungen von Turbinen auf Generatoren bei Wasser- und Dampf-Turbinensätzen, auf die Rückwirkung von angetriebenen Maschinen in der Schwerindustrie, etwa die Antriebsmotoren bei Walzenstraßen, Steinbrechern, Hammerwerken u. a., auf die Störungen durch die Übertragungsorgane, unpassende oder schlecht aufgebaute Kupplungen, schlecht laufende Zahnradgetriebe, Riemen-, Seil- und Kettentriebe. Die Feststellung der Störungsursache kann in allen diesen Fällen mit Schwierigkeiten verbunden sein und die Trennung der Maschinen nötig machen, um sie einzeln untersuchen zu können. Stehen Maschinen hingegen einzeln, z. B. Einankerumformer, Phasenschieber, so sind die Untersuchungen einfacher und führen meist auch rascher zum Ziel.

Die inneren Ursachen der Erschütterungen einer Maschine können verschiedener Art sein; vorwiegend kommen Wuchtfehler und magnetische Unsymmetrien als Folge von Wicklungskrankheiten in Betracht.

Es muß hier auch darauf aufmerksam gemacht werden, daß bei Einphasengeneratoren die Erschütterungen durch das pulsierende Drehmoment nicht unter einen gewissen Wert gebracht werden können. Die richtige Ausführung der Maschinenfundamente ist hier von wesentlicher Bedeutung für die Stärke der auftretenden, unvermeidlichen Erschütterungen. Verstärken sich hier im Laufe der Zeit die Erschütterungen, so müssen vor allem die Fundamente auf Risse und Lockerungen untersucht werden.

Auch bei anderen Maschinen spielen natürlich Aufstellung und Befestigung hinsichtlich der Erschütterungen eine Rolle. Oft können sich geringe Erschütterungen schlecht aufgestellter Maschinen sehr ungünstig auf die Umgebung übertragen. Um diese Übertragung auf benachbarte Gebäudeteile möglichst zu verhindern, was oft in bewohnten Gebäuden verlangt wird, können die Maschinen durch geeignete Unterlagen gegen die gefährdeten Gebäudeteile „isoliert" werden. Hierfür und auch zur akustischen Isolation sind verschiedene Materialien und Bauformen von Spezialfirmen entwickelt worden.

1. Arten der Wuchtfehler.

Auf alle sich drehenden Teile mit der Masse m eines Körpers wirkt die Fliehkraft; sie wird allgemein aus der Gleichung $p = m \cdot \frac{v^2}{r}$; kg berechnet, worin

$m = \frac{G}{g} = \frac{\text{Gewicht in kg}}{9{,}81\ \text{m/s}^2\ \text{(Erdbeschleunigung)}}$ = Masse des drehenden Teiles,

r in m = Abstand vom Drehpunkt bis zum Schwerpunkt des betrachteten Körperteiles,

v in m/s = Umfangsgeschwindigkeit des betreffenden Schwerpunktes.

Wir betrachten eine dünne, vollkommen runde Stahlscheibe, welche sich um eine durch ihren Mittelpunkt gehende Achse dreht und welche gleichzeitig auch Massenzentrum sein soll. Die auftretenden Fliehkräfte sind in jeder Richtung gleich groß und heben sich daher gegenseitig auf, so daß auf die Scheibe keine äußere Kraft wirkt, welche dieselbe in irgendeiner Richtung verschieben könnte. Es werden nur innere Kräfte auftreten und Materialspannungen hervorgerufen, welche auf das Gefüge der Scheibe einwirken (Abb. 54). Ist die drehende Scheibe mit zwei Wellenzapfen gelagert, so wirkt während der Drehung der Scheiben, abgesehen von der Reibungskraft der Wellenzapfen in den Lagern, nur die Schwerkraft als Gewicht der Scheibe in senkrechter Richtung auf den unteren Teil der Lager, und zwar verteilt sich das Gewicht genau zur Hälfte auf jedes Lager; eine seitliche Kraft wird nicht auftreten.

Abb. 54. Kräfte an einer drehenden Scheibe mit dem Massenschwerpunkt S in der Drehachse D.

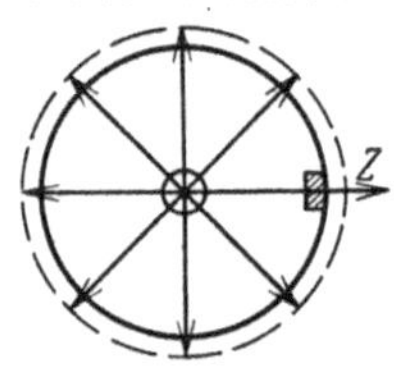

Abb. 55. Kräfte an einer drehenden Scheibe mit einem Zusatzgewicht Z am Umfang.

Wird nun am Umfang dieser Scheibe ein Zusatzgewicht befestigt oder besteht infolge stofflicher Ungleichheiten ein Übergewicht, und wird die Scheibe in Drehung versetzt, so werden sich die Fliehkräfte nicht mehr das Gleichgewicht halten. Die Fliehkraft in der Richtung des angebrachten Gewichtes wird überwiegen und bewirken, daß eine mit der Drehgeschwindigkeit der Scheibe umlaufende Kraft wechselweise seitwärts, aufwärts und abwärts an der Scheibe angreift. Befindet sich das Zusatzgewicht während der Drehung ganz oben, so wird durch seine Fliehkraft das Scheibengewicht verringert; in der untersten Lage wird es vergrößert, es tritt in den Lagern ein zusätzlicher Druck der Wellenzapfen nach unten auf. Bei seitlicher Lage des Zusatzgewichtes tritt eine entsprechende, seitliche Kraft auf (Abb. 55). Durch diese mit der Drehzahl wechselnde Kraft an drehenden Maschinenteilen werden die oft so störend wirkenden Erschütterungen oder Vibrationen erzeugt.

Die gleiche Wirkung, die von dem Zusatzgewicht der Scheibe erzeugt wird, zeigt sich auch, wenn die Scheibe „unrund läuft", d. h. wenn ihr Schwerpunkt S nicht im Drehpunkt D liegt nach Abb. 56. Dies kann bei Maschinen vorkommen, deren Läuferwicklungsteile sich während des Betriebes einseitig verschieben oder verlagern, oder in denen sich die Läuferbandagen — bei Turbomaschinen die Läuferkappen — lockern und unrund laufen. Dasselbe entsteht bei Kommutatoren, die infolge ungleichmäßiger Abnützung unrund laufen.

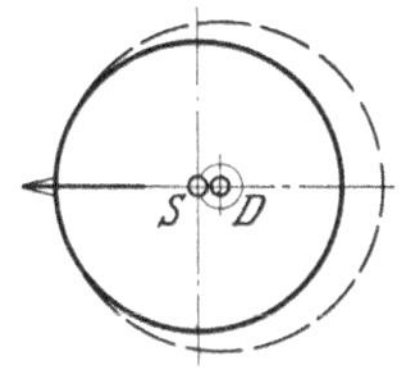

Abb. 56. „Unrund" laufende Scheibe. Schwerpunkt S und Drehpunkt D nicht zusammenfallend.

Es kann beim Vorhandensein eines großen Übergewichtes oder bei sehr großer Drehgeschwindigkeit vorkommen, daß die Fliehkraft, nun Wuchtkraft genannt, die Schwerkraft aufhebt und sogar überwiegt, so daß die Wellenzapfen im Lageroberteil anstoßen.

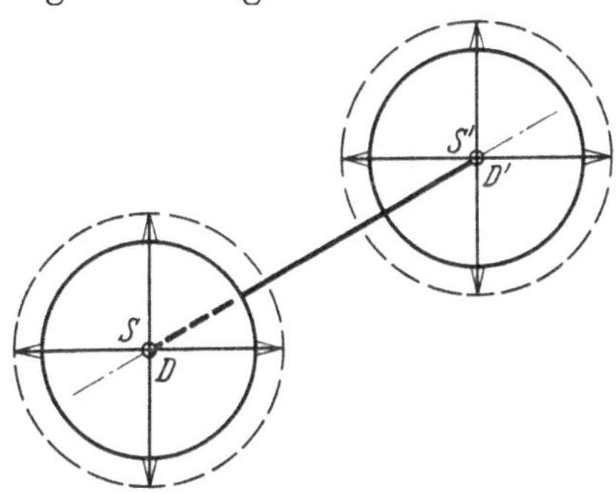

Abb. 57. Kräfte an zwei drehenden Scheiben auf gemeinsamer Welle; Massenschwerpunkte S und S' in der Drehachse.

Werden zwei gleichgroße, vollkommen runde und gleichmäßig dicke Scheiben, deren Massenzentrum wieder mit der Achse zusammenfällt, in einem bestimmten Abstand auf einer Welle befestigt und gemeinsam in Drehung versetzt, so werden sich die Fliehkräfte, wie bei der Einzelscheibe, gegenseitig aufheben und der zusammengesetzte Drehkörper wird in seinen Lagern ohne Vibrationen laufen nach Abb. 57.

Befestigt man an jeder Scheibe ein genau gleich schweres Zusatzgewicht, so daß die Verbindungslinie A der beiden Gewichte genau parallel zur Wellenachse liegt, dann wird der kombinierte Körper während der Drehung bestrebt sein, sich um die Schwerpunktsachse S zu drehen, welche in diesem Falle parallel zur Drehachse und in einem bestimmten Abstand von ihr liegt (Abb. 58). Diese Art des Wuchtfehlers nennt man „**statischer Wuchtfehler**", weil dieser Fehler, wie an einer einzelnen Scheibe, auf statischem Wege,

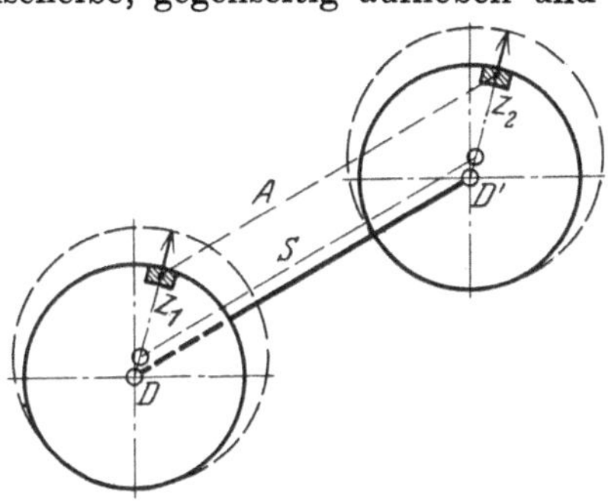

Abb. 58. Statischer Wuchtfehler durch 2 gleiche Zusatzgewichte Z_1, Z_2 auf einer Parallelen A zur Drehachse DD'.

d. h. ohne fortwährendes Drehen festgestellt und behoben werden kann (s. Abschn. M. F. 3.).

Wird das Gewicht an einer der Scheiben um 180⁰ verschoben, aber im gleichen Abstand von der Drehachse befestigt, so hebt sich die statische Wirkung der beiden Gewichte gegenseitig auf, d. h. der Körper befindet sich wieder im statischen Gleichgewicht in bezug auf die Drehachse. Dreht sich dieser Körper, so will sich jede Scheibe um ihren eigenen Schwerpunkt drehen (Abb. 59), der nicht mehr mit der Drehachse zusammenfällt. Die Verbindungslinie der beiden

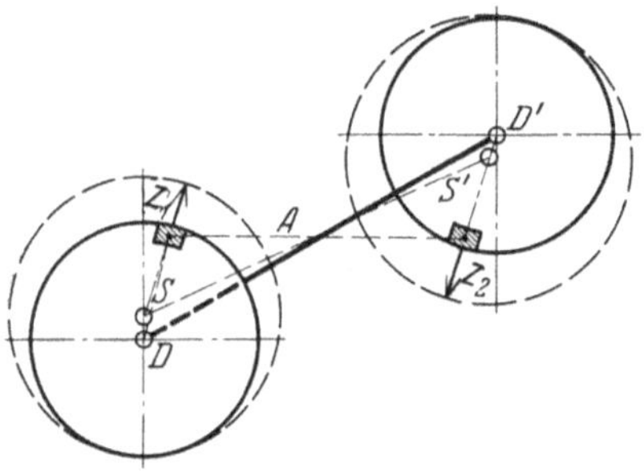

Abb. 59. Dynamischer Wuchtfehler durch 2 gleiche Zusatzgewichte in entgegengesetzter Lage, auf einer Geraden A, welche die Drehachse kreuzt.

Abb. 60. Zweipoliger Läufer eines Turbogenerators: Typus des Läufers, bei dem sich dynamische Wuchtfehler besonders geltend machen.

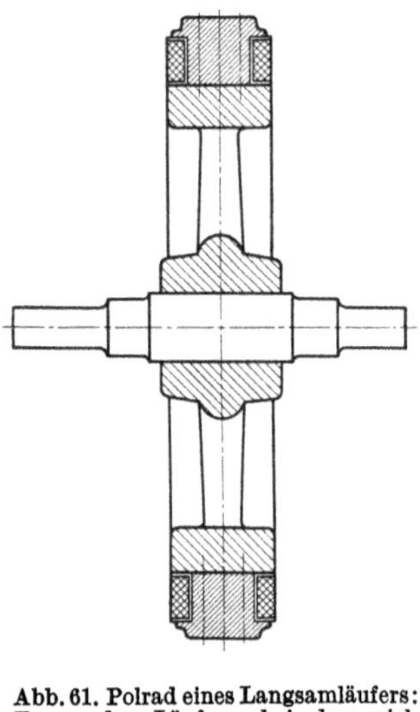

Abb. 61. Polrad eines Langsamläufers: Typus des Läufers, bei dem sich dynamische Wuchtfehler nicht stark geltend machen.

Gewichte steht nun schief zur Drehachse und beschreibt bei der freien Drehung einen Doppelkegel, wie Abb. 59 erläutert.

Läuft dieser Körper in zwei Lagern, so wechselt der senkrechte und wagerechte Lagerdruck mit jeder neuen Lage des Körpers, und zwar nimmt er in dem einen Lager zu und in dem andern Lager gleichzeitig ab und umgekehrt. Durch diesen mit der Drehzahl veränderlichen Lagerdruck werden Erschütterungen erzeugt. Der Körper besitzt einen „dynamischen Wuchtfehler“; er wird als dynamisch bezeichnet, weil er erst bei dauernder Drehbewegung des Körpers in Erscheinung tritt.

Die Läufer der elektrischen Maschinen kann man sich zusammengesetzt denken aus einer Welle und einer Reihe darauf befestigter Scheiben, von welchen jede einen bestimmten Wuchtfehler in irgendeiner Richtung besitzt. Der Läufer ist also gewöhnlich ein walzenförmiger Körper, welcher mit einem statischen und einem dynamischen

Wuchtfehler behaftet ist. Je länger der walzenförmige Läufer ist, desto mehr kommt neben dem statischen auch der dynamische Wuchtfehler zur Geltung, Abb. 60. Bei einem schmalen Polrad nach Abb. 61 wird sich hauptsächlich der statische Wuchtfehler geltend machen. Die Wirkung der verschiedenen Wuchtfehler ist selbstverständlich auch stark von der Drehzahl abhängig.

2. Ursachen der Wuchtfehler.

a) Wuchtung ist ungenügend. Beim Aufbau eines umlaufenden Maschinenteiles entstehen, besonders wenn diese Teile nicht allseitig bearbeitet sind, infolge konstruktiver oder stofflicher Ungleichheiten ungleiche Massenverteilungen, welche Wuchtfehler verursachen. Um einen erschütterungsfreien Lauf solcher Teile zu erhalten, müssen diese ungleichen Massenverteilungen beseitigt werden; es muß durch Zusatzmassen oder auch durch Wegnehmen von Material an der überschweren Stelle ein genauer Ausgleich erfolgen, so daß das Massenzentrum mit der Wellenachse zusammenfällt. Die umlaufenden Teile, wie Läufer, Kupplungen, Riemenscheiben, müssen ausgewuchtet werden. Je nach Bauart und Geschwindigkeit der Maschinenteile werden sie entweder statisch oder dynamisch ausgewuchtet; dynamische Auswuchtung erfolgt besonders bei raschlaufenden, axial langen Maschinenteilen.

Das Auswuchten wird im Werk des Lieferanten vorgenommen. Je nach dem angewendeten Wuchtverfahren und der Genauigkeit der zur Wuchtung verwendeten Einrichtungen wird die Auswuchtung entweder möglichst vollkommen erfolgen — der Maschinenteil läuft dann erschütterungsfrei — oder es bleibt ein restlicher Wuchtfehler übrig; der erschütterungsfreie Lauf ist dann nicht sicher gewährleistet.

Die meisten Lieferwerke für elektrische Maschinen verfügen über die nötigen Einrichtungen und genügende Erfahrung, um ihre Fabrikate so auszuwuchten, daß der restliche Wuchtfehler vernachlässigbar ist und die Maschine erschütterungsfrei läuft.

Durch den Betrieb einer Maschine ergeben sich jedoch Ursachen für neue Wuchtfehler, deren hauptsächlichste in den folgenden Abschnitten beschrieben sind.

b) Welle ist unrund oder verkrümmt. Eine Kontrolle der Welle und der Lagerstellen auf guten Rundlauf und Verkrümmung ist bei Untersuchungen auf Erschütterungsursachen stets angebracht. Vor allem ist es nötig, daß vor Beginn von Wuchtarbeiten stets die Welle und die Lagerstellen in Ordnung sind. Unrunde Wellenzapfen sind auf einer Drehbank zu „egalisieren", wofür von Anfang eine vollkommen rundlaufende Stelle der Welle zur Lagerung in der Lunette vorhanden sein soll oder hergestellt werden muß; hernach kann dann der Wellenzapfen durch Schleifen oder leichtes Überdrehen rund gemacht werden. Bei raschlaufenden und Turbo-Maschinen beträgt die noch zulässige Exzentrizität der Wellenzapfen 1 bis 2 Hundertstel Millimeter, je nach dem Durchmesser des Wellenzapfens. Krumme Wellen können nach Abb. 62 gerade gerichtet werden durch Stemmen mit einem vorn abgerundeten, gehärteten Stahlstemmer. Durch das Strecken der Materialfasern an der Stelle, wo gestemmt wird, kann sich der Wellenzapfen zurückbiegen in die punktiert gezeichnete Lage. Die gleiche Wirkung kann auch ohne Stemmbeulen erreicht werden, wenn dieselbe Stelle mit einer Azetylen- oder Sauerstoffflamme (Schweißapparat) schnell und sehr stark erhitzt wird. Der Wellenzapfen soll sich dabei ein wenig nach der Gegenseite überbiegen, um sich beim Abkühlen in die gewünschte gerade Lage zurückzustrecken.

c) Wicklungen sind verlagert. Eine Wicklungsverlagerung macht sich manchmal bei der ersten Vollbelastung einer raschlaufenden Maschine, deren Läufer umgewickelt wurde, bemerkbar. Sie erzeugt einen Wuchtfehler. Wicklungsverlagerungen sind nur durch Entfernen der Läuferbandagen, besseres Pressen der Wicklung und Aufziehen von stärker gespannten Bandagen zu beheben. Wenn eine Wicklungsverlagerung sich weiter nicht mehr ändert, kann der entstandene Wuchtfehler durch Nachwuchten behoben werden. Nicht mehr festsitzende Magnetspulen von Polrädern sind durch Einpressen von Zwischenstücken aus Isolationsmaterial besser zu befestigen. Wie und wo dies geschehen kann, hängt ganz von der Konstruktion ab. Ein Nachwuchten ist auch in diesem Falle zu empfehlen.

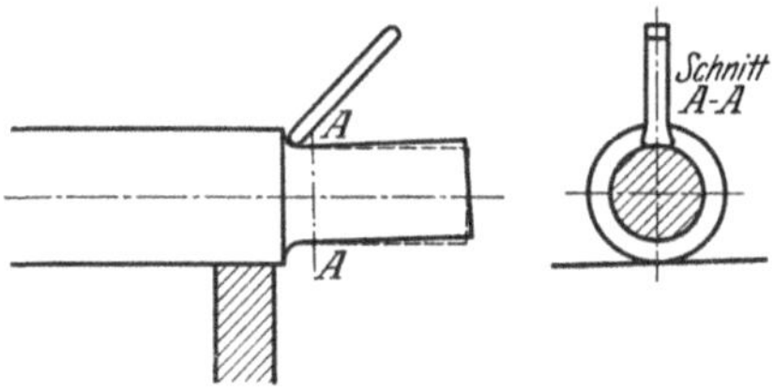

Abb. 62. Richten eines Wellenzapfens durch Stemmen.

d) Läuferteile sind gelockert. Nicht festsitzende oder lose auf der Welle liegende Teile des Läufers (Polrad, Riemenscheiben, Kommutatorbüchsen, Läuferstern) sind selten vorhanden. Sie machen sich gewöhnlich bei geringer Drehzahl durch Klopfen oder Quietschen bemerkbar. Manchmal sind diese Kennzeichen nur festzustellen durch Abhorchen der Lager mit einem Metallstück — Schlüssel, Stange usw. —, dessen eines Ende man gegen das Lager stützt und dessen anderes Ende an das Ohr gehalten wird.

Befürchtet man, daß ein auf der Welle sitzender Teil nicht mehr festsitze und kann mit einer Zehntellehre dennoch kein Spiel gemessen werden, so ist nach dem Eingießen von Petroleum an der Auflagestelle und bei ganz langsamem Drehen des Läufers manchmal das Ausquetschen des Petroleums mit Luftblasen zu beobachten. Dies gestattet einen sicheren Schluß auf Lockerung des betreffenden Teiles, besonders dann, wenn mit dem Petroleum auch noch aufgelöster Rost herausgepreßt wird. Rost findet sich in kleinen Häufchen überall, wenn lockere Teile trocken gegeneinander reiben. Sein Auftreten an Sitzstellen deutet daher stets auf eine Störung hin. Wird eine solche Störung nicht beachtet, so können die Sitzstellen mit der Zeit stark verdorben werden. Abb. 63 zeigt eine Welle, die durch den ungenügenden Sitz einer Riemenscheibe stark beschädigt wurde.

Nicht festsitzende Teile können je nach der Konstruktion des Läufers durch Aufziehen von Schrumpfringen (z. B. über die Naben) oder durch Verbohren mit Stellschrauben oder durch besseres Verkeilen neu befestigt werden. Unter Umständen läßt sich ein Entfernen

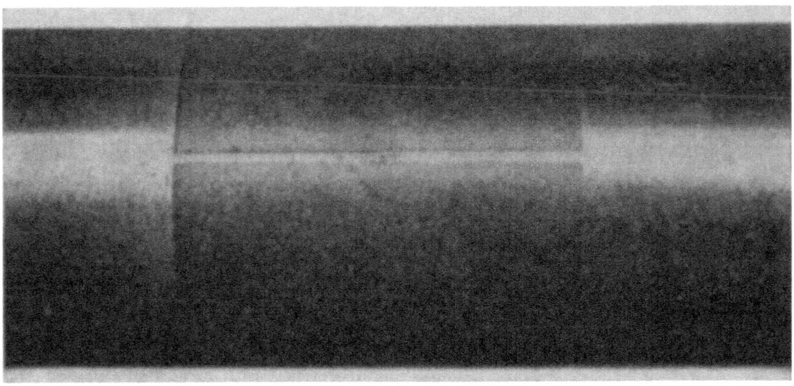

Abb. 63. Welle, durch ungenügenden Sitz einer Riemenscheibe stark beschädigt.

der losen Teile und Wiederaufbringen mit verkleinerter Bohrung oder vergrößertem Durchmesser der Sitzfläche nicht umgehen. In manchen Fällen kann durch elektrisches Aufschweißen von Eisen in Bohrungen oder auf Sitzflächen, und durch nachheriges Überdrehen der geschweißten Stelle, der verlangte Fest- oder Schrumpfsitz wieder hergestellt werden.

3. Behebung der Wuchtfehler.

a) Auswuchten in fremden Lagern. Zur Feststellung und Behebung der Wuchtfehler ist es nötig, dem Drehkörper die Möglichkeit zu geben, den durch die Wuchtfehler entstehenden Kräften in gewissem Maße nachzugeben. Die Läufer sind jedoch in den Maschinenlagern meist so gelagert, daß kein besonders großes Spiel vorhanden ist. Die von den Wuchtfehlerkräften ausgelöste Bewegung der Läuferwelle soll dagegen leicht fühlbar und sichtbar gemacht werden. Die zur Maschine gehörenden Lager oder auch besonders angefertigte Auswuchtlager werden deshalb auf eine Unterlage gelegt, welche eine Horizontalbewegung der Lager senkrecht zur Drehachse gestattet und mit federnder Rückführung versehen ist. Die einfachste und dabei durchaus zweckmäßige Unterlage besteht aus gut elastischen Gummiplatten; die federnde Rückführung kommt dabei durch die elastischen Spannungen des Gummis zustande. Abb. 64.

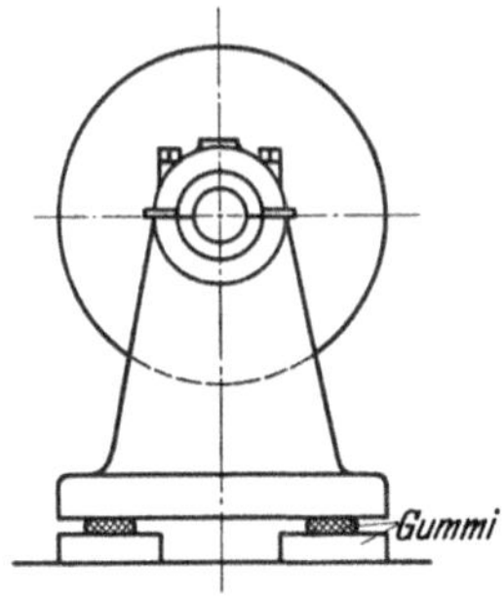

Abb. 64. Anordnung der Gummiunterlagen bei Läufern mit gesonderten Lagerböcken.

Besitzt die Maschine, deren Läufer auszuwuchten ist, Lagerböcke nach Abb. 65, so kann die Gummiunterlage in der dort gezeichneten Weise angeordnet werden. Sind keine Lagerböcke vorhanden, z. B. bei Maschinen mit Schildlagern, so wird der Läufer mit den zugehörigen Lagerschalen auf eine Hartholzunterlage gesetzt. Für das Einbringen von Schmierring und Öl muß diese Unterlage entsprechend ausgehöhlt werden, Abb. 66. Bei geteilten Lagerschalen genügt allein die untere Lagerschale, welche dann allerdings gegen Verdrehung gut zu sichern ist, Abb. 67.

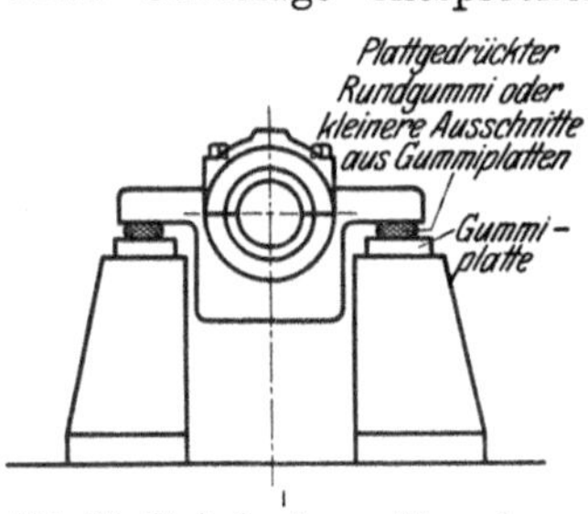

Abb. 65. Einfache Auswuchtanordnung.

Da gewöhnlich bei verhältnismäßig niedriger Drehzahl ausgewuchtet werden kann, ist auch das Schmieren der Wellenzapfen mittels einer Ölkanne ausreichend, wofür ein Hilfsarbeiter notwendig ist. Dieser hat besonders darauf zu achten, daß beide Wellenzapfen gleichmäßig geschmiert werden. Es können auch Tropföler angebracht werden.

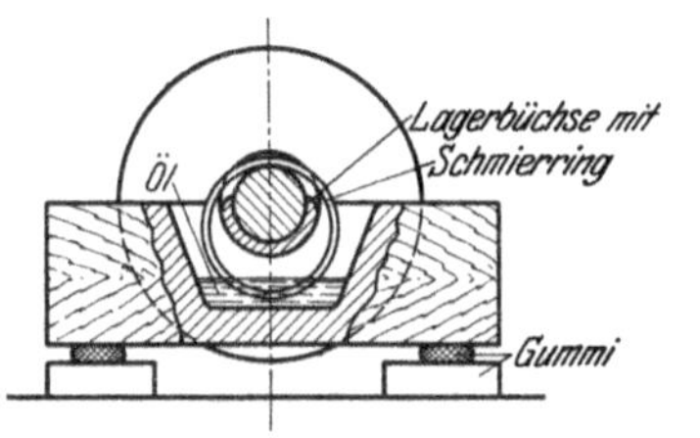

Abb. 66. Lagerung eines Läufers mit einteiliger Lagerbüchse auf einer Hartholzunterlage.

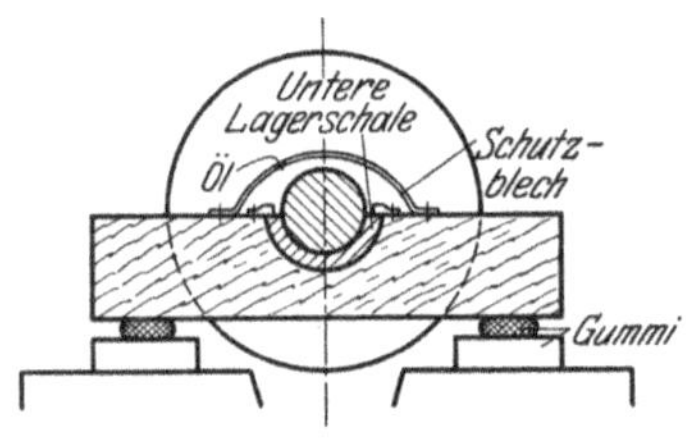

Abb. 67. Lagerung eines Läufers in der unteren Lagerschale auf einer Hartholzunterlage.

Der Antrieb des Läufers erfolgt am einfachsten mit einem möglichst gleichmäßig dicken Riemen, der über den Eisenkörper gelegt wird. Am besten ist ein endloser Kamelhaarriemen, der entspannt werden kann;

sogar ein Polrad kann mit einem auf den Polen laufenden Riemen angetrieben werden. Der Antriebsmotor muß für beide Drehrichtungen eingerichtet werden. Zur Bestimmung der Lage und Größe des Wuchtfehlers muß die Welle in der Nähe der Lager an vollkommen rundlaufenden Stellen mit einem Farbstift angezeichnet werden. Dazu dienen Unterlagstücke aus Holz oder Eisen an den feststehenden Lagerstellen, auf welchen die Farbstifte gut abgestützt werden können. Während des Antreibens oder Abbremsens des Läufers müssen die Lagerböcke durch Keile festgehalten sein. Nach Erreichen einer bestimmten Drehzahl wird der Riemen entspannt und die Keile herausgenommen, worauf der Läufer frei ausschwingen kann.

Die Hauptbedingung für ein erfolgreiches Auswuchten ist vollkommenes Rundlaufen der Wellenzapfen und der Anzeichnungsstellen. Wellen oder Wellenzapfen, welche nicht rund laufen, müssen vorerst gerichtet oder überdreht werden. Die Probe auf Rundlauf kann leicht mit der beschriebenen Auswuchteinrichtung erfolgen, und zwar bei langsamer, gleichmäßiger Drehung des Läufers und bei vollkommen entspanntem und nicht schwingendem Riemen. Dabei ist die Bewegung der Lagerschalen zu beobachten und abzutasten oder der zwischen Wellenzapfen und Lagerschale hervorquellende Ölfilm zu beobachten. Auch eine Wasserwaage auf den Lagerkörpern kann eine möglicherweise entstehende Bewegung derselben, infolge unrund laufender Wellenzapfen, anzeigen. Dies unter der Voraussetzung, daß der vorhandene Wuchtfehler nicht außerordentlich groß ist und nicht schon bei ganz langsamer Drehung eine Bewegung des Lagerkörpers verursacht.

Die Beweglichkeit der ganzen Anordnung für die Ausführung von Schwingungen kann durch Zwischenlegen von einigen verschieden dicken und verschieden weichen oder elastischen Gummiplatten nach Wunsch und Notwendigkeit verändert werden. Durch Hin- und Herstoßen des Läufers parallel zu seiner Achse kann man sich überzeugen, ob die Unterlage genügend elastisch ist.

Wird der Läufer zunehmend schneller gedreht, so wird er je nach Art und Größe des Wuchtfehlers bei einer bestimmten Drehzahl mehr oder weniger starke Schwingungen ausführen, wenn die Lagerstellen nicht zu fest verkeilt sind und der Antriebsriemen nicht zu stark gespannt ist. Wird die Drehzahl daraufhin noch weiter gesteigert, so nehmen die Schwingungen an Stärke wieder ab. Wird nun der Antriebsmotor ausgeschaltet, der Riemen entspannt und die Keile entfernt, so kann der Läufer frei ausschwingen. Die Schwingungen werden während des Auslaufes bei einer bestimmten Drehzahl, der sog. Resonanz-Drehzahl, die größte Stärke erreichen. Hinsichtlich der Art der Schwingungen wird man beobachten, daß der Läufer mit parallel bleibender Achse hin-

und herpendelt; diese Schwingung nennt man „statische Resonanzschwingung“.

Wird die Antriebsdrehzahl noch weiter als beim vorherigen Versuch erhöht, so werden sich am Läufer bei etwa dem doppelten Wert der statischen Resonanzdrehzahl neuerdings Schwingungen zeigen, wobei die Wellenachse jedoch einen Doppelkegel beschreibt nach Abb. 59; dies ist die „dynamische Resonanzschwingung“. Art und Größe der Wuchtfehler sowie die Form des Läufers sind entscheidend dafür, ob die statische oder dynamische Resonanz stärker ausgeprägt ist.

Um Lage und Größe des Wuchtfehlers und damit auch Lage und Größe der anzubringenden Ausgleichgewichte zu bestimmen, benützt man nach der ältesten und einfachsten Methode die hin- und hergehende Bewegung der Läuferwelle bei Resonanz zum Anzeichnen der Welle mit Farbstiften. Dabei hat man zu beachten, daß die größte Auslenkung der Welle zeitlich und örtlich erst nach der Einwirkung der Wuchtkraft auftritt. Die Farbstiftmarke ist also, in der Drehrichtung gesehen, gegen die Stelle des Übergewichtes stets zurückversetzt, und deshalb liegt auch die richtige Stelle für das Ausgleichsgewicht stets hinter der Farbstiftmarke zurück.

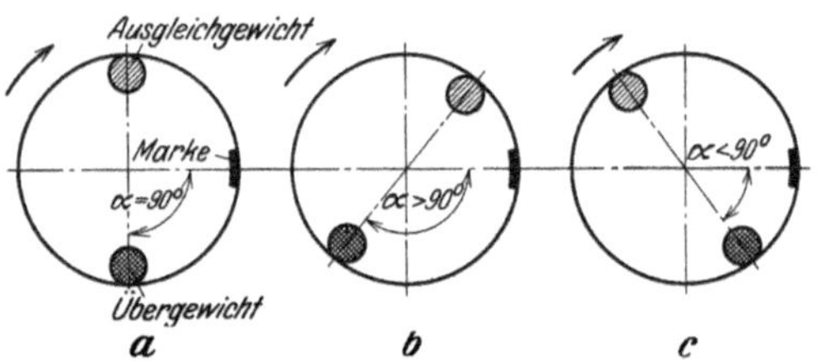

Abb 68. a) ∢ α zwischen Übergewicht und Marke bei rein statischer oder rein dynamischer Resonanz ist 90°. b) $\alpha > 90^0$ bei Drehzahlen oberhalb rein statischer oder dynamischer Resonanz. c) $\alpha < 90^0$ bei Drehzahlen unterhalb rein statischer oder dynamischer Resonanz.

Zum Verständnis dieser für das Auswuchten wesentlichen Erscheinung führt folgende Überlegung: Die am Läuferübergewicht nach Abb. 68a, b, c angreifende Wuchtkraft vermag den Läufer zufolge seiner Massenträgheit nicht augenblicklich mitzureißen. Er folgt der Wuchtkraft erst mit einer bestimmten Verzögerung, deren Zeitdauer von der Masse des Läufers und von der Elastizität der Unterlage abhängt. Bis der Läufer zur vollen Auslenkung und damit zum Anzeichnen gelangt, hat sich die Stelle des Übergewichtes bereits weiter gedreht um einen Winkel α, der von der Drehzahl abhängig ist. Dieser Winkel zwischen Übergewichtstelle und Mitte der Marke kann innert 0 bis 180° liegen, je nach der Drehzahl, bei der die Marken angezeichnet werden. Beim Anzeichnen auf Resonanzdrehzahl fallen die Farbstiftmarken an der Welle sehr kurz aus, während sie ober- oder unterhalb der Resonanzdrehzahl eher länger werden. Das Gesagte gilt sowohl für die statische wie für die dynamische Resonanzdrehzahl.

Theoretisch sollte der Winkel zwischen Übergewicht und Marke auf der statischen wie auf der dynamischen Resonanzdrehzahl je 90°

betragen, wenn am Läufer nur ein rein statischer oder rein dynamischer Wuchtfehler vorhanden wäre. Praktisch sind an dem zu wuchtenden Läufer beide Wuchtfehler nebeneinander vorhanden und die statische Resonanz kann durch den noch nicht beseitigten dynamischen Wuchtfehler gestört werden. Aus diesem Grund sind dann auch beim Anzeichnen der Welle während der stärksten Vibrationen die Winkel α beträchtlich von 90^0 abweichend, wie weiter unten erwähnt, und aus Abb. 68b, c ersichtlich ist.

Es ist nun die erste Aufgabe beim Auswuchten, den „statischen Wuchtfehler" zu beheben. Dazu wird die statische Resonanz benützt, welche schon durch einen verhältnismäßig geringen Wuchtfehler angeregt wird. Man zeichnet die Farbstiftmarken an den beidseitigen Wellenzapfen oder an anderen rundlaufenden, möglichst nahe bei den Lagern liegenden Stellen für beide Drehrichtungen an und verwendet zweckmäßig für jede Drehrichtung eine besondere Farbe (rot und blau). Die Farbstifte müssen auf den festen Stützpunkten gut aufliegen und sind während des Anzeichnens langsam um ihre Achse zu drehen, damit immer neue, noch nicht abgenützte Stellen des Stiftes mit der Welle in Berührung kommen. Das Anzeichnen muß möglichst schnell erfolgen, damit die Drehzahl inzwischen nicht zu stark abfällt. Steht ein Handtachometer zur Verfügung, so wird die Drehzahl beim größten Schwingungsausschlag gemessen und notiert. Wenn das Anzeichnen für eine Drehrichtung beendet ist, wird der Läufer abgebremst und alsdann in der Gegenrichtung bei gleicher Drehzahl und entspanntem Riemen mit dem andersfarbigen Stift etwas seitlich von den ersten Marken angezeichnet. Steht kein Tachometer zur Drehzahlkontrolle zur Verfügung, so muß bei möglichst gleich großem Schwingungsausschlag wie vorher angezeichnet werden. Es kann nun beim Anzeichnen der Fall ausnahmsweise auftreten, daß die rote und die blaue Marke auf dieselbe Stelle fallen, wie Abb. 69c zeigt, es muß dann eine höhere oder tiefere Drehzahl für das Anzeichnen gewählt werden, damit die Marken wieder getrennt erscheinen.

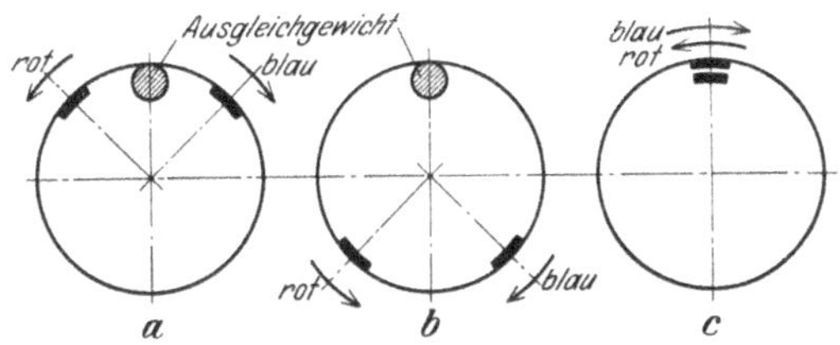

Abb. 69. Lagenbestimmung des Ausgleichgewichtes. a) und b) Mittellagen zwischen Marken „rot" und „blau". c) Zusammenfallende Marken, Lage unbestimmt.

Hat man einmal festgestellt, bei welcher Drehzahl die statische Resonanz eintritt, sei es durch Anzeichnen an beiden Wellenenden oder durch Beobachtung der Schwingungen des Läufers, so genügt es, wenn nachher nur noch an einem Ende des Läufers angezeichnet wird, entweder bei der gleichen Drehzahl oder beim Auftreten der maximalen Schwingung.

Für die Behebung des Wuchtfehlers gilt nun die Regel:

Die Stelle, wo das Ausgleichgewicht anzubringen ist, liegt (in der Drehrichtung betrachtet) gegenüber der entsprechenden Marke zurückversetzt; sie liegt in der Mitte zwischen den zu beiden Drehrichtungen gehörenden Marken (rot u. blau), siehe Abb. 69a, b.

Zur Behebung des statischen Wuchtfehlers müssen nach Abb. 70 an beiden Enden des Läufers gleich große Gewichte angebracht werden, wenn ihre Befestigungsstellen auch gleichen Abstand von der Drehachse erhalten können. Sind diese Abstände hingegen ungleich, so müssen die Gewichte im umgekehrten Verhältnis der Radien gewählt

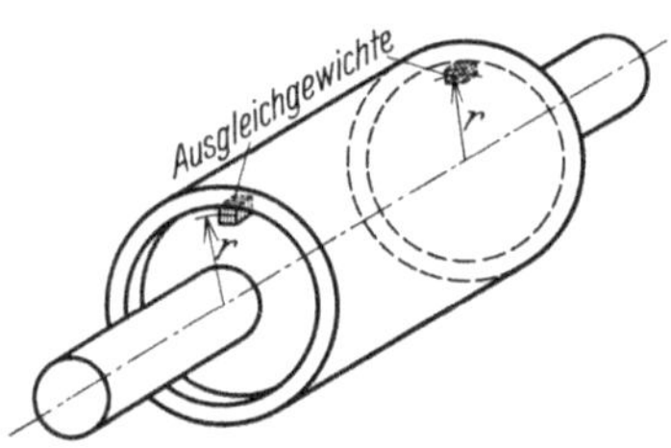

Abb. 70. Behebung des statischen Wuchtfehlers durch zwei gleiche Ausgleichgewichte im gleichen Achsabstand r.

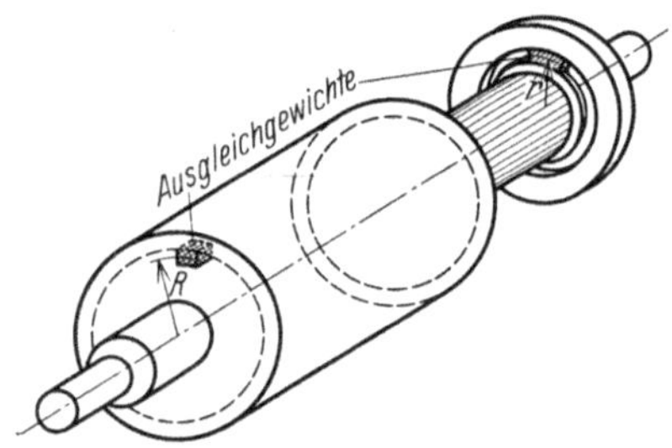

Abb. 71. Behebung des statischen Wuchtfehlers durch zwei ungleiche Ausgleichgewichte mit ungleichen Achsabständen R und r.

werden, also am kleinen Radius das größere Gewicht und umgekehrt, nach Abb. 71.

Die Größe des Gewichtes ist durch mehrmaligen Versuch zu ermitteln, indem man beobachtet, wie sich die Resonanzschwingungen bei verschiedenen Gewichten verändern und wie die Marken kürzer oder länger werden oder durch ihre veränderte Lage eine Überbalance anzeigen. Solange die Marken immer kurz bleiben und wieder an der gleichen Stelle erscheinen, ist ein größeres Ausgleichsgewicht nötig; werden die Marken lang und verändert sich ihre Lage beträchtlich, so ist nur noch eine kleine Gewichtskorrektur nötig.

Die Behebung des statischen Wuchtfehlers braucht anfänglich nicht vollkommen zu sein, sondern man kann schon vorher zur Beseitigung des dynamischen Wuchtfehlers übergehen. Die Drehzahl wird zu diesem Zweck auf ungefähr die doppelte statische Resonanzdrehzahl erhöht. Wenn dabei am Läufer die typischen Resonanzschwingungen eines dynamischen Wuchtfehlers auftreten, werden wieder Farbstiftmarken angezeichnet und anschließend für die Gegendrehrichtung. Die Marken werden jetzt an den beiden Enden des Läufers auf entgegengesetzter Seite erscheinen. Der dynamische Wuchtfehler muß nach den gleichen

Regeln wie der statische Wuchtfehler beseitigt werden. Um die statische Wuchtung durch die neuen Zusatzgewichte nicht wieder zu verändern, müssen an beiden Enden gleich große, aber entgegengesetzt liegende Gewichte befestigt werden, vorausgesetzt, daß die Befestigungsstellen in gleicher Entfernung von der Drehachse liegen. Ist dies nicht der Fall, so sind die Gewichte umgekehrt proportional zu den Achsabständen zu wählen. Nachdem der dynamische Wuchtfehler möglichst genau behoben worden ist, wird gewöhnlich wieder eine kleinere Korrektur der statischen Wuchtung nötig und zum Schluß nochmals eine Verbesserung der dynamischen Wuchtung.

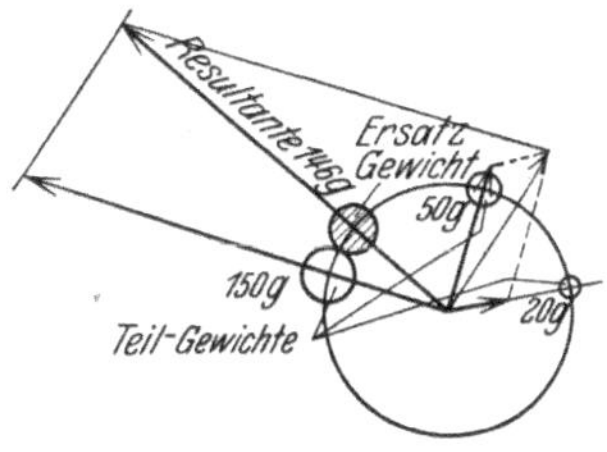

Abb. 72. Graphisches Verfahren zur Bestimmung eines einzigen Ausgleichgewichtes als Ersatz für mehrere Teilgewichte mit gleichem Achsabstand.

Sind bei der Wuchtung in derselben Ebene an mehreren Stellen mit gleichem Achsabstand verschiedene Gewichte angebracht worden, so können dieselben nach Abb. 72 mittels des Parallelogrammes der Kräfte geometrisch zusammengesetzt werden. Ein einzelnes größeres Gewicht, das an der beim Wuchten gefundenen Stelle nicht leicht zu befestigen ist, kann nach dem gleichen Verfahren in kleinere Gewichte und auf mehrere Stellen derselben Ebene und von gleichem Achsabstand verteilt werden, wo sie leicht befestigt werden können, Abb. 73.

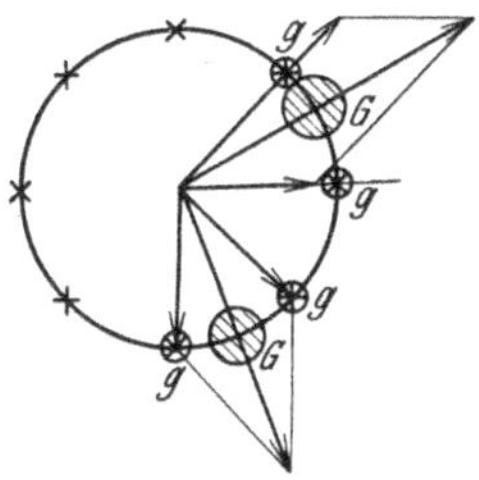
Abb. 73. Graphisches Verfahren zur Unterteilung großer Ausgleichgewichte G in mehrere kleine g. ⊗ Stellen, wo kleinere Gewichte g gut angebracht werden können.

Schmale Räder und Scheiben sowie auch schmale Polräder, die von Anfang vollständig symmetrisch bearbeitet und von möglichst homogenem Material sind, können nach altbekannter Art statisch gewuchtet werden, indem man sie, wie Abb. 74 zeigt, mit den Wellenzapfen von gleichem Durchmesser auf genau horizontal liegenden glatten Schienen abwälzen läßt. Nach einigem Hin- und Herpendeln ist die Ruhelage gefunden, die schwere Seite liegt nach unten und man zeichnet sie an. Nun dreht man die Scheibe um 90°, so daß die schwere Seite genau seitwärts zu liegen kommt. Um zu prüfen, ob die zuerst gefundene Stelle wirklich die Übergewichtsstelle ist, läßt man den Körper nochmals frei rollen und beobachtet, ob er wieder die vorherige Ruhelage einnimmt. Ist dies der Fall, so

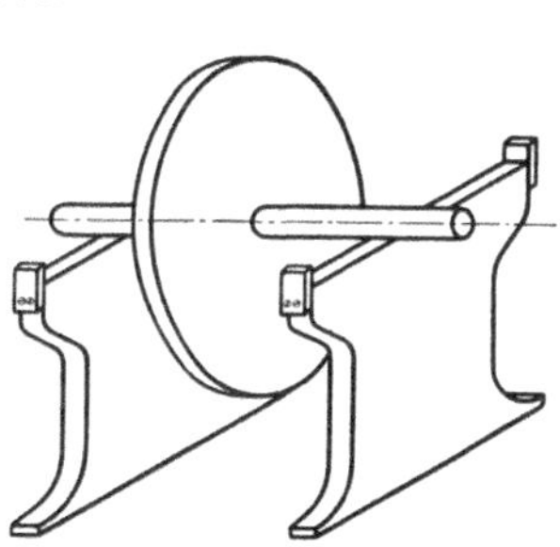
Abb. 74. Statisches Wuchten schmaler Räder und Scheiben auf horizontalen Ebenen.

dreht man ihn neuerdings um 90° und schätzt nach dem Gefühl durch Halten der Scheibe mit der Hand und leichtes Bewegen derselben ungefähr die Größe des Ausgleichgewichtes. Dieses wird an der entgegengesetzten Stelle der Marke angehängt und das Verfahren nachher weiter geführt, bis die Scheibe in jeder Lage ruhig verbleibt. Wegen der Reibung auf den Schienen kann diese Art der Wuchtung nicht so genau ausfallen wie bei Benutzung der Schwingungsresonanz.

Ausgleichsgewichte können in folgenden Formen und Befestigungsarten angewendet werden:

Gewindezapfen, radial oder achsial im Läufer eingeschraubt.

Ringstücke, in Rinnen befestigt.

Doppelringsegment in schwalbenschwanzförmige Rinnen eingelegt und mit gut passenden Schrauben angepreßt, Abb. 75.

Lötzinn-Auflagen auf Drahtbandagen, wobei jedoch die zulässige Beanspruchung der Bandage durch die Fliehkraft des aufgetragenen Löt-

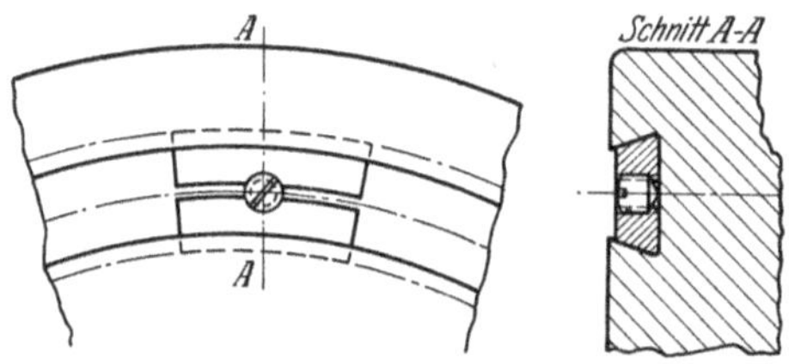

Abb. 75. Ausgleichgewicht als doppeltes Ringsegment in schwalbenschwanzförmige Rinnen eingesetzt.

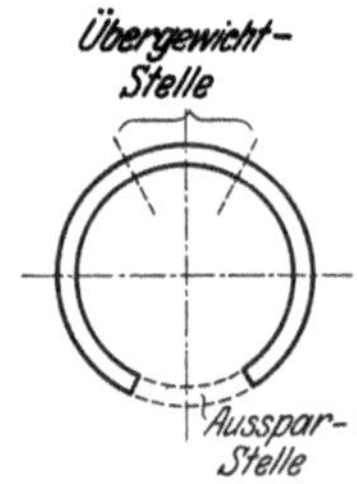

Abb. 76. Federring als Ausgleichgewicht.

zinns nicht überschritten werden darf und darauf geachtet werden muß, daß die verdickte Stelle der Bandage an der Ständerwicklung nicht streift.

Bleiausgüsse in besonders vorgesehenen Rinnen im Läufer.

Federringe (Abb. 76), unvollständig geschlossen; die Aussparung liegt gegenüber der Stelle, an der das Ausgleichgewicht anzubringen wäre.

Die Ausgleichsgewichte müssen sehr zuverlässig befestigt werden; gegen die Wirkung der Fliehkraft sind sie möglichst abzustützen, damit die Befestigungsschrauben selbst entlastet sind; letztere sind außerdem gut zu sichern.

Zur angenäherten Ermittlung der Fliehkräfte, die an den Balanciergewichten angreifen, dienen die Kurven der Abb. 77. Die an einem bestimmten Ausgleichgewicht bei gegebener Drehzahl und festgelegtem Achsabstand auftretende Fliehkraft ist daraus zu entnehmen, und zwar als Vielfaches (0 . . . 12000-faches) des eingesetzten Gewichtes.

Beispiel. Auf ein Gewicht, das von der Drehachse 300 mm Abstand hat, wirkt bei der Drehzahl 3000 Umdr./min die Fliehkraft mit der 3150fachen Kraft dieses Gewichtes; ein Gewicht von 20 g unterliegt demnach einer Fliehkraft von $20 \cdot 3150 = 63000$ g = 63 kg (siehe Punkt ○ der Abb. 77).

Für „Massenarbeit“, z. B. für laufendes Auswuchten in Motorenfabriken, sind besondere Auswuchtmaschinen entwickelt worden[1], die aber für das Nachwuchten von nur einmal instand zu stellenden Läufern meist nicht verfügbar sind. Es wurde deshalb hier das einfachste und

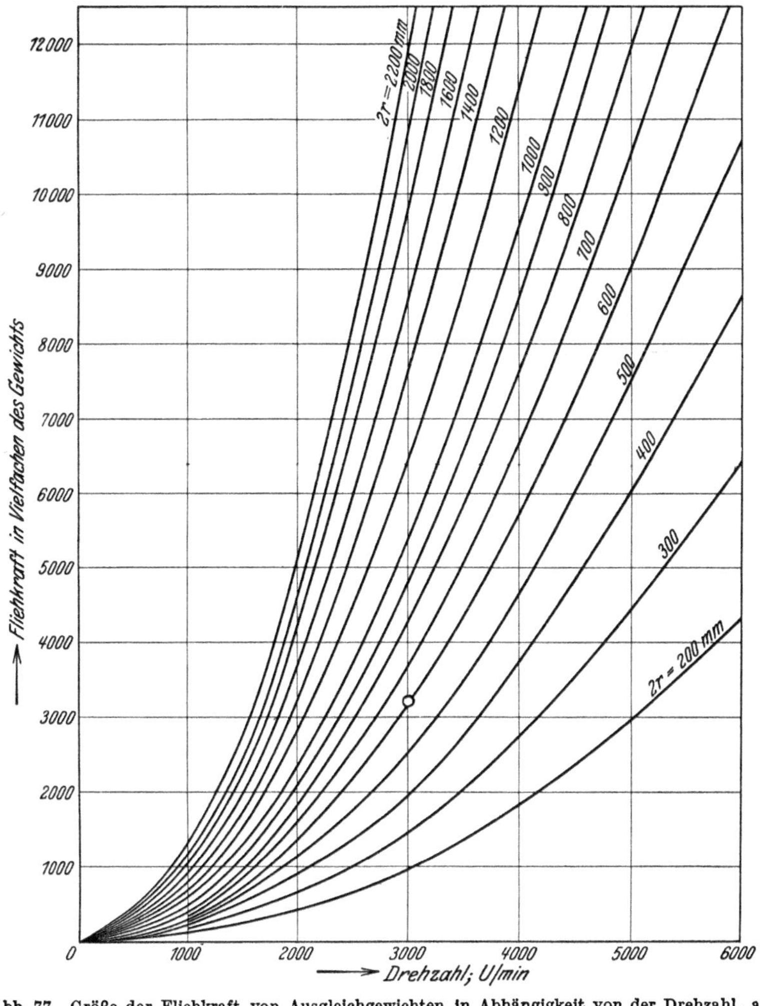

Abb. 77. Größe der Fliehkraft von Ausgleichgewichten in Abhängigkeit von der Drehzahl, ausgedrückt in Vielfachen der Gewichte. ($2r$ = Durchmesser des Drehkreises.)

wenig Hilfsmittel erfordernde Verfahren angegeben, welches jedoch sicher zum Ziele führt. Selbstverständlich wird ein geübter Arbeiter, der beständig mit Wuchtarbeit beschäftigt ist, das Auswuchten eines

[1] Der Betrieb, Technischer Teil der Zeitschrift: Masch.-Bau 1930 Heft 21.

Läufers in kürzerer Zeit ausführen, als ein nur ausnahmsweise damit beauftragter Mann.

Eine weitere einfache Wuchtmethode besteht darin, daß der Läufer zuerst nur einseitig gewuchtet wird, indem ein Lager fest verkeilt bleibt und nur das andere Lager auf einer elastischen Unterlage frei schwingen kann. Nachdem eine Seite nach den Regeln des besprochenen Verfahrens gewuchtet worden ist, wird das andere Lager fest gekeilt und das vorher feste Lager zum Wuchten der anderen Seite des Rotors freigegeben. Die Genauigkeit dieser Methode hängt vom vorhandenen Lagerspiel ab, bei großem Lagerspiel ist nämlich eine seitliche Bewegung der Welle im festgekeilten Lager doch noch möglich, was die Genauigkeit herabsetzt.

b) Auswuchten in den eigenen Lagern. Dieses Verfahren erfordert ein solches Maß von Übung und Vorsicht, daß es sich eher empfiehlt, hierfür einen Spezialisten herbeizuziehen.

4. Magnetische Unsymmetrien.

Ohne gleichzeitigen Wicklungsfehler ist magnetische Unsymmetrie selten vorhanden, sie entsteht dann nur bei sehr ungenau zentrierten oder unrunden Läufern. Die stärksten Erschütterungen treten auf bei Windungsschlüssen in der Läuferwicklung von Synchronmaschinen, seien es Schlüsse zwischen einzelnen Windungen von Polspulen oder vollkommene Kurzschlüsse derselben. Auch durch doppelten Eisenschluß kann ein Teil der Läuferwicklung kurzgeschlossen werden. Bei unrichtiger Polfolge kann die erzeugte magnetische Unsymmetrie ebenfalls zu Erschütterungen führen.

Erschütterungen durch magnetische Unsymmetrie lassen sich verhältnismäßig leicht daran erkennen, daß sie verschwinden, sobald der Erregerstrom ausgeschaltet wird, und sofort wieder erscheinen, wenn der Läufer neuerdings erregt ist. Durch eine Messung des Widerstandes der Läuferwicklung, wie sie schon vorgehend im Unter-Abschnitt M. B. 6. c) näher beschrieben ist, kann eine Fehlerstelle festgestellt werden. Bei unrichtiger Polfolge kann der Fehler nicht mit Gleichstrom gefunden werden, außer wenn eine Magnetnadel verwendet wird. Sonst ist Wechselstrom zu verwenden, um die Spannungen zweier benachbarter Polpaare miteinander zu vergleichen.

Bei Turboläufern, die meistens zweipolig sind, wird die Verbindung zwischen den Polspulen erst nach dem Entfernen der Läuferkappen und der darunter liegenden Isolation für Messungen zugänglich. In vielen Fällen ist aber dann der Fehler auch ohne eine Messung bei näherer Untersuchung der Wicklung und der Verbindungen leicht zu finden. Die Behebung des Fehlers richtet sich nach der Art der Fehlerstelle.

Tritt der Windungsschluß bei Polrädern und Turboläufern erst bei einer bestimmten Drehzahl auf, wenn sich die Wicklung oder ihre Verbindungen durch die Fliehkraft oder durch gleichzeitige Wärmedehnung verlagert haben, so ist die Feststellung der Fehlerstelle bedeutend schwieriger. Verfahren zur Aufsuchung der kranken Stelle sind ebenfalls im Unterabschn. M. B. 6. c) besprochen.

Erschütterungen an Asynchronmotoren infolge Läuferunsymmetrien treten meist im Takt des Schlupfes auf und sind von einem abnormalen Geräusch begleitet. Die Ursachen dieser Erscheinungen sind in Abschnitt M. O. 1. näher beschrieben.

5. Wellenklettern.

Bei schnellaufenden Maschinen können sehr starke Erschütterungen auftreten, wenn das Lagerspiel, besonders im oberen Teil der Lagerbüchse, zu groß ist. Es tritt dann das sog. „Wellenklettern" auf; die Welle steigt dabei, infolge der Zähflüssigkeit des Öles im Ölkeil zwischen Lager und Welle, in der Drehrichtung an der Lagerseite empor und fällt durch das Eigengewicht des Läufers oder infolge der Wuchtfehlerkräfte wieder in die Ausgangslage zurück, worauf der Vorgang von neuem beginnt. Die dadurch hervorgerufenen Erschütterungen können bei schweren Läufern äußerst heftig, sogar beängstigend stark sein. Auffallend ist dabei, daß die sekundliche Schwingungszahl nicht mit der Drehzahl des Läufers übereinstimmt, sondern oft bedeutend kleiner ist. Die dabei entstehenden Resonanzschwingungen sind nämlich abhängig von der Größe des Lagerspiels, der Masse des Läufers, dem noch vorhandenen Wuchtfehler und der Viskosität des Schmieröles, und da letztere stark von der Temperatur abhängig ist, auch von der Öl- oder Lagertemperatur. Verschwinden solche Erschütterungen bei nur wenig veränderter Lageröltemperatur, so kann mit Sicherheit das Wellenklettern als Ursache angenommen werden.

Zur Behebung des Wellenkletterns ist das Lagerspiel in vertikaler Richtung möglichst zu verkleinern. Dies kann geschehen durch Auflöten von Lötzinn in die obere Lagerschale und Nachschaben desselben, bis das erforderliche kleine Lagerspiel vorhanden ist. Letzteres kann am besten durch einen Bleidrahtabdruck gemessen werden. Es ist nicht nötig, das Lötzinn auf der ganzen Länge der Lagerschale aufzutragen, sondern es genügt das fleckenweise Auftragen an nur drei Stellen.

Ein anderes Mittel zur Verkleinerung des Lagerspieles besteht darin, daß man die Auflageflächen zwischen oberer und unterer Lagerschale soweit zurückfeilt, bis in der oberen Lagerschale das gewünschte minimale Spiel vorhanden ist. Es ist dabei aber in allen Fällen zu beachten, daß auch zwischen der oberen Lagerschale und dem Lagerdeckel kein Spiel entsteht; sonst kann sich trotz des verkleinerten Lagerspiels die Welle doch wieder Spiel verschaffen, indem sie die obere Lagerschale gegen den Lagerdeckel hochhebt.

Nachdem das obere Lagerspiel verkleinert ist, würde in vielen Fällen die Lagerreibung und Öltemperatur merklich vergrößert, wenn nicht gleichzeitig durch ein Vergrößern des seitlichen Lagerspiels der Welle wenigstens in dieser Richtung freies Spiel gegeben und für einen guten Einlauf des Öles unter den Wellenzapfen gesorgt würde.

6. Resonanz mit dem Maschinenfundament.

Es gibt auch Fälle von Erschütterungen, welche auf Resonanzschwingungen zurückzuführen sind, z. B. können Turbinengruppen auf einem Fundament stehen, dessen Eigenschwingung übereinstimmt mit der Schwingungszahl herrührend von den geringen, nicht immer restlos ausgleichbaren Wuchtfehlerkräften der drehenden Massen. In einem solchen Falle ist nur bei einer bestimmten Drehzahl die Erschütterung ausgeprägt stark und stört nur dann, wenn diese Drehzahl gerade mit der Nenndrehzahl der Maschine zusammenfällt. Die Eigenschwingung eines Fundamentes kann durch Versuch bestimmt werden, indem man eine kleinere Maschine daraufstellt, am besten eine leicht regelbare Gleichstrommaschine, und sie in einem möglichst großen Drehzahlbereich laufen läßt. Vorher muß ihrem Läufer ein künstlicher Wuchtfehler erteilt werden durch das Anbringen eines zusätzlichen Gewichtes. Treten dann bei einer bestimmten Drehzahl die Resonanzschwingungen des Fundamentes auf und stimmt diese Drehzahl mit der Nenndrehzahl der Turbogruppe überein, so ist der Beweis für die Ursache der Erschütterung geleistet.

Zur Behebung derselben ist entweder ein noch besseres Auswuchten der Läufer zu versuchen oder es ist eine Versteifung des Fundamentes vorzunehmen, besonders in der Richtung des Schwingungsausschlages. Für solche Untersuchungen ist die Verwendung eines Vibrometers sehr zu empfehlen.

7. Fehler an Übertragungsorganen.

a) Kupplungen. Bei Maschinen, welche durch starre oder sog. „elastische" Kupplungen miteinander verbunden sind, können Erschütterungen auftreten, wenn die gegenseitige Wellenlage beider Maschinen nicht richtig ist. Zudem müssen die Kupplungen vollkommen rund laufen und dürfen auch seitlich nicht schwanken. Jede Läuferwelle besitzt infolge ihres Eigengewichtes eine kleine Durchbiegung, worauf besonders beim starren Kuppeln Rücksicht zu nehmen ist. Ein guter Lauf im gekuppelten Zustand wird nur dann erzielt, wenn die Wellen so eingestellt sind, daß zwischen den Kupplungsflanschen, sowohl in senkrechter als auch in horizontaler Richtung gesehen, das gleiche Spiel vorhanden ist, wie Abb. 78 zeigt. Durch Nachmessen des Spiels der Kupplungsflansche mit einer Zehntellehre und entsprechendes Einstellen beider Maschinen muß dies erreicht werden. Außerdem ist die eine Welle gegenüber der anderen genau zentrisch einzustellen. Dies läßt sich prüfen durch Auflegen einer Wasserwaage über die Ränder der beiden Kupplungsflanschen, wenn diese auf genau gleichen Durchmesser gedreht sind. Wenn das nicht der Fall ist, kann durch Nachmessen des Spiels zwischen den Kupplungshälften, wie oben erwähnt wurde, die Zentrizität kontrolliert werden.

Wichtig ist auch bei Zapfenkupplungen, daß die Teilungen der Zapfen genau übereinstimmen und die Teilkreise der Löcher und der dazu passenden Zapfen gleichen Durchmesser besitzen, so daß keine Klemmungen der Zapfen in den Löchern auftreten können. Bei der großen Anzahl der gebräuchlichen Kupplungskonstruktionen kann jedoch nicht auf weitere Einzelheiten eingegangen werden. Allgemein muß jedoch empfohlen werden, auch bei der Verwendung sog. „elastischer“ Kupplungen eine möglichst genaue Zentrierung vorzunehmen und sich nicht zu sehr auf die Elastizität der Kupplung oder auf die vom Lieferanten angepriesene Unempfindlichkeit gegen ungenaue Zentrierung zu verlassen.

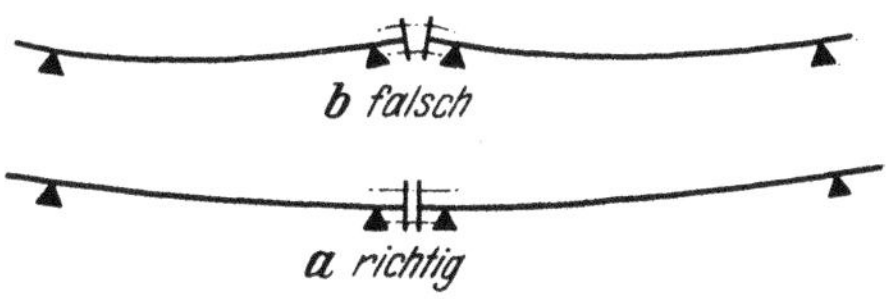

Abb. 78. Kuppeln zweier Wellen.

Die gute Zentrierung von Kupplungen und damit der ruhige Lauf der Maschinen kann gestört werden durch die Erwärmung des Lagerbocks einer der Maschinen durch warmes Öl oder durch Strahlungswärme heißer Maschinenteile — Dampfturbinenzylinder, Dampfleitungen —, wobei die gegenseitige Wellenlage der gekuppelten Maschinen geändert wird. Da in solchen Fällen die betriebsmäßige Ursache der Erwärmung oft nicht behoben werden kann, ist schon bei der Montage diese Möglichkeit ins Auge zu fassen, indem die Wellenlage im kalten Zustand entsprechend der entstehenden Wärmedehnung niedriger gehalten wird, so daß die Zentrierung beider Wellen bei warmer Maschine genau wird. Die Erschütterungen werden sich dann nur während kurzer Zeit, bis die dauernde Erwärmung des Lagerbocks eingetreten ist, einstellen und nachher verschwinden.

b) Riemen-, Seil- und Kettengetriebe. Riemen- und Seiltriebe können Ursachen von Erschütterungen werden, wenn die Verbindung der Riemen durch schlechte und unsorgfältig montierte Schlösser oder schlechte und bezüglich Laufrichtung verkehrt aufgelegte Leimungsstellen erfolgt, oder wenn z. B. die Spleißstellen von gewobenen Riemen und von Seilen schlecht ausgeführt sind. Das Auflaufen solcher schlechten Verbindungen auf die Antriebsscheiben der Maschine kann Stöße hervorrufen. Seitlich schräg laufende Riemen erzeugen axiale Stöße von wechselnder Richtung auf den Läufer; derselbe schlägt dabei gegen die Lagerschultern und verursacht so Erschütterungen.

Bei Kettentrieben ist das ungenügende seitliche Ausrichten der Kettenräder sowie Teilungsfehler der Räder und Ketten die häufigste Störungsursache, welche zu Erschütterungen der antreibenden oder getriebenen Maschine führen kann.

Über die günstigsten Scheiben-Durchmesser und -Abstände sowie die Riemen- und Seilmasse geben die verschiedenen Fachhandbücher praktische Regeln. Riemen oder Seile, die mit ihren Antriebsscheiben unter richtigen Bedingungen zusammenarbeiten, sollten keine beträchtlichen Erschütterungen erzeugen.

c) Zahnradgetriebe. Bei der Verwendung von Zahnradgetrieben in Verbindung mit elektrischen Maschinen können durch unsorgfältige Ausführung Stöße entstehen, welche Getriebe und Maschinen zu Erschütterungen anregen. Besonders von den ziemlich ungenauen und unsorgfältig bearbeiteten Zahnradgetrieben, die z. B. in der Papier-, Zement-, Textil- und Eisenindustrie verwendet werden, sind solche Störungen zu erwarten. An solchen Getrieben sind meist die folgenden Fehler anzutreffen: ungenaue Zahnteilung, keine oder unsorgfältige Bearbeitung der Zähne, ungenaue Einstellung des Eingriffes oder zu große Zahnabnützung und deshalb zu großes Spiel zwischen den Zähnen, unrund laufende Räder, nicht parallel ausgerichtete Achsen bei Stirnrädern, nicht richtig eingestellte Winkel bei Kegelrädern, zu großes axiales Spiel, besonders bei Schräg- und Pfeilverzahnungen, ungenügende Wuchtung der Räder.

M. G. Lagerkrankheiten.

1. Übererwärmung.

Die zulässige Grenzerwärmung für Lager beträgt nach REM 45° C; bei 35° C Raumtemperatur ist demnach die höchst zulässige Temperatur 80° C. Lager können auch bei höheren Temperaturen noch betriebsfähig bleiben, sofern das Öl geeignet ist. Die Öltemperatur wird an den zugänglichsten Stellen im Lager gemessen. Gelegentlich weisen gleichartig konstruierte und belastete Lager beträchtliche Abweichungen ihrer Temperatur auf. Diese können dadurch verursacht sein, daß das kühlere Lager in der Nähe einer Kupplung oder einer Kühlluft-Eintrittstelle liegt und deshalb besser gekühlt ist.

Folgende Ursachen zu hoher Lagererwärmung können je nach Lagerbauart und Schmiersystem vorhanden sein: Mangel an Öl oder Kühlwasser, ungeeignetes Schmiermittel, zu kleines Lagerspiel, ungünstiger Eintritt des Öles zwischen Lager und Welle, zu großer Lagerdruck, ungeeignetes Lagermaterial, rauhe Welle, reibende Lagerabschlüsse.

Bei Ringschmierlagern kann die Ölförderung durch den Ring beeinträchtigt werden beim Kleben oder zu langsamem Drehen des Schmierringes infolge stark verschmutztem und eingedicktem Öl, das durch saugfähige Fremdkörper wie Holzmehl, Mehl, Baumwollfasern, Staub u.a. verunreinigt ist. Klemmungen des Ringes im Schlitz und magnetische Wirkungen auf eiserne Ringe stören gleichfalls. Bei durch Pumpen oder Tropfölen fremdgeschmierten Lagern kommen verstopfte Zuleitungen vor. Bei Ölumlauf durch Pumpen kann die Fördermenge zu klein werden bei zu tiefem Ölstand im Sammelbehälter, wodurch die Mündung der Saugleitung teilweise austaucht und viel Luft mitreißt, was am milchigen Aussehen des Öles ersichtlich ist.

Kühlwassermangel ist meist verursacht durch das Aussetzen von Hilfspumpen infolge Störungen an denselben, oder auch durch Verstopfung von Filtern in den Förderleitungen, sowie Verkalkung und Verschlammung von Kühlern. Je nach den abzuführenden Verlusten wird Kühlwassermangel erst nach längerer Zeit meist an dem langsamen, aber stetigen Steigen der Lagertemperatur bemerkbar. Wenn sich bei Lagern mit Durchflußkühlern trotz genügender Kühlwassermenge die Temperatur innert Wochen und Monaten dauernd erhöht, so deutet dies auf Verschlammung und Verkalkung der Kühlrohre hin, die unter S. A. 6. erwähnt sind. Viele mit Zusatzkühlung durch Wasser versehene Lager können auch längere Zeit ohne Wasser im Betrieb sein, ohne daß die zulässige Grenztemperatur überschritten wird.

Die nötige Kühlwassermenge für wassergekühlte Lager berechnet sich aus der Formel:

$$Q = \frac{14{,}3 \cdot P}{\Delta t} \text{ ; l/min,}$$

worin:

P in kW = Verluste im Lager,
Q in l/min = Kühlwassermenge,
Δt in ^{0}C = die Temperaturdifferenz zwischen Kühlwasseraustritt und -eintritt.

Daraus ergibt sich für 1 kW Verluste und 1^0 C Temperaturzunahme ca. 15 Liter/min und bei der üblichen Temperaturdifferenz von ca. 10^0 C ein Bedarf von 1,5 Liter/min/kW. Eine Schätzung der Lagerverluste kann nach folgender Formel geschehen:

$$P = \frac{0{,}6 \cdot F \cdot v}{1000} \text{ ; kW,}$$ worin:

F in cm² = die Projektionsfläche des Lagers = Zapfenlänge · Durchmesser,

v in m/s = die Zapfengeschwindigkeit.

Durch Umrechnung ergibt sich angenähert bei 10° C Temperaturzunahme eine Kühlwassermenge von:

$$Q = 0{,}00085 \cdot F \cdot v;\ \text{l/min}.$$

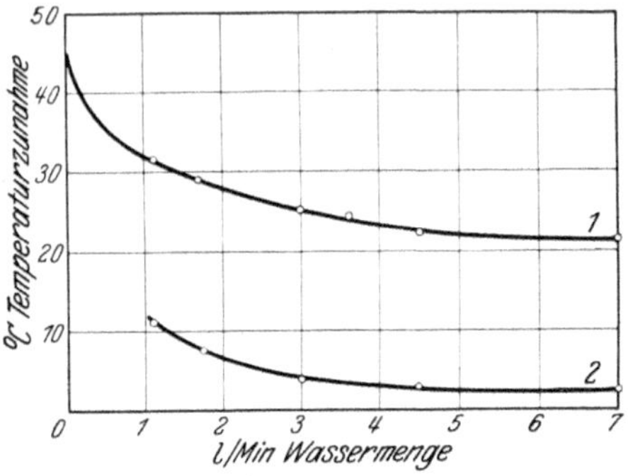

Abb. 79. Einfluß der Kühlwassermenge auf die Lagererwärmung eines Motors mit 3000 U/min und 500 kW Nennleistung. *1* Erwärmung des Lageröls bezogen auf 30° C Raumtemperatur, *2* Temperaturdifferenz des Kühlwassers.

Die Erwärmung eines Lagers sinkt mit zunehmender Kühlwassermenge anfänglich rasch, dann immer weniger, wie Abb. 79 als Beispiel zeigt. Nach dem Erreichen eines gewissen Wertes kann bei solchen Lagern trotz steigender Wassermenge die Lagererwärmung nicht mehr beträchtlich sinken, weil bei gegebener Kühlfläche der Wärmeübergang durch gesteigerte Strömungsgeschwindigkeit des Kühlwassers nicht mehr verbessert werden kann.

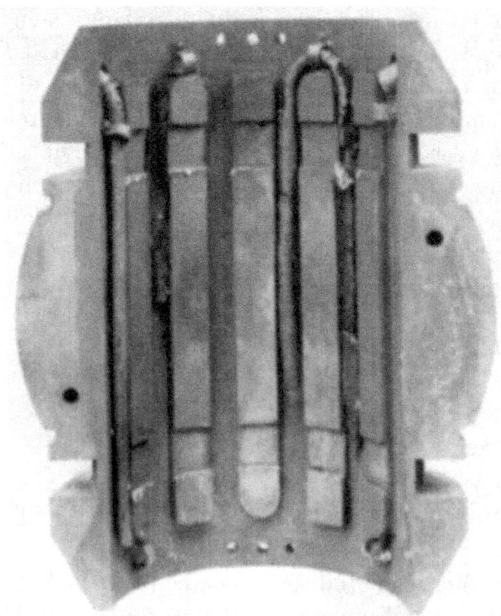

Abb. 80. Durch Korrosion zerstörtes Kühlrohr einer Lagerschale nach 13jährigem Betrieb.

Ein Übertritt von Kühlwasser ins Öl kann bei den verschiedenen Kühlsystemen erfolgen durch undichte Verbindungen und Anschlüsse, durch mechanische Zerstörungen oder Korrosion der Kühlröhren, Abb. 80. Spuren von Wasser sind im Schmieröl meist ungefährlich; schädlich sind jedoch größere Mengen von freiem Wasser, welche die Schmierfähigkeit durch Zerstörung des Ölfilmes aufheben. Übererwärmung, in schlimmen Fällen sogar Anfressungen des Lagers, sind die Folgen.

Ein geeignetes Schmieröl oder Fett zu finden bietet heute keine Schwierigkeit mehr. Man beachte auch die Vorschläge des Lieferanten. Es muß hier gewarnt werden vor sog. Spezialschmierölen, welche besonders wirksam kühlen sollen. Während mit guten Ölen die Laufflächen des Lagers blank und glatt bleiben, können sie gerade bei solchen Spezialölen harzig und klebrig werden, so daß sich die Verluste noch erhöhen.

Bei Kugel- und Wälzlagern wird hier und da durch zu reichliche Füllung mit einem ungeeigneten Fett die Reibung und Erwärmung zu groß. Hier halte man sich an die übereinstimmenden Vorschläge des Maschinenlieferanten und des Erstellers der Lager. Alle Schmiermittel sollen frei von festen und harten Beimengungen sein — Staub, Sand, Metall —, wodurch Lagerstellen zerkratzt und rillig werden können. Deswegen ist auch besonders nach einer Lagerhavarie eine gründliche Reinigung der Ölkammern und eine Ölerneuerung unbedingt nötig. Der Abschnitt S. B. 1. enthält weitere Angaben über Schmieröle.

Übermäßige Erwärmung kann auch bei zu kleinem Lagerspiel eintreten. Dieses richtet sich nach der Bauart des Lagers, der Zapfengeschwindigkeit und der Maschinenart, s. Abb. 81. Leichter Laufsitz wird eher für langsam laufende, weiter Laufsitz für rasch laufende Maschinen mit horizontaler Welle in Frage kommen. Bei Asynchronmotoren ist bei der Wahl des Lagerspiels noch besonders auf den Luftspalt Rücksicht zu nehmen.

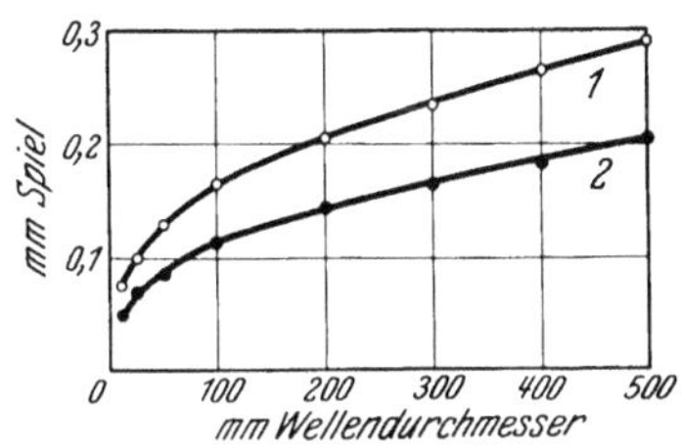

Abb. 81. Lagerspiel in Abhängigkeit vom Wellendurchmesser. *1* für weiten Laufsitz, *2* für leichten Laufsitz. Die Kurven stellen die Mittelwerte aus dem jeweiligen Größt- bzw. Kleinstspiel nach den entsprechenden DIN-Blättern 52 bzw. 20 dar.

Das Öl soll möglichst leicht aus den Schmiernuten zwischen die Welle und das Lager eindringen können. Zu diesem Zwecke sind die Schmiernuten gut abzurunden. Scharfe Kanten nach Abb. 82a streifen das Öl ab und verhindern die Bildung eines richtigen Ölfilms. Oft kann schon eine bessere Formgebung allein etwa nach Abb. 82b die Erwärmung herabsetzen.

Zu großer Lagerdruck in radialer Richtung kann entstehen durch übermäßig gespannte Riemen, Seile oder Ketten und auch durch zu klein gewählte Scheibendurchmesser. In axialer Richtung, d. h. auf die Lagerschulter, kann ein dauernder oder stoßweiser übermäßiger Druck entstehen durch zu großen magnetischen Zug, wenn Ständer und Läufer axial zu stark versetzt sind, oder durch Kupplungen mit Übertragungsgliedern die eine axiale Komponente erzeugen, durch angetriebene Maschinen, durch direkt auf der Welle sitzende Pumpen und Ventilatorräder, durch Wärmedehnungen der Welle bei zu geringem Axialspiel. Ein dauernder übermäßiger Axialdruck überhitzt das Lager und kann zu Anfressungen des Schulterteils führen. Hingegen wird durch kurzzeitige axiale Schläge meist nur die Lagerschulter zerhämmert oder zerrieben, etwa bei seitlich schlecht laufenden Riemen, bei schlechten Zahnradübersetzungen oder auch bei ungenügend gewuchtetem Läufer oder bei vorstehenden Stellen auf der Wellenschulter.

Um die Ursache des zu großen Axialdruckes festzustellen, wird man die Maschine losgekuppelt laufen lassen und prüfen, ob der Axialdruck auch dann noch übermäßig groß ist und ob genügendes Axialspiel vorhanden ist. Bei einseitigem magnetischem Zug können zur Abhilfe der Ständer gegen den Läufer oder die Lagerböcke versetzt, unter Umständen auch die Wellen- oder Lagerschultern nachgedreht werden. Das bisweilen übliche axiale Stemmen der Ständer oder Läuferbleche ist wegen der Gefahr für die Wicklung zu unterlassen.

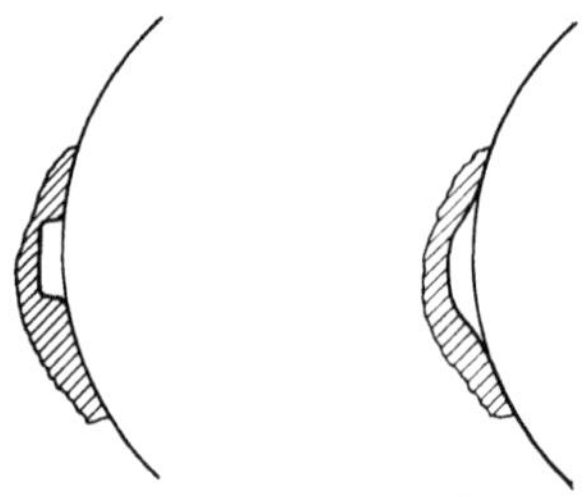

Abb. 82. Schmiernuten-Querschnitte.

Bei unrichtiger Zusammensetzung des Lagermaterials durch Einschlüsse von Schlacke, durch Sand, Zement und Asche kann die Reibung und damit die Erwärmung unzulässig vergrößert werden, oder es können die harten Bestandteile die Welle rillig machen. Weitere Bemerkungen über Lagermaterialien stehen im Abschn. S. A. 3.

Eine rauhe Wellenoberfläche und Beschädigungen an derselben durch unsorgfältige Behandlung bei Montagearbeiten können ebenfalls die Erwärmung vergrößern.

Streifende, seitliche Lagerabschlüsse, z. B. am Lagerkopf, Ölabstreifer und Dichtungen, reibende Gußränder des Lagergehäuses können die Welle auch zusätzlich erwärmen. Solche Störungen treten meist auf, wenn sich durch Lagerabnützung die Welle senkt. Gekrümmte Wellenzapfen klemmen im Lager und erzeugen Übererwärmung.

Werden die hier beschriebenen Störungen nicht von Anfang beachtet, so kann in der Folge eine Lagerhavarie eintreten; Gleitlager aus Weißmetall schmelzen dabei aus, und es kommt unter Umständen der Läufer zum Streifen. Bronzelager fressen sich auf der Welle fest, so daß solche Lagerbüchsen oft nur unter Zuhilfenahme von Wärme oder durch Loshämmern von der Welle getrennt werden können.

Reparaturen an Lagern und Wellen sollen stets mit Sorgfalt ausgeführt werden. Rauhe Wellenzapfen werden sauber geschliffen, gekrümmte Zapfen gerade gerichtet und poliert, die Lager nach der geschliffenen Welle bearbeitet.

2. Lagerströme.

Lagerschalen und Welle können auch von Strömen, welche durch das Lager fließen, aufgerauht werden. Diese Ströme können folgender-

Abb. 83. Beschädigung von Welle und Lagerschale infolge Stromdurchgang.

maßen entstehen: Bei Unsymmetrien im Eisen oder in der Wicklung kann sich ein magnetischer Ringfluß ausbilden, welcher nicht mehr den vorgeschriebenen Weg durch die Pole und den Anker nimmt, sondern im Anker oder Gehäuse verbleibt und dort konzentrisch und in

Normalebenen zur Welle verläuft. Auch Kurzschlüsse, besonders einphasige, erzeugen diese magnetischen Unsymmetrien. In dem leitenden Kreis, gebildet aus Welle, Lager und Gehäuse (oder Grundplatte) kann dadurch eine Spannung induziert werden. Sie vermag unter Umständen den isolierenden Ölfilm des Lagers zu durchschlagen und einen sog. Lagerstrom durch den genannten Kreis zu treiben, der bei genügender Größe und Dauer das Lager beschädigt. Gelegentlich beobachtet man gleichzeitig einen Funkenübergang an zufällig die Welle berührenden Abstreif- oder Lagerabschlußblechen. Zur Unterdrückung der Lagerströme wird oft ein Lagerbock von der Grundplatte isoliert. Es ist aber dafür zu sorgen, daß diese Isolierung nicht durch Wasserleitungen oder Schutzmäntel von Signalleitungen wieder metallisch überbrückt wird. Beobachtet man doch Spuren von Lagerströmen als feine punktförmige Aufrauhungen an der Lagerschale und an der Welle, so prüfe man zuerst die Güte dieser Isolation.

Außer den vorerwähnten Lagerströmen können Lager auch Strom führen, wenn außerhalb der Maschine im Läuferkreis von Generatoren und Motoren ein betriebsmäßiger oder Störungserdschluß besteht und zugleich ein zweiter Eisenschluß im Innern des Läufers hinzukommt; der entstehende Kurzschlußstrom fließt dann auch durch die Lager und führt die vorerwähnten Schäden herbei. Abb. 83 zeigt Ausschnitte aus Welle und Lagerschale einer Gleichstrommaschine, welche auf die beschriebene Weise beschädigt wurden.

3. Ölverluste.

Eine der häufigsten Ursachen von Ölverlusten ist eine zu reichliche Ölfüllung. In vielen Betrieben ist das Wartepersonal der Auffassung, daß Maschinenlager täglich kontrolliert und nachgefüllt werden müssen. Dabei werden die Ölkammern oft so überfüllt, daß das Öl der Welle entlang ausläuft. Alle Lager besitzen entweder Ölstandsgläser oder Schrauben zur Kontrolle des richtigen Ölstandes, welche auch zu diesem Zweck beim Einfüllen von Öl benützt werden sollen.

Neben dieser Hauptursache können fehlende Dichtungsbleche und fehlende Lagerabschlüsse den Austritt des Öles längs der Welle, offene Lagerkammern den Austritt von Öldunst begünstigen. Auch starke Ventilationswirkung von Kupplungen kann das Öl aus dem Lager saugen. In staubigen Betrieben kann mangelnder Staubschutz an den Lagern Staubansammlungen veranlassen, durch welche Öl angesaugt wird.

Ölverluste sind dann besonders schädlich, wenn durch sie Wicklungen, Schleifringe und Kommutatoren stark beschmutzt werden. In Verbindung mit Staub bildet sich oft auf Wicklungen eine dichte schmutzige Schicht, welche den Lacküberzug der Wicklungen beschädigen kann.

Natürlich kann durch stetige Ölverluste eine Lagerkammer entleert werden und das Lager wegen Ölmangel anfressen.

4. Erneuerung des Öles.

Bei neu im Betrieb stehenden Maschinen wird man das Lageröl anfänglich öfters erneuern, besonders wenn das Öl schwarz und trübe wird. Nachdem Lager und Welle eingelaufen und poliert sind, genügen seltene — bisweilen jährliche — Kontrollen und Ölerneuerungen. Bei diesem Anlaß wird das Lager mit Petroleum durchgespült, bevor das neue Öl eingefüllt wird. Im allgemeinen ist zu empfehlen, die Lager elektrischer Maschinen nicht dauernd ängstlich mit der Ölkanne zu „belästigen", wenn nicht besonders erschwerende Betriebsverhältnisse vorliegen. Die Lagerdeckel sollen geschlossen bleiben; ein gutes Lager kann viele Monate ohne Wartung bleiben.

M. H. Generator gibt im Leerlauf keine oder zu geringe Spannung.

1. Gleichstromgenerator gibt keine Spannung.

a) Erregerkreis ist unterbrochen oder hat zu große Widerstände. Wenn Gleichstromgeneratoren sich nicht erregen, untersuche man zuerst ihren Erregerkreis auf Unterbrüche und zu große Übergangswiderstände. Solche können in den Magnetspulen oder in den zwischenliegenden Verbindungen entstanden sein, beim Bruch eines Drahtes, bei ungenügend angezogenen Klemmen oder im Magnetregulator bei Drahtbruch oder losem Kontakt. Oft kann schon eine starke Verschmutzung der Kontaktbahn am Magnetregulator genügen, den Übergangswiderstand derart zu erhöhen, daß die Selbsterregung unmöglich ist.

Wenn der Generator sich jedoch anfänglich erregt, aber auf einer bestimmten Stellung des Magnetregulators die Spannung wieder verliert, kann die Ursache darin liegen, daß in der betreffenden Regulatorstellung einige Kontakte zurückstehen und den Schleifkontakt nicht mehr berühren können. Auch können „Wackelkontakte" vorhanden sein.

Zum Aufsuchen eines Unterbruches verwendet man eine Prüflampe oder einen Isolationsprüfer, der heute ja in fast jeder Werkstätte vorhanden ist. Damit wird man einen krassen Fehler leicht entdecken. Liegt nur ein schlechter Kontakt vor, so ist dieser mit beiden Hilfsmitteln nicht immer sicher feststellbar. Bei den meist verwendeten größeren Hilfsspannungen fällt nämlich der vergrößerte Übergangswiderstand nicht in Betracht; bei der vorhandenen kleinen Remanenzspannung einer Maschine kann er jedoch das Erregen verhindern. In solchen Fällen findet man die Fehlerstelle rasch durch Abtasten und genaues Besichtigen der meist leicht zugänglichen Kontaktstellen. Bei nicht fachgemäß ausgeführten Reparaturen an Magnetspulen oder an ihren Verbindungen können schlechte Kontaktstellen entstanden sein durch Verschmutzung mit Lack oder durch unsorgfältige Lötung.

b) Magnetwicklung ist verkehrt angeschlossen oder verschaltet. Bei verkehrtem Anschluß der Magnetwicklung eines selbsterregten Gleichstromgenerators wird die durch das vorhandene Remanenzfeld erzeugte Läuferspannung einen Strom in solcher Richtung durch die Magnetwicklung treiben, daß das Remanenzfeld geschwächt und die Selbsterregung verhindert wird. Schließt man zwischen die Läuferklemmen einer selbsterregten Gleichstrommaschine, bei sonst offenem Läuferkreis, ein Voltmeter für kleinen Meßbereich an, so beobachtet man daher bei verkehrtem Anschluß der ganzen Magnetwicklung das allmähliche Sinken der Remanenzspannung, wenn der Regulierwiderstand langsam ausgeschaltet wird. Ein verkehrter Anschluß der Magnetwicklung bei einem fremderregten Gleichstromgenerator verhindert die Erregung nicht, ändert aber die Polarität des Generators.

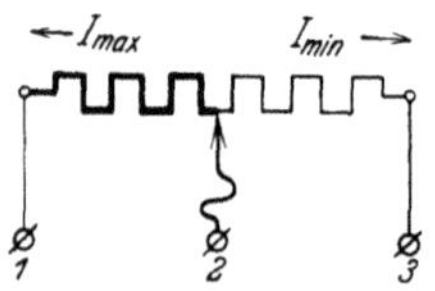

Abb. 84. Anschlußbild eines Magnetregulators.

Die Verschaltung einer Magnetwicklung besteht darin, daß nur einzelne Pole verkehrt angeschlossen sind; es kann so z. B. der Zustand eintreten, daß nur Pole einer Polarität entstehen würden. In diesem Falle erregt sich der Generator überhaupt nicht. Über den Einfluß einzelner verschalteter Pole und die Untersuchung auf richtige Polfolge vergleiche auch Unterabschnitt M. H. 3. c).

c) Magnetregulator ist verkehrt angeschlossen. Die meisten Magnetregulatoren besitzen drei Anschlußklemmen nach Abb. 84. Bei unrichtigem Anschluß, z. B. an Klemmen *1* und *3* statt an Klemmen *1* und *2*, wird der Generator sich meist nicht erregen.

Ebenfalls durch unrichtigen Anschluß des Magnetregulators kann folgender Fehler entstehen: Beim Anschluß an den Klemmen *2* und *3* ist die Arbeitsweise des Magnetregulators verkehrt. Diejenigen Widerstandsstufen, welche den kleinsten Strom ertragen können und den größten Widerstandswert besitzen, werden dann erst am Ende statt am Anfang des Reguliervorganges ausgeschaltet. Die Regulierung ist in diesem Fall ungenügend, und der Regulator wird zu warm.

d) Kommutator-Übergangswiderstand ist zu groß. Eine häufige Ursache für das Nichterregen eines eigenerregten Gleichstromgenerators kann in einem zu großen Übergangswiderstand am Kommutator liegen. Diese Schwierigkeit tritt vorwiegend an Maschinen mit niederer Spannung auf. Sie entsteht bei verschmutztem oder stark „oxydiertem" Kommutator, ungenügendem Bürstendruck, ungeeigneter Kohlensorte oder auch infolge starker Erschütterungen der Bürsten, z. B. durch vorstehende Lamellen und Isolationen, oder durch unrunden Kommutator. Oft genügt ein Andrücken der Bürsten, um den Widerstand so zu verkleinern, daß die Selbsterregung eingeleitet wird.

Verschmutzte und stark oxydierte Kommutatoren reinigt man bei abgehobenen Bürsten mit feinkörnigem Carborundumleinen, Kunstbimsstein oder anderen geeigneten Schleifsteinen.

Über die Wahl der geeigneten Bürstenmarke und Bürstendruck finden sich nähere Angaben im Abschn. M. E. 5. Die Instandstellung der Kommutatoren ist im Abschn. M. E. 12. eingehend beschrieben.

e) Kommutatorlamellen sind kurzgeschlossen. Bei Gleichstromgeneratoren niederer Spannung, wie sie z. B. für elektrolytische Zwecke und als Erregermaschinen von synchronisierten Asynchronmotoren gebraucht werden, sind vorwiegend metallhaltige Bürsten in Verwendung. Bei unrichtig gewählter Qualität derselben kann es vorkommen, daß sich die Nuten zwischen den Lamellen mit metallhaltigem Staub füllen, wodurch zuletzt die Selbsterregung des Generators verhindert wird. Auch starke Verschmutzung mit Öl kann zum Lamellenkurzschluß führen. Als Abhilfe müssen, neben der Verwendung geeigneter Bürstensorten, die Nuten zwischen den Lamellen sorgfältig ausgezogen werden.

f) Bürstenstellung ist unrichtig. Das Nichterregen von Gleichstromgeneratoren kann ferner in einer falschen Bürstenstellung seine Ursache haben. Oft kommt es vor, daß die Bürstenhalter nach einer Revision der Maschine verkehrt aufgesetzt werden, so daß die Bürsten sehr weit aus der neutralen Zone stehen, trotzdem die Bürstenbrücke auf der vorhandenen Marke scheinbar richtig steht.

Bei Generatoren neuer Konstruktion wird die Betriebsstellung der Bürsten stets durch eine Marke an der Bürstenbrücke kenntlich gemacht sein; bei Wendepolmaschinen ist die Bürstenstellung zwischen Leerlauf und Vollast unverändert. Ist eine Marke an der Bürstenbrücke nicht vorhanden, so kann bei den meisten Läuferwicklungsarten die richtige Lage eingestellt werden, indem man die Bürsten vor die Mitte der Hauptpole stellt. Verschiedene Firmen kennzeichnen auch eine einzige bestimmte Nut und die zugehörigen Ableitungen zum Kommutator mit Farbe. An Hand einer solchen Marke kann man die neutrale Zone ebenfalls angenähert finden, indem man die bezeichnete Nut unter die Mitte eines Wendepoles dreht und die Bürsten dann auf die als zugehörig bezeichnete Lamelle stellt. Um das Erregen des Generators zu erreichen, genügt die so gefundene Bürstenstellung hinreichend. Genauer bestimmt muß sie jedoch noch mit Rücksicht auf gute Kommutation werden, wie in Unterabschnitt M. E. 6.e) erklärt wurde.

Erwähnt sei noch, daß eine geringe Verschiebung der Bürstenbrücke aus der neutralen Zone, im Gegensinn zur Drehrichtung, die Selbsterregung begünstigt.

g) Drehrichtung ist verkehrt. Bei einem selbsterregten Gleichstromgenerator kann die Drehrichtung irrtümlicherweise nicht den Anschlüssen der Magnetwicklung entsprechen und so die Erregung verhindert sein. Zur Abhilfe müssen entweder die Drehrichtung oder die Anschlüsse der Magnetwicklung gewechselt werden. Bei einem fremderregten Gleichstromgenerator hat unrichtiger Drehsinn nur die Umkehrung der Polarität zur Folge.

h) Remanenz ist verloren. Fehlt der remanente Magnetismus, so kann die Selbsterregung des Generators nicht eintreten. Generatoren mit verlorener Remanenz müssen mit Hilfe einer fremden Stromquelle wieder neu und richtig erregt werden. Meistens sind nur einige Zellen einer Akkumulatorenbatterie erforderlich, um die Maschine genügend stark fremd zu erregen, so daß nachher die Selbsterregung wieder einsetzt. Bei diesem Verfahren sollen beide Zuleitungen zur Magnetwicklung von den Maschinenklemmen abgetrennt sein; nur die Magnetwicklung allein soll bei normaler Drehzahl der Maschine fremd gespeist werden. Man läßt die Fremderregung dann einige Minuten bestehen und stellt hernach wieder die normale Schaltung der Maschine her. Muß der Generator auch noch parallel zu anderen Generatoren geschaltet werden, so überzeuge man sich vorher, ob tatsächlich wieder die richtige Polarität vorhanden ist.

i) Läuferwicklung hat Unterbruch oder Windungsschluß, oder ist verschaltet. Bei einem Unterbruch im Läufer wird ein eigenerregter Gleichstromgenerator meist keine Spannung erzeugen. Betreibt man den Generator versuchsweise mit Fremderregung, so wird bei bestehendem Unterbruch im Läufer ein starkes Bürstenfeuer entstehen; die Lamellen, zwischen welchen der Unterbruch liegt, werden schwarz und brennen rasch an. Besteht in einer Läuferwicklung ein Windungsschluß infolge direkter metallischer Berührung benachbarter Spulenteile, so kann die Selbsterregung verhindert werden. Erregt man den Generator fremd, so wird Bürstenfeuer, Schwärzung der betreffenden Lamellen, und nach kurzer Zeit eine Überhitzung der kranken Wicklungsteile entstehen.

Vereinzelt wurde auch schon beobachtet, daß ein Gleichstromgenerator nach dem Einbau eines Reserveläufers sich nicht mehr selbst erregte. Die Ursache lag darin, daß die Wicklung im Reserveläufer nicht gleich eingelegt wurde wie im früheren Läufer. Dadurch wurde sie z. B. zu einer rückschreitenden Wicklung, während sie beim alten

Läufer vorschreitend war, siehe Abb. 85. Zur Abhilfe mußten die Anschlüsse der Magnetwicklung vertauscht werden.

Der gleiche Fehler kann auch bei der Neuwicklung eines Läufers entstehen. Jedoch kann ein solcher Wickelfehler nur bei Drahtwicklungen gemacht werden, da bei Stabwicklungen die Leiter schon vor dem Einbau auf richtige Form und Länge vorbereitet sind.

k) Äußerer Läuferstromkreis ist kurzgeschlossen. Ein kurzgeschlossener, eigenerregter Nebenschlußgenerator wird keine Spannung abgeben. Dagegen kann bei rückverschobenen Bürsten eine falsche Selbsterregung entstehen, infolge der kompoundierenden Wirkung des Ankerlängsfeldes. Dabei kann der Strom im Kurzschlußkreis ein Mehrfaches des Nennstromes werden; der Kommutator feuert dann und der Generator verliert auch bei unterbrochener Magnetwicklung den Strom nicht. Als Abhilfe dient nur rasches Stillsetzen des Generators oder Öffnen des Stromkreises durch Überstromschalter.

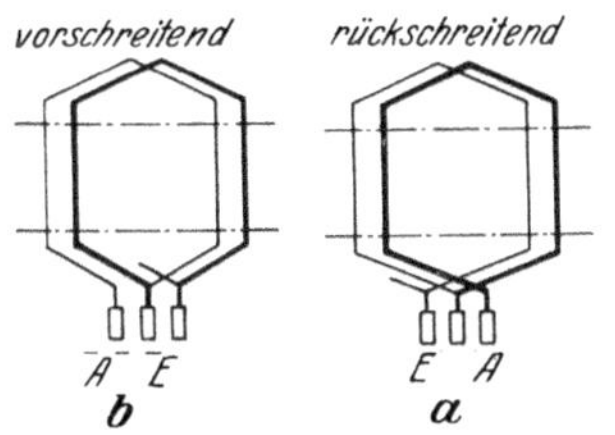

Abb. 85. Vor- und rückschreitend eingelegte Läuferspulen.

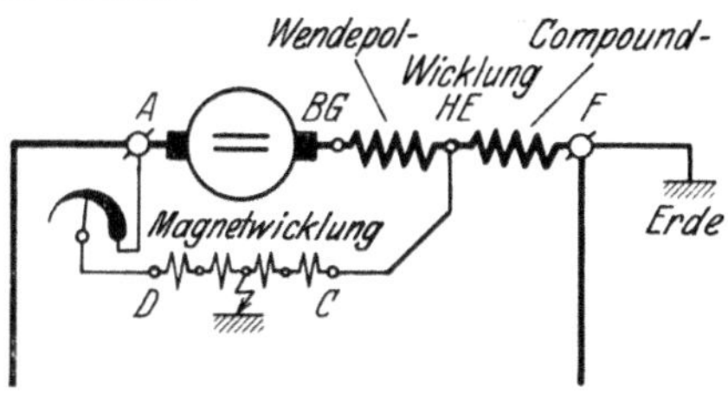

Abb. 86. Eisenschluß in der Magnetwicklung.

l) Magnetwicklung hat Schluß gegen Eisen und Hauptstromkreise. Ein Schluß der Magnetwicklung gegen Eisen ist ohne Bedeutung für den Lauf eines Generators, solange nicht eine zweite Schlußstelle besteht. Nichterregung ist jedoch möglich, sobald die Magnetwicklung an zwei Stellen Eisenschluß hat, so daß ein Hauptteil der Wicklung überbrückt wird; in Anlagen mit einem betriebsmäßig geerdeten Leiter ist schon mit dieser Erdung eine weitere Berührungsstelle mit Erde von Anfang geschaffen, siehe Abb. 86. Je nach der Lage der Eisenschlußstelle und deren Übergangswiderstand kann die Wirkung des Eisenschlusses verschieden sein, unter Umständen kann dadurch auch ein Kurzschluß eingeleitet werden. Meist werden Eisenschlüsse an den Verbindungsstellen auftreten. Bei unsorgfältig ausgeführter Isolation der Magnetspulen ist ein Durchdrücken derselben an den Polecken nicht ausgeschlossen. Als Folge eines bestehenden Lagenschlusses kann, bei fortschreitender Verbrennung der Isolation in der Umgebung der Schlußstelle, auch die Isolation der Spule gegen Eisen verbrannt werden, wodurch zuletzt ein Eisenschluß entstehen kann.

Schlüsse gegen andere vom Hauptstrom durchflossene Wicklungen, sei es gegen die Kompound- oder gegen die Wendepolwicklung können je nach ihrer Lage verschiedene Folgen haben. In Abb. 87 sind einige Fälle schematisch gezeigt. Durch einen Schluß an der Stelle *a* kann, je nach Lage der Berührungsstellen, die Magnetwicklung teilweise oder ganz durch den viel geringeren Widerstand der Wendepolwicklung überbrückt werden. Tritt eine Berührung auf dem Weg *b* auf, so wird keine Beeinflussung der Erregung stattfinden, aber durch den Nebenschluß zur Wendepolwicklung wird eine Störung der Kommutation die Folge sein. Eine Verbindung nach *c* bedeutet, wie bei *a*, eine Überbrückung der Magnetwicklung; ein Schluß nach *d* stellt eine Shuntung der Kompoundwicklung und dadurch eine Verminderung ihrer Wirkung dar. Eine Verbindung nach *e*, bei fehlerhafter Berührung der entsprechenden Ableitungen, hat eine durch den Magnetregulator nicht beeinflußbare Höchsterregung der Maschine zur Folge. Überbrückte Teile einer Magnetwicklung bleiben kalt; bei stark verschiedener Erwärmung einzelner Pole einer Magnetwicklung wird man in erster Linie die kühl gebliebenen Spulen näher prüfen. Eine Messung der Spannungen an den einzelnen Polen wird außerdem die kranken Teile rasch finden lassen. Eisenschlüsse stellt man im Betrieb fest durch eine Messung der Spannung zwischen den Maschinenklemmen und Erde. Wird an einer Klemme keine oder nur geringe Spannung, an der anderen Klemme aber fast die volle Maschinenspannung gegen Erde gemessen, so weist dies auf einen Erdschluß desjenigen Poles hin, der keine Spannung gegen Erde aufweist. Im Stillstand prüft man mit dem Isolationsprüfer.

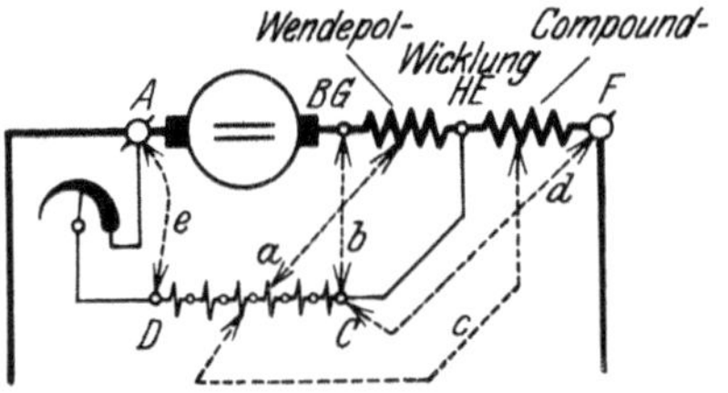

Abb. 87. Schlüsse zwischen Magnet- und Hauptstromwicklungen.

Eisenschlüsse sind nach Abschn. M. B. 4. aufzusuchen.

m) Fehler in der Schaltanlage. Das Fehlen der Maschinenspannung kann nicht selten auf Störungen an den Instrumenten und zugehörigen Umschaltern, an Meßwandlern, Vorwiderständen u. a. beruhen. Man überzeuge sich daher bei solchen Störungen, ob tatsächlich auch die Instrumente und ihre Zuleitungen in Ordnung sind.

2. Wechselstromgenerator gibt keine Spannung.

a) Krankheiten der Erregermaschine. In den weitaus meisten Fällen wird die Ursache für das Ausbleiben der Spannung eines Wechselstromgenerators in der Erregermaschine zu suchen sein. Und hier kann wieder als sehr häufige Störungsursache ein verschmutzter Kommutator genannt werden. Im Abschn. M. H. 1. sind die wichtigsten Ursachen für das Ausbleiben der Spannung bei Gleichstromgeneratoren beschrieben; alle diese Störungsursachen sind auch bei Erregern möglich.

b) Polradkreis ist unterbrochen. Ein Unterbruch im Polradkreis oder im Hauptstromkreis des Erregers kann verhanden sein bei gebrochener oder losgelöteter Verbindung. Auch können Bürsten auf Schleifringen oder auf dem Erregerkommutator nicht mehr gut aufsitzen, wenn sie infolge Abnützung an den Anschlägen der Bürstenhalter anstoßen oder infolge Verstaubung in den Haltern festklemmen.

c) Polrad ist verschaltet. Die Spannung kann nur gänzlich ausbleiben, wenn infolge falscher Verbindungen der Polwicklungen sich nur Süd- oder nur Nordpole ausbilden können. Dieser Fehler kann entstehen, wenn Polwicklungen anläßlich Revisionen völlig demontiert und nachher entweder falsch aufgesetzt oder falsch verbunden wurden. Auf diese Störungsursache wird man erst schließen müssen, wenn trotz voller Spannung und vollem Strom im Polradkreis und trotzdem die Ständerwicklung des Generators in Ordnung ist, an den Ständerklemmen keine Spannung festgestellt werden kann. Die Mittel zur Feststellung der richtigen Polfolge sind im Abschnitt M. H. 3. c) erwähnt.

d) Eisen- und Kurzschlüsse im Polradkreis. Wenn zufällig zwei Eisenschlüsse gleichzeitig so auftreten, daß der Läuferstrom des Erregers sich über diese Eisenschlußstellen ausbilden kann und nicht durch die Polwicklung fließt, dann kann der Generator keine Spannung erzeugen. Das gleiche ist der Fall, wenn z. B. Zu- und Ableitung zur Polradwicklung sich gegenseitig berühren, sei es daß die Isolation der Leitungen durch Befestigungsschrauben durchgescheuert wurde oder daß die Isolation des zu einem Schleifring führenden Anschlußbolzens, beim Durchtritt durch den nebenliegenden Ring der anderen Polarität, zerstört wurde. Bei den erwähnten Störungen ist es kennzeichnend, daß, sofern der im Läuferkreis fast kurzgeschlossene eigenerregte Erreger sich überhaupt erregt, die Stromstärke schon bei weit geringerer als Betriebsspannung ihren Nennwert erreicht.

e) Ständerwicklung ist unterbrochen oder verschaltet. Die Feststellung eines Unterbruches in der Ständerwicklung kann entweder bei Leerlauf des Generators durch Spannungsmessungen oder bei Stillstand durch Widerstandsmessungen geschehen. Während bei Unterbruch eines Stranges eines in ⅄ geschalteten Dreiphasengenerators nur an zwei Klemmen eine Spannung meßbar ist, ergibt eine Spannungsmessung bei einer in △ geschalteten Wicklung an allen drei Klemmen ungefähr gleiche Spannungen. Liegen die Verbindungen der Stränge lösbar außerhalb der Maschine, so wird bei getrennten Strängen der kranke Strang sich leicht feststellen lassen. Ist die Trennung der Stränge nicht möglich, so führt bei △-Schaltung eine Widerstandsmessung zum Ziele. Man wird in diesem Falle zwischen zwei Klemmen einen doppelt so großen Widerstand messen als zwischen den übrigen Klemmen. Besteht ein Strang aus zwei oder mehreren parallelen Wicklungszweigen und ist ein Unterbruch nur in einem Zweig vorhanden, so werden nicht mehr die eben genannten Widerstandsverhältnisse festzustellen sein. Es werden aber dennoch abweichende Widerstände zwischen den einzelnen Klemmen vorhanden sein. In diesem Falle wird der Generator im Leerlauf zwischen allen Klemmen gleiche Spannungen ergeben.

Bei Verschaltung der Ständerwicklung kann die Spannung nur dann ausbleiben, wenn zufällig zwei gleiche parallele Wicklungszweige eines Stranges so geschaltet sind, daß sie sich in ihrer Wirkung aufheben. Diese Störung könnte jedoch nur auftreten nach einer Änderung oder Neuwicklung des Ständers.

3. Gleichstromgenerator gibt im Leerlauf zu geringe Spannung.

a) Drehzahl ist zu niedrig. Dieser Fehler wird am häufigsten in kleinen Anlagen auftreten, die nur eine einzige Maschineneinheit besitzen. Nicht selten ist dann die Antriebsmaschine die Ursache. Die Wassermenge, das Gefälle oder der Dampfdruck können zu niedrig sein, oder es verhindern Störungen an den Regulatoren die richtige Einstellung der Drehzahl. Auch zu großer Schlupf der Antriebsriemen oder Seile oder das Gleiten von Fliehkraftkupplungen können am Rückgang der Drehzahl schuld sein.

Zur Messung der Drehzahl bedient man sich der heute allgemein gebräuchlichen Handtachometer. Drehzahlen bis ungefähr 150 je Minute lassen sich mit Hilfe einer Marke noch von Auge zählen. Bei Wechselstromgeneratoren kann man auch aus der Anzeige des Frequenzmessers die Drehzahl kontrollieren. Je nachdem ob eine Maschine eigen- oder fremderregt ist, und ob die Erregermaschine die Drehzahländerungen auch mitmacht, werden die Abweichungen der Hauptspannung kleiner oder größer ausfallen.

b) Erregerkreis besitzt zusätzliche Widerstände. Bei Gleichstrommaschinen niederer Spannung, beispielsweise Maschinen für elektrochemische Zwecke und Erregermaschinen für synchronisierte Asynchronmotoren, kann allein durch zu lange oder zu dünne Verbindungen zwischen Maschine und Magnetregulator das Erreichen der vollen Spannung verhindert werden. Es empfiehlt sich hier, den Magnetregulator möglichst nahe bei der Maschine aufzustellen und in allen Fällen die Verbindungsleitungen reichlich zu bemessen mit Rücksicht auf einen kleinen Spannungsabfall. Selbstverständlich können zusätzliche Widerstände auch durch schlechte Kontaktstellen oder im Magnetregulator entstehen.

c) Erregerwicklung ist verschaltet, Polfolgeprüfung. Eine solche Störung macht sich um so mehr bemerkbar, je mehr Pole falsch geschaltet oder abgetrennt sind und je kleiner die Polzahl der Maschine ist. Verschaltungen sind möglich bei Reparaturen an Erregerwicklungen. Entweder werden Anschlüsse irrtümlich vertauscht oder beim Wiedereinbau der Polspulen links und rechts gewickelte Spulen verwechselt. Zur Erläuterung des Einflusses dieser Fehler sind in Abb. 88 Leerlaufspannungskurven angegeben, aufgenommen an einem Gleichstromnebenschlußgenerator von 82 kW und 550 Volt, wenn einer oder zwei Pole verkehrt angeschlossen sind. Mit zwei verkehrt angeschlossenen

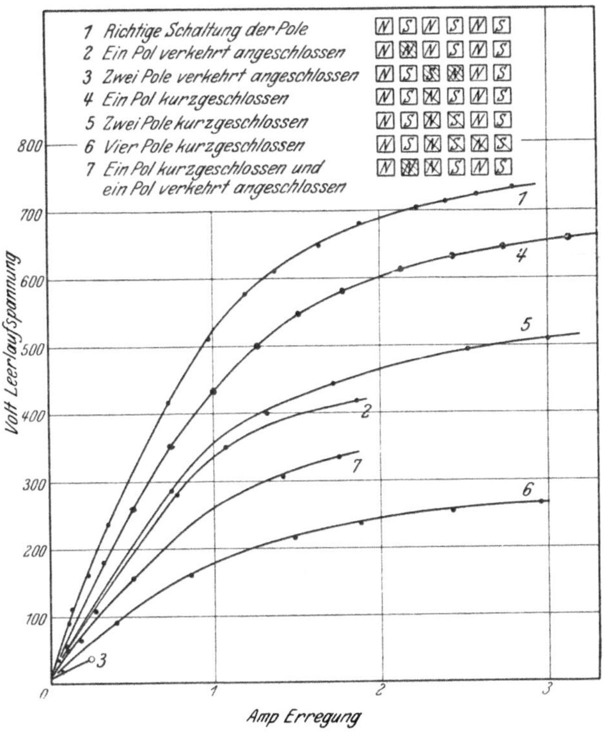

Abb. 88. Einfluß verkehrt angeschlossener oder kurzgeschlossener Polwicklungen auf die Leerlaufspannung eines eigenerregten Gleichstrom-Nebenschlußgenerators 82 kW, 550 V, 6 Pole.

Polen erregte sich die Maschine kaum mehr. Die Abschaltung ganzer Polspulen durch Kurzschluß ist eine seltene Störung. Sie kann eintreten, wenn die aus der innersten Lage herkommenden Spulenableitungen mit der äußersten Windung eines Poles Kurzschluß erhalten, ferner bei Kurzschluß zwischen sich kreuzenden Polverbindungen oder bei Eisenschluß an zwei verschiedenen Polen. In Abb. 88 sind auch die Spannungskurven derselben Maschine beim Kurzschluß eines und mehrerer Pole gezeigt.

Wenn Erregerwicklungen in zwei parallelen Kreisen geschaltet sind, eine Schaltung, die etwa bei Änderungen der Maschinen eingeführt wird, so kann nachher ein paralleler Zweig verkehrt angeschlossen sein. Die Wicklungen heben sich dann in ihrer Erregerwirkung auf.

Bei Parallelschaltung aller Pole der Magnetwicklung, einer sehr seltenen Ausführung, kann ein Pol durch Unterbruch in seinen Zuleitungen oder in der Polspule selbst unwirksam werden. Dies ist in der Wirkung gleichbedeutend mit dem Kurzschluß eines Poles bei der Serienschaltung aller Spulen.

Wenn Polspulen aus einzelnen Teilspulen bestehen, so ist die Möglichkeit vorhanden, daß diese verkehrt geschaltet sind, wodurch eine beträchtliche Schwächung des betreffenden Poles entsteht.

Außer dem Spannungsrückgang hat eine Umkehrung oder ein Kurzschluß von Polspulen bei Gleichstrommaschinen mit Reihenparallel- und Parallelwicklungen einen Einfluß auf die Kommutation. Es entstehen starke Ausgleichströme und Bürstenfeuer, erhöhte Erhitzung der Läuferwicklung und des Kommutators. Nur der Gang von Maschinen mit Läufern die Reihenwicklung besitzen, wird nicht beträchtlich beeinflußt.

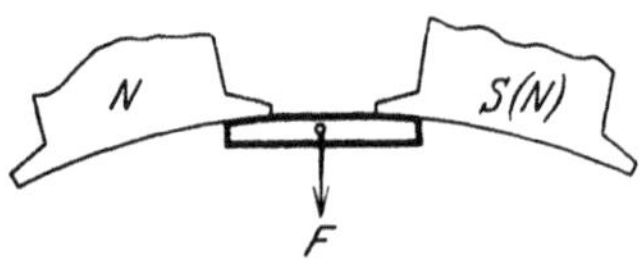

Abb. 89. Bestimmung der richtigen Polfolge durch magnetische Zugprobe.

Um die richtige Polfolge zu prüfen, kann man mit einer Magnetnadel die Polarität der einzelnen Pole feststellen. Es muß abwechslungsweise immer ein Nord- einem Südpol folgen.

Ein anderes Verfahren besteht darin, daß man die Pole fremd erregt und nach Abb. 89 die Zugkraft auf das aufgelegte Eisenstück prüft. Folgen sich zwei gleichnamige Pole, oder ist ein Pol kurzgeschlossen, so wird die Zugkraft auf das Eisenstück beträchtlich geringer sein als bei richtiger Polfolge. Man kann sogar die Kraft messen oder von Hand schätzen, welche nötig ist, um das Eisenstück wegzureißen. Für richtige Spulenverbindung bei vollständig gleichem Wicklungssinn aller Spulen gilt die Regel: Ende mit Ende und Anfang mit Anfang benachbarter Spulen sind zu verbinden.

d) Erregerwicklung hat Windungs- oder Lagenschlüsse. Diese Schlüsse können ebenfalls die Ursache der verminderten Spannung sein; sie müssen jedoch einen ziemlich großen Teil aller Windungen erfassen, damit sie bemerkt werden. Bei der hohen Windungszahl der Erregerwicklungen von Gleichstrommaschinen ist die Wahrscheinlichkeit sehr gering, daß Schlüsse zwischen benachbarten Windungen oder Lagen die Spannung beträchtlich vermindern können.

Um den kranken Pol zu finden, müssen die Widerstände der einzelnen Pole gemessen werden. Mit einer Gleichstrommessung sind nur größere Fehler auffindbar, da die Unterschiede der Widerstände einzelner Pole oft größer sein können, als der Widerstand einiger kurzgeschlossener Windungen beträgt. Die mit Gleichstrom gemessenen Widerstände einzelner Pole dürfen um $\pm 2\%$ vom Mittelwert abweichen. Sicherer kommt man zum Ziel, wenn man die Widerstandsmessung mit Wechselstrom durchführt. Kurzschlüsse einzelner Windungen werden sich sofort durch ganz beträchtliche Unterschiede des Wechselstromwiderstandes und durch stärkere Erwärmung der kranken Stelle bemerkbar machen. Auch unrichtige Polschaltungen oder verkehrt geschaltete Teilspulen sind mit Wechselstrom besser herauszufinden als mit Gleichstrom. Zu dieser Messung genügt allgemein eine Wechselspannung von 110 bis 220 Volt. Bei der Messung mit Wechselstrom liegen die zulässigen Abweichungen der Widerstände einzelner Pole etwa bei $\pm 5\%$. Die Probe mit Wechselstrom ist nur zuverlässig, wenn innerhalb der Spule keine als Kurzschlußwindung wirkenden Metallteile (z. B. Spulenkästen) vorhanden sind.

e) Bürstenstellung ist unrichtig. Ein Einfluß der Bürstenstellung auf die Spannung ist im Leerlauf der Maschine erst bei großen Abweichungen der Bürsten aus der neutralen Zone zu bemerken. Über die richtige Einstellung der Bürsten gibt der Unterabschn. M. E. 6. e). Aufschluß.

f) Luftspalt ist zu groß. Dieser Fehler kann nur selten vorkommen; als Beispiel sei genannt, daß die Polkerne bei einer Reparatur der Polspulen ausgebaut und allfällig vorhandene Polunterlagen beim Wiedereinbau vergessen werden können.

4. Wechselstromgenerator gibt im Leerlauf zu geringe Spannung.

a) Krankheiten der Erregermaschine. Vor allem wird man bei einer solchen Störung die Erregermaschine untersuchen. In den Abschnitten M. H. 1. und M. H. 3. befinden sich Angaben über die verschiedenen möglichen Störungen an Erregermaschinen.

b) Drehzahl ist zu niedrig. Die möglichen Störungsursachen sind dieselben wie bei Gleichstrommaschinen, vgl. Unterabschnitt M. H. 3. a).

c) Polrad hat verschaltete oder kurzgeschlossene Wicklungen. Verschaltungen von Polen können nur entstehen, wenn Polwicklungen anläßlich Reparaturen ausgebaut und hernach entweder verkehrt eingebaut oder verkehrt angeschlossen wurden. Abschaltung von Polen durch Kurzschluß ist möglich, wenn die beiden Ableitungen sich berühren können. Beide Störungen haben neben einer Verringerung der Spannung auch Erschütterungen zur Folge; bei Maschinen mit parallelen Stromkreisen in der Ständerwicklung treten zudem starke Ausgleichströme auf.

Bei der Feststellung der kranken Pole geht man so vor, wie bereits im Unterabschnitt M. H. 3. c) u. d) angegeben ist.

d) Polrad hat Windungs- oder Lagenschlüsse. Windungs- oder Lagenschlüsse machen sich nur durch eine niedrigere Spannung bemerkbar, wenn durch die Störung ein größerer Anteil der ganzen Wicklung erfaßt wird. Zudem können beim Erregen mehr oder weniger starke Vibrationen auftreten, welche beim Entregen wieder verschwinden. Das Aufsuchen der Fehlerstelle ist im Abschn. M. B. 6. c) erwähnt. Wenn eine genügend hohe Wechselspannung, z. B. 380 Volt, zur Verfügung steht, kann man meist alle Pole in Reihe schalten, andernfalls muß man sie durch Lösen von Polverbindungen in Gruppen unterteilen oder sogar die einzelnen Pole allein messen. Bei der Messung mit Wechselstrom ist wenn möglich das Polrad auszubauen. Sonst ist zu beachten, daß in der Ständerwicklung beträchtliche Spannungen induziert werden.

Wesentlich schwieriger ist die Feststellung eines Polschlusses, welcher nur beim Lauf des Polrades unter der Wirkung der Fliehkraft entsteht. Hier geht man so vor, daß man den Widerstand mit Gleichstrom mißt, während das Polrad verschiedene Drehzahlen durchläuft. Der plötzliche Rückgang des Widerstandes beim Erreichen einer bestimmten Drehzahl zeigt dann den Eintritt des Schlusses an. Um die Fehlerstelle selbst herauszufinden, geht man zweckmäßig nach Unterabschnitt M. B. 6. c) vor.

e) **Ständerwicklung ist verschaltet.** Die Störung ist nur möglich, wenn etwa bei Reparaturen einzelne Spulen verkehrt angeschlossen wurden. Zur Auffindung des Fehlers führen sorgfältige Messungen der einzelnen Spannungen der Wicklungsstränge.

Ebenfalls selten ist die Störung, daß eine Dreiphasenständerwicklung in △ statt in ⅄ geschaltet wurde. Die Klemmenspannung des Generators erreicht dabei nur etwa die Hälfte des richtigen Wertes.

M. J. Störungen im Einzel- und Parallelbetrieb von Gleichstromgeneratoren.

1. Spannungsänderung ist zu groß.

Die Klemmenspannung der Nebenschlußgeneratoren sinkt bei unveränderter Stellung des Magnetregulators mit zunehmender Belastung, und zwar beträgt bei eigenerregten Generatoren diese Spannungsänderung von Leerlauf auf Vollast je nach Maschinengröße und Polzahl ungefähr 10 bis 20%, während sie bei fremderregten Generatoren nur ungefähr 5 bis 15% ausmacht.

Tritt bei Belastung eines Gleichstromgenerators ein starker Rückgang der Klemmenspannung ein und muß deshalb die Erregung unzulässig verstärkt werden, so können die beschriebenen Störungsursachen vorhanden sein:

a) Drehzahlabfall der Antriebsmaschine ist zu groß. Eine unzulässige Vergrößerung der Spannungsänderung kann durch zu großen Drehzahlrückgang der Antriebsmaschine bei Belastung entstehen. Die Ursachen dafür können auf Fehler der Regulierorgane der Antriebsmaschinen, auf ungenügender Wassermenge, ungenügendem Dampf u. a. beruhen. Mit wachsender Belastung zunehmendes Gleiten der Übertragungsorgane, wie Riemen, Seile, Reibungsgetriebe, kann die Störung ebenfalls verursachen. Dienen Elektromotoren zum Antrieb, so können auch Fehler an diesen die Drehzahl mit zunehmender Belastung in unerwünschtem Maße zurückgehen lassen.

b) Bürstenstellung ist unrichtig. Unrichtige Bürstenstellung macht sich an Gleichstromgeneratoren, sofern es sich nur um fehlerhafte Ver-

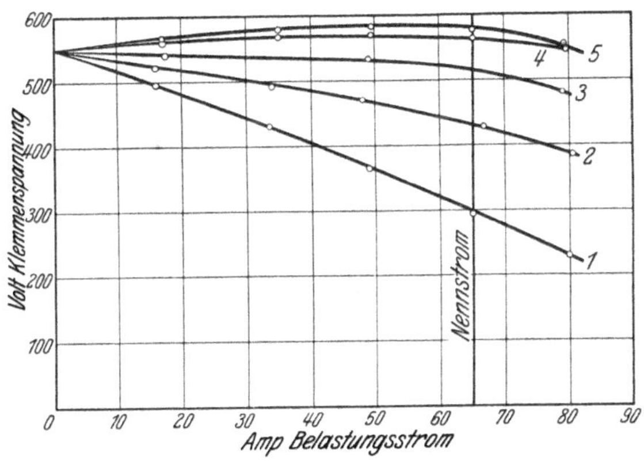

Abb. 90. Abhängigkeit der Klemmenspannung vom Belastungsstrom bei verschiedenen Bürstenstellungen eines Gleichstrom-Nebenschlußgenerators, mit Wendepolen, 36 kW, 550 V. *1* Bürsten um 4 Lamellen vorgeschoben, *2* Bürsten um 2 Lamellen vorgeschoben, *3* Bürsten in neutraler Zone, *4* Bürsten um 2 Lamellen rückgeschoben, *5* Bürsten um 4 Lamellen rückgeschoben. (Totale Lamellenzahl pro Polteilung = 48.)

schiebungen bis zu 5 bis 8% der Polteilung handelt, beim Leerlauf noch nicht wesentlich bemerkbar. Dagegen tritt bei Belastung ein deutlicher Einfluß auf. Bei Generatoren hat ein Bürstenvorschub in Drehrichtung aus der neutralen Zone eine Vergrößerung der Spannungsänderung von Leerlauf auf Vollast zur Folge. Eine zu kleine Spannung bei belasteter Maschine kann daher von der zu starken Verschiebung der Bürsten herrühren. In Abb. 90 sind Kurven dargestellt, welche den Verlauf der Klemmenspannung einer belasteten, eigenerregten Gleichstrommaschine bei verschiedenen Bürstenstellungen zeigen, wobei der Magnetregulator unverändert blieb. In Abb. 91 ist der Erregerstrom in Abhängigkeit von der Bürstenverschiebung angegeben, wenn bei konstanter Belastung der Maschine auch die Klemmenspannung ihren Wert beibehalten soll. Man ersieht daraus, daß bei stärkerer Vorverschiebung eine starke Erhöhung des Erregerstromes nötig ist, um die

Maschinenspannung auf ihrem richtigen Wert zu halten. Wenn ein starker Vorschub der Bürsten auch hinsichtlich der Kommutation noch zulässig wäre, kann dadurch doch eine zu starke Erwärmung der Magnetwicklung eintreten. In ähnlicher Weise tritt natürlich auch bei fremderregten und bei kompoundierten Maschinen eine Beeinflussung der Erregung durch die Bürstenstellung ein.

Beim Ersetzen oder Neuwickeln von Gleichstromläufern ist eine Änderung der Läuferwicklung dadurch möglich, daß die Ableitungen aus einer Nut nach einer anderen Lamelle geführt werden als beim alten Läufer. Dadurch entsteht eine neue Stellung für die neutrale Zone. Wird die alte Bürstenstellung beibehalten, so kann diese jetzt einer Vorverschiebung der Bürsten entsprechen und eine zu große Spannungsänderung bei Belastung zur Folge haben.

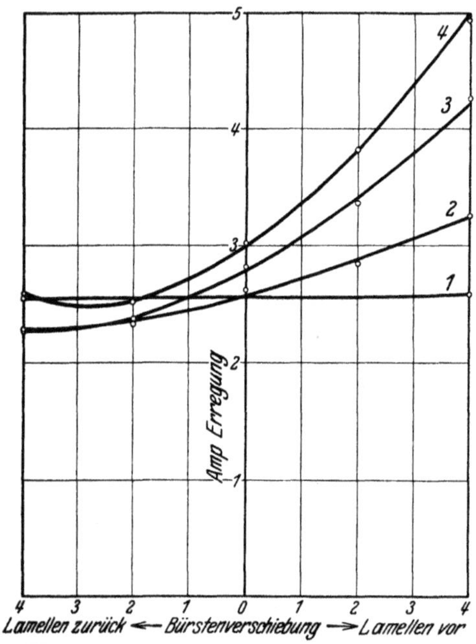

Abb. 91. Abhängigkeit des Erregerstromes von der Bürstenverschiebung, bei konstanter Belastung und konstanter Spannung eines Nebenschlußgenerators mit Wendepolen, 36 kW, 550 V. *1* bei Leerlauf, *2* bei $^2/_4$ Last, *3* bei $^4/_4$ Last, *4* bei $^5/_4$ Last. (Totale Lamellenzahl pro Polteilung = 48.)

c) Kompoundwicklung ist falsch angeschlossen. Bei kompoundierten Gleichstrommaschinen kann die Spannung zwischen Leerlauf und Vollast je nach Bemessung der Kompoundwicklung absinken, praktisch unverändert bleiben oder sogar ansteigen. Je nachdem spricht man von einer unter-, flach- oder überkompoundierten Maschine.

Zur Erläuterung sind in Abb. 92 die Kurven der Klemmenspannung in Abhängigkeit vom Belastungsstrom eines Gleichstromgenerators von 700 kW Leistung dargestellt, sowohl im Betrieb als reiner Nebenschlußgenerator mit Fremderregung wie auch als Kompoundgenerator bei normaler und geschwächter Kompoundierung. Die Änderung derselben wurde durch das Parallelschalten eines Widerstandes zur Kompoundwicklung erreicht. Für gewisse Betriebe ist sogar eine Gegenkompoundwicklung erwünscht; der Spannungsrückgang zwischen Leerlauf und Vollast ist dann noch größer wie im Betrieb als reine Nebenschlußmaschine. In Kurve *4* ist der Verlauf der Klemmenspannung bei Gegenkompoundschaltung ersichtlich.

Der Grund einer zu großen Spannungsänderung eines kompoundierten Generators kann daher in ungenügender Windungszahl der Kompoundwicklung, in unrichtiger Abstimmung eines vorhandenen Parallelwiderstandes zur Kompoundwicklung oder im verkehrten Anschluß der Kompoundwicklung liegen. Bei richtigem Anschluß muß sie die Wirkung der Nebenschlußwicklung unterstützen. Zur einfachen Prüfung, ob dies der Fall ist, belastet man zuerst den Generator bei abgeschalteter Kompoundwicklung und mißt bei einem beliebigen Belastungsstrom den zur Erzeugung der Nennspannung nötigen Erregerstrom. Hernach wiederholt man den Versuch mit eingeschalteter Kompoundwicklung bei gleicher Spannung und demselben Belastungsstrom. Verlangt dann der Betrieb mit Kompoundwicklung einen niedrigeren Erregerstrom, so ist die Schaltung der Wicklung zur Auf-Kompoundierung des Generators richtig.

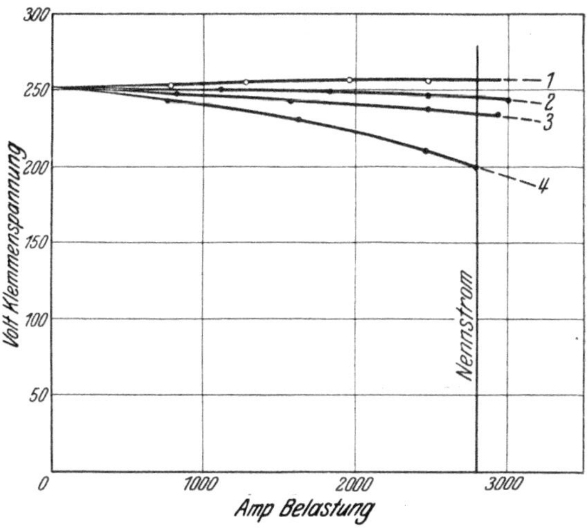

Abb. 92. Klemmenspannung in Abhängigkeit des Belastungsstromes eines fremderregten Gleichstromgenerators 700 kW, 500 U/min, *1* mit voller Kompoundwicklung, *2* mit halber Kompoundwicklung, *3* ohne Kompoundwicklung, *4* mit voller Kompoundwicklung, als Gegenkompoundwicklung geschaltet.

d) Wendepolwicklung ist falsch angeschlossen. Dieser Fehler erzeugt ebenfalls bei Belastung großen Spannungsabfall. Man wird jedoch in erster Linie durch das starke Bürstenfeuer darauf aufmerksam. Über den richtigen Anschluß der Wendepolwicklung gibt Abschn. M. E. 2. Auskunft.

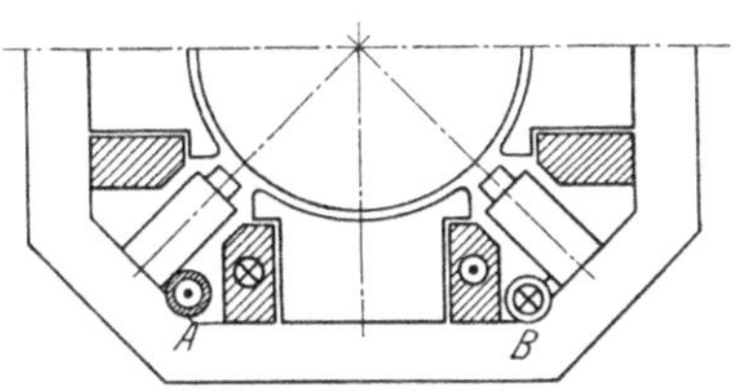

Abb. 93. Feldschwächende Wirkung von Hauptstromverbindungen.

e) Hauptstromableitungen im Innern der Maschinen sind unrichtig angeordnet. Bei Maschinen für höhere Stromstärken mit kleiner Polzahl kann durch unrichtige Verlegung der von den Bürsten herkommenden Hauptstromleitungen eine gegenkompoundierende Wirkung entstehen, die in Abb. 93 erläutert ist. Die Bürstenableitungen *A* und *B* führen links und rechts an dem einen Magnetpol vorbei und erzeugen, bei der gezeichneten Stromrichtung, eine gegenkompoundierende Wirkung; die Spannungsänderung bei Last wird dadurch vergrößert. Bei umgekehrter Stromrichtung in den Ableitungen A und B entsteht eine kompoundierende Wirkung. Werden solche Ableitungen ausgebaut, so muß beim folgenden Zusammenbau darauf geachtet werden, daß die Verbindungen wieder in der richtigen Weise verlegt sind. Dies ist dann der Fall, wenn Hin- und Rückleitung parallel durch die gleiche Pollücke geführt sind.

f) Übergangswiderstände am Kommutator und an den Ableitungen sind zu groß. Bei Maschinen für sehr niedrige Spannung und hohe Ströme, wie sie z. B. für elektrochemische Zwecke zur Verwendung kommen, kann eine unzulässige Vergrößerung des Spannungsabfalles eintreten durch Erhöhung der Übergangswiderstände am Kommutator, infolge Verschmutzung und Oxydation der Kommutatoroberfläche, Verwendung falscher Bürstensorten, sowie unruhigem Lauf der Bürsten, sei es durch unrunden Kommutator oder vorstehende Glimmerränder zwischen den Lamellen. Bei solchen Spezialmaschinen, deren Nennspannung oft nur wenige Volt beträgt, genügen diese Störungen allein, um die Klemmenspannung beim Betrieb unter Umständen ganz merklich zu schwächen. Besonders der Ersatz von metallhaltigen Kohlen durch Graphitkohlen erhöht den Übergangswiderstand am Kommutator beträchtlich; meist ist damit eine Übererwärmung desselben verbunden. Schlecht ausgeführte Verbindungsstellen im Innern der Hauptstromkreise oder an den Schienenableitungen werden mit zunehmender Belastungszeit verschmort und erhöhen die Spannungsverluste zwischen Maschine und Verbraucher.

2. Schwankungen des Belastungsstromes.

Solche Schwankungen, sofern sie nicht vom Verbraucher herrühren, sind meistens auf den Antrieb zurückzuführen; der Regulator der Antriebsmaschine kann unrichtig arbeiten oder die Übertragungsorgane, wie Riemen- und Seiltriebe oder Reibungsgetriebe können zeitweise in vermehrtem Maße schlüpfen. Auch Rückwirkungen durch am Netz hängende Antriebsmotoren mit stoßweiser Belastung sind möglich. Außerdem können auch schlechte Kontakte im Erregerkreis periodische Schwankungen des Belastungsstromes zur Folge haben.

3. Lastverteilung beim Parallelbetrieb ist unstabil.

Bei richtig parallel arbeitenden Nebenschluß- und Kompoundgeneratoren ist die beliebige Verteilung der Belastung mittels der Erregung möglich. Wenn jedoch die Spannungsänderung zwischen Leerlauf und Vollast einer der parallel arbeitenden Maschinen sehr klein ist, so tritt bei der kleinsten Beeinflussung ihrer Erregung eine große Belastungsänderung ein. Müssen Stoßlasten übernommen werden, so nimmt diese Maschine den Hauptanteil auf. Als Abhilfe kommt nur eine Vergrößerung der Spannungsänderung in Frage, welche sich meist durch Vorschub der Bürstenbrücke in genügendem Maße erzielen läßt.

Kompensierte Maschinen haben eine geringere Spannungsänderung als Maschinen ohne Kompensationswicklung. Wenn beide Maschinenarten parallel arbeiten, so muß daher die kompensierte Maschine meist eine vergrößerte Spannungsänderung durch Bürstenvorschub erhalten. Unstabile Lastverteilung kann auch bei zu grober Abstufung des Magnetregulators eintreten, wobei eine geringe Verstellung des Regulators schon eine große Stromänderung zur Folge hat.

Wenn ohne erkennbare äußere Ursache vorübergehende Schwankungen im Belastungsstrom parallel laufender Generatoren auftreten, so sind sie meist auf schlechte Kontakte im Erregerkreis, sei es am Magnetregulator oder an den Anschlußklemmen, zurückzuführen.

Für eine gleiche Lastverteilung paralleler Gleichstromgeneratoren müssen die Bedingungen erfüllt sein: Wenn ohne Beeinflussung der Erregung eine den Nennleistungen der einzelnen Generatoren proportionale Verteilung der Belastung sich selbsttätig einstellen soll, müssen die parallelen Maschinen gleiche Spannungsänderung und ihre Antriebsmaschinen gleichen Drehzahlabfall zwischen Leerlauf und Belastung besitzen.

Mit den Spannungsreglern zusammenhängende Störungen s. im Unterabschnitt A. J. 3. a).

4. Ungleiche Lastverteilung bei Doppelkommutatormaschinen.

Bei Doppelkommutatormaschinen verändert sich oft die Lastverteilung zwischen den parallelgeschalteten Kommutatoren während der Betriebsszeit. Es können Unterschiede der Ströme von 10% und mehr auftreten, die meistens durch ungleich große Übergangswiderstände am Kommutator und an den Ableitungen verursacht werden. Die Reinigung nur eines der beiden Kommutatoren allein genügt schon, um die Lastverteilung stark zu ändern. Wichtig ist daher bei solchen Maschinen die Verwendung derselben Bürstensorte; außerdem müssen die Ableitungen der beiden Kommutatoren so angeordnet werden, daß sie gleiche Widerstände besitzen. Um eine gute Lastverteilung auf beide Kommutatoren selbst vorzunehmen, wird oft in die Ableitung eines der Kommutatoren ein regelbarer Widerstand eingebaut, der im Betrieb nach Bedarf verstellt werden kann. Im allgemeinen sind Unterschiede der Stromstärken beider Kommutatoren bis zu 10% ohne störenden Einfluß auf den Gang der Maschine.

5. Ausgleichleiter bei Kompoundgeneratoren.

Bei Kompoundmaschinen muß zwischen den Kompoundwicklungen stets ein Ausgleichleiter (*L* in Abb. 94) von genügendem Querschnitt vorhanden sein, da sonst ein stabiler Parallelbetrieb nicht möglich ist. Sind die gezeichneten Schalter *1*, die zur Verkürzung des Ausgleichleiters bei den Maschinen angeordnet sein können, einpolig ausgeführt, so müssen beim Parallelschalten zuerst diese Schalter und erst hernach die Schalter *2* geschlossen werden. Beim Abschalten werden sinngemäß zuerst die Schalter *2* und hernach die Schalter *1* geöffnet. Die Schalter *1* und *2* können auch zu einem dreipoligen Schalter vereinigt sein. Beim Einbau der Strommesser *A* ist zu beachten, daß sie nicht in die gleiche Leitung wie die Kompoundwicklung zu liegen kommen, da sonst Ungleichheiten der Generatorströme nicht beobachtet werden können, weil ein Ausgleichstrom über den Ausgleichleiter fließen kann. Ebenso müssen die im Hauptstromkreis etwa verwendeten einpoligen Überstromschalter wie im Schema der Abb. 94 eingebaut werden, also im gleichen Pol wie die Strommesser *A*. Bei falschem Einbau kann der Fall eintreten, daß nach dem Auslösen eines Überstromschalters der betreffende Generator als Motor weiterläuft.

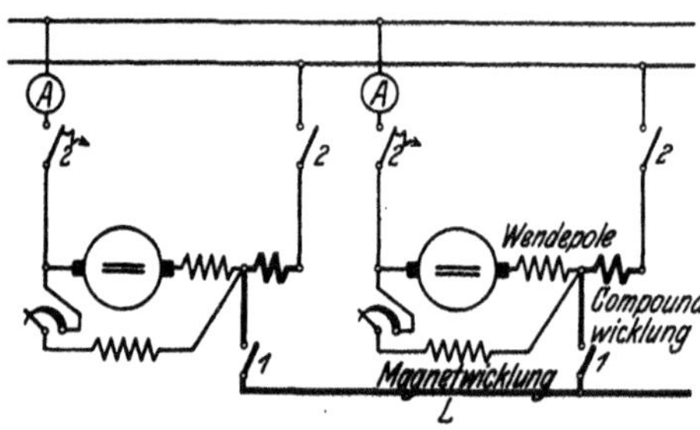

Abb. 94. Einbau des Ausgleichleiters und richtige Lage der Strommesser und Selbstschalter bei Kompoundgeneratoren.

6. Anpassung der Spannungsänderung parallel arbeitender Generatoren durch Bürstenverschiebung.

Bei geringen Unterschieden in der Spannungsänderung kann durch Verschiebung der Bürsten eine Anpassung meist in genügendem Maße erreicht werden. Die zulässige Verschiebung ist durch ihren Einfluß auf die Kommutation bestimmt. Wie bereits früher angegeben, hat ein Vorschub der Bürsten eine vergrößerte Spannungsänderung, ein Rückschub hingegen eine Verringerung derselben zur Folge.

7. Anpassung der Spannungsänderung parallel arbeitender Kompoundgeneratoren.

Eine vergrößerte Spannungsänderung der Kompoundgeneratoren kann durch das Parallelschalten eines Widerstandes zur Kompoundwicklung herbeigeführt werden, siehe Kurven *1* und *2* der Abb. 92. Bei großen Maschinen ist der Widerstand der Kompoundwicklung sehr klein, man erhält genügend kleine Parallelwiderstände durch Verwendung von Kupferkabeln oder Schienen, die durch Versuche auf passende Länge abgestimmt werden müssen. Nicht selten wird ein einstellbarer Parallelwiderstand mit der Maschine geliefert. Als weitere Maßnahme kommt das Kurzschließen der Kompoundwicklung einiger Pole in Betracht; dabei muß jedoch darauf geachtet werden, daß die kurzgeschlossenen Pole symmetrisch verteilt sind.

M. K. Störungen im Einzel- und Parallelbetrieb von Wechselstromgeneratoren.

1. Erregerbedarf bei Belastung ist zu groß.

a) Leistungsfaktor ist zu niedrig. Die Spannungsänderung zwischen Leerlauf und Belastung und damit der Erregerbedarf eines Wechselstromgenerators sind stark von der Blindleistung, also vom Leistungsfaktor abhängig. Eine Vergrößerung der induktiven Blindleistung hat eine Vergrößerung des Erregerbedarfes zur Folge. Als Hauptursache eines zu großen Erregerbedarfes bei Belastung muß daher zu große induktive Blindlast erwähnt werden. Abb. 95 enthält neben Kurven, welche die Abhängigkeit des Erregerbedarfes von der Scheinleistung bei konstantem Leistungsfaktor darstellen, auch eine Kurve, welche die Abhängigkeit des Erregerbedarfes vom Leistungsfaktor für Vollast und Nennspannung eines Dreiphasengenerators zeigt. Stellt man die Spannungsänderung in Abhängigkeit des Leistungsfaktors dar, so ergibt sich eine Kurve nach Abb. 96.

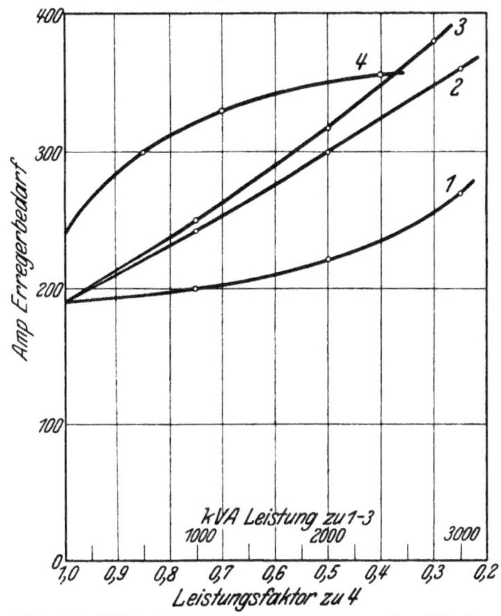

Abb. 95. Abhängigkeit des Erregerstromes eines Wechselstromgenerators von der Leistung. Leistungsfaktor und Spannung konstant. *1* bei $\cos\varphi = 1$, *2* bei $\cos\varphi = 0{,}7$, *3* bei $\cos\varphi = 0{,}4$, *4* Abhängigkeit des Erregerstromes vom Leistungsfaktor bei Nennspannung und Nennleistung.

Man ersieht aus den Kurven, daß innert einem Bereich des Leistungsfaktors von 1 bis 0,7 induktiv der Erregerstrom stark zunimmt, während er von 0,7 bis 0,4 nur noch wenig ansteigt. Muß also ein Generator, welcher z. B. für Betrieb mit einem Leistungsfaktor von 0,9 induktiv vorgesehen ist, auch bei einem Leistungsfaktor von 0,6 noch volle Scheinleistung und Spannung hergeben, so wird der Erregerbedarf unzulässig vergrößert, es besteht die Gefahr der Übererwärmung der Polradwicklung. Wird von einem Wechselstromgenerator vermutet, daß er nicht mehr die richtige Spannung liefert, so muß stets auch auf den vorhandenen Leistungsfaktor geachtet werden, um richtig zu urteilen.

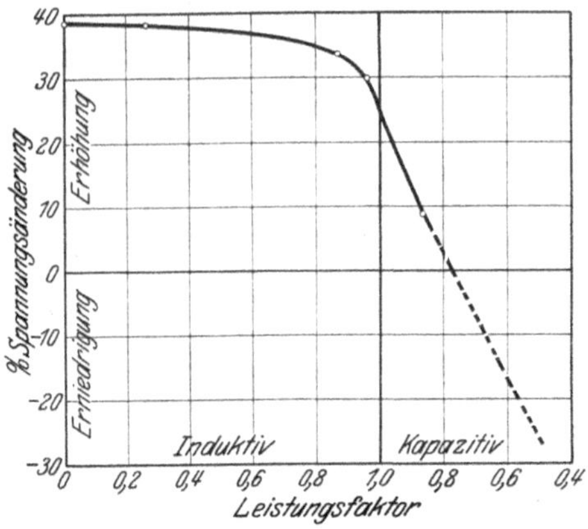

Abb. 96. Abhängigkeit der Spannungsänderung zwischen Nennleistung und Leerlauf vom Leistungsfaktor eines Drehstromgenerators von 13000 kVA.

b) Drehzahl ist zu tief. Wird die Drehzahl eines Generators stark verringert, sei es, daß die Frequenz des Netzes geändert wurde, oder sei es, daß infolge Störungen an der antreibenden Maschine bei Einzelbetrieb von Generatoren die Nenndrehzahl bei Last nicht gehalten werden kann, so wird der Erregerbedarf unzulässig vergrößert werden, sofern die Spannung nicht auch entsprechend der veränderten Drehzahl verringert wird.

2. Schwankungen der Leistung und des Belastungsstromes.

Leistungs- und Stromschwankungen können, sofern sie nicht vom Verbraucher herrühren, durch Störungen an den Antriebsmaschinen verursacht werden. Bei Wasserturbinen sind Klemmungen an den Regulatoren wie auch Gleiten der sie antreibenden Riemen oder zu großes Spiel der Zahnradantriebe die Ursache zeitweise schwankender Leistung. Bei Umformergruppen, welche durch Asynchronmotoren angetrieben werden, sind in ähnlichen Fällen Störungen im Läufer dieser Motoren möglich (vgl. a. Abschn. M. O. 1.).

Als Störungsursachen, die im Generator selbst liegen, kommen in Frage: Stark unrundes Polrad, meist verbunden mit einem unrunden Ständer, Störungen am Erreger und an den Schleifringen infolge zeitweisen Unterbrüchen in diesen Stromkreisen oder infolge Wackelkontakten im Magnetregulator, zeitweise auftretende Schlüsse im Polrad.

3. Lastverteilung im Parallelbetrieb ist ungleich.

Während bei parallel arbeitenden Gleichstromgeneratoren eine Erhöhung der Erregung und damit der Klemmenspannung eines Generators auch eine Erhöhung der Leistung erzeugt, verändert sich bei einem parallellaufenden Wechselstromgenerator die Wirkleistung nicht, wenn die Erregung verstärkt wird. Eine Veränderung der Erregung hat nur auf die Blindleistung Einfluß, während die Regelung der Wirkleistung nur durch die Beeinflussung der Leistungszufuhr von der Antriebsmaschine her geschehen kann.

Um eine selbsttätige gleichmäßige Wirkleistungsverteilung parallellaufender Generatoren zu erreichen, müssen die Regulierorgane der Antriebsmaschinen gleiche Charakteristik besitzen. Damit sich auch die Blindleistung selbsttätig und gleichmäßig auf die parallelen Generatoren verteilt, müssen außerdem ihre Spannungsänderungen gleich sein. Wenn einige Generatoren gemeinsam reguliert sind, wobei ihre Magnetregulatoren mechanisch gekuppelt werden, müssen auch die Erregermaschinen gleichen Verlauf der Spannungskurven und gleiche Spannungsänderung aufweisen und zudem müssen die Abstufungen der Magnetregulatoren gleich sein.

Mit den Spannungsreglern zusammenhängende Regulierfragen s. Unterabschnitt A. J. 3. b).

4. Pendelungen im Parallelbetrieb.

Synchronmaschinen können nicht von allein zu pendeln beginnen, sondern nur durch einen fremden Impuls. Dieser kann entweder mechanisch von der Antriebsmaschine oder elektrisch vom Netz herkommen.

Die Gefahr der mechanischen Anregung von Pendelungen besteht bei Synchrongeneratoren, welche durch Kolbenmaschinen (Dampfmaschinen, Verbrennungsmotoren) angetrieben werden. Das Drehmoment derselben ist während einer Umdrehung periodisch veränderlich. Durch diese Ungleichförmigkeit wird das angetriebene Polrad beschleunigt und verzögert; es schwingt um eine bestimmte Mittellage. Meist sind diese Schwingungen nur als geringe Schwankungen von gleichbleibender Frequenz an den Strom- und Leistungsmessern bemerkbar. Liegt jedoch die Frequenz der Drehmomentimpulse der Antriebsmaschine in der Nähe der Eigenschwingungszahl des angetriebenen Generators, so können die Schwingungen stark werden; der Generator pendelt dann. Die Strom- und Leistungsschwankungen können dabei anwachsen und der Generator schließlich außer Tritt fallen. Im allgemeinen liegt die Ursache nun nicht in der Frequenz der Drehmomentimpulse; die Lieferfirmen der Antriebsmaschinen und Generatoren nehmen darauf Rücksicht, daß die Impulsfrequenz der Antriebsmaschine genügend hoch über der Eigenschwingungszahl des Generators liegt, um Pendelungen zu verhindern. Hingegen können wiederum Störungen an der Antriebsmaschine oder ihrem Regulator periodische Drehmomentstöße hervorrufen, deren Frequenz in der Nähe der Eigenfrequenz des Generators liegt, so daß dieser zu Pendelungen angeregt wird. Solche

Störursachen können sein: Ungleiche Füllung und dadurch ungleiche Kraftimpulse der verschiedenen Zylinder, Fehler am Regulator oder ungünstige Eigenfrequenz des Regulators.

Von der Netzseite her können Pendelungen angeregt werden, wenn andere, mit Kolbenmaschinen gekuppelte Generatoren oder Synchronmotoren an demselben Netz liegen, und wenn von diesen, durch Fehler im antreibenden oder angetriebenen Teil, störende periodische Leistungsimpulse ausgehen. Liegt deren Frequenz in der Nähe der Eigenschwingungszahl eines Generators, so sind Pendelungen möglich.

Erreichen Pendelungen von Generatoren eine störende Größe, so müssen in erster Linie die Antriebsmaschine und das Netz auf erregende Ursachen hin untersucht werden. Man wird dazu zweckmäßig Spezialisten von der Lieferfirma der Antriebsmaschinen beiziehen. Oft wird die Behebung oder Verringerung des Fehlers durch Änderungen an der Antriebsmaschine oder den Regulierorganen möglich sein. Ist die Ursache am Antrieb oder im Netz nicht zu finden, so kann unter Umständen als Abhilfe eine Änderung des Generators durch den Einbau einer möglichst starken Dämpferwicklung in Frage kommen. Auch durch Vorschalten von Drosselspulen ist oft eine Verbesserung möglich; diese erhöhen jedoch den Spannungsabfall. Von Swinburne und Kolben wird für gewisse Fälle der Einbau von Ausgleichstransformatoren vorgeschlagen[1].

5. Ausgleichströme im Parallelbetrieb.

Bei richtiger Einstellung der Erregung parallel arbeitender Generatoren, deren Kurvenformen nicht beträchtlich voneinander abweichen, wird kein Ausgleichstrom zwischen den Maschinen fließen. Müssen dagegen Generatoren mit stark abweichenden Kurvenformen parallel arbeiten, so können trotz richtiger Erregung doch Ausgleichströme höherer Frequenz auftreten.

Bei neuzeitlichen Maschinen sind nur mehr geringe Abweichungen in der Kurvenform vorhanden, so daß solche Störungen ausgeschlossen sind. Wenn jedoch Maschinen heutiger Bauart mit alten Maschinen parallel laufen müssen, können unzulässig starke Ausgleichströme auftreten. Da im allgemeinen eine Verbesserung der alten Maschine durch einen Umbau nicht mehr angängig ist, muß zum Einbau von Ausgleichtransformatoren geschritten werden, die bereits im vorhergehenden Abschnitt erwähnt sind.

Bei parallellaufenden Drehstrom-Generatoren mit herausgeführtem Sternpunkt zur Speisung von Drehstromnetzen mit Nulleiter können voneinander abweichende Kurvenformen zu Ausgleichströmen über den Sammelschienen-Nulleiter Anlaß geben.

---

[1] Kittler: Wechselstrommaschinen Bd. 3 (1910) S. 265.

Als praktisches Beispiel einer solchen Störung sei der folgende Fall erwähnt: Ein alter Dreiphasengenerator von 57 kVA, 200 Volt, 164 Amp. lief parallel mit einem Dreiphasengenerator neuester Bauart von 170 kVA, 200 Volt, 490 Amp. Schon bei leerlaufenden Generatoren und abgetrenntem Netz trat in der Sternpunktsverbindung ein Ausgleichstrom von dreifacher Frequenz auf, der bei Erregung auf Normalspannung einen Wert von 105 Amp. erreichte.

Durch den Einbau einer geeigneten Drosselspule konnte dieser Ausgleichstrom auf den unschädlichen Wert von 5 Amp. verkleinert werden. Bei Messung von Ausgleichströmen von höherer Frequenz ist zu beachten, daß die meisten Instrumentetypen falsch zeigen können. Unbeeinflußt hiervon sind Hitzdrahtinstrumente.

6. Umpolen und Entmagnetisieren von Erregermaschinen.

Wird die Erregung einer Erregermaschine rasch verringert, oder sogar unterbrochen und innert der kurzen Zeit von einigen Sekunden wieder eingeschaltet, dann kann unter der Wirkung der magnetischen Energie des Polrades ein Umpolen des Erregers erfolgen. Eine Erklärung läßt sich am besten an Hand der Abb. 97a und b geben. Die eingezeichneten Pfeile deuten die Stromrichtungen in Polrad, Läufer und Magnetwicklung der Erregermaschine an. Bei Betrieb, Abb. 97a, ist das Polrad der Stromverbraucher. Wird der Magnetregulator rasch im Sinne einer starken Widerstandserhöhung verstellt, oder der Stromkreis der Magnetwicklung unterbrochen und wieder geschlossen, dann verringert sich die erzeugte Spannung des Erregers und damit auch sein Erregerstrom rasch, während die Feldänderung infolge abnehmendem Strom im Polrad diesen Strom zu erhalten versucht. Es kann also, wenn die Unterbrechungszeit und Entregungszeit des Erregers einen kritischen Wert erreichen, sich eine neue Stromrichtung nach Abb. 97b einstellen. Aus dem Polrad als Verbraucher wird nun ein Erzeuger und durch die Magnetwicklung wird ein dem früheren entgegengesetzter Strom getrieben, die Umpolung hat sich vollzogen.

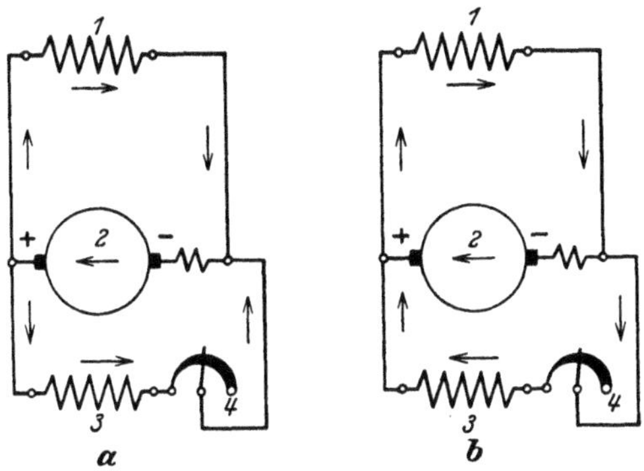

Abb. 97. Umpolen einer Erregermaschine. *a* Stromverlauf bei normalem Betrieb, *b* Stromverlauf während des Umpolens, *1* Polradwicklung, *2* Läufer der Erregermaschine, *3* Magnetwicklung der Erregermaschine, *4* Magnetregulator.

Der Eintritt des Umpolens hängt sehr wesentlich ab von der Bürstenstellung des Erregers und der Zeit, innert welcher Aus- und Wiedereinschalten der Magnetwicklung erfolgt.

Statt daß der Erreger umpolt, kann er sich auch nur entmagnetisieren. Seine Remanenzspannung wird dadurch so verringert, daß sie bei den vorhandenen Widerständen im Erregerkreis nicht mehr genügt, um die Selbsterregung einzuleiten.

Außer den eingangs erwähnten Ursachen für das Umpolen müssen noch die Rückwirkungen vom Ständer auf den Läufer, welche beim plötzlichen Kurzschluß der Ständerwicklung eines Generators entstehen, erwähnt werden.

Als Maßnahmen gegen das Umpolen und Entmagnetisieren kommen in Frage:

Die Verschiebung der Bürsten am Erreger entgegen der Drehrichtung, soweit dies mit Rücksicht auf die Kommutation zulässig ist; meist wird ein Rückschub um 1 bis 2 Lamellen genügen.

Das Aufbringen einer Hilfskompoundwicklung auf die Magnetwicklung des Erregers, welche die Wirkung der Nebenschlußwicklung unterstützt.

Der Einbau von Kurzschlußwindungen um die Magnetpole des Erregers.

Die Verlängerung der Zeitdauer zwischen dem Aus- und Wiedereinschalten der Nebenschlußerregung und die Vermeidung der allzu raschen Vergrößerung des Vorwiderstandes beim eiligen Zurückstellen des Magnetregulators. Die zulässige Zeitdauer bis zum Wiedereinschalten der Nebenschlußerregung kann man durch Versuche in einfacher Weise feststellen; Wartezeiten innert 10 bis 30 Sekunden dürften meist genügen.

M. L. Störungen im Anlauf und Betrieb von Einankerumformern.

1. Störungen im Anlauf.

Je nach der Art des Anlaßverfahrens eines Einankerumformers sind auch die Störungsmöglichkeiten, welche den Anlauf verschlechtern oder unmöglich machen, verschieden. Auf der Wechselstromseite asynchron anlaufende Umformer verhalten sich ähnlich wie Synchronmotoren. Die Anlaufstörungen, welche im Abschn. M. M. 5. beschrieben sind, können daher auch an Umformern auftreten.

Bei Umformern, welche durch einen besonderen Asynchronmotor angeworfen werden, können Störungen in diesem Motor auftreten nach Abschn. M. M. 3. Von der Gleichstromseite her angeworfene Umformer können ebenfalls Anlaufstörungen aufweisen, wie sie im Abschn. M. M. 2. beschrieben sind.

a) Anlaßspannung ist zu tief. Die Anlaßspannung von Einankerumformern, welche asynchron anlaufen, liegt innert 20 bis 30% der Wechsel-Nennspannung. Sie kann aus Rücksicht auf die Stromstöße und bei Umformern, welche ohne Abhebung der Kommutatorbürsten anlaufen, vor allem wegen dem Bürstenfeuer nicht beliebig hoch getrieben werden.

Neben zu tiefer Spannung des Netzes selbst und Fehlern am Anlaßtransformator kann die Anlaßspannung durch übermäßige Verluste in den Zuleitungen zur Maschine zu klein werden. Dieser Fall tritt wohl sehr selten und vorwiegend bei Hochstrom-Einankerumformern auf, die asynchron anfahren müssen. An solchen Einheiten erreichen die Anlaufströme auf der Wechselstromseite oft Werte von mehreren tausend Ampere und verursachen bei unrichtiger Anordnung der Zuleitungsschienen ganz beträchtliche induktive Spannungsverluste. Die Anzapfspannung wird dann um einige Volt gesenkt und der Anlauf des Umformers verhindert. Bei der Installation solcher Hochstromleitungen muß darauf geachtet werden, die Hin- und Rückleitungen mit äußerst geringem gegenseitigem Abstand zu verlegen und jede Schleifenbildung möglichst zu vermeiden; außerdem sind die einzelnen parallelen Schienen eines Stranges nach Abb. 98 zu untermischen. Bei den üblichen niederen Spannungen können die Abstände unbedenklich sehr klein gehalten werden. Ferner muß auch die Länge der Verbindungsleitungen so klein wie möglich sein. Bei solchen Einheiten sollten der Transformator und der Umformer möglichst nahe beisammen aufgestellt sein. Müssen die Schienen durch eiserne Verschalungen oder Bodenabdeckungen hindurchgeführt werden, so müssen die Platten geschlitzt werden; andernfalls muß unmagnetisches Abdeckmaterial verwendet werden.

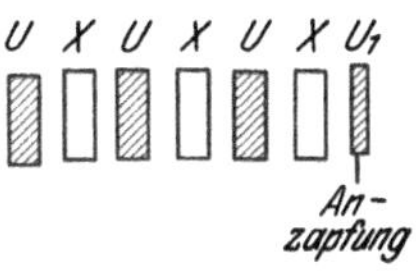

Abb. 98. Untermischung der Hin- und Rückleitungen eines Stranges für einen Sechsphasen-Hochstromumformer.

Durch die beschriebenen störenden Zuleitungsverluste wird die Spannung gleichstromseitig auch im Normalbetrieb verringert; bei der höheren Nennspannung ist jedoch der Einfluß nicht so groß.

b) Magnetwicklung erhält Überspannung. Wenn Einankerumformer von der Wechselstromseite aus mit offener Magnetwicklung angelassen werden, können in der Magnetwicklung hohe Spannungen induziert werden. Sie verursachen Überschläge von den Magnetspulen nach dem Eisen oder nach benachbarten Wicklungsteilen, sowie Durchschläge zwischen einzelnen Lagen und Windungen der Magnetspulen. Bei der Anwendung dieses Anlaßverfahrens muß daher beim Anlassen stets die Magnetwicklung über den Magnetregulator geschlossen sein. Die günstigste Stellung ist dabei meistens diejenige, welche ungefähr der Erregung für Nennbetrieb und $\cos\varphi = 1$ entspricht.

c) Kommutator ist angebrannt. Bei asynchron anlaufenden Umformern werden einzelne, auf dem Kommutator gleichmäßig verteilte Lamellen beim Anlauf stets mehr oder weniger geschwärzt. Diese Schwärzung hängt hauptsächlich von der Höhe der Anlaßspannung, dann auch von der Bürstensorte ab und verliert sich beim nachherigen Betrieb meist rasch wieder. Bei unzulässig starker, aber gleichmäßiger Anbrennung aller oder einzelner Lamellen, z. B. jeder zweiten, dritten oder vierten Lamelle, muß deshalb zuerst untersucht werden, ob die Anlaufspannung unzulässig erhöht oder ob eine ungeeignete Kohlensorte verwendet wurde. Starke Anbrennungen nur einzelner Lamellen oder Lamellengruppen, welche sich z. B. in Abständen von der Größe der Polteilung oder der Schleifringanschlüsse wiederholen, weisen auf Wicklungsfehler im Läufer hin, darüber siehe Unterabschnitt M. E. 6. m).

d) Andere Ursachen von Anlaufstörungen. Außer Störungen im Netz oder Anlaßtransformator, wie Unterbruch oder falscher Anschluß der Zuleitungen, können noch Unterbruch und Windungsschluß im Läufer, Unterbruch in der Dämpferwicklung und kurzgeschlossene Magnetpole den Anlauf erschweren.

Unterbrüche können durch folgende Fehler auftreten: Bruch einer Schleifringableitung, Abnützen oder Festklemmen der Schleifringkohlen, seltener ist das Loslöten der Spulenköpfe oder sogar der Bruch eines Leiters.

2. Störungen beim Synchronisieren asynchron anlaufender Umformer.

a) Anlaßspannung ist zu tief. Wie bei einem Synchronmotor, kann auch bei einem Umformer das Synchronisieren durch zu tiefe Anlaßspannung auf der Wechselstromseite erschwert oder sogar verhindert werden. Außer Störungen im Netz oder Anlaßtransformator — Wahl einer falschen Anzapfung — kann besonders bei Hochstromumformern ein zu großer Spannungsabfall in der Zuleitung die Anlaßspannung unzulässig herabsetzen. Auf diese Möglichkeit wurde schon im Abschnitt M. L. 1. a) hingewiesen.

Einankerumformer synchronisieren meist bei einer Anlaßspannung von 15 bis 25% der wechselstromseitigen Nennspannung.

b) Magnetwicklung ist falsch angeschlossen. Sind die Anschlüsse der Magnetwicklung verwechselt, so wird ein Einankerumformer nur mit Mühe oder überhaupt nicht in Synchronismus zu bringen sein. Ist das Synchronisieren doch bei einer bestimmten Erregung gelungen, so wird der Umformer bei einer geringen Änderung der Erregung wieder leicht außer Tritt fallen. Ein Umformer, der sich nicht im Synchronismus befindet, feuert am Kommutator im Takt der Schlupffrequenz.

c) **Erregerkreis ist unterbrochen.** Bei Unterbruch im Erregerkreis, sei es in der Magnetwicklung oder im Magnetregulator, wird ein Umformer im allgemeinen nicht synchronisieren.

d) **Dämpferwicklung hat zu hohen Widerstand.** Wird bei Umformern durch unzulässige Erwärmung, schlechte Kontaktstellen, Bruch von Stäben der Dämpferwicklung der Widerstand derselben und damit der Schlupf zu groß, so wird das Synchronisieren erschwert.

e) **Polarität der Gleichstromseite ist falsch.** Bei einem wechselstromseitig angelassenen eigenerregten Umformer hängt die entstehende Polarität der Gleichstromseite ganz vom Zufall ab. Hat ein Umformer mit falscher Polarität synchronisiert, so muß, damit sich die richtige Polarität einstellt, der Läufer einmal um eine Polteilung schlüpfen. Man erreicht das Schlüpfen in die richtige Pollage durch zwei Verfahren:

a) Durch kurzzeitiges Unterbrechen der wechselstromseitigen Zuleitung.

b) Indem man durch kurzzeitiges Umschalten der Magnetwicklung den Läufer aus dem falschen Synchronismus reißt und beim Erreichen der neuen Lage wieder bei richtig angeschlossener Magnetwicklung synchronisiert. Durch Beobachtung des Gleichstromvoltmeters kann man den Umschaltzeitpunkt nach einiger Übung gut finden. Selbstverständlich müssen diese Umschaltungen noch in der Anlaufschaltung mit der Anzapfspannung erfolgen.

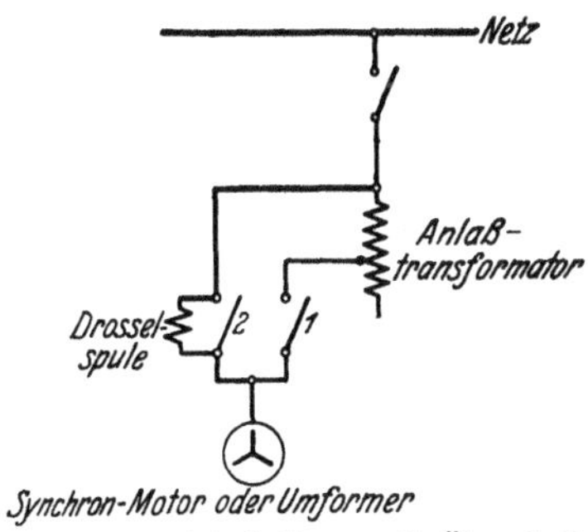

Abb. 99. Anlaßschaltung mit Überschaltdrosselspule für Synchronmotoren und Umformer.

f) **Stromstöße beim Anlegen der vollen Netzspannung an den erregten Umformer.** Bei diesem Schaltvorgang sind die Verhältnisse ähnlich wie beim Umschalten des Synchronmotors (vgl. Abschn. M. M. 6.). Bei eigenerregten Umformern wird man den Magnetregulator stets von Anfang ungefähr in der Betriebsstellung halten, da man die nötige Erregung für volle Netzspannung im voraus kaum einstellen kann wegen der Eigenerregung und der auf der Anlaßstufe ebenfalls verringerten Gleichspannung. Bei fremderregten Umformern kann die günstigste Erregung schon auf der Anlaßstufe eingestellt werden.

Bei Umformern wie auch bei Synchronmotoren kann durch die Verwendung von Überschaltdrosseln nach Abb. 99 der Umschaltstoß stark verringert werden. Es ist dabei notwendig, in der Zwischenstellung, wenn Schalter *1* und *2* geöffnet sind, einige Sekunden lang zu warten. Als Beispiel hierfür kann ein Sechsphasen-Umformer von 2000 kW angeführt werden. Beim sofortigen Umschalten ohne Ausnützung der Drosselspulenwirkung betrug der Umschaltstromstoß, gemessen auf der Schleifringseite, etwa 90% des Nennstromes; nach 8 Sekunden Wartezeit wurde ein Stromstoß von nur ungefähr 15% des Nennstromes gemessen.

3. Die Spannungsregulierung der Einankerumformer.

Bei Einankerumformern ist eine Regulierung der Gleichspannung nicht ohne weiteres durch eine Änderung der Erregung möglich, sondern es muß für die gewünschte gleichstromseitige Änderung eine Erhöhung der Wechselspannung stattfinden. Das Verhältnis $\frac{\text{Wechselspannung}}{\text{Gleichspannung}}$ ist von Leerlauf bis Vollast nicht stark veränderlich und beträgt beispielsweise bei Drehstromumformern 0,6 bis 0,7 und bei Sechsphasenumformern 0,7 bis 0,8.

Die Regulierung der Wechselspannung erfolgt durch Stufentransformatoren, Drehtransformatoren, Zusatzmaschinen und durch Veränderung der Erregung, sofern auf der Wechselstromseite Transformatoren oder Drosselspulen mit genügender Reaktanz vorhanden sind. Die letztere Art der Spannungsregulierung ergibt infolge des vermehrten Blindstromes eine Vergrößerung der Kupferverluste. Man wählt daher stets die Reaktanz des Transformators und der Drosselspulen möglichst groß, um mit möglichst geringem Blindstrom, d. h. bei hohem Leistungsfaktor eine weitgehende Regulierung zu erreichen. Im allgemeinen läßt man einen Blindstrom in der Größenordnung von 30 bis 40% des auf $\cos \varphi = 1$ bezogenen Nennstromes zu. Dabei muß aber die abgegebene Leistung um 10 bis 20% herabgesetzt werden mit Rücksicht auf die vergrößerte Erwärmung durch den erhöhten Wechselstrom.

Bei Störungen in der Regulierung der Gleichspannung wird man in erster Linie die Spannungen auf der Wechselstromseite messen. Bei Regulierungen durch Stufentransformatoren kann das Steckenbleiben des Reguliersch alters, falsche Verkeilung der Antriebsorgane, falsches Aufliegen von Ketten oder Seilen zwischen Schalter und Antrieb, die Ursache der Störung sein. Die Betriebsvorschrift für den Stufenschalterantrieb wird genaue Angaben über die Einstellung der Antriebsteile zueinander enthalten; auch werden Ketten und Räder usw. meistens bei der Werkstattmontage in der richtigen Lage zusammengezeichnet sein. Bei der Regulierung durch Drehtransformatoren kann ein Unterbruch in der Erregerwicklung die Störungsursache sein. Wird auf der Wechsel- oder Gleichstromseite eine Zusatzmaschine zur Regelung verwendet, so können Fehler in den Erregerkreisen dieser Maschinen Anlaß zu Störungen geben. Man untersuche daraufhin diese Maschinen, wie es vorher beschrieben wurde. Außerdem sind Störungen möglich, die im Abschn. M. H. 3. beschrieben sind.

4. Störungen im Betrieb.

a) Spannungsänderung ist zu groß. Der Spannungsrückgang zwischen Leerlauf und Vollast erreicht bei Einankerumformern ohne Kompoundwicklung 2 bis 5%. Durch den Einbau einer Kompoundwicklung kann dieser Wert in gleicher Weise wie bei einer Gleichstrommaschine geändert werden. Eine geringe Änderung kann auch die Bürstenverschiebung bewirken, deren Grenzen jedoch durch die Kommutation festgesetzt sind. Als Ursachen zu großer Spannungsänderungen können neben den mit dem Strom unzulässig größer werdenden Spannungsabfällen der Wechselstromseite hauptsächlich unrichtige Bürstenstellung (Bürsten zu stark vorverschoben, falscher Anschluß von Kompound- und Wendepolwicklungen, unrichtige Erregung) in Frage kommen.

b) Lastverteilung im Parallellauf ist ungleich. Um eine gleichmäßige Verteilung der Belastung parallellaufender Umformer zu erreichen, muß die Spannungsänderung aller Umformer möglichst gleich sein. Da die Spannungsänderung auch durch die Spannungsabfälle im zugehörigen Transformator beeinflußt ist — zwischen Wechsel- und Gleichspannung eines Umformers besteht ein starres Verhältnis —, so müssen auch die Abfälle in den Transformatoren, bei Hochstromumformern auch in den Zuleitungen gleich sein. Die Anpassung der Umformer kann in geringem Maße durch eine Bürstenverschiebung erreicht werden; ein Vorschub der Bürsten aus der neutralen Zone hat eine Vergrößerung der Spannungsänderung, ein Rückschub eine Verringerung zur Folge. Bei stärkerem Spannungsrückgang eines Umformers wird der gleichstromseitige Belastungsanteil desselben herabgesetzt.

Durch die Erregung kann die Lastverteilung auf der Gleichstromseite nur dann richtig beeinflußt werden, wenn der Umformer wechselstromseitig über einem Transformator ans Netz geschlossen ist, oder wenn auf der Wechselstromseite geeignete Zusatzdrosselspulen eingebaut sind. Eine Übererregung des Umformers erhöht, eine Untererregung erniedrigt die Wechselspannung und damit auch die Gleichspannung und die Belastung. Der größer werdende Blindstrom erhöht dabei allerdings die Kupferverluste im Umformer, deshalb kann die Veränderung der Erregung nicht zu weit getrieben werden.

Die Wechselspannung selbst und damit die Belastung der Gleichstromseite kann auch durch Stufen- und Drehtransformatoren und durch Zusatzmaschinen reguliert werden.

c) Ausgleichströme im Parallelbetrieb. Einankerumformer laufen nicht gut parallel ohne Zwischenschaltung von Transformatoren oder Drosselspulen auf der Wechselstromseite. Wegen den kleinen inneren Spannungsabfällen können geringe Verschiedenheiten der Widerstände, z. B. der Bürstenübergangswiderstände, oder der Wicklungswiderstände bei ungleicher Erwärmung die Belastungsverteilung völlig stören. Es kann sogar vorkommen, daß sich die Gleichströme über die Wechselstromseite ausgleichen. Es muß daher jeder Umformer seinen eigenen Transformator besitzen, um eine von Zufälligkeiten unabhängige Lastverteilung zu erreichen. Der Anschluß mehrerer Umformer an ein Netz unter Benützung des gleichen Transformators ist nicht möglich. Ebenso ist es nicht zulässig, die Sternpunkte der verschiedenen Transformatoren auf der Umformerseite zu verbinden, da sonst ungehindert Ausgleichströme darin fließen können.

d) Pendelungen und Außertrittfallen. Umformer können bei raschen Belastungsschwankungen ins Pendeln kommen; bei Kurzschlüssen besteht sogar die Gefahr des Außertrittfallens. Da die Magnetpole von Umformern in der Regel geblecht sind, so ist zur Erzeugung des nötigen synchronisierenden Momentes eine Dämpferwicklung eingebaut. Tritt nun allmählich ein Loslöten einzelner Dämpferstäbe ein, so wird der Widerstand der Dämpferwicklung vergrößert, deren Wirkung verringert und die Gefahr des Pendelns in vermehrtem Maße hervorgerufen. Auch ein stark untererregter Umformer neigt leicht zum Pendeln. Beim Pendeln ist ein starkes Feuern am Kommutator zu beobachten.

e) Durchgehen. Beim Abschalten eines parallellaufenden Umformers vom Wechselstromnetz ohne gleichzeitiges Abtrennen auch von der Gleichstromseite, kann der Umformer, sofern er schwach erregt ist, auf gefährlich hohe Drehzahl ansteigen. Zum Schutze dagegen werden Fliehkraftschalter angebaut, welche beim Eintritt einer zu hohen Drehzahl, die meist 15 bis 20% über der Nenndrehzahl liegt, die Ausschaltung der gleichstromseitigen Schalter bewirken.

Auch ein in umgekehrter Richtung vom Gleich- ins Wechselstromnetz arbeitender Umformer, der wechselstromseitig nicht parallel geschaltet und im Synchronismus gehalten ist, kann bei reiner Blindbelastung durch die feldschwächende Wirkung der Blindströme eine unzulässig hohe Drehzahl annehmen. Die gleiche Gefahr besteht bei einem derart arbeitenden Umformer bei Kurzschlüssen im Wechselstromnetz.

5. Parallelbetrieb mit Gleichsstrommaschinen oder Batterien.

Ein mit Gleichstrommaschinen oder Batterien parallel arbeitender Umformer übernimmt bei Stoßbelastungen wegen seiner geringen Spannungsänderung den größten Teil der Last. In geringem Maße kann man eine gleichmäßigere Lastverteilung durch Vorschieben der Kommutatorbürsten erreichen. Oft ist es jedoch nötig, an den Hauptpolen eine schwache Gegenkompoundwicklung aufzubringen oder auf der Wechselstromseite zusätzliche Drosselspulen einzubauen.

M. M. Anlaufstörungen an Motoren.

1. Mechanische Ursachen der Anlaufstörungen.

a) Angetriebene Seite ist nicht in Ordnung. Klemmungen oder Anfressungen in den Lagern bei übermäßig angespannten Riemen, Versperrungen und Verstopfungen etwa in Steinbrechern oder Mühlen, irrtümlich geschlossene Auspuffventile von Kolbenkompressoren, offene Schieber im Saug- oder Druckteil von Gebläsen und Pumpen, zu stark angezogene Stopfbüchsen und zahlreiche andere Gründe können das verlangte Anzugs-Drehmoment übermäßig vergrößern. Entweder genügt dann das Moment des Motors zum Anzug überhaupt nicht mehr oder der Motor kommt unter der vermehrten Last nicht mehr auf volle Drehzahl. Dies tritt besonders oft bei Asynchronmotoren mit Kurzschlußläufer auf, welche zur Verminderung des Anlaufstromes mit herabgesetzter Spannung und deshalb auch verringertem Moment angelassen werden, was beim Stern-Dreieck-Anlauf und bei der Verwendung von Anlaßtransformatoren der Fall ist. Auch bei Asynchronmotoren mit auf dem Läufer sitzenden Anlaßwiderstand, dessen Stufen durch Fliehkraftschalter während des Anlaufes nacheinander kurzgeschlossen werden, kann die Abschaltung einer oder mehrerer Endstufen durch ein zu großes Lastmoment verhindert werden. Der Motor bleibt auf einer zu tiefen Drehzahl „hängen", wobei noch die Gefahr besteht, daß der eingeschaltete Anlasser verbrennt. Bei Antrieben mit vielen Lagern kann allein durch langen Stillstand derselben das Anzugsmoment unzulässig groß werden.

b) Mechanische Fehler am Motor. Unter den zahlreichen mechanischen Störungen, welche am Motor selbst auftreten können, sind die wichtigsten:

Streifen des Läufers bei ausgelaufenen Lagern oder verspannter Welle, festgefressene Lager, festgeklemmter Läufer.

Das Lagerspiel von Motoren kann durch Verunreinigungen des Öles: Sand, Zement, Metallstaub u. a., die wie Schleifmittel wirken und Lager und Welle abnützen, zu groß werden. Das Eindringen solcher Fremdkörper in die Lager ist meist auf unsorgfältige Wartung in staubigen und schmutzigen Betrieben zurückzuführen, wenn Ölkammerdeckel, Einfüllöcher und Lagerabschlüsse offen bleiben. Seltener sind unzweckmäßig konstruierte Lager die Störungsursache. Zu großes Lagerspiel führt schließlich zu einer so starken Verlagerung eines Läufers, daß er infolge des stark anwachsenden einseitigen magnetischen Zuges zu streifen beginnt. Besonders Asynchronmotoren, die allgemein kleine Luftspalte besitzen, unterliegen diesem Fehler nicht selten. Die Ursache für das Streifen eines Läufers kann in einzelnen Fällen auch in einer zu großen Durchbiegung der Welle bei übermäßigem Riemenzug liegen, welcher bei der Benutzung zu kleiner Riemenscheiben auftritt.

Störungen beim Anlauf von Motoren, herrührend von Fremdkörpern, die in den Luftspalt zwischen Ständer und Läufer eingedrungen sind, kommen selten vor. Sie sind meistens durch die Unachtsamkeit des Montage- oder Bedienungspersonals verschuldet.

Wenn ein Läufer streift, so ist stets ein starkes Brummen, verbunden mit Vibrationen festzustellen; Ständer- und Läuferbleche sind an den streifenden Stellen blank geschliffen und weisen Anlauffarben auf.

2. Anlaufstörungen an Gleichstrommotoren.

a) Zuleitungen und Hauptstromkreise sind unterbrochen. Über die häufigsten Fehler in der Zuleitung: durchgeschmolzene oder ungenügend festgeschraubte Sicherungen oder verbrannte Kontakte in Schaltern, Unterbrüche in Anlassern, braucht hier nicht weiter gesprochen zu werden; jeder Betriebsmann wird in erster Linie bei Anlaufstörungen diese Teile der Anlage einer Kontrolle unterziehen. Unterbrüche im Hauptstromkreis können auch am Kommutator bei nicht aufliegenden Bürsten, in der Wendepol- oder Kompoundwicklung oder in den Verbindungen nach den Bürsten und Wicklungen liegen.

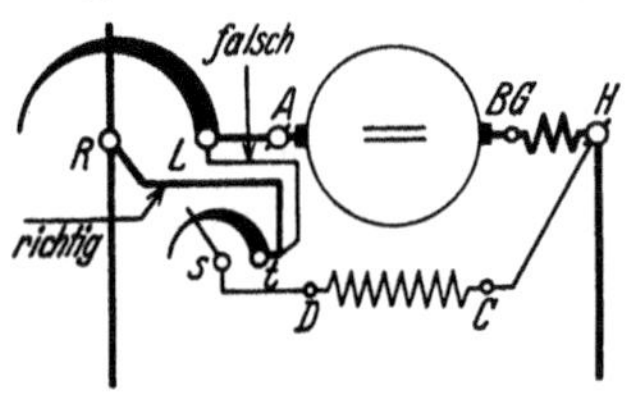

Abb. 100. Falscher und richtiger Anschluß der Magnetwicklung eines Gleichstrom-Nebenschlußmotors.

b) Magnetregulator ist unterbrochen. Bei Gleichstrom-Nebenschlußmotoren, deren Magnetregulator oder Verbindungen zur Magnetwicklung einen Unterbruch besitzen, kann der Motor unter Last nicht anlaufen. Unbelastet kann er jedoch durchbrennen. Noch größer ist diese Gefahr bei Kompoundmotoren, die eine sehr stark wirkende Kompoundwicklung haben. Diese können auch bei Last noch anlaufen, wobei jedoch die Stromaufnahme sehr groß wird und das Auslösen des Maximalschalters oder das Durchgehen der Sicherungen eintritt.

c) Anschlüsse der Erregerwicklung sind falsch. Gleichstrommotoren können auch infolge falschen Anschlusses nicht anlaufen. Wird nämlich die Zuleitung zur Magnetwicklung nach Abb. 100 irrtümlich erst hinter dem Anlasser angeschlossen, dann erhält die Magnetwicklung nur geringe Spannung, die Magnetpole sind nur ungenügend erregt, der Motor kann kein genügendes Drehmoment entwickeln. Erst mit zunehmender Abschaltung des Anlassers steigt der Strom in der Magnetwicklung; ein unbelasteter Motor wird dann anlaufen und beim Erreichen der Kurzschlußstellung des Anlassers richtig arbeiten. Abb. 100 zeigt auch den richtigen Anschluß. Bei Anlassern mit drei Klemmen kann durch falschen Anschluß der Leitungen dieser Fehler ebenfalls entstehen, wenn das Netz an R und der Motor an L angeschlossen wird, statt, wie Abb. 101a richtig zeigt, die freie Ankerklemme A mit R und das Netz mit L verbunden ist. Eine andere, falsche Schaltung zeigt Abb. 101b. Hier sind die Anschlüsse am Motor vertauscht, der Motor wird unter Last nicht anlaufen, jedoch im unbelasteten Zustand durchbrennen.

d) Magnetwicklung ist unterbrochen oder verschaltet. Bei einem Unterbruch in der Magnetwicklung sowie bei teilweise verschalteten oder kurzgeschlossenen Polspulen wird das Anzugsmoment eines Gleichstrommotors jeder Schaltart stark verringert. Der unbelastete Motor wird bei Unterbruch der Feldwicklung mit starkem Bürstenfeuer „hochgehen" und Neigung zum Durchbrennen haben. Ist der Motor genügend stark belastet, so wird er nicht anziehen und einen großen Strom aufnehmen. Nach dem Abschalten weiterer Widerstandsstufen des Anlassers werden schließlich die Sicherungen durchbrennen. Sind

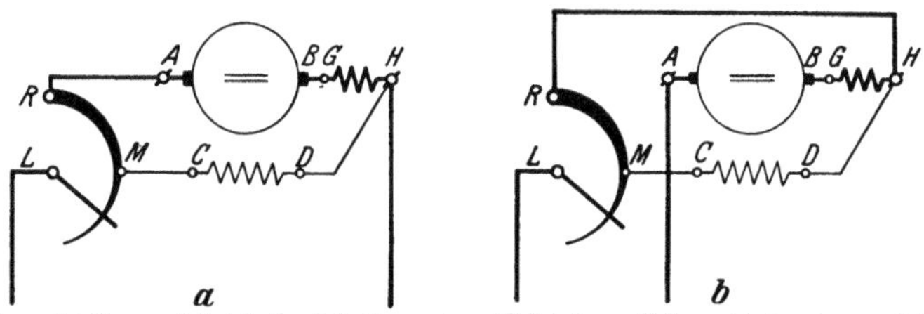

Abb. 101. *a* richtige und *b* falsche Schaltung eines Gleichstrom-Nebenschlußmotors und Anlassers.

einzelne Pole entgegengeschaltet oder kurzgeschlossen, so wird der Motor je nach seiner Belastung stehen bleiben oder anziehen; im letzteren Fall wird er jedoch die Nenndrehzahl überschreiten bei abnormal großer Stromaufnahme.

e) Erregerwicklung hat Windungs- oder Eisenschlüsse. Durch die verschiedenartigen im Abschn. M. H. 3. d) erwähnten Windungs- oder Lagenschlüsse der Erregerwicklung, sowie durch die ebenfalls früher erwähnten (Abb. 86 und 87) Schlüsse gegen Eisen und gegen andere Wicklungen, kann das Feld so geschwächt werden, daß der Motor bei geringer Last nicht mehr anzieht oder aber im unbelasteten Zustand zu hohe Drehzahl erreicht.

f) Läuferwicklung hat Schlüsse oder Unterbrüche. Auch Windungsschlüsse oder Unterbrüche im Läufer verhindern meist den Anlauf oder lassen den Motor nicht auf normale Drehzahl kommen. Bei einem Windungsschluß im Läufer ist die Stromaufnahme groß und es tritt sehr rasch eine örtliche Überhitzung der kurzgeschlossenen Lagen oder Spulen auf; die zugehörigen Kommutatorlamellen werden stark verfeuert. Der Läufer des stillstehenden Motors läßt sich dann meist nur ruckartig bewegen. Auch bei einem Unterbruch im Läufer tritt starkes Feuern der zur Unterbrechungsstelle gehörigen Kommutatorlamelle und dadurch Verbrennen der Isolation zwischen den einzelnen Lamellen auf.

g) Kompoundwicklung ist falsch angeschlossen. Bei falschem Anschluß der Hauptstromwicklung eines Kompoundmotors können sich die Magnet- und Kompoundwicklung teilweise aufheben; eine Folge davon ist ein verringertes Anlaufmoment.

Bei dieser Gelegenheit soll angegeben werden, wie die richtige Schaltung der Kompoundwicklung festgestellt werden kann. Kann der Motor entlastet werden — bei Riemenantrieb soll wenn möglich noch der Riemen abgehoben werden —, so läßt man zuerst den Motor in normaler Schaltung mit angeschlossener Magnetwicklung anlaufen und stellt den Drehsinn fest. Hernach unterbricht man eine Zuleitung zur Magnetwicklung und schaltet nun neuerdings, vom Stillstand aus, den Anlasser vorsichtig wieder ein, und zwar so weit, bis der Motor von selbst oder durch Anstoß sich eindeutig nach einer Richtung zu drehen beginnt. Da der Motor die Neigung zum Durchbrennen hat, muß sofort nach einsetzender Drehung wieder ausgeschaltet werden. Nötigenfalls darf man bei diesem Versuch den Strom kurzzeitig bis zum Nennstrom steigern. Dreht sich nun der Motor im gleichen Sinn wie beim ersten Versuch, so ist die Schaltung richtig; andernfalls ist die Kompoundwicklung durch Vertauschen der Anschlüsse richtig zu schalten. Es ist auch darauf zu achten, daß bei Änderung der Drehrichtung eines Kompoundmotors nicht allein die Anschlüsse der Magnetwicklung, sondern gleichzeitig auch die Anschlüsse der Kompoundwicklung vertauscht werden müssen.

Auch durch eine Bestimmung des Drehzahlabfalles eines Kompoundmotors zwischen Leerlauf und Vollast kann die richtige Schaltung der Kompoundwicklung festgestellt werden. Man mißt bei möglichst gleichbleibender Netzspannung nacheinander diese Drehzahländerung, zuerst bei eingeschalteter und dann bei ausgeschalteter oder überbrückter Kompoundwicklung. Bei richtig angeschlossener Kompoundwicklung muß die Drehzahldifferenz zwischen Leerlauf und Belastung größer sein als ohne Kompoundwicklung.

h) Wendepolwicklung ist falsch angeschlossen. Stehen die Bürsten in der neutralen Zone, so wird ein Nebenschlußmotor trotz falschem Anschluß der Wendepolwicklung richtig anlaufen, aber meist stark feuern.

i) Bürstenstellung ist unrichtig. Eine starke Verschiebung der Bürsten aus der neutralen Zone hat ein vermindertes Drehmoment zur Folge; der Anlauf wird entweder zögernd oder der Motor bleibt überhaupt stehen; im ersten Fall tritt starke Funkenbildung am Kommutator auf.

Sind die Bürsten bei einem Nebenschlußmotor aus der neutralen Zone zurückverschoben, so kann der Fall eintreten, daß ein nur schwach erregter Motor nach dem Erreichen einer geringen Drehzahl abgebremst wird und hernach sogar seine Drehrichtung ändert. Diese Störung ist hauptsächlich bei unrichtigem Anschluß der Magnetwicklung nach Abb. 100 oder beim Vertauschen der Anschlüsse am Motor nach Abb. 101a möglich.

Über die richtige Einstellung der neutralen Zone gibt Abschn. M. E. 6. e) Aufschluß.

3. Anlaufstörungen an Asynchronmotoren.

a) Zuleitungen sind unterbrochen oder verschaltet. Drehstrommotoren laufen beim Unterbruch in nur einer Ständerzuleitung nicht an, sondern lassen sich nur ruckweise bewegen und brummen dabei stärker. Ist derselbe Motor jedoch auf Nenndrehzahl und tritt ein Unterbruch in einer Zuleitung auf, so kann er auch bei normalem Drehmoment noch weiterlaufen; dabei werden allerdings Strom und Schlüpfung so stark vergrößert, daß die Gefahr des Verbrennens der Wicklung besteht, wenn nicht ein richtig bemessener Überstromschutz den Motor abschaltet. In Abb. 102 ist als Beispiel gezeigt, wie sich Leistung, Drehzahl und Strom eines Motors verhalten, sowohl bei richtigem Anschluß wie bei einphasigem Lauf. Der Motor kann im letzteren Fall noch ca. 80 bis 90% des Nenndrehmomentes durchziehen und nimmt dabei angenähert den doppelten Nennstrom auf. Bei Motoren mit Stern-Dreieck-Anlauf können Verschaltungen in den Verbindungen zwischen Motor und Schaltgerät z. B. Anschluß in ⅄- statt in Δ-Schaltung Anlaufstörungen zur Folge haben.

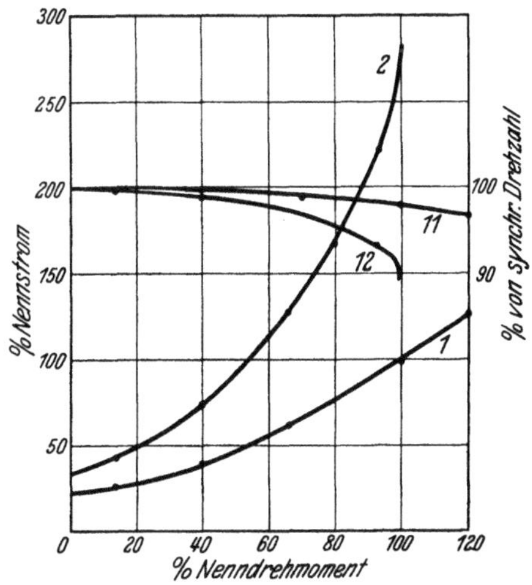

Abb. 102. Ständerstrom *1* u. *2* und Drehzahl *11* u. *12* eines Dreiphasenmotors: 82 kW Nennleistung, 975 U/min. *1* und *11* bei dreiphasigem Anschluß, *2* und *12* bei Unterbruch einer Ständerzuleitung.

b) Netzspannung ist zu niedrig. Asynchronmotoren entwickeln auch bei stark verringerter Netzspannung meist noch ein ausreichendes Drehmoment, sofern im Anlasser genügend Widerstand abgeschaltet wird oder wenn bei Motoren mit Kurzschlußläufer und Stern-Dreieck-Anlassern direkt auf die Dreieckstellung umgeschaltet wird.

Bei Motoren mit Kurzschlußläufer, die mit Anlaßtransformatoren angelassen werden, muß man bei zu tiefer Anlaßspannung nötigenfalls den Anlaßtransformator ändern, indem man eine andere Anzapfung anschließt.

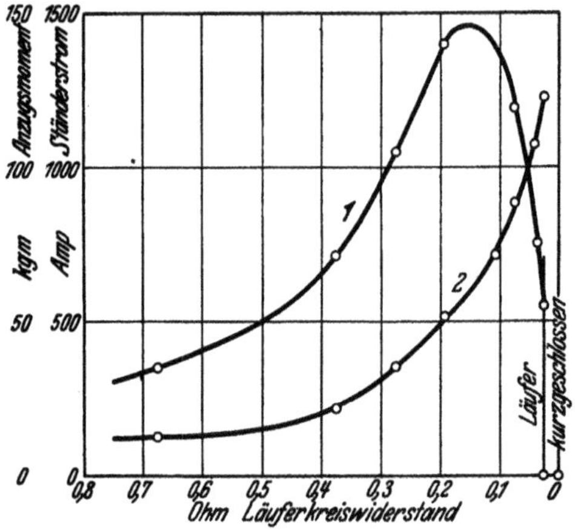

Abb. 103. Anzugsmoment und Ständerstrom eines Drehstrommotors 55 kW, 220 V, 1000 U/min. in Abhängigkeit vom Widerstand des Läuferkreises. *1* Anzugsmoment, *2* Ständerstrom.

c) Unterbruch im Anlasser. Ein Asynchronmotor kann trotz einem Unterbruch in der Zuleitung zum Läuferanlasser noch leer anlaufen; er wird dann bei ungefährer Nennstromaufnahme noch 10 bis 20 % des Nenndrehmomentes besitzen; bei höherer Belastung bleibt der Motor jedoch stehen.

d) Anlasser ist unpassend. Ein Drehstrommotor entwickelt bei einem bestimmten günstigsten Wert des gesamten Läuferwiderstandes sein höchstes Anzugsmoment; ist dieser Wert im Läufer über- oder unterschritten, so muß in beiden Fällen das Anzugsmoment kleiner werden. Abb. 103 zeigt die Abhängigkeit des Anzugsmomentes eines Drehstrommotors vom Widerstand des Läuferkreises. In Abb. 104 sind Drehmoment und Ständerstrom eines Asynchronmotors in Abhängigkeit der Drehzahl bei verschiedenen Läuferwiderständen angegeben. Man ersieht daraus, daß je nach der Größe des Widerstandes auch das höchste Drehmoment bei einer anderen Drehzahl liegt. Die Abbildung erklärt auch, daß die Schaltstromstöße vom Zeitpunkt bzw. der Drehzahl abhängen, bei welcher das Weiterschalten am Anlasser erfolgt. Bei unrichtigem Schalten kann der Motor durch den Überstromschutz ausgeschaltet werden. In dieser Beziehung besteht kein Unterschied zwischen Asynchron- und Gleichstrommotoren.

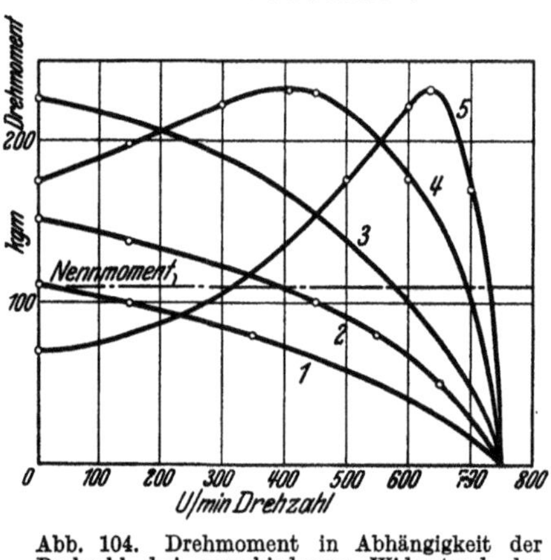

Abb. 104. Drehmoment in Abhängigkeit der Drehzahl bei verschiedenem Widerstand des Läuferkreises eines Drehstrommotors 80 kW, 500 V, 750 U/min. *1* Anlaufdrehmoment bei R_{tot} = 40 × Läuferwiderstand. *2* Anlaufdrehmoment bei R_{tot} = 20 × Läuferwiderstand, *3* Anlaufdrehmoment bei R_{tot} = 6 × Läuferwiderstand, *4* Anlaufdrehmoment bei R_{tot} = 3 × Läuferwiderstand, *5* Anlaufdrehmoment Läufer kurzgeschlossen.

Störungen an Flüssigkeitsanlassern sind unter A. D. 3. beschrieben.

e) Ständer- oder Läuferwicklung ist unterbrochen. Unterbrüche in der Ständer- oder Läuferwicklung haben je nach Schaltung der Wicklung entweder ein Nichtanlaufen oder einen Anlauf mit stark verringertem Drehmoment zur Folge. Ebenfalls können Motoren, je nach der Schaltung ihrer Wicklungen, bei einem Unterbruch im Ständer oder Läufer im Betrieb noch reduzierte Drehmomente durchziehen, allerdings bei vergrößerter Stromaufnahme und erhöhtem Schlupf.

Sind bei Kurzschlußläufern einige Stäbe losgelötet, so kann das Drehmoment ebenfalls verringert und der Anlauf erschwert sein. Losgelötete Spulenköpfe bewickelter Läufer können den Anlauf ebenso verschlechtern, wie auch schlechte Kontakte an der Kurzschlußvorrichtung. Alle diese Fehler machen sich durch periodische Schwankungen des Ständerstromes bemerkbar, welche in Netzen mit kleiner Kapazität sogar zu Schwankungen in der Lichtstärke angeschlossener Lampen führen können. Auch sind stoßartige Brummgeräusche, verbunden mit gleichzeitigen Vibrationen des Motors, welche bei zunehmender Belastung rascher und stärker werden, Anzeichen für Läuferstörungen der beschriebenen Art.

Einphasen-Asynchronmotoren, welche zum Anlauf eine Hilfswicklung und besondere Anlaßgeräte benötigen, können durch Unterbrüche in der Hilfswicklung oder in den zugehörigen Schaltapparaten im Anlauf gestört werden. Nicht selten werden Störungen bei Motoren älterer Ausführung, die zum Anlaufen einen Kondensator mit flüssigem Dielektrikum, eine sog. Flüssigkeitskapazität benützen, durch das Einfrieren oder Verdunsten der Flüssigkeit verursacht.

f) Ständer- oder Läuferwicklung hat Schlüsse. Diese Schlüsse haben ebenfalls das Stehenbleiben des Motors bei Last zur Folge. Während bei einem Windungsschluß im Ständer der Anzug mit geringem Moment noch möglich ist, zieht ein Motor mit einem Windungsschluß im Läufer nicht mehr an; der Läufer läßt sich nur mehr ruckartig bewegen. Es tritt dann meist ein starkes Brummen und vor allem eine starke örtliche Erwärmung auf. Bei einem Läuferschluß schwankt auch der Ständerstrom, wenn der Motor aus dem Stillstand gedreht wird. Ähnliche Erscheinungen entstehen, wenn nicht nur einzelne Windungen oder Lagen, sondern ein ganzer Wicklungsstrang kurzgeschlossen ist, sei es wegen Isolationsfehlern an den Spulen- oder Strangverbindungen oder auch wegen Fehlschaltungen am Klemmenbrett des Ständers.

Bei Drehstrommotoren, die an Netze mit geerdetem Nullpunkt angeschlossen sind, bedeutet ein Eisenschluß eines Wicklungsteiles stets auch einen Kurzschluß.

g) Ständer- oder Läuferwicklung hat Schaltfehler. Diese Fehler kommen am ehesten vor durch falschen Anschluß der Wicklungsableitungen am Klemmbrett. Eine Ständerwicklung kann in Stern statt in Dreieck geschaltet sein, wodurch das Anzugsmoment auf ungefähr ⅓ desjenigen in Dreiecksschaltung verringert wird; dieses Moment genügt nicht immer, unter Last anzulaufen. Bei Motoren, die an verschiedene Spannungen anschließbar sind, können die Schaltverbindungen irrtümlich für eine höhere als die Netzspannung hergestellt sein. Die Folge davon ist ein verringertes Anzugsmoment, da bei Drehstrommotoren das Anzugsmoment quadratisch mit der Klemmenspannung wächst. Auch die falsche Verbindung der drei Stränge nach Abb. 105a statt nach Abb. 105b, wobei Anfang und Ende eines Stranges vertauscht sind, verursacht das Nicht-Anlaufen eines belasteten Motors. Angestoßen geht ein unbelasteter Motor mit einem solchen Schaltfehler meist noch auf Drehzahl; er erzeugt dabei jedoch ein ungewöhnlich starkes Brummen; die Ständerströme sind dabei auch sehr verschieden und betragen schon bei Leerlauf ein Vielfaches des Nennstromes.

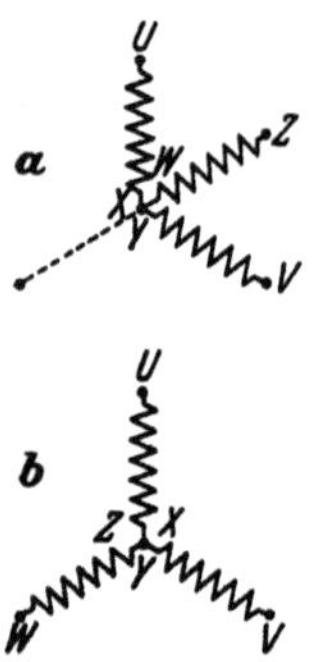

Abb. 105. *a* Falsche und *b* richtige Schaltung einer Drehstromständerwicklung in Sternschaltung.

In ähnlicher Weise machen sich Verschaltungen einzelner Spulen oder Spulengruppen bemerkbar; es tritt ein Brummen auf, das bei parallelen Stromzweigen im Ständer sehr stark und ausgeprägt wird und bis zu unzulässigen Vibrationen des leerlaufenden Motors anwachsen kann.

Die Ermittlung von Verschaltungen im Ständer oder Läufer ist meist ziemlich schwierig. Vor allem sind zur Feststellung des Fehlers Meßinstrumente und eine Stromquelle mit regelbarer Spannung erforderlich. Im Abschn. M. B. 8. wurde auf die Untersuchung solcher Fehler etwas näher eingegangen.

Allen Störungen im Läufer ist die Erscheinung gemeinsam, daß sowohl beim Drehen des stillstehenden Läufers von Hand wie auch im Lauf beträchtliche Schwankungen des Ständerstromes auftreten.

h) Schleifringisolation wird überschlagen. Überschläge an den Schleifringen entstehen vorwiegend, wenn die Zuleitungen zum Anlasser beim Einschalten des Motors unterbrochen sind. Die Voraussetzung hierfür ist jedoch stets eine bestehende Verschmutzung der Isolation zwischen den Schleifringen und Bürstenträgern, z. B. durch Öl, Kohlenstaub, und andern Staub oder das Vorhandensein von Kriechwegen, herrührend von Feuchtigkeit oder chemischen Einflüssen. Bei unachtsamer Wartung können auch direkte Berührungen von Bürstenableitungen vorkommen. In staubigen und schmutzigen Räumen ist eine periodische Reinigung der Isolation zwischen den Schleifringen notwendig. Ölablagerungen an diesen Stellen deuten auf Ölverluste des benachbarten Lagers hin; es ist dann nötig, das Lager daraufhin zu untersuchen.

Starke Ansammlung von Kohlenstaub innert kurzer Zeit hängt mit unrichtiger Kohlensorte, falschem Bürstendruck u. a. zusammen. Solche Störungsursachen und deren Behebung sind im Abschnitt M. D. 7. beschrieben.

Viele Betriebsleute bilden sich beim Auftreten von Schleifringüberschlägen die Ansicht, daß Überspannungen im Einschaltmoment die Ursache der Störung seien. Dem muß entgegengehalten werden, daß beim Einschalten eines Motors, dessen Läufer ordnungsgemäß mit dem Anlasser verbunden ist, im Läufer keine gefährlichen Überspannungen auftreten, welche solche Störungen hervorrufen würden. Es wird stets eine der erwähnten Ursachen dafür zu finden sein.

4. Anlaufstörungen an synchronisierten Asynchronmotoren.

Da diese Motoren wie gewöhnliche Asynchronmotoren anlaufen, treten an ihnen auch ähnliche Anlaufstörungen auf, wie sie vorstehend beschrieben sind. Das Synchronisieren dieser Motoren ist unter M. M. 6. erwähnt.

5. Anlaufstörungen an Synchronmotoren.

Eine Reihe von Ursachen für Anlaufstörungen an Asynchronmotoren sind auch bei Synchronmotoren wieder vorhanden; es handelt sich um die Störungen in der Ständerwicklung, die im Abschnitt M. M. 3. erwähnt sind. Dazu müssen noch die Störungen erwähnt werden, deren Ursache in zu tiefer Anlaßspannung oder beim Läufer liegt.

Bei Synchronmotoren mit ausgeprägten Polen entsteht das Anlaufdrehmoment durch das Zusammenwirken des Ständerdrehfeldes mit den Läuferströmen, welche ihren Sitz entweder in den massiven Polschuhen oder in besonderen Dämpferwicklungen haben, die zum Zwecke der Vergrößerung des Anlaufmomentes in die Polschuhe eingebaut sind.

a) Anlaßspannung ist zu niedrig. Asynchron anlaufende Synchronmotoren erhalten beim Anlauf über einen Anlaßtransformator eine reduzierte, betriebsmäßig meist nicht regelbare Anlaufspannung. Sie beträgt bei leer anlaufenden Synchronmotoren etwa 20 bis 30% der Nennspannung. Bei Motoren, die im Anlauf ein bestimmtes Lastmoment überwinden müssen, liegt die Anlaufspannung je nach der Größe des Momentes zwischen 40 bis 75%.

Die Anlaßspannung kann hierbei nicht beliebig hoch gesteigert werden, sie ist durch die zulässigen Stromstöße begrenzt. Im allgemeinen wählt man die Anlaufspannung so hoch, daß für die schlechtesten Anlaufverhältnisse, kalte Lager und ungünstigste Läuferstellung, noch mindestens 10% Spannungsüberschuß vorhanden sind. Sinkt nun die Netzspannung einer Anlage um etwa 15% oder tiefer, so kann es vorkommen, daß die Maschinen nur noch bei einigen wenigen Stellungen des Läufers oder sogar überhaupt nicht mehr „losbrechen“. Da sofort nach dem Anzug besonders die Lagerreibung stark zurückgeht, kann man im Notfall den Läufer vor dem Einschalten von Hand etwas andrehen, wobei man zweckmäßig etwas Öl auf die Welle in den Lagern gießt. Ist eine dauernd verminderte Netzspannung vorhanden, so wird man am Anlaßtransformator eine höhere Spannungsstufe anschließen. Ist auch diese Maßnahme nicht mehr möglich, so muß entweder der Transformator geändert oder die Maschine z. B. durch Einbau einer Druckölentlastung in die Lager in ihren Anlaufverhältnissen verbessert werden. Durch das Einbringen einer geringen Ölmenge in die Mitte der unteren Lagerschale, mit 20 bis 30 Atm. Druck, kann bei leer anlaufenden Synchronmotoren die nötige Anlaufspannung ganz beträchtlich herabgesetzt werden. Bei Synchronmotoren mit Anlauf unter Last wird diese Anlauferleichterung allein noch nicht immer genügen, um den Anzug zu ermöglichen.

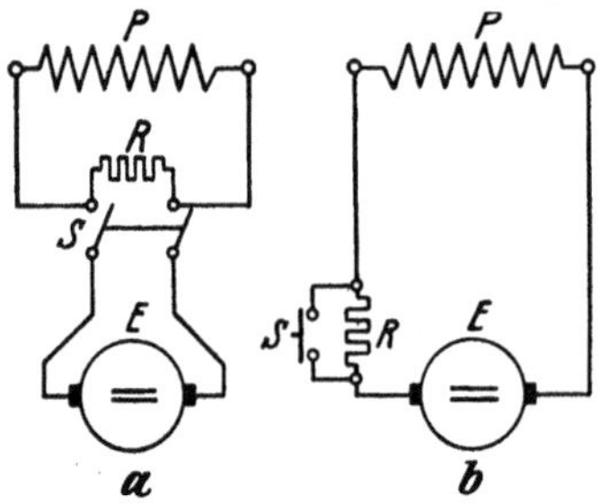

Abb. 106. Neben- und Vorwiderstand zum Polrad beim Anlauf eines Synchronmotors. *P* Polradwicklung, *R* Anlaufwiderstand, *E* Erreger, *S* Schalter.

In seltenen Fällen werden auch kleinere Synchronmotoren nur unter Zwischenschaltung von Anlaßdrosselspulen an die volle Netzspannung gelegt; die Drosselspulen werden dann beim Erreichen der vollen Drehzahl überbrückt. Auch hierbei kann eine stark verminderte Netzspannung die Anlaßspannung zu gering ausfallen lassen. Zur Abhilfe muß alsdann die Reaktanz der Drosselspulen verkleinert werden. Da solche Drosseln fast immer mit Eisenkern und Luftspalt ausgeführt werden, wird dies einfach durch eine Vergrößerung des Luftspaltes erreicht. Fehlt diese Möglichkeit, so muß die Windungszahl der Spule kleiner gemacht werden.

b) Dämpferwicklung hat Unterbrüche. Die Anlaufdämpferwicklungen werden entweder aus Kupfer, Messing oder Bronze hergestellt. Meist sind die Dämpferstäbe mit den Dämpferringen vernietet und hart verlötet. Trotzdem können sich durch die Erwärmung allmählich solche Stäbe lösen, wodurch die Anlaufverhältnisse verschlechtert werden. Auch die Trennstellen einzelner Segmente, aus denen der Ring zusammengesetzt ist, können schlechten Kontakt besitzen oder offen sein und deshalb den Anlauf erschweren.

c) Polradwicklung ist geschlossen. In der Regel laufen Synchronmotoren am besten an, wenn ihre Polradwicklung offen gelassen oder über einen Widerstand geschlossen ist, dessen Wert ein Vielfaches des Wicklungswiderstandes ist. Mit kurzgeschlossenem Läufer fällt der Anlauf meist schlechter aus. Man achte daher darauf, daß die zwischen Polrad und Erreger möglicherweise eingebauten Schalter geöffnet sind. Abb. 106a zeigt das vereinfachte Schema der Anlaßschaltung. Bleibt das Polrad mit dem Erreger während dem Anlauf verbunden, dann

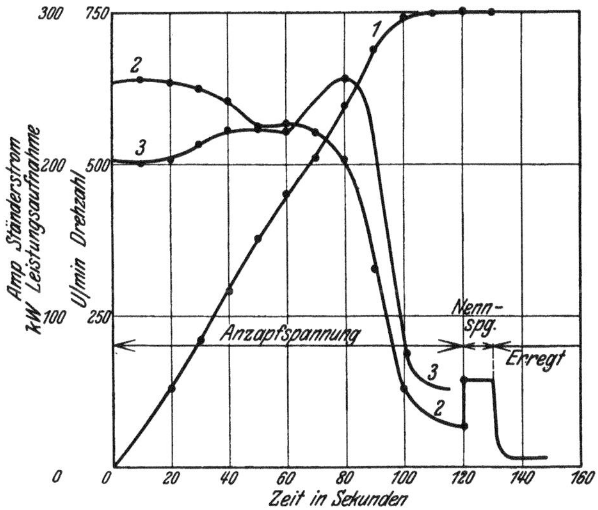

Abb. 107. Anlauf eines 8-poligen Drehstromsynchronmotors, 370 kW. *1* Drehzahl, *2* Ständerstrom, *3* Leistungsaufnahme.

wird meist ein besonderer Anlaufwiderstand hinzugeschaltet, welcher bei erreichter Nenndrehzahl überbrückt wird, nach Abb. 106b.

Auch Windungsschlüsse an einzelnen Polspulen können den Anlauf verschlechtern.

In Abb. 107 sind als Beispiel einige charakteristische Kurven angegeben, die während des Anlaufs eines Synchronmotors zum Antrieb eines Kompressors aufgenommen wurden.

6. Schwierigkeiten beim Synchronisieren von Synchronmotoren.

a) Lastmoment ist zu groß. Ein Synchronmotor kann nur mit einem bestimmten maximalen Lastdrehmoment noch sicher synchronisiert werden. Wird durch irgendeine Störung an der angetriebenen Maschine dieses höchstzulässige Lastmoment überschritten, so wird es nicht mehr gelingen, den Motor in Tritt zu bringen. Eine solche Störungsursache ist z. B. beim Antrieb von Kompressoren oder Gebläsen der schlechte Abschluß der Leitungen auf der Saugseite, wodurch der

Kompressor von Anfang eine gewisse Förderung liefern und den Motor schon auf der Anlaßstufe unzulässig belasten würde. Bei Pumpen können ebenfalls ungenügend geschlossene Schieber diese unerwünschte Vergrößerung des Drehmomentes zur Folge haben.

b) Anlaßspannung ist zu niedrig. Das Synchronisieren eines Motors kann auch durch eine zu kleine Anlaßspannung verhindert werden. Synchronmotoren, welche nur zur Blindleistungserzeugung verwendet werden und daher unbelastet anlaufen, gehen meistens bei erreichter Nenndrehzahl noch auf der Anlaßstufe ohne Erregung, jedoch mit beliebiger Pollage in Tritt.

Ist dies bei zu tiefer Spannung nicht mehr möglich, so kann die Maschine immerhin durch richtiges Erregen noch leicht in Tritt gebracht werden. Anders sind die Verhältnisse bei Synchronmotoren, welche schon im Anlaufen belastet sind und daher bei einsetzender Erregung von einem bestimmten Schlupf aus in Tritt zu werfen sind. Eine zu tiefe Spannung hat hierbei eine unzulässige Schlupferhöhung des noch asynchron laufenden Motors zur Folge; der Motor kann dann nicht mehr synchronisiert werden.

Das Synchronisieren von Synchronmotoren an einem „starren“ Netz geht viel leichter vor sich als an einem „nachgiebigen“ Netz.

Unbelastet anlaufende Synchronmaschinen gehen im allgemeinen bei 15 bis 25% der Nennspannung ohne Erregung in Tritt. Bei belastetem Anlauf liegen die Werte der Spannung für sicheres Synchronisieren bei noch genügend kleinem Schlupf, je nach dem verlangten Gegendrehmoment beträchtlich höher.

Je nach dem gewählten Anlaßverfahren erfolgt der Übergang von der Anlaßspannung auf die volle Spannung in einer oder mehreren Stufen. Das Einschalten der Erregung geschieht im letzteren Falle auf derjenigen Spannungsstufe, auf welcher der Motor vorher ohne Erregung in Tritt gegangen ist. Wenn es die Rücksicht auf die Stromstöße zuläßt, kann sogar nach dem Erreichen der Nenndrehzahl zuerst auf volle Spannung umgeschaltet und hernach erregt werden; man wird jedoch, um den Umschaltstoß zu verkleinern, besser zuerst den Motor synchronisieren und hernach auf volle Netzspannung umschalten.

Ist die Anlaßspannung tatsächlich zu tief und das Synchronisieren unmöglich, dann muß meist eine Änderung am Transformator durchgeführt werden. Dies ist möglich durch die Wahl einer anderen Windungszahl. Meistens ist der Transformator mit zwei und mehreren Anschlüssen versehen, welche eine Erhöhung der Anlaßspannung um 5 bis 10% ermöglichen, wodurch nicht selten eine Abhilfe erreicht wird.

c) Dämpferwicklung hat zu hohen Widerstand. Synchronmotoren für Lastanlauf besitzen zur Erzielung eines genügenden Anlaufmomentes oft statt massiven Polen lamellierte Polschuhe und eine Dämpferwicklung. Wird bei diesen Motoren durch unzulässige Erwärmung, schlechte Kontaktstellen, Bruch von Stäben der Dämpferwicklung, der Widerstand derselben und damit der Schlupf zu groß, so wird dadurch das Synchronisieren erschwert.

d) Pollage des Synchronmotors ist verkehrt. In diesem Fall geht die Synchronmaschine ohne Erregung mit falscher Pollage in Tritt. Man erkennt diesen Zustand daran, daß beim Einschalten der Erregung der Ständerstrom nicht sofort sinkt, um bei $\cos\varphi = 1$ seinen Minimalwert zu erreichen. Der Ständerstrom wächst vorerst sogar mit zunehmender Erregung an, überschreitet einen Maximalwert von 50 bis 100% des Nennstromes und nimmt dann ab, um bei richtiger Erregung ein Minimum zu werden. Im Augenblick, wo der Ständerstrom seinen höchsten Wert erreicht, schlüpft das Polrad um eine Polteilung. Die angegebenen Stromwerte entsprechen einer Anlaßspannung von 30 bis 40% der Nennspannung. Spielt sich dieser Vorgang bei voller Netzspannung ab, so wird der Ständerstrom beim Schlüpfen des Polrades größer als der Nennstrom.

e) Stromstöße beim Anlegen der vollen Netzspannung an den erregten Synchronmotor. Um den Stromstoß beim Umschalten von der Anlaßspannung auf die volle Netzspannung möglichst klein zu halten, ist eine entsprechende Erregung des Motors auf der Anlaßstufe nötig. Dieser günstigste Wert der Erregung liegt in der Nähe der Erregung für Leerlauf bei Normalspannung und für $\cos\varphi = 1$; der Motor ist dabei auf der Anlaßstufe übererregt. Abb. 108 zeigt den beim Umschalten eines unbelasteten Synchronmotors entstehenden Wert des Stromstoßes bei verschieden hoher Erregung. Wichtig ist vor allem, daß das Umschalten ohne oder mit nur sehr kurzer Unterbrechung erfolgt, damit der Motor während des Umschaltens möglichst am Netz angeschlossen bleibt. Schon ein verhältnismäßig kleiner Unterbruch während des Umschaltens genügt, dem Polrad eine beträchtliche Winkelabweichung zu ermöglichen. Diese hängt bei leerlaufenden Synchronmotoren ab von den Verlusten und vom Schwungmoment des Läufers. Laufen Synchronmotoren schon auf der Anlaßstufe mit einem gewissen Lastmoment, so ist dieses letztere für die Größe der Winkelabweichung vorwiegend bestimmend. Die Größe der entstandenen Abweichung bedingt die Größe und Dauer des nachherigen Leistungsstoßes.

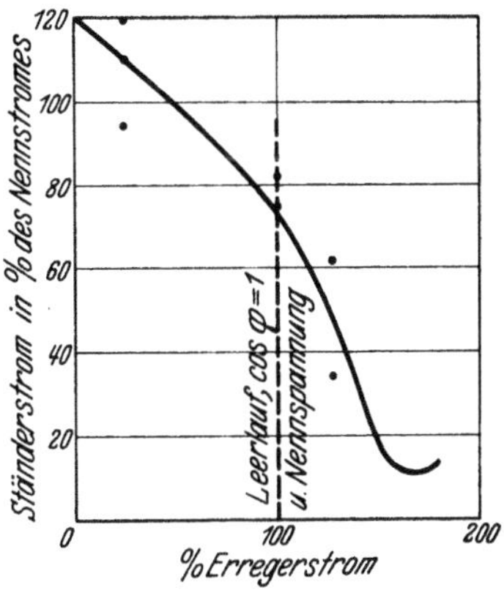

Abb. 108. Abhängigkeit des Umschaltstromstoßes von der Erregung eines leerlaufenden Drehstromsynchronmotors 3000 kVA.

Bei der Anwendung von sog. „Überschalt"-Drosselspulen nach Abb. 99, S. 133, entstehen geringe Umschaltstöße. Hier wird der Motor auf der Zwischenstufe mit offenen Schaltern *1* und *2* über eine Drosselspule an die volle Spannung gelegt; nach Abklingen des Abschaltstromes kann mit Schalter *2* die volle Spannung angeschlossen werden. Hierbei muß auf der Zwischenstufe einige Sekunden gewartet werden, damit sich der Strom entsprechend der neuen Spannung ausbilden kann; hernach kann bei richtig bemessener Drosselspule fast stoßfrei auf volle Spannung geschaltet werden.

Wenn statt Drosselspulen Ohmsche Widerstände verwendet werden, wobei zwischen dem Ausschalten des Anlaßtransformators und dem Kurzschließen des Widerstandes einige Sekunden verstreichen können, der Motor also während dieser Zeit über den Widerstand an der vollen Netzspannung liegt, so kann der Motor zum Pendeln kommen und bei langer Wartezeit und ungünstigster Anpassung des Widerstandes sogar außer Tritt fallen. Bei der Verwendung Ohmscher Widerstände darf daher die Überschaltzeit im allgemeinen nicht mehr als einige Sekunden dauern.

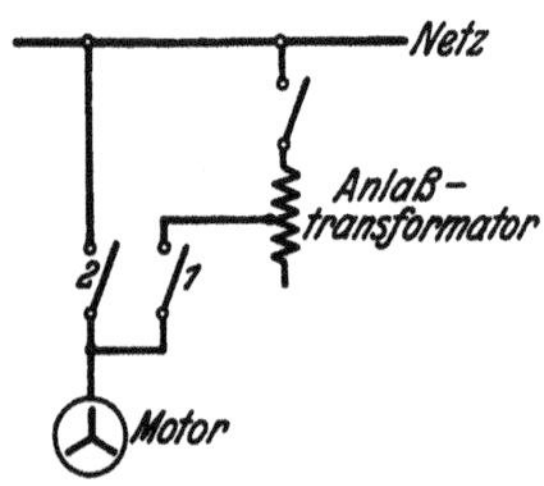

Abb. 109. Anlaßschaltung mit einstufigem Anlaßtransformator.

f) Kurzschlüsse im Anlaßtransformator. Abb. 109 zeigt das einpolige Prinzipschaltbild der Anlaßschaltung eines Synchronmotors oder Umformers mit einstufigem Anlaßtransformator. Meist verwendet man dazu besonders gebaute Anlaßschalter, bei welchen die beiden Apparate: Anlaßschalter *1* und Arbeitsschalter *2*, mechanisch so gekuppelt sind, daß der erstere zwangsläufig ausgeschaltet wird, wenn die Kontakte des letzteren sich berühren. Die Konstruktion der Schalterkontakte ist dabei so getroffen, daß nie beide Schalter gleichzeitig aufliegende Kontakte haben können, wobei ein Kurzschluß über den Anlaßtransformator entstehen würde. Die Schalter besitzen einen Vorkontaktwiderstand zur Sicherung der Umschaltung ohne Stromunterbrechung und zur Vermeidung eines Kurzschlusses des ganzen Transformators. Dieser ist so bemessen, daß im Transformator kein gefährlicher Stromstoß entsteht.

Werden dagegen bloß einzelne, mechanisch nicht zwangsläufig verbundene Schalter als Anlaß- und als Betriebsschalter benützt, so müssen diese Schalter gegenseitig elektrisch verriegelt sein. Bei Störungen in der Verriegelung oder bei unrichtiger Einstellung der Schaltwege an den Schaltern kann dann ein Fehler entstehen, indem die Kontakte des Arbeitsschalters schon direkt berühren, bevor die Kontakte des Anlaßschalters geöffnet wurden oder noch bevor der Lichtbogen in diesem Schalter gelöscht ist. Daraus entsteht ein Kurzschluß des Anlaßtransformators. Die Kurzschlußstromstöße bringen Kräfte hervor, welche die Wicklung deformieren und bei Wiederholungen zerstören können. Bei solchen Störungen muß man also in erster Linie die Arbeitsweise der Schalter prüfen und diese nötigenfalls durch Kürzen der Kontakte oder durch Änderungen der Steuerorgane so verbessern, daß eine gleichzeitige Kontaktgabe des Anlaß- und des Betriebsschalters ausgeschlossen ist. Wie bereits erklärt wurde, ist eine zwangsläufige mechanische Verriegelung der Schalterantriebe das sicherste Mittel zur Verhütung solcher Störungen.

g) Störungen durch Anwurfmotoren. Große Synchronmotoren, welche im Leerlauf als Synchronkompensatoren- oder Blindleistungsmaschinen zur Spannungsregelung durch Blindbelastung dienen müssen, werden häufig durch besondere Anwurfmotoren angelassen. Dazu werden meistens einfache Asynchronmotoren oder synchronierte Asynchronmotoren verwendet. Während der asynchrone Anwurfmotor eine geringere Polzahl als der Synchronmotor aufweist, besitzt hingegen ein synchronisierter Asynchronmotor zu diesem Zweck gleiche Polzahl wie der anzuwerfende Synchronmotor. Asynchrone Anwurfmotoren werden durch Läuferwiderstände auf die richtige Synchronisierungsdrehzahl reguliert; der Synchronmotor wird dann nach Einstellung richtiger Spannung und Phasenlage zum Netz wie ein normaler Synchrongenerator parallel geschaltet. Bei der Verwendung eines synchronisierten Asynchronmotors als Anwurfmotor kann der Synchronmotor ohne weiteres stoßfrei ans Netz geschaltet werden, nachdem der Anwurfmotor mit richtiger Polarität synchronisiert und die Spannung eingestellt wurde. Eine wichtige Bedingung ist hierbei, daß die richtige Kupplungslage zwischen dem Synchronmotor und dem Anwurfmotor schon im Lieferwerk oder bei der Inbetriebsetzung bestimmt, ferner daß auch die Kupplungen in der bezeichneten Stellung zusammengebaut wurden. Auch muß die Erregung des Anwurfmotors und des Synchronmotors selbst mit der ebenfalls anfangs festgelegten und bezeichneten Polarität erfolgen. Ist entweder die Polarität des Anwurfmotorerregers oder des Synchronmotorerregers verkehrt, d. h. Plus- und Minusklemme vertauscht, so darf nicht zugeschaltet werden. Netzspannung und Motorspannung stehen in Phasenopposition, woraus ein gefährlicher Kurzschluß entstehen kann. Zeigt eine Kontrolle der Phasenlagen mittels der Phasenlampen oder Voltmeter eine solche Opposition an, dann muß entweder die Erregerpolarität des Synchronmotors oder des Anwurfmotors verwechselt worden sein; die Korrektur ist einfach. Eine geringe Phasenverschiebung zwischen der Motorspannung und der Netzspannung kann auch entstehen durch eine veränderte Erregung des Anwurfmotors. Die richtige Erregerstromstärke wird ebenfalls bei der Prüfung im Werk oder bei der Inbetriebsetzung bestimmt.

M. N. Störungen im Einzel- und Parallelbetrieb von Gleichstrommotoren.

1. Betrieb ist unstabil.

Gleichstrom-Nebenschlußmotoren haben zwischen Leerlauf und Vollast, bei unveränderter Netzspannung, einen Drehzahlrückgang von 2 bis 10% der Nenndrehzahl. Dieser Wert ist einerseits bestimmt durch die Ohmschen Spannungsverluste im Läuferkreis; das Ansteigen dieser Spannungsabfälle mit zunehmendem Belastungsstrom verursacht die Verkleinerung der Drehzahl. Andererseits bewirkt die mit dem Läuferstrom anwachsende Ankerrückwirkung eine Schwächung des resultierenden magnetischen Flusses und damit wieder eine Erhöhung der Drehzahl. Diese beiden Einflüsse haben also auf die Drehzahl der Motoren eine gegenteilige Wirkung; je nach dem Überwiegen des ersten oder zweiten Einflusses wird die Drehzahl mit der Belastung sinken oder steigen. Zum Beispiel kann bei Nebenschlußmotoren mit Feldschwächung (zum Zweck der Drehzahlregulierung) bei hoher Drehzahl, also bei kleiner Sättigung, der feldschwächende Einfluß der Ankerrückwirkung überwiegen, so daß die Drehzahl mit zunehmender Belastung ansteigt.

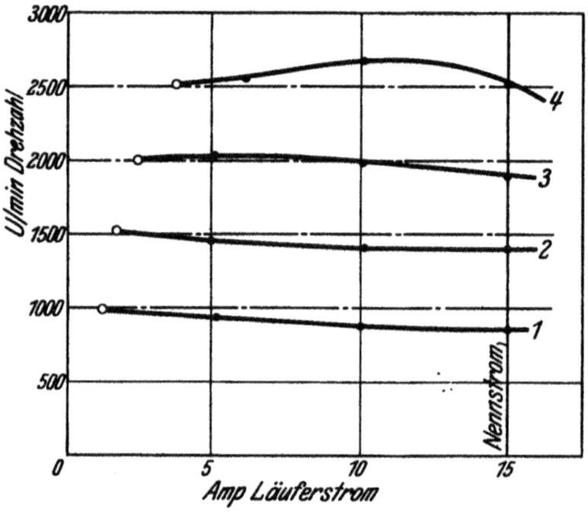

Abb. 110. Drehzahl eines 6 kW Nebenschlußmotors in Abhängigkeit vom Läuferstrom bei Nennspannung. *1...4*: Abnehmende Erregung.

Die Kurven der Abb. 110 zeigen die Drehzahl eines Nebenschlußmotors von 6 kW Nennleistung in Abhängigkeit vom Belastungsstrom bei verschieden starker Erregung der Nebenschlußwicklung. Man ersieht daraus, daß mit zunehmender Feldschwächung der Einfluß der Ankerrückwirkung größer und deshalb der Drehzahlabfall zwischen Leerlauf und Vollast immer geringer wird. Bei weit getriebener Feldschwächung kann sogar eine Steigerung der Drehzahl bei zunehmender Belastung eintreten.

Die verschiedenartigsten Antriebe durch Motoren verlangen meistens bei steigender Drehzahl auch ein größeres Drehmoment. Dieser Bedingung kann ein Motor mit steigender Drehzahlcharakteristik nicht immer genügen; ein stabiler Betrieb ist kaum möglich. Um einen stabilen Antrieb zu erzielen, muß die Drehzahl mit zunehmender

Belastung sinken, damit ein sicherer Schnitt der Kurve des Belastungsdrehmomentes mit der Kurve des entwickelten Drehmomentes möglich ist.

Bei Nebenschlußmotoren mit Wendepolen kann man im allgemeinen die Drehzahl im Verhältnis 1 : 3 bis 1 : 5 durch Feldschwächung regulieren. Die obere Grenze ist meist auch durch die Kommutierung bedingt. Ist eine Regulierung in noch weiteren Grenzen verlangt, so muß die Klemmenspannung des Motors bei unveränderter Nebenschlußerregung, also bei Fremderregung, durch Vorschaltwiderstände oder durch Tieferregulieren der speisenden Spannung herabgesetzt werden. Letzteres wird bei der Leonard-Schaltung oder der Zu- und Gegenschaltung angewendet. Oft wird ein genügender Drehzahlabfall nur durch den Einbau einer feldverstärkenden Hilfskompoundwicklung erzielbar sein. Damit ist dann auch bei starker Feldschwächung ein stabiler Betrieb gewährleistet. Müssen solche kompoundierte Motoren mit wechselnder Drehrichtung arbeiten, so ist es nötig, gleichzeitig mit dem Wechseln der Drehrichtung durch Vertauschen der Anschlüsse zur Magnetwicklung auch die Zuleitungen zur Kompoundwicklung zu vertauschen.

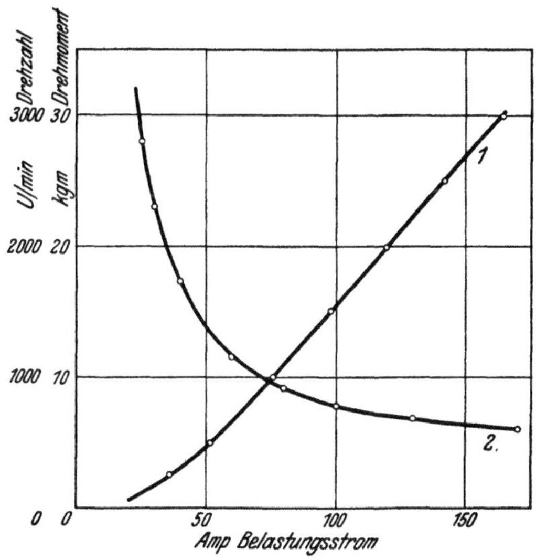

Abb. 111. Drehmoment und Drehzahl eines 13 kW Reihenschlußmotors in Abhängigkeit vom Belastungsstrom. *1* Drehmoment, *2* Drehzahl.

Wenn ein Nebenschlußmotor unstabil arbeitet, indem seine Drehzahl mit zunehmender Belastung ansteigt, so wird die Einstellung einer gewünschten Drehzahl unmöglich. In diesem Fall kann auch durch Vorschub der Bürsten aus der neutralen Zone eine Besserung erreicht werden.

Reihenschluß- oder Hauptstrommotoren, bei welchen der Belastungsstrom die Erregung erzeugt, zeichnen sich durch hohe Anzugsmomente aus. Während die Drehzahl der Nebenschlußmotoren mit zunehmender Belastung nur wenig ändert, sinkt sie bei Reihenschlußmotoren stark. Abb. 111 zeigt die Drehzahl und Drehmomentkurven eines Reihenschlußmotors von 13 kW Leistung in Abhängigkeit vom Belastungsstrom. Wird ein solcher Motor beim Betrieb entlastet, so kann sich seine Drehzahl gefährlich steigern. Die Drehzahlregulierung solcher Motoren erfolgt meist durch Vorwiderstände im Hauptstromkreis, oft auch noch in Verbindung mit Widerständen parallel zur Magnetwicklung. Das Hauptanwendungsgebiet solcher Motoren sind Krane und Fahrzeuge.

Der Doppelschluß- oder Kompoundmotor als Verbindung des Nebenschluß- und des Reihenschlußmotors nähert sich je nach dem Überwiegen der Reihenschluß- oder der Nebenschlußwicklung auch in seiner Charakteristik diesen Motoren.

Ein Kompoundmotor ist durch den Einfluß der Nebenschlußwicklung am Durchbrennen bei völliger Entlastung verhindert. Bei verkehrtem Anschluß der Kompoundwicklung — die Kompoundwicklung muß feldverstärkend wirken — steigen Drehzahl und Strom des Motors mit zunehmender Belastung stark an und ein stabiler Betrieb ist nicht möglich. Wie die richtige Schaltung der Kompoundwicklung festgestellt werden kann, ist im Unterabschnitt M. M. 2. g) angegeben.

2. Drehzahlregulierung ist ungenügend.

Zur Drehzahlregulierung von Nebenschluß- und Kompoundmotoren wird in den meisten Fällen die Änderung des Erregerstromes in der Nebenschlußwirkung benützt. Eine Verkleinerung des Erregerstromes hat einen Anstieg der Drehzahl zur Folge und umgekehrt.

Störungen in der Regulierung äußern sich auf verschiedene Arten. Entweder stellt sich die gewünschte höhere Drehzahl nicht mehr ein, oder die Drehzahl bleibt dauernd zu hoch und läßt sich nicht erniedrigen, oder es treten auf gewissen Stufen starke Stromstöße auf, von denen der Überstromschutz zum Ansprechen gebracht wird.

Wenn die Drehzahl nicht weiter erhöht werden kann, dann muß angenommen werden, daß der Magnetregulator ganz oder teilweise überbrückt ist, sofern nicht eine hohe Überlastung des Motors und zu geringe Spannung vorliegt. Der Fehler kann darin liegen, daß sich einzelne Windungen der Widerstandsspiralen oder ihre Endableitungen berühren.

Wenn die Drehzahl unbeeinflußbar auf dem Höchstwert bleibt, dann muß folgender falsche Anschluß des Magnetregulators vorhanden sein: Die Verbindungen vom Magnetregulator nach den Feldspulen sind an den beiden Klemmen, „Anfang“ und „Ende“, der Widerstandswicklung angeschlossen, Abb. 84, S. 108. Eine Verstellung des Kontaktarmes hat deshalb keinen Einfluß auf den Erregerstrom.

Starke Stromstöße auf bestimmten Stufen des Magnetregulators deuten auf Unterbrüche in demselben hin; entweder sind die Kontakte dieser Stufen abgebrannt und berühren die Kontaktbürste nicht mehr, oder die Anschlüsse zu diesen Stufen sind locker geworden. Um ernsthafte Störungen durch Unterbrüche im Erregerkreis eines Motors zu vermeiden, müssen die Magnetregulatoren einer sorgfältigen Wartung unterstehen. Ein Unterbruch im Erregerkreis kommt netzseitig einem Kurzschluß des Motors gleich und kann das Durchbrennen des Motors zur Folge haben.

Windungs- und Lagenschlüsse einzelner Pole, Kurzschluß oder verkehrter Anschluß einer ganzen Polspule haben ebenfalls eine Störung in der Regulierung zur Folge.

Bei Störungen in der Hauptstromregulierung eines Reihenschlußmotors kann die Ursache im Regulator liegen, sofern Widerstandsregulierung verwendet wird. Ebenso kann bei Leonardschaltung oder bei Zu- und Gegenschaltung der Generatoren die Störungsursache auch im Regulierkreis der stromliefernden Generatoren liegen. Im Regulierwiderstand können Unterbrüche durch angebrannte Kontakte entstanden sein, wobei der Motor beim Erreichen der fehlerhaften Regulatorstellung in der Drehzahl absinkt. Bei Kurzschlüssen im Widerstand ist die Regulierung auf einigen Stufen unwirksam.

3. Stromschwankungen.

Unregelmäßige Schwankungen des Stromes und damit meist auch der Drehzahl können verursacht sein durch stoßweise Veränderungen des Lastdrehmomentes, zeitweises Gleiten der Übertragungsorgane wie Riemen, Seile, Reibungskupplungen. Außer diesen mechanischen Ursachen können Fehler im elektrischen Teil vorliegen, schlechte Kontakte im Erreger- oder Hauptstromkreis des Motors oder Fehler am Bürstenapparat. Nicht selten sind abgebrannte Kontakte an Magnetregulatoren und ungenügend festgezogene Klemmen an Verbindungen der Magnetpole die Störungsursache. Bei solchen Fehlern können die Stromschwankungen so heftig werden, daß der Überstromschutz auslöst. Wenn ein Gleichstrommotor schlecht kommutiert, so kann mit der Zeit eine Zerstörung der Bürstenlauffläche infolge örtlicher Überbeanspruchung eintreten. Damit ist ein starkes Bürstenfeuer verbunden, oft sogar das Erglühen der Bürsten, und als Folge davon treten Schwankungen des Stromes und der Drehzahl auf. Die Bürstenlauffläche zeigt bei einer solchen Störung meistens abwechselnd rußige und blanke Streifen in Richtung der Lamellen, was als „Zonenbildung" bezeichnet wird. Durch ein Überschleifen des Kommutators mit Kunstbimsstein oder einem geeigneten Karborundumstein, bei aufgesetzten Kohlen, gelingt es dann meistens, die Schwankungen für einige Zeit zu beheben. Der verbesserte Zustand dauert jedoch nur solange an, bis das Ausfressen der Bürsten wieder fortgeschritten ist. Bei einer Störung, welche auf die oben angegebenen Ursachen zurückgeführt werden konnte, wurden z. B. Stromschwankungen von $\pm$ 20% des Nennwertes beobachtet. Zur endgültigen Abhilfe muß bei einer solchen Maschine die Kommutation verbessert werden. Wie bei der genaueren Untersuchung vorgegangen werden und wie die Änderung erfolgen soll, ist im Hauptabschn. M. E. eingehender beschrieben.

Beim Antrieb von Papiermaschinen wurde auch schon die Beobachtung gemacht, daß der Papierstaub unter die Bürsten gerissen wurde und die Stromaufnahme vorübergehend störte; es traten ähnliche Erscheinungen auf, wie sie oben beschrieben sind.

4. Lastverteilung im Parallelbetrieb ist ungleich.

Bei gewissen Antrieben, beispielsweise für Druckerpressen, Färbereimaschinen u. a. kann der Fall vorliegen, daß zeitweise zwei und mehrere Motoren elektrisch und mechanisch parallel arbeiten müssen. Dabei besteht die Bedingung, daß die einzelnen Motoren einen ihrer Nennleistung entsprechenden Anteil der Belastung aufzunehmen haben. Damit dies erreicht wird, muß die Leerlaufdrehzahl und die Drehzahländerung zwischen Leerlauf und Vollast der Motoren die gleiche sein. Gleiche Drehzahlen in Leerlauf lassen sich entweder durch geeignete Vorwiderstände zur Magnetwicklung oder durch Abgleichen der Luftspalte einstellen. Sind die Motoren mit Nebenschlußregulierung oder zudem noch mit Hauptstromregulierung versehen, dann müssen die einzelnen Stufen der Regulierwiderstände einander angepaßt werden. Die Drehzahlabfälle kann man meist durch Bürstenverschiebung genügend genau einstellen.

5. Pendelungen.

Beim Zusammenarbeiten einzelner Gleichstromgeneratoren und Nebenschlußmotoren mit Wendepolen treten bisweilen Pendelungen des Stromes und der Drehzahl auf, die mit geringen Schwankungen beginnen und innert kurzer Zeit so stark werden, daß die Schalter auslösen und die Gefahr des Durchgehens der Motoren besteht. Die Störung tritt dann auf, wenn der Motor unstabil ist, d. h. mit zunehmendem Drehmoment auch seine Drehzahl steigt. Dies kann besonders bei Motoren eintreten, welche zur Drehzahlregelung mit starker Feldschwächung arbeiten, wie bereits früher angegeben wurde. Auch zurückverschobene Bürsten oder Bürsten die nur auf der auflaufenden Kante anliegen, können diese Störung begünstigen. Zur Abhilfe verschiebt man die Bürsten im Drehsinn, und zwar solange, bis eine genügende Stabilität erreicht ist. Sie wird meistens erreicht sein, wenn der Drehzahlabfall zwischen Leerlauf und Vollast 2 bis 5% beträgt.

Kann man die Bürsten aus Rücksicht auf die Kommutation nicht so weit verschieben, dann läßt sich eine sichere Abhilfe durch das Aufbringen einer feldverstärkenden Hauptstromwicklung am besten erreichen; meist genügen 1 bis 3 Windungen pro Pol. Behelfsmäßig kann man eine solche Wicklung aus einem leicht zu beschaffenden isolierten Leiter herstellen und hat dafür zu sorgen, daß die aufeinanderfolgenden Pole abwechselnd links- und rechtsgängig bewickelt werden. Die richtige Schaltung der Kompoundwicklung prüft man in der schon früher angegebenen Weise, siehe M. M. 2. g).

M. O. Störungen im Einzel- und Parallelbetrieb von Asynchron- und Synchronmotoren.

1. Stromschwankungen von Asynchronmotoren.

Neben den Stromschwankungen, die im Zusammenhang mit der Belastung stehen, treten bei Asynchronmotoren außerdem Schwankungen des Ständerstromes auf, die vom Läufer des Motors verursacht sind. Als Störungsursachen können vorhanden sein: Losgelötete Spulenköpfe an gewickelten Läufern, gelöste Verbindungen zwischen Kurzschlußringen und Stäben an Kurzschlußläufern; schlechte Kontakte in der Kurzschlußvorrichtung, ungenügender Kontakt der Bürsten eines Schleifringes bei Motoren mit dauernd aufliegenden Bürsten. In Verbindung mit den Stromschwankungen treten hierbei noch meistens periodische Vibrationen und brummende Geräusche auf, deren Frequenz mit zunehmender Belastung und wachsendem Schlupf größer wird; bei Leerlauf sind die Schwankungen hingegen gering und sehr langsam. Unter dem Einfluß der Vibrationen werden nicht selten die Lager ausgeschlagen.

Bei Kurzschlußläufern mit gegossenen Kurzschlußringen kann dieser Störungsfall auftreten, ohne daß oberflächlich schlechte Kontaktstellen sichtbar sind. Erst beim Öffnen der Ringe kann man feststellen, daß die Kontaktstellen im Ring stark oxydiert sind. Zur Ausbesserung müssen schlechte Kontaktstellen neu gelötet werden; bei gegossenen Kurzschlußringen ist dies meist nicht möglich; die richtige Behebung des Fehlers ist nur durch Neubewicklung zu erreichen.

Schlechte Kontakte an den Kurzschlußvorrichtungen entstehen besonders häufig in staubigen Betrieben, z. B. in Zement- und Papierfabriken. Die Motoren laufen in diesen Werken oft unter äußerst schweren Bedingungen; die Verstaubung aller Motorteile ist sehr stark, sogar an den Kontaktstellen der Kurzschlußvorrichtungen lagern sich Staubschichten an. Wenn diese Kontaktstellen zudem gefettet sind, können sich darauf einzelne isolierende Flächen bilden. Die wirksamen Kontaktflächen werden dadurch stark verringert, so daß im Dauerbetrieb durch die fortschreitende Erwärmung schließlich die Kontakte ausglühen können. Die Folge ist ein verringerter Kontaktdruck, steigende Erhitzung und zuletzt das Verschmoren der Kontakte. Starke Anhäufung von Staub auf Kontaktflächen kann sogar zur Abhebung der Kontakte bei ihrer Betätigung führen. Bei beobachteten Stromschwankungen an Motoren mit Schleifringläufer wird man daher den Zustand der Kontakte an der Kurzschlußvorrichtung prüfen, allfällig verschmorte Kontakte reinigen und nötigenfalls ersetzen. Das Einpassen solcher Kontakte muß mit Sorgfalt durchgeführt werden.

An Schleifringen können schlechte Stromübergangsstellen entstehen, durch das Festklemmen der Bürsten im Halter oder durch die Abnützung der Bürsten.

2. Lastverteilung beim Parallelbetrieb von Asynchronmotoren ist ungleich.

Bei Antrieben mit parallel arbeitenden Asynchronmotoren mit kurzgeschlossenen Läufern kann sich die Belastung ungleich verteilen, wenn z. B. die Treibriemen gleiten oder wenn die Übersetzungsverhältnisse der Antriebsorgane nicht übereinstimmen. Eine bei allen Belastungen gleichmäßige Lastverteilung läßt sich nur mit solchen Motoren erreichen, welche bis zum Nennbetrieb gleichen Schlupf besitzen. Sind diese stark voneinander abweichend, so kann eine gleichmäßige Lastverteilung bei nur einem bestimmten Wert der Belastung erreicht werden, indem die Übersetzung des Antriebes, z. B. der Riemenscheiben oder Zahnräder, entsprechend gewählt wird.

Bei zusammenarbeitenden Asynchronmotoren mit Drehzahlregulierung durch Widerstände im Läuferkreis, bei denen die Lastverteilung ungleichmäßig ist, muß entweder eine fehlerhafte Abstufung der Widerstände oder eine Störung an den Widerständen vorliegen: Kurzschluß zwischen benachbarten Widerstandsstufen, abgebrannte Kontakte des Regulierschalters u. a. Ist eine fehlerhafte Abstufung vorhanden, so bestimmt man am einfachsten die richtige Abstufung mit behelfsmäßig eingebauten Widerständen und stuft hernach die richtigen Widerstände an Hand der Versuchsergebnisse ab.

3. Pendelungen und Außertritt-Fallen von Synchronmotoren.

Wird ein Synchronmotor plötzlich entlastet, so muß das Polrad, dessen Lage vom Belastungszustand der Maschine abhängt, eine neue Lage einnehmen, welche den Leerlaufverhältnissen entspricht; es muß eine Lagenverschiebung im Drehsinn ausführen. Unter der Wirkung des Ständerstromes und der Schwungmassen kann seine neue Einstellung nicht sofort zustande kommen, sondern es führt noch einige Pendelungen aus, welche an den Instrumenten — Strom- und Leistungsmessern — bemerkt werden können. Infolge der Verluste, besonders in den massiven Polschuhen und in der Dämpferwicklung, die hierbei entstehen, klingen diese Pendelungen meist rasch ab.

Pendelungen können außer bei rascher Änderung der Belastung auch bei Belastungsstößen auftreten, z. B. bei Motorgeneratoren im Falle von Kurzschlüssen im Netz der angetriebenen Maschinen sowie bei Kurzschlüssen im speisenden Netz. Bei leerlaufenden, als Phasenschieber arbeitenden Synchronmotoren, sind solche Pendelungen ebenfalls möglich, jedoch meist nur dann, wenn mit Gegenerregung gearbeitet und diese so weit getrieben wird, daß der Kippunkt nahezu erreicht wird.

Außer diesen Eigenschwingungen können auch erzwungene Schwingungen durch die angetriebene Maschine erregt werden in Fällen, wo ein Synchronmotor zum Antrieb von Kolbenmaschinen benutzt wird. Die Verhältnisse sind dann dieselben wie sie im Unterabschn. M. K. 4. d) schon beschrieben sind.

Bei starken Spannungs- und Frequenzschwankungen, die z. B. bei Kurzschlüssen im Netz auftreten, wie auch bei mechanischer Überlastung oder bei unrichtiger Erregung können Synchronmotoren außer Tritt fallen. Meist werden zwar belastete Synchronmotoren mit ausgeprägten Polen, sofern sie richtig erregt sind, bei rasch verlaufenden Spannungsänderungen doch in Tritt bleiben. Das „Kippen“ tritt eher ein, wenn mit dem Schwanken der Spannung gleichzeitig noch Frequenzabweichungen auftreten, besonders dann, wenn nach einer Frequenzerniedrigung eine rasche Frequenzsteigerung eintritt. Von wesentlichem Einfluß auf das Verhalten des Motors ist die Größe der zu beschleunigenden Schwungmassen und des Lastdrehmomentes. Leerlaufende Synchronmotoren mit ausgeprägten Polen, die als Phasenschieber arbeiten, ertragen oft sogar in stark untererregtem Zustand noch Frequenz- und Spannungsänderungen von 10 und mehr Prozent, ohne daß das Kippen eintritt. Während ein belasteter Synchronmotor bei solchen Schwankungen meist ganz außer Tritt fällt und seine Drehzahl zurückgeht, findet bei leerlaufenden Synchronmotoren oft nur ein Schlüpfen um eine Polteilung statt.

4. Erregung und Belastbarkeit von Synchronmotoren.

Je stärker ein Synchronmotor erregt ist, um so höher kann er überlastet werden. Verringert man die Erregung bei unveränderter Leistungsabgabe, so fällt er bei einer bestimmten Untererregung außer

Tritt. Je kleiner die mechanische Belastung des Motors ist, um so tiefer kann die Untererregung gehen, bis das Kippen eintritt.

In Abb. 112 sind von einem Synchronmotor von 830 kW Nennleistung mit ausgeprägten Polen sog. V-Kurven — Ständerstrom in Abhängigkeit von der Erregung — für verschiedene konstante Belastungen aufgetragen. Es sind nun bei den einzelnen Belastungen diejenigen Werte der Erregung eingezeichnet, bei welchen das „Kippen" eintritt. Man entnimmt daraus z. B., daß bei einer Erregung, die für Nennlast und $\cos\varphi = 1$ nötig ist, der Motor auf ungefähr 50% über Nennleistung belastet werden kann, bis er außer Tritt fällt. Abb. 113 zeigt die gleichen charakteristischen Kurven und Kippunkte eines synchronisierten Asynchronmotors von 1070 kW Nennleistung.

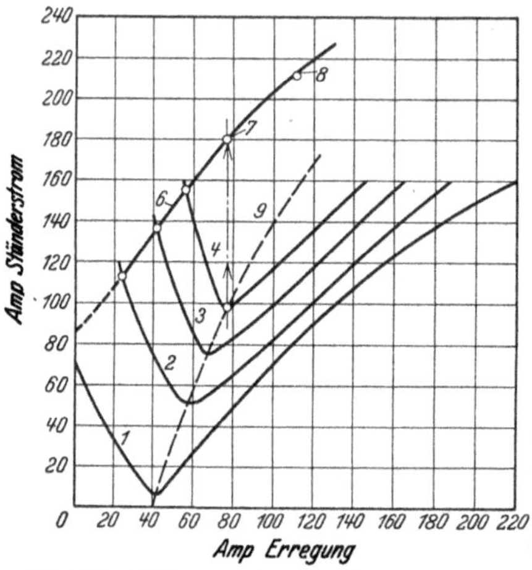

Abb. 112. V-Kurven eines Synchronmotors mit ausgeprägten Polen mit 830 kW Nennleistung bei Nennspannung. *1* bei Leerlauf, *2* bei $^2/_4$ Nennlast, *3* bei $^3/_4$ Nennlast, *4* bei $^4/_4$ Nennlast, *6* Kippgrenze, *7* Kippunkt bei $^6/_4$ Nennlast, *8* Kippunkt bei $^7/_4$ Nennlast, *9* Erregung für $\cos\varphi = 1$.

Die Kurven *6* der Abb. 112 und 113 verbinden diejenigen Punkte niedrigster Erregung, auf welchen die Motoren bei verschiedenen Belastungen außer Tritt fallen.

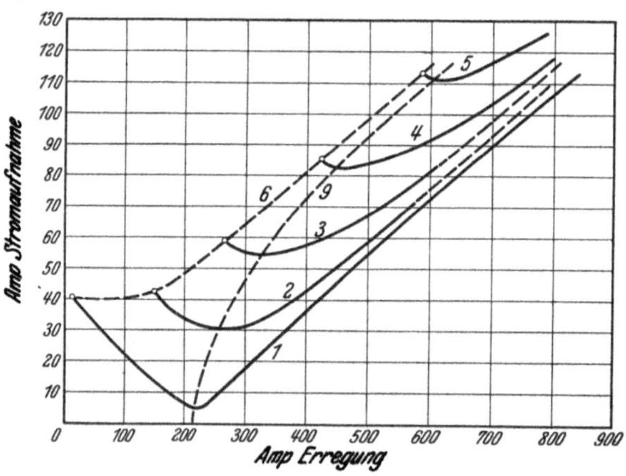

Abb. 113. V-Kurven eines synchronisierten Asynchronmotors 1070 kW Nennleistung bei Nennspannung. *1* bei Leerlauf, *2* bei $^1/_4$ Nennlast, *3* bei $^2/_4$ Nennlast, *4* bei $^3/_4$ Nennlast, *5* bei $^4/_4$ Nennlast, *6* Kippgrenzkurve, *9* Erregung für $\cos\varphi = 1$.

Synchronisierte Asynchronmotoren mit Volltrommelläufer ertragen bei konstanter Leistungsabgabe nicht so starke Stromüberlastungen wie Synchronmotoren mit ausgeprägten Polen. Sie haben jedoch die vorteilhafte Eigenschaft, nach dem Außertrittfallen im asynchronen Zustand weiter zu laufen und nach dem Verschwinden der Überlast wieder selbst zu synchronisieren.

Sind bei Antrieben mit Synchronmotoren starke Belastungsstöße zu erwarten — erwähnt sei als Beispiel der Antrieb von Holzschleifern in Papierfabriken —, so empfiehlt es sich, den Motor stets in übererregtem Zustand zu halten. Die Grenze der zulässigen Übererregung wird durch die zulässige Erwärmung festgelegt. Bei solchen Motoren ist auch die Anwendung geeigneter Schnellregler für die Erregung zu empfehlen. Die Übererregung von Synchronmotoren wird außerdem auch benützt zur Verbesserung des Leistungsfaktors elektrischer Netze.

Bei leerlaufenden, als Phasenschieber arbeitenden Synchronmotoren kann die Erregung sehr stark geschwächt werden, ohne daß der Motor außer Tritt fällt. Phasenschieber mit ausgeprägten Polen ertragen meist eine Gegenerregung und kippen oft erst dann, wenn die „negative" Erregung Werte bis zu 20% der Erregung für $\cos\varphi = 1$ erreicht. Senkt man bei solchen Motoren die Erregung langsam auf Null ab und steigert man sie in negativem Sinne langsam wieder, so wird man vor dem Kippen des Motors langsame Schwankungen des Erregeramperemeters beobachten: der Motor pendelt. Bei der Grenzerregung angelangt, gleitet der Läufer ohne großen Stromstoß und ohne beträchtliche Vibrationen oder Geräusche in die neue Pollage, für welche dann die eingestellte Erregung wieder positiv ist. In diesem Zustand läuft der Motor weiter.

5. Lastverteilung bei mechanischem und elektrischem Parallellauf des Synchronmotors.

Wenn in sehr seltenen Fällen zwei Synchronmotoren am gleichen Netz liegen und auch gemeinsam auf eine Belastungsmaschine arbeiten, dann müssen die Polräder genau gleiche Lage haben. Man muß also schon beim Aufkeilen der Polräder oder Kupplungen diese Forderung beachten und bei einer möglichen Demontage der Läufer die gegenseitige Lage der Kupplungshälften bezeichnen. Die Aufteilung der Blindleistung ist allein durch die Beeinflussung der Erregung möglich. Die gleichen Verhältnisse sind auch bei parallelen Umformergruppen vorhanden, die aus Synchronmotoren und Generatoren bestehen und auf der Motor- und Generatorseite parallel laufen müssen. Wenn die beliebige Verteilung der Wirkleistung zwischen solchen Gruppen gefordert ist, muß der Ständer einer der beiden Maschinen in jeder Gruppe drehbar angeordnet werden.

M. P. Brandschutz und Brandlöschung.

Um die Entstehung von umfangreichen Wicklungsbränden möglichst zu verhüten, sind in erster Linie sichere Schutzapparate nötig, welche schon beim Entstehen des Brandes — z. B. durch Eisen- und

Windungsschlüsse — die gefährdete Maschine sofort vom Netz abtrennen und rasch entregen. Diese Schutzeinrichtungen sind im Hauptabschn. A. F. erwähnt.

Durch einen entstehenden Lichtbogen können die Isoliermaterialien entzündet werden. Da manche Wicklungsteile, besonders Spulenköpfe, reichlich von Kühlluft bespült sind, kann sich das Feuer auch nach dem Erlöschen des Lichtbogens weiter ausbreiten. Ein Brand kann wirksam bekämpft werden, indem ein unbrennbares Gas in die Kühlluft eingeführt wird. Nach Stäger[1] muß eine moderne Brandschutzanlage folgenden Bedingungen genügen:

a) „Der Sauerstoffgehalt der umlaufenden Gasmenge muß so weit verringert werden, daß keine selbständige Verbrennung der Baustoffe mehr möglich ist.

b) Die Verringerung des Sauerstoffgehaltes muß so schnell vor sich gehen, daß möglichst nur die unvermeidliche Zerstörung durch den Kurzschlußlichtbogen vor sich gehen kann und eine selbständige Verbrennung der Baustoffe gar nicht erst eintritt.

c) Die Brandstelle muß möglichst rasch stark abgekühlt werden, so daß keine brennbaren Gase aus den organischen Isolierstoffen mehr entwickelt werden können. Die Selbstentzündungstemperatur muß möglichst rasch unterschritten werden.

d) Der Sauerstoffgehalt muß so lange niedrig gehalten werden und die Brandstelle muß so gekühlt sein, daß der Brand nicht durch Nachglimmen wieder aufleben kann.

e) Das Löschmittel darf die Baustoffe der Maschine nicht schädigen oder zerstören.“

Als Gase, die diese Bedingungen erfüllen und leicht in das Kühlluftsystem eingebracht werden können, haben sich vor allem Kohlensäure und Stickstoff bewährt.

Bei der heute besonders bei Großgeneratoren angewandten geschlossenen Kühlung kann die Frischluftzufuhr im Brandfalle rasch unterbrochen werden. Die Klappen in den Kühlluft-Zu- und -Ableitungen werden dabei elektromagnetisch geschlossen, meist gleichzeitig mit dem Öffnen der Gasflaschen; die Betätigung der Schließvorrichtung erfolgt entweder mittels Schutzrelais oder von Hand mittels Druckknopf.

Bei Maschinen ohne diese Vorrichtung müssen Handfeuerlöscher verwendet werden, welche das Löschmittel entweder als Pulver, in flüssiger Form oder als Schaum oder Schnee in den Brandherd werfen. Sie bezwecken die Bildung einer Sauerstoff abhaltenden Gashülle um das Brandobjekt. Von diesen Löschmitteln sind die folgenden Eigenschaften zu fordern:

[1] Stäger: Elektrotechnische Isoliermaterialien (1931), S. 122 und 285.

1. Nichtleitend, auch bei geringen Strahllängen, um den Löschenden gegenüber spannungsführenden Maschinen und Anlageteilen nicht zu gefährden. 2. Nicht korrodierend. 3. Frei von leitenden oder zersetzenden Stoffen, welche die Isolation durchtränken. 4. Keine Bildung giftiger Gase und Dämpfe, welche die Löschenden gefährden.

In elektrischen Betrieben werden von den chemischen Flüssigkeitslöschern vorwiegend die Tetrachlorkohlenstoff enthaltenden angewendet, deren Strahl schlecht leitend ist. Gegenüber diesem Vorteil ist die Bildung von giftigem Phosgengas sehr nachteilig; es kann den Löschenden sehr gefährlich werden. Beim Gebrauch dieser Löscher, besonders in engen Räumen, ist daher die größte Vorsicht und die Anwendung von Gasmasken geboten. Es bildet sich auch als Reaktionsprodukt Salzsäure und außerdem sind die zur Druckerzeugung im Behälter angewandten Chemikalien als Elektrolyte vorhanden. Alle diese Elektrolyte machen besonders mit Feuchtigkeit zusammen die Isolation leitend, indem sie z. B. unter die Umhüllung von Spulenköpfen dringen. Zudem rufen sie an Metallen, beispielsweise am aktiven Eisen, sehr große Korrosionen hervor. Ähnliche schädliche Nachwirkungen haben alle Löscher, die Elektrolyte entweder als Druckerzeuger oder als Löschmittel verwenden. Die nachträglichen Schäden sind oft größer als der Brandschaden selbst; es mußte schon nach der Anwendung solcher Löschmittel die ganze Wicklung neu isoliert und das aktive Eisen umgeblecht werden.

Gewisse kohlensäurehaltige Feuerlöscher mit Schaum- und Schnee-Erzeugung besitzen diese schädlichen Nebenwirkungen nicht; sie ergeben jedoch einen zu kurzen Strahl, so daß oft der Brandherd nicht wirksam genug bestrichen wird, wenn nicht ganz nahe heranzukommen ist. Außerdem ist der Strahl leitend, wenigsten so lange, als er zusammenhält.

Mit Wasser ist wohl eine intensive Brandbekämpfung möglich, die Gefahr für den Löschenden ist dabei jedoch zu groß, falls unter Spannung stehende Anlageteile mit dem Wasserstrahl berührt werden können. Die Schädigung der Isolation durch Wasser ist gering; mit der notwendigen Sorgfalt ist eine gute Trocknung durchaus möglich. Eisenteile können wohl zu rosten beginnen, die Gefahr für die Maschine ist jedoch gering bei rasch vorgenommener Trocknung durch Warmluft. Besonders an noch betriebswarmen Maschinen ist eine starke Rostbildung nicht leicht möglich.

Für die Löschung von Ölbränden kommen vor allem Schaum- und Schnee-Löschverfahren zur Anwendung. Wasser darf nicht direkt auf brennende Ölschicht gespritzt werden, da es sich zersetzt und Knallgas bildet, wobei große Stichflammen entstehen. Wasser kann nur nützlich verwendet werden, um die Temperatur der den Brandherd umgebenden Eisenteile, Transformatorenkessel u. a. herabzusetzen und die weitere Wärmezuleitung an das Öl von außen her abzusperren.

M. Q. Reinigung und Wartung der Maschinen.

Über die Reinigung und den Unterhalt der einzelnen Maschinenteile wurde schon im Zusammenhang mit der Behandlung der einzelnen Störungen geschrieben, so daß es sich erübrigt, zusammenhängend nochmals darauf zurückzukommen. Die Häufigkeit der periodischen Teil- oder Ganz-Revisionen von Maschinen richtet sich nach den Betriebsverhältnissen der Maschine und den Aufstellungsräumen. Häufigere Reinigungen sind hauptsächlich nötig bei Maschinen, welche in stark staubiger Umgebung arbeiten, wie in Holzbearbeitungsanlagen, Walzwerk-, Förderbetrieben, chemischen Anlagen. Besonders schädlich sind eingedrungener Kohlen- und Eisenstaub wie auch Öl und chemische Dämpfe. Abschnitt S. C. 4. gibt nähere Anleitungen über die Reinigung verschmutzter Wicklungen. Selbstverständlich kann durch eine sorgfältige Wartung der Maschinen mancher Schaden verhütet werden. Es ist immer zu bedenken: „Vorbeugen ist leichter als Heilen.“ Zu den Vorbeugungsmaßnahmen sind auch alle Schutzeinrichtungen gegen Über-Spannungen und -Ströme zu zählen, welche entstehende Schäden frühzeitig begrenzen, indem sie z. B. die betroffene Maschine vom Netz abtrennen und entregen oder auch eine Brandlöschvorrichtung einschalten, wie etwa bei neuzeitlichen Großgeneratoren. Die richtige Auswahl und der Betrieb der Schutzvorrichtungen für elektrische Maschinen ist in mehreren Hauptabschnitten des Kapitels „A“ (Apparate) besprochen.

T (Transformatoren).

Krankheiten der Transformatoren.

T. A. Übererwärmung.

„Der Transformator ist zu warm“ heißt für den Betriebsmann meistens dasselbe, was die Tatsache: „Der Mensch hat Fieber“ dem Arzt bedeutet. Während aber beim Mensch der Fieberzustand sich durch das Überschreiten einer bestimmten unveränderlichen Normaltemperatur anzeigt, kann beim Transformator ein „Fieberzustand“ nicht so einfach festgestellt werden. Seine Normaltemperatur ist veränderlich, und zwar abhängig von der Belastung und von der Temperatur und der Menge des Kühlmittels. Es ist notwendig, daß man diese Temperatur des gesunden Transformators bei den gegebenen Verhältnissen jeweils angenähert kennt, wenn mit Hilfe des Thermometers die Erkrankung festgestellt werden soll.

1. Zulässige Erwärmung des gesunden Transformators.

Es ist einfacher, wenn im folgenden nicht die Temperatur selbst betrachtet wird, sondern die Erwärmung, d. i. der Unterschied zwischen der Temperatur eines Transformatorteiles und der Temperatur des hinzutretenden Kühlmittels.

a) Öltransformatoren. Hier können wir uns ganz auf die Betrachtung der Ölerwärmung beschränken. Alle Mehrverluste bei einem vorhandenen Defekt werden ja durch das Öl abgeleitet. Nur ein sehr kleiner Teil der Großtransformatoren ist mit Einrichtungen versehen, die während des Betriebes die Erwärmung von Einzelteilen des Transformators zu messen gestatten.

Die Ölerwärmung im Transformator darf nach den VDE-Vorschriften 60^0 C nicht überschreiten. Diese Vorschrift gilt unter der Voraussetzung, daß die Kühlmitteleintrittstemperatur bei Luftkühlung höchstens 35^0 C, bei Wasserkühlung höchstens 25^0 C beträgt. Viele Transformatoren sind jedoch so bemessen, daß die Ölerwärmung bei Vollast weniger als 60^0 C beträgt, mit Rücksicht auf das Temperaturgefälle zwischen Wicklung und Öl oder auf eine gesteigerte Höchsttemperatur des Kühlmittels. Der richtige Wert der Erwärmung bei normaler Kühlmittelmenge wird vom Ersteller wohl immer angegeben.

Da der Transformator aber nicht immer voll belastet ist, soll auch für andere Belastungszustände die Ölerwärmung ungefähr bekannt sein. Bei vielen Transformatoren wird der tägliche Verlauf der Belastungen und damit der Erwärmung nach einer periodischen Kurve vor sich gehen. Der Betriebsmann wird daher gut tun, bald nach der Inbetriebsetzung für diese charakteristischen Belastungsverläufe die Erwärmung festzustellen und die gemessenen Öl- und Kühlmitteltemperaturen aufzuzeichnen. An Hand solcher Kurven besitzt er dann jederzeit eine brauchbare Kontrollmöglichkeit über den Transformator.

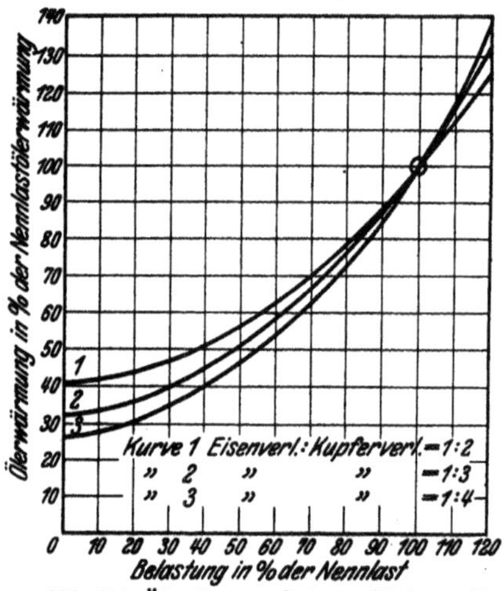

Abb. 114. Ölerwärmung bei verschiedenen Belastungen.

Als weiterer Anhaltspunkt für die Erwärmung bei konstanter Belastung dient die graphische Darstellung der Ölerwärmung in Abhängigkeit von der Dauerbelastung nach Abb. 114. Zu berücksichtigen ist jedoch bei ihrer Benützung, daß bei einer Änderung der Belastung die Öltemperatur nur langsam folgt. Es wird bei den meisten Transformatoren mit natürlicher Kühlung 8 bis 10 Stunden, bei Transformatoren mit Wasserkühlung 5 bis 7 Stunden dauern, bis Erwärmung und Belastung nach einer Belastungsänderung wieder nach den Kurven direkt vergleichbar sind.

b) Trockentransformatoren. Hier darf nach den VDE-Vorschriften die Erwärmung der imprägnierten Wicklung 60° C nicht überschreiten. Sofern die Wicklungserwärmung nicht durch eingebaute Temperaturmeßeinrichtungen direkt ermittelt werden kann, was verhältnismäßig selten und nur bei Großtransformatoren der Fall sein dürfte, bleibt nur die Kontrolle der Kühllufterwärmung übrig. Bei natürlicher Luftkühlung kann jedoch die Luftmenge durch Wind, offene oder geschlossene Türen oder Fenster stark geändert werden. Umgekehrt proportional zur Luftmenge ist aber die Lufterwärmung. Die Kontrolle des Transformators durch eine Messung der Lufterwärmung kann deshalb sehr unsicher ausfallen. Nur in gleichmäßig belüfteten Transformatorräumen ist sie bei genauer Beobachtung der Verhältnisse im ganzen Luftweg zuverlässig.

2. Abnormale Erwärmung des gesunden Transformators.

Wird eine abnormale Erwärmung festgestellt, so suche man die Ursache zuerst außerhalb des Transformators. Es besteht die Möglichkeit, daß die Kühlmittelmenge ungenügend ist. Bei natürlicher Kühlung sollte normalerweise pro 1 kW Verluste eine Frischluftmenge von ca. 5 m^3/min zuströmen[1]. Bei dieser Luftmenge beträgt die Lufterwärmung ca. 10° C. Bei kleinerer Luftmenge wird die Erwärmung größer; damit steigt die mittlere Kühllufttemperatur. Infolge der kleineren Strömungsgeschwindigkeit erhöht sich dann auch das Temperaturgefälle an der Oberfläche des Transformators. Man sehe also nach, ob nicht durch unachtsames Schließen oder teilweises Verdecken von Ein- oder Austrittsöffnungen die Luftströmung gehindert ist.

Bei forcierter Luftkühlung mittels Ventilator wird meist ebenfalls eine Luftmenge von etwa 5 m^3/min pro 1 Verlust-kW vorgeschrieben. Der Luftstromquerschnitt wird dabei längs des Transformators künstlich eingeengt, so daß die Strömungsgeschwindigkeit an der Oberfläche der zu kühlenden Transformatorteile möglichst groß wird. Die Erwärmung des Transformators ist deshalb ganz von der Luftmenge abhängig. Bei einer Übererwärmung wird man sich also zuerst vergewissern, ob der Ventilator mit der normalen Drehzahl läuft oder ob sich sonst auf dem Luftweg irgendein Hindernis gebildet hat; man messe auch die minutliche Luftmenge mit dem Windflügel (Anemometer). Die Messung erfolgt am besten etwas nach der Eintrittsöffnung des Saugstutzens vor dem Ventilator, und zwar an verschiedenen Stellen des Querschnitts, damit für die Luftgeschwindigkeit ein richtiger Durchschnittswert erhalten wird.

Bei Transformatoren mit Wasserkühlung mit und ohne künstlichem Ölumlauf beträgt die übliche Kühlwassermenge 1 l/min pro 1 Verlust-kW. Das Wasser erwärmt sich dabei um etwa 15° C. Würde die Wassermenge z. B. nur die Hälfte betragen, so müßte sich das Wasser um 30° C erwärmen. Die mittlere Temperatur im Kühler läge dann 15° über der Eintrittstemperatur, verglichen mit 7,5° C bei normaler Wassermenge. Um diesen Temperaturunterschied von 7,5° C — plus einem kleinen Zuschlag für den verschlechterten Wärmeübergang vom Kühlrohr ans Wasser wegen der geringeren Strömungsgeschwindigkeit — wird sich auch die Ölerwärmung im Transformator erhöhen. Das ist verhältnismäßig wenig. Man sieht daraus, daß praktisch kleine Abnahmen der Wassermenge, z. B. um 10 bis 20 %, noch keine beträchtlichen Erhöhungen der Öltemperatur zur Folge haben. Die Signalvorrichtung am

---

[1] Über die Lüftung von Transformatorenkammern siehe: Vidmar: Der Transformator im Betrieb, S. 267 u. f. Elektrotechn. Zeitschrift 1929, S. 1623 (F. Sieber und F. Heiles).

Wasserströmungsanzeiger kann deshalb so eingestellt werden, daß diese Schwankungen nicht zum Auslösen führen. Hat bei einer stärkeren Übererwärmung der Wasserströmungsanzeiger nicht angesprochen, so wird man nicht eine zu geringe Kühlwassermenge als Ursache suchen. Es sind dann vorerst andere Mängel, nämlich am Transformator selbst, naheliegender.

Wird bei einer Übererwärmung einmal eine zu geringe Kühlmittelmenge als Ursache festgestellt, so sind die Maßnahmen zur Abhilfe dem mit der Anlage vertrauten Betriebsmann wohl immer vorgezeichnet.

Vorausgesetzt war bisher, daß die wirkliche Belastung des einzelnen Transformators genau feststellbar ist. Besitzt hingegen nicht jeder Transformator ein eigenes Amperemeter, so muß auch an die Möglichkeit einer unrichtigen Verteilung der Belastung auf die einzelnen Einheiten gedacht werden. Es kann bei einem parallel arbeitenden Transformator der Anschluß unachtsamerweise an einer anderen Anzapfstufe erfolgt sein als bei den übrigen Transformatoren, und dadurch eine Überlastung verursacht sein. Dies kann besonders leicht vorkommen, wenn Anzapfungsschalter ein bequemes Wechseln der Anschlüsse gestatten. Abgesehen wird hier von denjenigen Fällen, bei denen der Parallelbetrieb durch falsche Bemessung des Transformators oder der Verbindungsleitungen schon von Anfang an zu schlecht war.

Eine stark verzerrte Kurvenform der Spannung oder des Stromes, deren Ursache außerhalb des Transformators liegt, kann ebenfalls Übererwärmung hervorrufen. Besonders eine starke dritte Harmonische in der Spannungskurve wird bei einem Transformator ohne eine in Dreieck geschaltete Wicklung leicht zu einer Streuflußbelastung einzelner Stellen des Ölkastens führen. Auffallend ist in einem solchen Fall eine starke Ungleichmäßigkeit in der Erwärmung der Kastenoberfläche.

3. Abnormale Erwärmung des kranken Transformators.

Tritt eine abnormale Erwärmung auf, ohne daß einer der oben besprochenen, außerhalb des Transformators liegenden Mängel festgestellt werden kann, so muß am Transformator selbst oder an seinem Kühler etwas nicht in Ordnung sein. Der Transformator muß aus dem Betrieb genommen werden. Geschieht dies frühzeitig, so wird die Krankheit meist erst einen einzigen Konstruktionsteil ergriffen haben. Die vielen möglichen Krankheiten sind im folgenden nach denjenigen Teilen des Transformators geordnet, an denen sie auftreten können. Vorerst sollen noch einige elektrische Krankheiten, die den Transformator als Ganzes betreffen, besprochen werden.

T. B. Allgemeine elektrische Krankheiten.

Es ist sehr wichtig, daß bei der Bemessung eines Transformators die Spannungsverhältnisse der Anlage, für die er bestimmt ist, genau bekannt sind. Übersetzung, Schaltungsart und Spannungsabfall müssen, auch wenn kein Parallelbetrieb vorkommt, sorgfältig bestimmt werden. Steigt beispielsweise die Netzspannung in einer Anlage betriebsmäßig über den Nennwert, so kann der Magnetisierungsstrom zu stark anwachsen. Es bleibt in solchen Fällen nichts anderes übrig, als den Transformator schon zu Anfang für die höchsten betriebsmäßigen Spannungen zu berechnen.

In diesem Zusammenhang ist auch der Einschaltstromstoß[1] zu betrachten. Er kann besonders beim Einschalten an eine zu hohe Betriebsspannung gefährlich werden. Die Schmelzsicherungen zum Schutze kleiner Transformatoren können in diesem Falle durchschmelzen, wenn zufällig gerade im Augenblick des Nulldurchgangs der Spannung eingeschaltet wird. Gegen dieses immerhin selten vorkommende Ereignis würde ein Vorkontaktwiderstand am Schalter schützen.

Unsymmetrische Belastungen, z. B. bei Lichttransformatoren, können starke Ungleichheiten in den Phasenspannungen, ferner Zusatzverluste in verschiedenen Teilen des Transformators zur Folge haben, wenn nicht durch die Wahl einer geeigneten Schaltungsart vorgebeugt wird. Die bekannte Zickzackschaltung auf der Sekundärseite oder die Dreieckschaltung auf der Primärseite bringen den Ausgleich zustande. Unsymmetrische Spannungen können auch durch das vorerwähnte Verwechseln von Anzapfungen an einzelnen Phasen entstehen, außerdem noch als Folgen von Unterbrüchen einzelner Anschlüsse und von schlechten Kontakten.

Wird aus drei Einphasen-Transformatoren eine Dreiphasengruppe gebildet, so muß eine Seite im Dreieck geschaltet sein, da sonst die Kurvenform der Phasenspannung stark verzerrt wird. Bei Sternschaltung ohne primären Nulleiter muß die Summe der Augenblickswerte der drei Magnetisierungsströme notwendigerweise stets Null sein (Kirchhoffsche Knotenpunktsregel für den Sternpunkt). Bei einem sinusförmigen Spannungs- bzw. Feldverlauf erfüllen die normalen Magnetisierungsströme diese Bedingung jedoch nicht. In Abb. 115 sind die Magnetisierungsströme I_0', I_0'' und I_0''' für eine verhältnismäßig kleine Induktion in ihrer gegenseitigen Phasenlage eingezeichnet. Beim Strommaximum von I_0' sind in den beiden anderen Phasen nur die beiden kleinen Augenblickswerte i_0'' und i_0''' vorhanden. Die Summe der Magnetisierungsströme i_0'' und i_0''' ist viel kleiner als der Magnetisierungsstrom i_0'. Da sich nun in den drei Einphasenkernen die Flüsse unab-

[1] Siehe Vidmar: Der Transformator im Betrieb, S. 147 u. f.

hängig voneinander frei ausbilden können, müssen sie sich so einstellen, daß die erwähnte Regel für ihre Magnetisierungsströme erfüllt wird, wodurch die Kurvenform der Phasenspannungen sich ändert.

Auch bei dreiphasigen Manteltransformatoren und bei fünfschenkligen Kerntransformatoren, wo die Phasenfelder ebenfalls voneinander unabhängig sind, tritt die gleiche Erscheinung auf. Die sehr starke Kurvenverzerrung der Phasenspannung ist selbstverständlich nicht brauchbar. Die Dreieckschaltung der Primär- oder Sekundärwicklung muß deshalb den inneren Ausgleich der Magnetisierungsströme ermöglichen. Ist es nicht gut möglich, eine der beiden Wicklungen in Dreieck zu schalten, so muß eine dritte Wicklung zu diesem Zweck von Anfang an vorgesehen werden.

Der Spannungsabfall ist durch die Bemessung des Transformators bestimmt. Der Wunsch, ihn möglichst klein zu halten, führte in einer Anfangsperiode des Transformatorenbaues zu Konstruktionen mit sehr kleinen Kurzschlußspannungen. Das Wachsen der Kraftwerkleistungen hatte dann zur Folge, daß die Kurzschlußströme sehr groß wurden und zu Zerstörungen von schwachen Anlageteilen führten. Seither hat bei der Wahl der Kurzschlußspannungen der Wunsch nach kleinen Spannungsänderungen zwischen Leerlauf und Vollast mit der Forderung nach einer starken Begrenzung des Kurzschlußstromes einen Kompromiß zu schließen. Die Kurzschlußspannungen liegen nun heute ziemlich allgemein zwischen 4 bis 5% bei kleinen Leistungen und 10 bis 12% bei großen Leistungen. In Anlagen mit alten Transformatoren mit zu kleiner Kurzschlußspannung werden zur Begrenzung der Kurzschlußströme Drosselspulen ohne Eisenkerne eingebaut. Drosselspulen mit Eisenkernen sind bei der üblichen Dimensionierung bei weniger als doppeltem Normalstrom schon gesättigt, könnten also beim weiteren Anwachsen des Stromes keinen größeren Spannungsanteil übernehmen. Sie würden deshalb den Kurzschlußstrom nur unbeträchtlich beschränken.

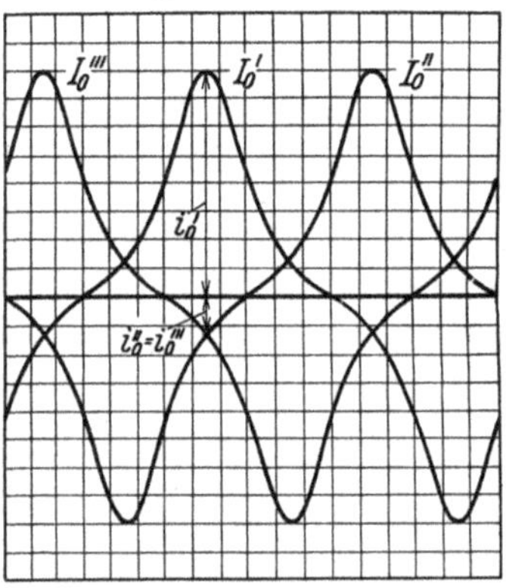

Abb. 115. Magnetisierungsströme der drei Phasen bei sinusförmigem Spannungsverlauf.

Für einen vollkommenen Parallelbetrieb müssen bekannterweise Übersetzung, Schaltungsart und Kurzschlußspannung der parallel arbeitenden Einheiten genau übereinstimmen. Abweichungen zwischen der maximalen und minimalen Kurzschlußspannung bis zu ungefähr einem Drittel können durch eine entsprechende Änderung im Übersetzungsverhältnis noch so ausgeglichen werden, daß bei Vollast und für einen bestimmten cos φ die Belastungsverteilung richtig ist. Zu kleine Kurzschlußspannungen lassen sich auch immer durch das Vorschalten von Drosselspulen auf jeden gewünschten Wert erhöhen. Für Parallelbetrieb genügen Drosselspulen mit Eisenkernen, die billiger sind als die Strombegrenzungsdrosselspulen ohne Eisenkerne.

Zur Messung des Übersetzungsverhältnisses wird der Transformator, wie es gerade am besten paßt, entweder oberspannungsseitig oder unterspannungsseitig gespeist. Mittels zweier Voltmeter, die direkt oder bei höheren Spannungen über Meßtransformatoren angeschlossen sind, erfolgt die gleichzeitige Bestimmung der Ober- und Unterspannung, indem zwei Personen auf ein Rufzeichen ablesen. Bei Transformatoren mit sehr hoher Spannung kann beim Fehlen geeigneter Spannungswandler auch mit Teilspannungen von beispielsweise $^1/_5$ bis $^1/_{10}$ des Nennwertes gemessen werden. Wenn keine regulierbare Spannungsquelle vorhanden ist, läßt sich die Messung in manchen Fällen so ausführen, daß der Transformator mit seiner Hochspannungsseite an die Niederspannungssammelschiene angeschlossen wird. Bei Mehrphasentransformatoren müssen jeweils die Spannungen beiderseits zwischen je zwei entsprechenden Klemmen oder zwischen der gleichen Phasenklemme und dem Nullpunkt gemessen werden. Bei Stern-Zickzack-Schaltung ist je eine Phasenspannung der Zickzackseite (d. h. die Spannung zwischen Klemme und Nullpunkt) mit einer verketteten Spannung der Sternseite zu vergleichen, wobei die verglichene Primär- und Sekundärspannung aus Teilspannungen zweier gleicher Säulen zusammengesetzt sein soll.

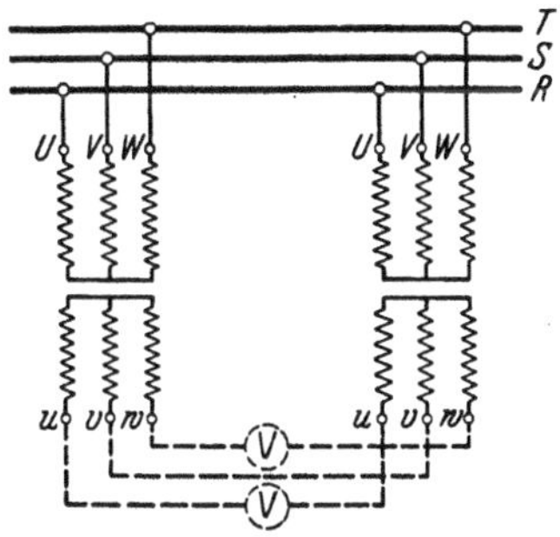

Abb. 116. Spannungskontrolle vor dem Parallelschalten von Transformatoren.

Für die Polaritätsbestimmung an einem Transformator muß die eine Wicklung mit geringer Spannung gespeist werden. Eine Klemme dieser Wicklung wird vorher mit einer Klemme der zweiten Wicklung verbunden. Zwischen abwechselnd gewählten Klemmen der beiden Wicklungen werden die Potentialdifferenzen gemessen und mit den Sollwerten verglichen, die an Hand eines maßstäblich gezeichneten Spannungsdiagrammes ermittelt wurden.

Vor dem Parallelschalten von Transformatoren ist folgende Kontrolle vorzunehmen (Abb. 116):

Die parallel zu schaltenden Transformatoren werden auf der Primärseite genau gleich angeschlossen, d. h. gleichbezeichnete Klemmen werden mit den Sammelschienen R bzw. S bzw. T verbunden. Auf der

Sekundärseite werden zwei gleichbezeichnete Klemmen, z. B. *v-v* (siehe Abb. 116) miteinander metallisch verbunden und die Spannung zwischen den übrigen gleichbezeichneten Klemmen gemessen. Der Meßbereich des Voltmeters muß für die doppelte Sekundärspannung bemessen sein. Nur wenn zwischen den gleichbezeichneten Klemmen die Spannung Null gemessen wird, darf parallel geschaltet werden.

Ist die zwischen zwei gleichbezeichneten Klemmen gemessene Differenzspannung nach der vorerwähnten Messung mit einem Voltmeter von kleinem Meßbereich bestimmt und beträgt sie noch einen Bruchteil der Spannung eines Transformators, dann ist das Übersetzungsverhältnis unrichtig. Sind die Transformatoren mit Anzapfungen ausgerüstet, so ist die Möglichkeit vorhanden, daß der Transformator an die unrichtige Anzapfung angeschlossen wurde; der Fehler ist dann zu beheben.

Wenn dagegen die Spannung zwischen zwei gleichbezeichneten Klemmen gleich oder größer als die Spannung eines Transformators ist, so ist Phasengleichheit nicht vorhanden. Es sind dann entweder unrichtige Anschlüsse der Klemmen oder Verschaltungen im Innern des Transformators vorhanden. Die oben angeführte Polaritätsbestimmung gibt auch über die Art der Verschaltung Aufschluß.

T. C. Schutzarten.

Abnormale Zustände müssen in geordneten Betrieben so rasch als möglich behoben werden. Wenn es auch nicht immer möglich ist, den Transformator ganz vor Schäden zu behüten, so kann man wenigstens ihren Umfang durch geeignete Maßnahmen einschränken. Neben Einrichtungen zur sofortigen Meldung von abnormalen Zuständen werden auch Apparate verwendet, die den Transformator entweder selbsttätig vor Schäden überhaupt oder vor deren zu großer Ausdehnung schützen.

Die Übererwärmung kann dem Überwachungspersonal angezeigt werden, indem beim Überschreiten der höchstzulässigen Öl- oder Luft-Austrittstemperatur ein Quecksilberthermometer einen Kontakt schließt und damit ein optisches oder akustisches Signal betätigt. Ebenso läßt sich mit einem Kontakt sofort eine selbsttätige Abschaltung leicht bewirken.

Zur Messung von Wicklungs- oder Eisenkerntemperaturen sind Meßeinrichtungen mit eingebauten Thermoelementen und auf der Schalttafel angebrachten Anzeigeinstrumenten entwickelt worden. Der Preis dieser Einrichtungen ist verhältnismäßig hoch, besonders wenn eine hohe Wicklungsspannung die Zwischenschaltung eines umfangreichen Isoliertransformators verlangt. Ihre Anwendung kommt nur bei sehr großen Transformatoren in Frage. Die Verbindungsleitungen zwischen dem in der Wicklung eingebetteten Thermoelement und dem Isoliertransformator bilden eine wohl zu beachtende Gefahrenquelle. Mit gutem Grund wird deshalb auf die direkte Messung der Wicklungstemperatur meistens verzichtet.

Auch der allgemein angewandte Überstromschutz, der den Transformator vor Überlastungen zu schützen hat, spricht meistens erst bei einem umfangreichen Defekt im Innern des Transformators an. Der Fehlerstrom muß dabei größer als der maximale Belastungsstrom sein.

Die in größeren Anlagen gewünschte Selektivität des Schutzes, d. i. die Forderung: „Nur der Krankheitsherd soll abgeschaltet werden", führte zur Anwendung des Differentialschutzes. Dieser vergleicht in jeder Phase den primären und sekundären Strom. Das Übersetzungsverhältnis des Transformators wird durch die Stromwandler berücksichtigt. Bei einem Defekt wird das Verhältnis der Ströme durch den Fehlerstrom verändert. Ein entstehender Differenzstrom fließt alsdann durch das Relais, worauf dieses den Transformator abschaltet. Das Relais muß jedoch in seiner Empfindlichkeit aus folgenden Gründen beschränkt werden: Der Magnetisierungsstrom des Transformators ändert je nach der Spannung und der Belastung das Übersetzungsverhältnis der Ströme. Ferner gehören die benützten Stromwandler meistens verschiedenen Spannungstypen an. Bei durchgehenden Kurzschlüssen können sich deshalb Abweichungen in den Sekundärströmen der Stromwandler ergeben, welche eine unerwünschte Abschaltung des Transformators veranlassen. Der Differentialschutz darf demnach nur auf Fehlerströme ansprechen, die größer sind als der größtmögliche Magnetisierungsstrom oder die maximale Differenz der Stromwandlerfehler bei durchgehenden Kurzschlüssen. Zudem muß mit Rücksicht auf den Einschaltstromstoß des Transformators dem Differentialrelais meistens eine kleine Zeitverzögerung gegeben werden. Um das veränderliche Übersetzungsverhältnis regulierbarer Transformatoren mit großem Anzapfungsbereich auszugleichen, müssen entweder Stromwandleranzapfungen oder ein regulierbarer Hilfstransformator im Relaiskreis vorgesehen werden.

Die erhebliche Kompliziertheit und die beträchtlichen Kosten des Differentialschutzes haben seine Anwendung je nach Umständen stark beschränkt.

In letzter Zeit findet bei Öltransformatoren eine andere Schutzart häufig Anwendung, welche auf chemischer Wirkung beruht, nämlich auf der Zersetzung der Isolierstoffe durch den Fehlerstrom oder durch die Übererwärmung. Es ist der nach seinem Erfinder benannte Buchholz-Schutz. Abb. 117 zeigt das ganze Schutzsystem schematisch. Es übertrifft den Differentialschutz darin, daß noch mehr Arten von Fehlern erfaßt werden und ist zudem in seiner Ausführung einfacher. Die Gasblasen, die beim kleinsten Defekt oder schon bei starker Übererwärmung der Isolation entstehen, sammeln sich im Buchholz-Apparat (Abb. 117) solange, bis der sinkende Schwimmer S_1 den Alarmkontakt C_1 schließt. Bei großen Defekten mit stoßartiger Gasentwicklung wird hingegen der Schwimmer S_2 sofort zum Kippen gebracht und durch den Auslösekontakt C_2 der Transformator abgeschaltet. Es kann vorkommen, daß nach der Inbetriebsetzung eines Transformators sich noch Luftblasen im Buchholz-Apparat ansammeln. Diese Luft muß dann durch das Überwachungspersonal mittels des kleinen Hahnes H entfernt werden.

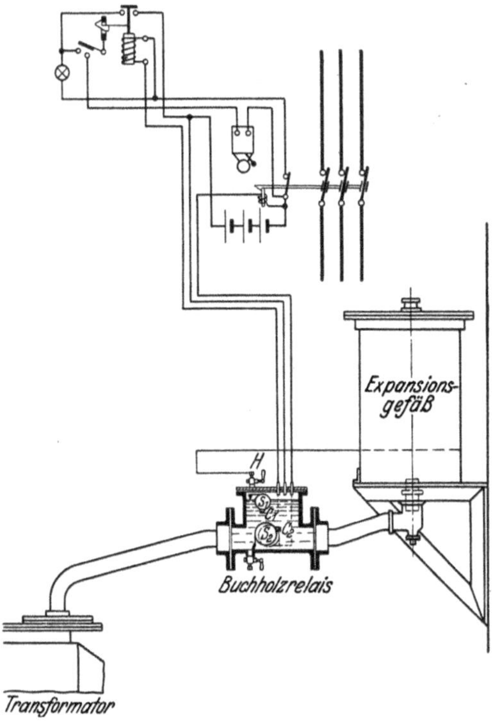

Abb. 117. Schematische Darstellung des Buchholzschutzes.

Der allerbeste Schutz für den Transformator ist immer eine sachkundige, solide Konstruktion verbunden mit einer tadellosen Ausführung. Die Erfahrung zeigt, daß im praktischen Betrieb an solchen Transformatoren jahrzehntelang kein Defekt vorkommt.

T. D. Krankheiten von Einzelteilen des elektrischen Systems.

1. Wicklungen.

Wicklungsdefekte bestehen fast immer in einer Zerstörung der Draht- und Spulenisolation mit der Folge, daß eine kleinere oder größere Anzahl Windungen kurzgeschlossen wird. Wenn ein Transformator mit dem Buchholz-Schutzapparat (Abb. 118) versehen ist, wird schon bei einem geringen Umfang der Zerstörungen durch die Gasentwicklung das Warnsignal betätigt oder der Transformator abgeschaltet. Ein empfindlicher Differentialschutz wird beim Kurzschluß von etwa 0,5 oder mehr Prozent der Windungszahl einer Wicklung sofort ansprechen. Der gewöhnliche

Überstromschutz spricht hingegen erst an, nachdem ein größerer Teil der Windungen kurzgeschlossen ist. Dabei entsteht in der Regel ein umfangreicher Schaden durch die längere Wirkung der Zerstörungsarbeit. Rauchentwicklung oder Geräusche aus dem Innern des Transformators können schon lange vor dem Ansprechen des Überstromschutzes den Wicklungsdefekt anzeigen. Abb. 119 zeigt ein krasses Beispiel, wie weit die Zerstörung einer Wicklung fortschreiten kann, bis der Überstromschutz den Transformator abschaltet. Bei diesem Transformator mußte allerdings, mit Rücksicht auf einen sehr unleichmäßigen Betrieb, der Abschaltstrom ungewöhnlich hoch eingestellt werden. Die Entwicklung eines solchen Defekts kann mehrere Tage oder Wochen dauern, da die Kurzschlüsse durch Abschmelzen von Kupfer zeitweilig wieder unterbrochen werden. Durch zu starke Erwärmung und herumgespritzte Kupferperlen werden die jeweils der Kurzschlußstelle benachbarten Draht- und Spulenisolationen geschwächt. Schließlich verursachen die beim Zünden und Abreißen des Lichtbogens entstehenden Sprungwellenspannungen auch dort den Durchschlag. So kann sich ein ursprünglich eng begrenzter

Abb. 118. Buchholz-Apparat, betriebsfertig aufgestellt.

Abb. 119. Ausgedehnte Zerstörung einer Transformatorenwicklung durch Windungsschlüsse.

Störungsherd der ganzen Wicklung einer Säule entlang weiter „fressen".

Abb. 120 zeigt eine andere Erscheinung, eine „Nest"-Bildung an der Niederspannungswicklung eines Ofentransformators. Die Windungen sind entsprechend der niederen Spannung blank gehalten und durch kleine Öldistanzen voneinander isoliert. Die kleine Wicklungsspannung und die Ölzirkulation ließen es nicht zu einer Ausbreitung der Zerstörung kommen. An der Kurzschlußstelle entwickelte sich ein „Nest" aus verkohltem Öl. Die Nestsubstanz enthielt nach chemischer Analyse 95,8% Kohlenstoff und nur 1,5% Kupfer. Abb. 121 zeigt die Zerstörung unter dem Nest. Der Defekt muß bei *f* als Schluß zwischen den beiden aufeinander gewickelten Windungen jener Spule entstanden sein. Alle

Abb. 120. Windungsschluß an einer Ofentransformatorenwicklung. „Nest" aus verbranntem Öl.

Abb. 121. Zerstörungen an den Kupferleitern unter dem „Nest".

Spulen waren parallel geschaltet, so daß zwischen benachbarten Spulen keine Spannungsdifferenz auftrat. Bei diesem Transformator beobachtete das Betriebspersonal während längerer Zeit entweichende Öldämpfe wie beim Auskochen von Öl. Da aber kein Rauch als Kennzeichen von verbranntem Isolationsmaterial beobachtet werden konnte, wurde der Transformator noch einige Zeit im Betrieb gelassen und günstige Umstände für den Ausbau abgewartet.

In diesen und allen ähnlichen Fällen sind Ölbrände nicht zu befürchten, da der Lichtbogen oder die erwärmte Stelle sich unter Luftabschluß befindet. Die Feststellung, in welcher Phase der Wicklungsdefekt sich befindet, ist oft schon vor dem Ausziehen des Transformators durch Messung des Übersetzungsverhältnisses jeder Phase möglich.

Die Ursachen, die zu Wicklungsdefekten führen, können nicht immer eindeutig bestimmt werden. In vielen Fällen wird eine Beschädigung der

Drahtisolation durch Übererwärmung bei Überlastung oder bei zu spät abgeschalteten Kurzschlüssen schuld sein. Die Übererwärmung ist auch ohne Überlastung, und zwar bei sehr starker Ölschlammbildung möglich. Ferner kann schlechtes, säurehaltiges Öl die Drahtisolation so angreifen, daß daraus Defekte entstehen. Natürlich kann auch Feuchtigkeit in der Wicklung und im Öl schädliche Folgen haben. Eine Untersuchung des Öles gibt oft Aufschluß über die Ursache (s. Abschn. S. C. 5.).

Fremdkörper, z. B. Drahtstücke, Schraubenmuttern, Unterlegscheiben oder Lötzinntropfen, die etwa bei der Montage oder bei Revisionen durch Unachtsamkeit in die Wicklung hineinfallen, können hier und dort schuld an Defekten sein. Auch besonders große Überspannungen können eine Wicklung, die ganz in Ordnung ist, umbringen. Blitzschläge in die Leitung in unmittelbarer Nähe des Transformators rufen trotz Schutzvorrichtungen manchmal Wicklungsbeschädigungen hervor. Überspannungen bei Erdschlüssen auf der Leitung und Schaltüberspannungen sollten hingegen einer guten Transformatorwicklung nichts tun, abgesehen von jenen Ausnahmefällen, wo ausgeprägte Resonanzwirkung die Beanspruchung im Transformator stark erhöht.

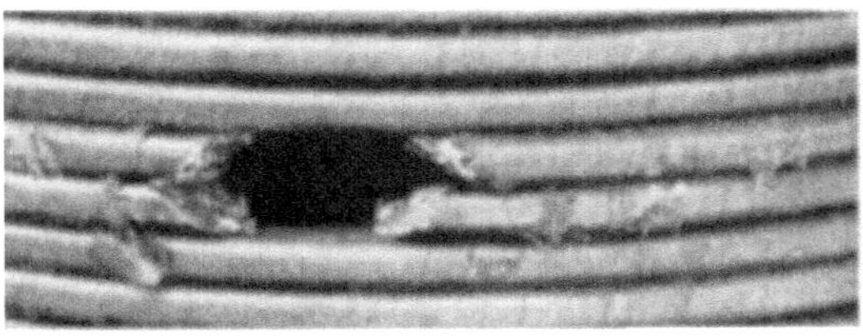

Abb. 122. Windungsschluß an einer einlagigen Spule.

Eine weitere Gruppe von Störungsursachen besteht in mechanischen Veränderungen der Wicklung, die zu mechanischen Zerstörungen der Draht- oder Spulenisolation führen. Eine gar nicht oder nur ungenügend gepreßte Wicklung wird bei jedem Kurzschluß zusammengedrückt und „federt“ nach dem Aufhören des Kurzschlußstromes wieder auseinander. Dieses „Arbeiten“ der Wicklung kann direkte Beschädigung der Isolation durch Reibung zur Folge haben. Oft entsteht dann aus den häufigen Bewegungen, die in längerer Zeit bei vielen Kurzschlüssen vorkommen, eine beträchtliche Verschiebung von Distanzierungen. Abb. 123 zeigt einen Transformator, der einem sehr unruhigen Betrieb mit vielen Kurzschlüssen ausgesetzt war und dessen innere Wicklung zu wenig Preßdruck hatte. Bei der linken, noch vollständigen Säule sieht man oben drei Preßspanstreifen herausragen, die unter dem Druck der vielen Kurzschlußbewegungen nach oben gewandert sind. Diese Streifen, die zwischen der inneren Wicklung und der Isolationshülse distanzieren, haben sich maximal bis 80 cm verschoben. Aus der inneren Wicklung, die aus einer Lage hochkant gewickelten Drahtes besteht, sind die Distanzierungseinlagen zwischen den Windungen teilweise stark herausgedrückt worden (siehe mittlere Säule). Es ist leicht einzusehen, daß sich auf solche Weise auch Windungen lösen können, die dann bei einem nächsten Stromstoß über die Wicklung gerissen werden und so zu einem Wicklungsschluß führen.

Trockentransformatoren sind natürlich den gleichen Gefahren ausgesetzt, ausgenommen den vom Öl herrührenden. Dafür kommt aber die Gefahr der Verschmutzung durch die Unreinigkeiten der Kühlluft hinzu. Besonders in den nicht immer vermeidbaren toten Winkeln, d. h. an Stellen ohne durchgehenden Luftzug, können unter Umständen Staubansammlungen und als Folge davon örtliche Übererwärmungen entstehen.

Abb. 123. Verschiebung von Isolationen durch häufig wiederholte Kurzschlußbewegungen.

Die Behebung der Wicklungsdefekte soll im allgemeinen nur durch die Erstellerfirma oder erfahrene Reparaturwerkstätten erfolgen. Bei Großtransformatoren, besonders solchen mit Hochspannung, kann nur der mit der Konstruktion genau vertraute Erbauer Gewähr für eine sachgemäße Instandstellung bieten.

Die Verhütung der Wicklungsdefekte wird durch eine sorgfältige Überwachung in hohem Maße unterstützt. Man achte darauf, daß der Transformator nie eine zu hohe Temperatur erreicht. Überlastungsschutz und Kühlvorrichtung müssen immer in Ordnung sein. Von Zeit zu Zeit, vielleicht in Abständen von einem Jahr, soll das Öl auf Feuchtigkeitsgehalt und Verfärbung oder Schlammbildung kontrolliert werden (s. Abschn. S. C. 5.). Wenn eine Ölprüfanlage vorhanden ist, wird man zudem die Durchschlagsfestigkeit hier und da kontrollieren. Transformatorenöl, das zwischen den üblichen Elektroden (Kalotten nach R. E. T. 1930 oder Kugeln von 12,5 mm Durchmesser) bei 5 mm Abstand mindestens 40 kV eff. hält, ist für fast alle Transformatoren noch genügend gut. Ist die elektrische Festigkeit geringer, so muß das Öl gereinigt oder erneuert werden (siehe Abschn. S. C. 5.).

Bei Trockentransformatoren muß die eintretende Kühlluft vor Verschmutzung geschützt, nötigenfalls gesiebt werden.

Es ist zu empfehlen, Transformatoren, die durch den Betrieb mechanisch stark beansprucht werden, z. B. öfteren Kurzschlüssen ausgesetzt sind, alle zwei bis drei Jahre zur Kontrolle aus dem Kasten zu heben. Die Wicklung soll immer genügend gepreßt sein; ist dies nicht der Fall, so muß die Preßvorrichtung nachgezogen werden. Man sehe ferner nach, ob sich keine Spulenverbindungen gelockert haben.

Bei solchen Revisionen, wie auch bei Umänderungen am Transformator ist streng darauf zu achten, daß keine Schraubenschlüssel, Muttern, Unterlegscheiben oder überhaupt Metallstücke auf Teilen des Transformators abgelegt werden, da sie durch Unachtsamkeit leicht in die Wicklung hineinfallen können.

Der Schutz von Transformatoren gegen Überspannungen ist ein Problem, das heute noch nicht ganz gelöst ist. Seine Behandlung hätte nicht im Rahmen dieses Buches Platz. Der moderne Transformatorenbau ist aber glücklicherweise so weit, den im Betriebe auftretenden Überspannungen durch eine vorzügliche Wicklungsisolierung fast immer wirksam begegnen zu können.

2. Äußere Wicklungsisolation.

Unter äußerer Wicklungsisolation sind hier jene Konstruktionsteile verstanden, welche eine Wicklung gegen die andere oder gegen die übrigen Teile des Transformators isolieren. Es handelt sich also um Wicklungszwischenräume, die mehr oder weniger durch Trennschichten aus Hartpapier oder aus Preßspan ausgefüllt sind, und um die sog. Enddistanzen zwischen Wicklungsenden und Jochen. Ein Durchschlag dieser Isolationen ist ein Erdschluß für die betreffende Wicklung. Meistens folgt darauf unmittelbar ein innerer Wicklungsdefekt, sei es durch die örtliche Wirkung des Lichtbogens oder durch die beim Isolationsdurchschlag entstandene Sprungwelle. Die äußeren Erscheinungen sind dann dieselben, wie sie im vorhergehenden Abschnitt beschrieben sind. Der Buchholz-Schutz wird schon durch die Wirkungen eines bloßen Erdschlusses in Tätigkeit gesetzt, während der Differential- oder der gewöhnliche Überstromschutz meistens erst auf den Wicklungsdefekt anspricht. Eine Kontrolle des Isolationswiderstandes mit dem Isolationsprüfer zeigt, besonders bei Isolationen für hohe Spannungen, nicht immer den erfolgten Durchschlag an. Der Isolationswiderstand bleibt praktisch unendlich groß. Da die Isolation der Öl- oder Luftstrecken sich immer wieder erneuern kann, gibt es Fälle, bei denen ein Erdschluß nicht die sofortige Außerbetriebsetzung des Transformators bewirkt. Der Transformator arbeitet dann weiter; die Durchschläge wiederholen sich aber bei den folgenden kleinen Überspannungen. Geht der Durchschlag nach innen, so hört man gewöhnlich ein kurzes gedämpftes Knacken. Bei Durchschlägen nach dem Kastenmantel ertönt ein heller, scharfer Schlag. Früher oder später entsteht dann daraus ein Wicklungsdefekt.

Die Ursache dieser Defekte der äußeren Wicklungsisolationen, die bei gut gebauten Transformatoren übrigens sehr selten sind, können Feuchtigkeit, schlechtes Öl, Verschmutzung oder Fremdkörper sein, wie schon im vorigen Abschnitt gesagt wurde. Ganz kurzzeitige Überspannungen werden im allgemeinen von der äußeren Wicklungsisolation bis

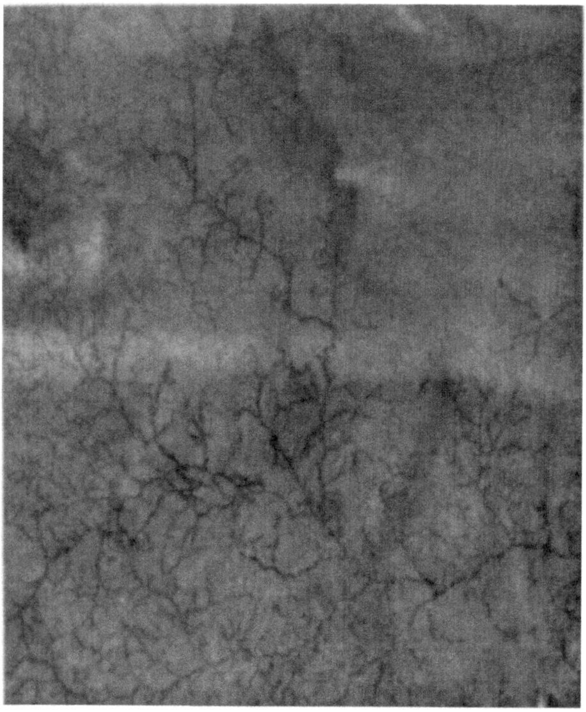

Abb. 124. Spuren von Kriechströmen an der Oberfläche eines Isolierzylinders.

zur Höhe der Klemmenüberschlagsspannung sicher ausgehalten. Die Durchschlagsverzögerung von festen Isoliermaterialien und Öl wirkt hierbei günstig.

Die Behebung von Defekten der äußeren Wicklungsisolation kann an Transformatoren kleinerer Spannung durch sachkundiges Personal oft an Ort und Stelle erfolgen. Wenn Feuchtigkeit, schlechtes Öl oder Verschmutzung als Defektursache festgestellt sind, hat man einfach die defekten Isolierhülsen, Isolierscheiben oder Enddistanzringe durch neue zu ersetzen und die nötige Reinigung und Trocknung vorzunehmen.

Isolationsteile in der Nähe des Durchschlagsweges weisen oft Spuren von Kriechströmen auf, wie sie Abb. 124 zeigt. Diese Spuren beschädigen manchmal nur eine ganz dünne Oberflächenschicht und es genügt dann, wenn diese Schicht abgeschabt wird. Die Ausgangsstellen des Durchschlages an der Wicklung müssen durch sorgfältige Erneuerung der Drahtisolation ausgebessert werden. Besondere Aufmerksamkeit muß dann der Reinigung und Trocknung zugewandt werden. Vorschriften für die Trocknung werden für Transformatoren aller Bauarten von den Konstruktionsfirmen abgegeben. Bei Transformatoren größerer Spannungen soll die Reparatur der Konstruktionsfirma überlassen werden, und immer auch dann, wenn die Defektursache nicht einwandfrei geklärt ist.

Für die Verhütung der besprochenen Isolationsdefekte gelten dieselben Vorschläge, die im vorigen Abschnitt zur Verhütung der Wicklungsdefekte empfohlen sind.

3. Ableitungen.

Als Ableitungen betrachten wir hier alle Verbindungen zwischen verschiedenen Wicklungsteilen und zwischen Wicklungsteilen und Anschlußklemmen. Ableitungsdefekte können in der Form eines Erdschlusses, nämlich als Durchschlag gegen den Kasten oder gegen das Eisengestell oder andere geerdete Konstruktionsteile auftreten. Die Erscheinungen sind dabei dieselben wie bei einem Wicklungserdschluß. Ist der Erdschlußstrom so klein, daß der Überstromschutz nicht anspricht, so kann ein Erdschlußlichtbogen längere Zeit bestehen, bis irgendwo ein Wicklungskurzschluß einsetzt oder vielleicht ein Loch durch den Kastenmantel gebrannt ist und das Öl ausläuft, was jedoch sehr selten vorkommt.

Die andere Form der Ableitungsdefekte: Durchschlag zwischen zwei benachbarten Ableitungen oder zwischen Ableitung und Wicklung, äußert sich natürlich als Wicklungskurzschluß.

Als Ursache dieser Ableitungsdefekte kommen wiederum Feuchtigkeit, schlechtes Öl, Verschmutzung oder Fremdkörper in Frage. Ferner können infolge eines zu niedrigen Ölstandes Teile der Ableitungen über den Ölspiegel herausragen und in der Luft Überschläge entstehen entweder gegeneinander oder gegen geerdete Teile. Bei schlecht konstruierten Transformatoren mit ungenügend abgestützten Ableitungen kommt es auch vor, daß durch Kurzschlußkräfte die Leiter verbogen und gegeneinander oder gegen andere Konstruktionsteile gedrückt werden. Besonders bei Öltransformatoren mit blanken Niederspannungsableitungen besteht diese Gefahr, wenn die Ableitungsschienen nicht in kurzen Abständen durch Isolationszwischenstücke getrennt sind.

Schlecht abgestützte Ableitungen können durch die Erschütterungen bei längeren Transporten auf der Bahn oder auf Kraftwagen unter Umständen brechen. Selbstverständlich erhalten Lokomotivtransformatoren besonders gut abgestützte Ableitungen. Bei unsorgfältigem Ausziehen oder Einsetzen des aktiven Teils in den Ölkasten kann die Ableitungsisolation am Kastenrand oder an Schweißnähten streifen und dabei verletzt werden.

Die Behebung von Ableitungsdefekten kann durch sachkundiges Personal meistens an Ort und Stelle erfolgen. Für das Isolieren der Leiter bei Öltransformatoren mag für die Wahl der Isolationsabmessungen folgende Tabelle als Handhabe gelten:

Betriebsmäßige Spannungsdifferenz	Ungefähre Wandstärke der Leiterisolation	Ungefährer zusätzlicher Ölabstand
Kilovolt	mm	mm
6	1,5	10
10	2	15
20	3	25
35	5	40
50	7	50
70	10	70

Bem.: Die angegebenen Dicken der Leiterisolation gelten für Preßspan, Hartpapierhülsen und für Isolierpapier, das von Hand um den Leiter gewickelt wird.

Bei Höchstspannungen und bei Trockentransformatoren sind die Abstände stark von der Formgebung abhängig. In diesen Fällen sollte die Erstellerfirma beigezogen werden.

Die gleichen Maßnahmen, die zur Verhütung von Wicklungsdefekten notwendig sind, schützen auch den Transformator vor Ableitungsdefekten. Es ist nur besonders zu bemerken, daß die Abstützung der Ableitungen gegen Lageveränderungen mit größter Aufmerksamkeit erfolgen muß und daß alle Befestigungsschrauben zuverlässig gesichert sein müssen.

4. Durchführungen.

Bei Durchführungen muß zwischen Überschlag und Durchschlag unterschieden werden. Ein kurzdauernder Überschlag wird meistens die Durchführung gar nicht oder nicht stark beschädigen. Bei Porzellanklemmen, besonders bei den größeren mit Schirmen versehenen Typen sind Brandspuren an der Oberfläche des Klemmenflansches gewöhnlich die einzigen Folgen. An der Isolationsoberfläche von Hartpapierklemmen entstehen leicht stellenweise Anbrennungen, die jedoch gewöhnlich nicht tief eindringen. Die Isolationsfestigkeit wird dabei so wenig herabgesetzt, daß die normalen, betriebsmäßigen Spannungen noch gut gehalten werden und erst weitere Überspannungen zu neuen Überschlägen führen. Überschläge zwischen zwei benachbarten Klemmen lassen, je nach der Kurzschlußleistung, größere oder kleinere Brandspuren an den Klemmenköpfen zurück. Direkte Durchschläge durch eine gesunde

Klemme kommen praktisch kaum vor, ausgenommen an schlechten Ausführungen satt gewickelter Kondensatorklemmen bei ungenügender Ableitung der Verlustwärme. Solche schlecht konstruierten Durchführungen können bei einem Durchschlag explosionsartig platzen (Abb. 125). Natürlich können auch fest gewickelte Hartpapierklemmen, wenn sie nach der Herstellung ungenügend getrocknet wurden, durchschlagen. Bei anderen Durchführungen wird ein Durchschlag erst auftreten, wenn sich durch einen mechanischen Stoß oder durch zu starke thermische Einflüsse Risse im Isolatorkörper bilden. Die normalen Temperaturänderungen, die durch Belastungsschwankungen oder Witterungswechsel entstehen, werden von den heute üblichen Klemmenkonstruktionen sicher ausgehalten.

Abb. 125. Durchschlag einer Kondensatorklemme mit explosionsartiger Wirkung.

Neben den genannten Verletzungen des Isolators durch Stoß oder Erhitzung, die meistens durch Unachtsamkeit bei Montagearbeiten oder als Folge eines anderen Defektes im Transformator entstehen, ist noch die Zerstörung des Isolators durch das Treiben des Kittes im Flansch zu erwähnen (s. Abschn. S. C. 3.). Bei einem guten Kitt besteht diese Gefahr nicht, wie langjährige Erfahrungen zeigten. Eine Ölverschlechterung bei ölgefüllten Klemmen ist kaum in dem Maße möglich, daß dadurch ein Durchschlag entstehen könnte. Selbst wenn das Öl durch Undichtwerden des unteren Klemmenabschlusses herausfließen sollte, wird ein moderner Durchführungsisolator noch genügend Isolierfestigkeit besitzen, um der normalen Betriebsspannung einige Zeit standhalten zu können.

Ursachen für Überschläge können, neben Überspannungen, auch Fremdkörper sein, die zu nahe an den Klemmenoberteil gelangen, oder ein gesunkener Ölspiegel am Unterteil. Die Überschlagslänge am Klemmenunterteil ist ja meistens nicht für Luftisolation bemessen.

Bei Mehrleiterdurchführungen mit ungenügender Leiterisolation können Durchschläge zwischen den einzelnen Leitern auftreten. Sitzen die Leiter locker in einem Durchführungsrohr, so kann der Defekt als Folge einer Durchscheuerung der Leiterisolation an den Rohrkanten entstanden sein.

Zur Behebung der Durchführungsdefekte wird fast immer der Ersatz der defekten Klemmen durch Reserveklemmen nötig sein.

Verhüten lassen sich Durchführungsdefekte durch eine sorgfältige Montage, indem die Durchführungen vor harten Stößen oder zu naher Berührung mit der Lötlampe geschützt werden. Bei ölgefüllten Klemmen muß der Ölstand hin und wieder kontrolliert werden. Bei den meisten Durchführungen, insbesondere solchen für hohe Spannungen, ermöglichen Glasexpansionsgefäße oder Schaugläser ja eine dauernde Beobachtung. Installationen und Gerüste sollen von den Durchführungen keinen kleineren Abstand haben, als die gerade Überschlagslänge des Isolators beträgt. Gegen Durchschläge bei sehr hohen Überspannungen schützen sich die Durchführungen selbst durch die Verzögerungswirkung, indem sich bei sehr kurzzeitiger Beanspruchung die Durchschlagsspannung bedeutend stärker erhöht als die Überschlagsspannung.

T. E. Krankheiten von Einzelteilen des magnetischen Systems.

1. Aktives Eisen.

Die eigentliche „Eisenkrankheit“ des Transformators ist gekennzeichnet durch die Ausbildung von elektrischen Kurzschlußkreisen im Eisenkern um Teile des magnetischen Flusses herum. Erreicht dabei das Verhältnis der induzierten Umlaufspannung zum Leitungswiderstand des kurzgeschlossenen Kreises einen genügend hohen Wert, so kann der Kurzschlußstrom an der engsten Stelle Erhitzungen bis zum Schmelzen des Eisens verursachen. Daraufhin wird sich meistens die Leitfähigkeit an der betroffenen Stelle erhöhen, die Wärmeentwicklung geringer werden, so daß der Zerstörungsprozeß dort allmählich aufhört. Der dabei aber noch größer gewordene Kurzschlußstrom leitet dafür vielleicht ein Zerstörungswerk an einer anderen Stelle ein, die nicht notwendigerweise benachbart zu sein braucht. Die außerordentlich starke Erwärmung an den Zerstörungsstellen hat zur Folge, daß Isolierstoffe in ihrer Nähe verkohlen, worauf sich wieder andere lokale Kurzschlußkreise bilden. Man sieht, daß eine solche Eisenkrankheit wie ein Geschwür wuchern kann (Abb. 126).

Die Erfahrung zeigt, daß ein solcher Prozeß mitunter sehr lange dauern kann, da der Kurzschluß manchmal „herausgebrannt“ wird.

Man kann in einem kranken Eisenkern bisweilen Löcher bis zu Faustgröße finden. Das an diesen Stellen verschwundene Eisen kann zum Teil aus dem Eisenkern herausgelaufen sein, zum Teil auch Isolationszwischenräume ausgefüllt haben. Man findet dann Eisenschmelzperlen auf den horizontalen Flächen im unteren Teil des Transformators.

Ist der Defekt noch nicht stark entwickelt, so wird an dem im Be-

Abb. 126. Eisenkrankheit an einem Joch eines Großtransformators.

trieb stehenden Transformator vielleicht von außen her nur eine Verstärkung des Brummens wahrgenommen. Bei Vorhandensein des Buchholz-Schutzes wird auch ein geringer Defekt durch seine Gasentwicklung wahrgenommen. Ist die Zerstörung schon weiter fortgeschritten und die Krankheit in das „kritische" Stadium eingetreten, so zeigt sich eine starke, ungewöhnliche Ölerwärmung oder sogar Rauchentwicklung. Hierbei kann nun auch der Differential- und Überstromschutz ansprechen, wenn ein ausgedehnter Kurzschlußkreis im Eisen verhanden ist.

Nach dem Herausziehen eines Transformators gibt eine Kontrolle der Isolation zwischen den einzelnen Preßschrauben und den Blechen, ferner zwischen den einzelnen Blechpaketen ein gewisses Urteil über den Zustand des Eisenkerns. Die Kontrolle erfolgt mit einer Hilfsspannung von 110 bis 220 Volt mit vorgeschalteter Prüflampe, oder mit dem Isolationsprüfer. Es ist aber zu beachten, daß bei der Feststellung eines oder zweier Schlüsse pro Säule oder Joch nicht unbedingt auf eine Eisenkrankheit geschlossen werden muß. Eine einseitige Verbindung einer Preßschraube mit einem Eisenpaket reicht ja zur Bildung einer Kurzschlußwindung noch nicht aus. Eine Preßschraube muß wenigstens an zwei Stellen mit mindestens zwei Blechpaketen Schluß haben, bis eine Kurzschlußwindung entstehen kann, ferner muß noch an anderer Stelle ein Rückschluß zwischen den Blechpaketen bestehen. Das Vorliegen einer Eisenkrankheit kann mit Sicherheit nur dann angenommen werden, wenn Eisenschmelzperlen oder Löcher festgestellt werden können.

Eisenkrankheiten sind übrigens nur bei großen Transformatoren, d. h. bei einem Kerndurchmesser von mehr als etwa 30 cm zu erwarten. Bei dünneren Eisenkernen genügen die kleinen Umlaufspannungen kaum zur Überwindung der Isolationswiderstände, welche auch bei schlechten Ausführungen und beschädigter Isolation immer noch vorhanden sind. Das Auftreten der Eisenkrankheit ist, trotz den immer größer werdenden Höchstleistungen des Transformatorenbaus, glücklicherweise immer seltener geworden.

Die Ursache der Eisenkrankheit ist wohl in den meisten Fällen eine schlechte Kühlung von einzelnen Teilen des Eisenkernes. Die Kühlung kann bei mangelhaften Konstruktionen von Anfang an ungenügend sein. Ferner kann sie bei Öltransformatoren durch starke Schlammbildung oder bei Trockentransformatoren durch Verschmutzung schlechter werden. Durch starke örtliche Erwärmung werden dann Isolierstoffe verkohlt und dadurch Strombahnen geschaffen. Seltener ist Feuchtigkeit am Versagen der Isolation im Eisenkern schuld. Es müßte sich dann um Feuchtigkeit handeln, die von Anfang an wegen ungenügender Trocknung sich im Kern befand. Die während des Betriebes möglicherweise ins Öl gelangende Feuchtigkeit wird schon vorher an der höher beanspruchten Wicklungsisolation Schaden stiften. Ungesicherte Preßschrauben, die entweder beim Transport oder auch durch die eigenen Vibrationen im Betrieb locker werden, können lose Bleche und von diesen durchscheuerte Bolzenisolationen zur Folge haben. Bei schlecht sitzenden Stoßflächen zwischen Säulen und Jochen ist unter Umständen ein Durchscheuern der Stoßfugenisolation möglich. Es darf aber gesagt werden, daß bei den auf Grund des heutigen Erfahrungsschatzes konstruierten und fabrizierten Transformatoren die Voraussetzungen zum Entstehen von Eisenkrankheiten nicht mehr vorhanden sind. Eine Ausnahme ist bei starker und länger dauernder Spannungsüberlastung möglich, wenn die zulässige magnetische Sättigung überschritten wird. Dann suchen große Teile des magnetischen Flusses ihren Weg durch die Preßschrauben und verursachen in den massiven Schraubenbolzen Wirbelströme, welche unter Umständen zur Verbrennung der Bolzenisolation führen können.

Zur Behebung der Schäden von Eisenkrankheiten genügt es, in ganz leichten Fällen die Isolation der Preßschrauben zu erneuern, und die an der Oberfläche der Kerne im Blech befindlichen Brandstellen mit einer rotierenden Schmirgelscheibe wegzuschleifen. Schwache Schlüsse zwischen den Blechpaketen lassen sich oft mit einem kleinen Hilfstransformator herausbrennen; dabei sind bei 2 bis 3 Volt ca. 100 bis 200 Amp. nötig. Bei stärker entwickelten Schäden muß der Eisenkern in den Werkstätten des Erstellers auseinandergenommen werden; die schadhaften Bleche, Schrauben und Isolationen müssen ersetzt werden.

Zur Verhütung der Eisenkrankheit dient die reichliche Unterteilung der Kerne in nicht zu große Blechpakete, die richtige Bemessung der Isolationen und eine saubere, sorgfältige Fabrikation. Alle diese Maßnahmen können heute von einer genügend erfahrenen Firma gewährleistet werden. Die Eisenkrankheit erscheint jetzt nicht mehr als das Schreckgespenst in Transformatorenanlagen, wie in den Anfangsjahren des Großtransformatorenbaues.

Das „Brummen" der Transformatoren entsteht aus dem periodischen Wechsel des magnetischen Feldes und dem damit verbundenen Wechsel der magnetischen Zugkräfte zwischen den einzelnen Teilen des Eisenkerns. Jeder Transformator brummt, wenn er unter Spannung steht. Die Stärke des Brummens kann aber sehr verschieden sein. Sie wächst natürlicherweise mit der Größe des Transformators. Ferner sind die Resonanzbedingungen der Kastenwände von großem Einfluß auf die Stärke des Brummens. Glatte Kastenmäntel sind in dieser Hinsicht ungünstiger als gewellte. Sehr bestimmend sind ebenfalls in den meisten Fällen die akustischen Verhältnisse im Aufstellungsraum.

Transformatoren mit verschachtelten Säulen und Jochen brummen im allgemeinen etwas weniger als solche mit Stoßfugen. Wenn jedoch bei letzteren die Stoßflächen gut aufeinandersitzen und genügender Preßdruck vorhanden ist, wird das Geräusch fast nie einen störenden Stärkegrad erreichen. Hat man den Eindruck, daß ein Transformator zu stark brummt, so muß er herausgezogen und nachgesehen werden, ob nirgends eine $^{1}/_{10}$-mm-Lehre zwischen Stoßflächen und Stoßflächenisolation eingesteckt werden kann. Durch Nachziehen der Pressung wird gegebenenfalls gutes Sitzen erreicht.

Es kommt vor, daß nach der Inbetriebsetzung, insbesondere bei höheren Spannungen, außer dem normalen Brummen bei scharfem Hinhören noch ein hartes Knistern zu vernehmen ist. Es gibt immer Teile am Eisenkern, welche nicht geerdet werden können. Diese bekommen von der inneren Wicklung her eine kapazitive Ladung. Die letztere wird in kurzen Zeitabständen durch Überbrückungsfunken an der Stelle der schwächsten Isolation abgeleitet, z. B. an einer Preßspaneinlage zwischen Joch und Preßbalken. Dabei entsteht das erwähnte Geräusch. Die Energie der Entladefunken ist so gering, daß daraus kein Schaden entsteht. Meistens wird nach einiger Zeit durch die Funken die Isolation örtlich leicht verkohlt und dadurch eine genügende Erdung geschaffen, worauf das Geräusch verschwindet. Geschieht dies nicht, so muß gelegentlich die Erdung durch eine leitende Verbindung hergestellt werden.

2. Abstützungen.

Zu der Abstützung werden hier die Endbleche am Eisenkern, die Wicklungstragrahmen und -Konsolen, die Wicklungspreßringe mit den Federn und Spannbolzen, die Jochpreßbalken und Jochpreßbolzen gezählt. Alle diese Teile haben in erster Linie ihrem mechanischen Zwecke, der Übertragung von Preß- oder Stützkräften, zu genügen. Sie müssen den größten auftretenden Kurzschlußkräften widerstehen können. Ist dies nicht der Fall, so bricht der Transformator bei einem kräftigen Netzkurzschluß zusammen. Glücklicherweise ist der Transformatorenbau schon seit längerer Zeit so weit, daß die auftretenden Kräfte berechnet werden können und die Abstützungen diesen angepaßt sind. Bei modernen Transformatoren ist die mechanische Zerstörung eiserner Abstützungsteile eine große Seltenheit. Immerhin ist zu erwähnen, daß heute bei großen Leistungen fast allgemein kreisrunde, konzentrisch angeordnete Wicklungen ausgeführt werden, weil bei diesen die Hauptstromkraft durch das Wicklungskupfer selbst aufgenommen wird. Bei den Scheibenwicklungen, bei denen die Hauptstromkraft axial wirkt und von der Abstützung aufgenommen werden muß, ist besondere Vorsicht bei der Bemessung der Abstützung geboten, sobald Leistungen von etwa 3000 kVA überschritten werden.

Geben Teile der Abstützung zu Defekten Anlaß, so handelt es sich eher um elektrische als um mechanische Vorgänge. Sowohl die Wicklungspreßringe als auch die Jochpreßbalken sind von den Jochen durch Isolationsdistanzstücke oder Preßspanzwischenlagen getrennt. Zwischen Jochpreßbalken und Joch sind gewöhnlich isolierte Prisonstifte eingesetzt. Es kann nun vorkommen, daß bei einer umfangreichen Beschädigung dieser Isolationen, oder bei ihrer Überbrückung durch Fremdkörper sich eine Kurzschlußwindung um Teile des Jochflusses bildet. Ferner kann der Transformator Wicklungspreßringe aufweisen, die nur an einer Stelle geschlitzt und mit isolierten Verbindungsschrauben versehen sind. In diesem Falle braucht nur noch die Trennfugenisolation an einer Stelle überbrückt zu werden, um eine Kurzschlußwindung um eine Säule entstehen zu lassen. Die weiteren Vorgänge entwickeln sich dann in ähnlicher Weise wie bei der im vorigen Abschnitt geschilderten Eisenkrankheit.

Die Ursache der Bildung von Kurzschlußwindungen ist möglicherweise das Durchscheuern der Isolationen als Folge häufiger Bewegungen bei langandauernden Transporten. Wenn der aktive Teil im Ölkasten nicht genügend versperrt ist, kann er bei regelmäßigen Schwankungen von Eisenbahnwagen, Schiffen oder Kraftwagen dauernd hin und her rutschen. Dauert dies sehr lange, so kann auch eine kräftige Isolationszwischenlage zerrieben werden. Die Überbrückung einer solchen durch Fremdkörper oder Schmutz kann nur bei nachlässiger Behandlung eines Transformators vorkommen.

Diese Defekte werden gewöhnlich so frühzeitig bemerkt, daß die Behebung einfach durch den Ersatz der beschädigten Isolationen erfolgen kann.

Kapazitive Aufladungen mit Entladefunken können auch an Teilen der Abstützung auftreten. Zur Vermeidung des unerwünschten Funkenspieles werden die gefährdeten Teile geerdet. Bei größeren Transformatoren ist es vorsichtig, wenn die Erdung über Widerstände erfolgt. Diese verhindern, daß bei Isolationsdefekten an anderen Stellen ein gefährlicher Kurzschlußstrom entsteht, der durch die Erdverbindung fließen könnte. Die Widerstände müssen so bemessen sein, daß sie die Windungsspannung dauernd aushalten. Für die Ableitung der kapazitiven Ladungen genügt praktisch der dünnste Widerstandsdraht.

T. F. Krankheiten des Kühlsystems.

1. Ölkasten.

Der Ölkasten kann in seinen beiden Funktionen als Gefäß und als Wärmeableiter im Betrieb mehr oder weniger versagen.

Als Gefäß hat er nicht nur das Öl zusammenzuhalten, sondern er muß es auch vor dem Eintritt von Feuchtigkeit oder Schmutz schützen, wobei die Volumenänderung des Öles bei veränderlicher Temperatur zu berücksichtigen ist.

Die schlimmste Störung ist das plötzliche Leckwerden im Betrieb. Wenn das Auslaufen des Öles nicht rechtzeitig bemerkt wird, so daß die Wicklung aus dem Öl auszutauchen beginnt, entsteht dabei höchstwahrscheinlich ein Wicklungsdefekt, worauf der Schutz den Transformator abschaltet. Geschieht dies rasch, so ist die Gefahr eines Ölbrandes vermieden. Das Entstehen solcher Lecke im Betrieb ist sehr selten. Als Ursache kommt wohl nur ein während längerer Zeit wirkender Erdschlußlichtbogen von der Wicklung oder von einer Ableitung gegen den Ölkasten in Frage.

Häufiger werden Schweißnähte undicht. Transformatorenkästen werden heutzutage fast ausschließlich geschweißt, da man damit durchaus gute Erfahrungen gemacht hat. Immerhin kann es hier und da vorkommen, daß durch die mechanischen Beanspruchungen beim Transport eine Schweißnaht öldurchlässig wird.

Zur Behebung der Undichtheiten genügt in manchen Fällen bei Kesselblechkästen das Verstemmen. Beschränkt sich die Undichtheit nur auf einen Punkt, so wird knapp daneben ins gesunde Material ein Körner eingeschlagen. Durch die seitliche Verdrängung des Materials schließt sich die Durchgangsöffnung. Bei rißförmigen Durchlässen erfolgt das Verstemmen in gleicher Weise mit einem Meißel. In anderen Fällen hilft das Verlöten mit Zinn, nachdem die Eisenoberfläche mit der Feile gut blank gemacht wurde. Ausgedehntere Risse müssen zugeschweißt werden. In dringenden Fällen, sofern nicht zu viel Öl herauskommt, kann am ölgefüllten Transformator elektrisch geschweißt werden. Bei autogener Schweißung muß der Kasten stets entleert sein.

Gegen tropfende Ölablaßhähne sichert eine gut dichtende Verschlußkappe oder ein Blindflansch. Es ist sehr zu empfehlen, diese Sicherung an jedem Ölablaßhahn anzubringen. Ölablaßschrauben halten zuverlässig dicht und können beim Transport nicht abgeschlagen werden.

Der Kastendeckel muß bei Transformatoren mit Ölausdehnungsgefäß völlig dicht mit dem Kastenmantel verschraubt sein. Als Abdichtungseinlage ist Korklinoleum sehr geeignet. Nötigenfalls läßt sich durch Nachziehen der Schrauben die Abdichtung verbessern. Neue Einlagen sind vor dem Anbringen mit Vaselin einzufetten, damit sie bei einem späteren Öffnen des Transformators weniger an den Preßflächen kleben.

Bei Freiluft-Transformatoren kommt es kaum vor, daß der Deckel feuchtigkeitsdurchlässig wird. Eher ist die Möglichkeit vorhanden, daß die Kittung an den Durchführungen zwischen Flansch und Porzellan aus schlechtem, nicht wetterbeständigem Material besteht, sich zersetzt und Wasser in den Transformator eindringen läßt. Bei einem guten Kitt besteht diese Gefahr nicht. Gegen Öl sind die Kittstellen weniger widerstandsfähig (siehe Abschn. S. C. 3.). Bei Transformatoren mit Ölausdehnungsgefäß wird deshalb oft zwischen Flansch und Porzellan noch eine besondere Dichtungseinlage angebracht.

Feuchtigkeit kann bei unrichtig durchgebildeten Transformatorkästen durch die „Atmung“ ins Öl gelangen. Bei Transformatoren ohne

Ölausdehnungsgefäß für Aufstellung in geschützten Räumen und ebenso für Aufstellung im Freien muß ein genügender Luftwechsel stattfinden, damit sich kein Kondenswasser unter dem Deckel bildet. Bei den ersteren wird zwischen dem Deckel und dem Kastenrand ringsum ein Spalt offen gelassen. Bei letzteren sind zwei möglichst verschieden hoch gelegene Atmungsöffnungen erforderlich, so daß infolge der Lufterwärmung eine dauernde Luftzirkulation entsteht. Zur weiteren Sicherheit wird vielfach unter dem Deckel noch ein wärmeisolierender Belag angebracht. Die Atmungsöffnungen müssen nicht nur vor dem Eindringen von Regenwasser, sondern auch vor dem Eindringen von Staubschnee geschützt werden. Man zwingt deshalb die Luft auf dem Wege zur Eintrittsöffnung einige Umwege zu machen. Bei Freiluft-Transformatoren mit Ölausdehnungsgefäßen wird die von dem sinkenden Ölspiegel nachgezogene Luft meistens durch einen Luftentfeuchter gesaugt. Die Luft strömt darin über eine hygroskopische Substanz, z. B. Chlorkalzium. Dieses muß unbedingt von Zeit zu Zeit, d. h. alle 2 bis 6 Monate, je nach der Luftmenge die eingeatmet wird, erneuert werden, sonst bildet sich im Ölausdehnungsgefäß Kondenswasser.

Als Wärmeableiter kann der Ölkasten durch Ölschlammbildung beeinträchtigt werden (nach Abschn. S. C. 5.). Ferner können im Ölkasten auch zusätzliche Verluste auftreten. Es wurde schon früher erwähnt, daß bei stark verzerrter Kurvenform der Spannung oder des Stromes, deren Ursache außerhalb des Transformators liegt, im Kasten sich Streufelder ausbilden. Diese haben mehr oder weniger große Wirbelstromverluste zur Folge. Besonders die über der Höhe der Wicklungen sich erstreckende Kastenmantelzone wird davon betroffen. Eine zusätzliche Erwärmung läßt sich oft schon beim Befühlen mit der Hand längs dem Kastenmantel feststellen. Natürlich muß dabei das von oben bis unten vorhandene normale Temperaturgefälle berücksichtigt werden.

Bei Transformatoren mit Stromstärken von mehr als 600 bis 1000 Amp. (bei 50 Hertz) entsteht im Deckel, wenn er eisengeschlossene Wege um die einzelnen Durchführungen bildet, auch eine Erwärmung durch Wirbelströme. Wenn zwischen den zusammengehörenden Klemmen eines Stromsystems der Deckel geschlitzt wird, kann dieser Übelstand vermieden werden. Die Schlitze dürfen durch leitendes Material, das aber unmagnetisch sein muß (Kupfer, Messing, Bronze), zugedeckt werden. Die eigentliche Ursache der Wirbelstrombildung, ein starkes magnetisches Feld um die Stromdurchführung, muß hierbei einfach vermieden werden, wozu ein Unterbruch des Eisenweges von wenigen Millimetern Länge genügt.

Der Ölkasten muß immer geerdet sein, sonst bekommt er unter dem Einfluß der Wicklungen kapazitive Ladungen und gefährdet Personen, die ihn berühren.

2. Ölkühler.

Transformatoren mit Luftkühlung erhalten, sofern der Umfang des Ölkastens zur Unterbringung der notwendigen Kühlfläche nicht ausreicht, noch zusätzliche Kühlkörper. Diese werden als Radiatoren entweder direkt an den Ölkasten gebaut oder zu einer Batterie zusammengefügt und selbständig aufgestellt. Im letzteren Falle wird gewöhnlich die Ölzirkulation mit einer Pumpe künstlich gefördert. Fast die gleichen Kühlkörper werden auch im Zusammenbau mit Ventilatoren (Fremdlüftung) gebraucht. Ein solcher Kühlkörper, der eingeschweißte Röhren oder Wellblechmäntel besitzt, kann unter mechanischer Einwirkung undicht werden. Hierzu gilt das gleiche, was im vorigen Abschnitt zum Undichtwerden des Ölkastens gesagt wurde. Vielleicht ist es nötig, die Befestigungsschrauben an den Dichtungsflanschen einmal nachzuziehen, um die Dichtungseinlagen festzupressen. Wenn sich Ölschlamm bildet, kann die Kühlwirkung in noch stärkerem Maße als beim Ölkasten beeinträchtigt werden, da die Ölzirkulation sogleich stark gehemmt wird. Ist der Schlammansatz noch weich, so genügt das Durchspülen der Radiatoren mit Benzol, um den Schlamm zu entfernen. Bei den heute verwendeten Ölen wird diese Maßnahme kaum mehr zur Anwendung gelangen müssen, ein kräftiges Durchspülen mit heißem Öl genügt zur Reinigung der Radiatoren (siehe Abschn. S. C. 5.).

Wenn am Transformator im Betrieb Radiatoren vibrieren, rührt dies meistens daher, daß die Befestigungsschrauben ein wenig lose geworden sind infolge Nachgeben der Dichtungseinlagen. Dabei auftretende Resonanzschwingungen lassen sich dann durch das Nachziehen der Schrauben beheben, worauf diese wieder gut gesichert werden müssen. Genügt das Nachziehen an den Dichtungsflanschen nicht, so müssen die Radiatoren durch angeschweißte Verbindungsstücke aus Flacheisen gegenseitig verspannt werden.

Transformatoren mit Innenkühlung mittels Wasser unterliegen der Gefahr, daß bei Undichtigkeiten des Kühlkörpers Wasser ins Öl dringt, da im Innern der Kühlröhren, die meistens ganz oben im Ölkasten angeordnet sind, das Wasser unter höherem Druck steht als das Öl außerhalb der Röhren. Bei Außenkühlung mit Wasser, wobei das Öl durch Pumpen in Umlauf gebracht wird, läßt es sich so einrichten, daß das Öl im Kühler einen größeren Druck hat als das Kühlwasser. Das Wasser muß in diesem Falle aus dem Kühler frei austreten können und der Regulierhahn muß auf der Wassereintrittseite angebracht sein. Bei Undichtigkeiten wird in diesem Falle nur Öl ins Wasser dringen.

Die Kühlrohre sind je nach ihrer Herstellungszeit und Baufirma aus Eisen, Eisen mit Verzinnung, Kupfer, Messing- oder Broncelegierungen hergestellt. Das Verhalten dieser Materialien gegen Anfressungen und gegen Korrosion, ferner die Kesselsteinbildung sind im Abschnitt S. A. 6. behandelt. Wichtig ist, daß die Rohrsysteme vor dem Einbau mit einem Überdruck von einigen Atmosphären abgepreßt werden, damit undichte Stellen zum Vorschein kommen und verbessert werden können. Die Flanschverbindungen lassen sich mit in Leinöl gekochtem Karton abdichten. Bei einer ganz guten Kühlerkonstruktion sind die Wasserrohre vertikal gestellt und münden unten in eine Wasserkammer, in der sich die Unreinigkeiten des Kühlwassers absetzen. Diese Wasserkammer soll leicht abgenommen und gereinigt werden können. Wenn zwei Kühler für einen Transformator vorhanden sind, kann die Reinigung ohne Betriebsunterbruch geschehen. Ist das Kühlwasser sehr stark verunreinigt, so ist eine Filtrieranlage notwendig. Bei dem heutigen Stande der Technik ist es möglich, Kühler zu bauen, die den Betriebsanforderungen dauernd standhalten.

T. G. Krankheiten der Drosselspulen.

1. Drosselspulen mit Eisen.

Neben den gleichen Krankheiten, die für die verschiedenen Teile von Transformatoren beschrieben wurden, sind bei den Drosselspulen mit Eisenkern noch Störungen möglich, die vom sog. „Luftspalt" verursacht sind. Damit Strom und Spannung der Drosselspule bis zur Höchstbelastung möglichst proportional verlaufen, muß der größte Teil der vorhandenen Amperewindungen (Durchflutung) im Luftspalt „verbraucht" werden, während auf den Eisenweg dann nur ein kleiner Rest entfällt. Bekanntlich versucht das Feld sich an den Luftspalten nach Abb. 127 auszubreiten mit dem Bestreben, die Sättigung zu verkleinern, um einen kleineren Widerstand zu finden. Die Ausbreitung des Luftspaltflusses reicht bis in die benachbarten Wicklungsteile hinein. Sie ist um so ausgedehnter, je größer die einem Luftspalt zugehörige Wicklungslänge und je größer der Abstand zwischen Eisenkern und Wicklung ist. Sind nun diese Verhältnisse sehr ungünstig, so werden die senkrecht zur Blechschichtung aus dem Eisenkern hervortretenden Flüsse die äußersten Bleche in so starkem Maße durchqueren, daß diese durch die ent-

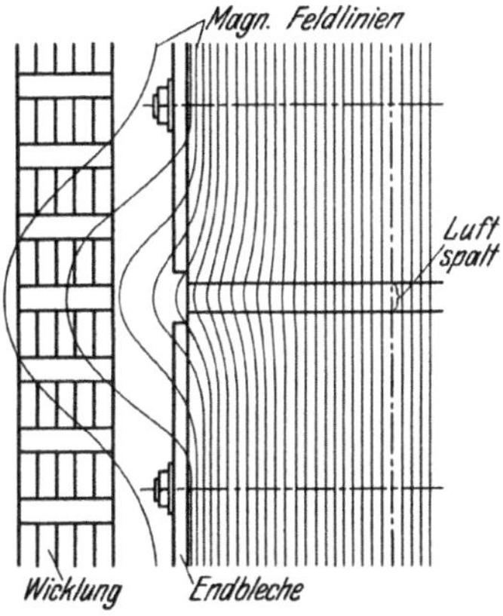

Abb. 127. Ausbreitung des magnetischen Feldes am Luftspalt einer Drosselspule.

stehenden Wirbelströme eine zu starke Erwärmung erfahren. Es entsteht daraus eine Verbrennung der Blechisolationen mit den Erscheinungen der Eisenkrankheit. Außerdem können die Endbleche und Preßbolzen in der Nähe der Luftspalte durch Wirbelströme zu stark erwärmt werden, wobei Isolationen und Ölfüllung Schaden nehmen. Besteht die Wicklung aus breiten Kupferbändern, so entstehen auch dort in gleicher Weise zusätzliche Verluste.

Da die Ursache dieser Krankheit, wie schon erwähnt, in der zu verschiedenen Ausdehnung und Lage des Erzeugungs- und Verbrauchsortes der Amperewindungen besteht, kann die Behebung nur durch einen Umbau geschehen, der die Verhältnisse gründlich verbessert. Man wird die Luftspalte unterteilen, d. h. an Stelle von wenigen großen besser mehrere kleine Spalte vorsehen. Unsymmetrisch angezapfte Wicklungen müssen unter Umständen so geändert werden, daß durch den Wechsel der Anzapfung keine oder nur geringe Verschiebungen im oben erwähnten Sinn entstehen. Dies geschieht, indem die angezapften Wicklungsteile auf die ganze Kernlänge verteilt, in die übrige Wicklung eingefügt oder konzentrisch dazu angeordnet werden.

An gut gebauten Drosselspulen sind heute keine Schwierigkeiten mehr zu erwarten.

2. Drosselspulen ohne Eisen.

Für die Begrenzung der Kurzschlußströme in Schaltanlagen werden Drosselspulen ohne Eisenkern verwendet. Auch beim stärksten Anwachsen des Stromes weisen diese eine unveränderliche Reaktanz auf, weil keine Sättigungserscheinungen auftreten können. Diese Spulen sind in Anlagen mit großer Leistung im Kurzschlußfalle sehr stark beansprucht, sowohl elektrisch wie mechanisch und thermisch.

Elektrisch sind sie beansprucht, weil beim Kurzschlußbeginn neben der annähernd vollen Betriebsspannung an der Spule auch noch kurzzeitige Überspannungen auftreten, die doppelt so hoch sein können wie die volle Betriebsspannung.

Mechanisch unterliegen sie der Kräftewirkung des hohen Anfangskurzschlußstromes, dessen Scheitelwert gleich dem $2^1/_2$-fachen des Dauerkurzschlußstromes sein kann.

Thermisch entstehen sehr starke Belastungen, wenn die Spule im Anschluß an Überlastungen, die bei der geringen Zeitkonstanten der Wicklung eine rasche Temperatursteigerung bewirken, unter Umständen auch noch den Kurzschlußstrom aufnehmen muß.

Bei allen diesen Beanspruchungen darf die Strombegrenzungsspule nicht eine geringere Sicherheit aufweisen als die Maschinen und Transformatoren.

Durch die schlechten Erfahrungen, die anfänglich mit den Strombegrenzungsdrosselspulen gemacht wurden, ist die Forderung entstanden, daß diese nur aus unverbrennbarem Material bestehen dürfen, damit bei einem Defekt wenigstens ein Brand vermieden werde. Die Windungen und Spulen wurden darauf mit Hilfe von Beton, Asbestzement oder keramischen Materialien distanziert. Bei höheren Spannungen, z. B. über 15 kV, genügt in manchen Fällen die bloße Abstandsisolierung durch Luft nicht mehr. Die Leiter müssen dann mit Glimmer, Asbest oder mit beiden Stoffen zusammen umwickelt werden.

Bei ungenügend isolierten Spulen, besonders solchen mit blanken Leitern, besteht beim Vorhandensein von Feuchtigkeit oder Staub die Gefahr, daß bei den starken Überspannungen zu Beginn eines Kurzschlusses auch Überschläge zwischen den Teilspulen oder Windungen auftreten können. Die überbrückten Windungen bilden dann einen Kurzschlußkreis, in dem die transformatorische Wirkung der übrigen Windungen einen sehr starken Strom erregt. Dieser führt meist zur mechanischen Zerstörung der kurzgeschlossenen Wicklungsteile. Drosselspulen mit Isolierungen aus Beton oder Asbestzement erhalten zum Schutz gegen Feuchtigkeitseinflüsse und gegen die Staubgefahr einen sehr starken Lacküberzug. Bei den höheren Spannungen schützt am wirksamsten eine gut imprägnierte geschlossene Leiterisolation.

An verseilten Leitern entstehen durch die Stromverdrängung bei sehr starkem Stromanstieg beträchtliche Spannungsdifferenzen zwischen den benachbarten Drähten an der Oberfläche des Seiles. Es können dann Anschmorungen der Kupferdrähte auch bei guter äußerer Leiterisolation entstehen.

Durch das sog. „Hämmern" können die Windungen schlecht gepreßter Wicklungen sich lockern und die ganze Wicklung sich „setzen". Bei einer folgenden starken Beanspruchung werden unter Umständen benachbarte Windungen zusammenschlagen. Die mechanische Ausführung soll so beschaffen sein, daß die Wicklung leicht nachgepreßt werden kann; die Schraubenmuttern müssen jedoch wieder nachher gesichert werden. Bei einer guten Konstruktion wird die Anzahl der Distanzierungsstücke so groß sein, daß die Leiter nur auf kurze Strecken freiliegen.

Trotz der Verwendung von unverbrennbarem Isoliermaterial ist die thermische Beanspruchung sehr begrenzt durch das Erweichen des Kupfers bei hohen Temperaturen. Der in amerikanischen Normen angegebene Grenzwert von 250^0 C dürfte wohl das zulässige Maximum der Kupfertemperatur darstellen.

Lötstellen mit Weichlot bilden eine Gefahr für die Spule, da bei starker Erwärmung der Übergangsstellen das Lot leicht schmelzen und an die Isolationen spritzen kann, wodurch Überschläge eingeleitet werden. Die Spulenverbindungen sollen deshalb hartgelötet oder geschweißt sein.

Die drei Spulen einer Dreiphasengruppe werden zur Platzersparnis oft übereinandergestellt. In diesem Falle ist es zweckmäßig, für eine gute Abstützung gegen die Wände und die Decke zu sorgen. Auch Drosselspulen, die nebeneinander aufgestellt sind, müssen gegenseitig abgestützt werden, da bei mehrphasigen Kurzschlüssen die Spulen mechanisch aufeinander einwirken. Es ist ferner zu beachten, daß eiserne Gegenstände in der Nähe von Drosselspulen nicht nur durch Wirbelströme erwärmt, sondern bei Kurzschlüssen sogar an die Drosselspulen herangezogen werden können. Es dürfen keine eisernen Werkzeuge und dergleichen in der Nähe einer Drosselspule liegen. Am besten werden die Spulen in geschlossenen Zellen untergebracht. Wenn die Zellenwände nahe sind, so darf in denselben aber kein Eisen vorhanden sein und auch nicht an den Türen. Es ist schon vorgekommen, daß eiserne Zellentüren aus den Angeln gerissen wurden und gegen die Drosselspulen flogen.

Die Reaktanz der Strombegrenzungsdrosselspulen sollte im allgemeinen nicht für weniger als 5% Gesamt-Spannungsabfall des zu schützenden Netzteiles bemessen werden, da sonst das Verhältnis des Kurzschlußstromes zum Normalstrom zu groß wird. Ist mit Rücksicht auf die Spannungshaltung im Betriebe nur eine kleinere Reaktanz zulässig, so kann eine Drosselspule mit entsprechend höherer Nennstromstärke gewählt werden, so daß für die Nennstromstärke doch 5% Reaktanzspannung vorhanden sind. Der Spannungsabfall ist dann bei dem kleineren Betriebsstrom proportional kleiner.

Die Ausführungsarten der Drosselspulen sind gegenwärtig noch sehr in der Entwicklung begriffen. Es ist fraglich, ob nicht wenigstens für höhere Spannungen besser auf die Forderung der Unverbrennbarkeit verzichtet werden sollte, um dafür eine reichlichere thermische Bemessung und eine bessere Isolation der Leiter mit Papier- und Baumwollumspinnung, vielleicht sogar die Ölisolation einzutauschen.

Die Verhütung eines Defektes ist jedenfalls betriebstechnisch richtiger als erst der Schutz nach erfolgtem Defekt.

T. H. Drehtransformatoren.

Der luftgekühlte Drehtransformator gleicht in seiner Konstruktion der Asynchronmaschine. Ein Teil der Krankheiten der Asynchronmaschine ist deshalb auch beim Drehtransformator zu finden. Es sind dies Eisenschlüsse, Windungsschlüsse, Deformationen der Spulenköpfe und unzulässige Wirbelstromverluste in den Wicklungen und Konstruktionsteilen, die im Kap. M erwähnt sind. Der Parallellauf von

Drehtransformatoren erfordert zur Vermeidung von Kurzschlußströmen bei der Inbetriebsetzung eine Phasenkontrolle, wie sie bei den Transformatoren erfolgt und eine Einstellung auf Spannungsgleichheit.

Eisenkrankheiten kommen bei Drehtransformatoren kaum in Betracht. Hingegen kann ein starkes Brummen auftreten, hervorgerufen durch Vibrationen des Läufers, wenn die Welle in den Lagern zu viel Spiel hat. Drehtransformatoren sind in dieser Hinsicht empfindlich. Man wird sich in schlimmen Fällen entschließen müssen, die Lagerbüchsen zu erneuern. In weniger schlimmen Fällen kann es genügen, wenn die Lagerschilder durch einseitiges Unterlegen von Blechscheiben etwas aus der Drehebene gebracht werden, so daß die Lager etwas schief stehen. Eine weitere Abschwächung des Geräusches läßt sich durch die Aufstellung des Drehtransformators auf schalldämpfenden Unterlagen erzielen.

Hemmungen im Bewegungsmechanismus sind in ihrer Art stark abhängig von der Konstruktion und Ausführung desselben. In manchen Fällen wird Verschmutzung die Ursache sein.

Beim ölgekühlten Drehtransformator kommt als weiterer Teil der Ölkasten hinzu. Über seine Eigenschaften und diejenigen des Ölinhaltes gilt das gleiche wie für den gewöhnlichen Öltransformator.

Die zu Drehtransformatoren gehörigen Schaltapparate sind im Unterabschnitt A. J. 7. b) erwähnt.

A (Apparate).

Krankheiten elektrischer Apparate.

A. A. Allgemeine Krankheiten an Einzelapparaten.

1. Übermäßige Erwärmung von Magnetspulen.

Die Folgen zu hoher Temperaturen elektrischer Leiter sind bei Apparaten dieselben wie bei Maschinen und Transformatoren. Als einziger Unterschied gegenüber diesen Konstruktionen ist hervorzuheben, daß bei Apparaten dauernde mechanische Beanspruchungen, welche die Folgen von Übererwärmungen noch vergrößern, meistens nicht vorhanden sind.

Übermäßige Erwärmungen treten meistens an Magnetspulen und Kontakten auf. Bei Magnetspulen ist es für den Betriebsmann wichtig, zahlenmäßige Anhaltspunkte für ihre zulässige Belastung zu besitzen, um vor krassen Fehlgriffen bei der Auswechslung solcher Spulen geschützt zu sein. Die Kenntnis einer ungefähren Belastungszahl schützt vor allem vor der Verwechslung von Gleich- mit Wechselstromspulen.

Bei Spulen für Gleichstrom genügt die Kenntnis des Ohmschen Widerstandes allein, um ihren Betriebsstrom bei Nennspannung und damit ihre Leistungsaufnahme einfach berechnen und die Belastbarkeit kontrollieren zu können. Hingegen ist der Strom einer Wechselstromspule vorwiegend durch den induktiven Widerstand bestimmt, der den Ohmschen Widerstand in der Regel stark überwiegt. Meistens wird auch der erstere Wert, sowie die Eisenverluste im magnetischen Kreis der Wechselstromspulen gar nicht bekannt sein, so daß weder Strom noch Leistungsaufnahme zu berechnen sind. Einzig aus dem Ohmschen Widerstand und unter der Annahme der Speisung einer vorliegenden Spule mit Gleichspannung würde man sofort erkennen, daß ihr Strom bzw. ihre Belastung viel zu groß würde und daß es sich folglich bestimmt um eine Wechselstromspule handeln muß.

Damit Magnetspulen für beide Stromarten keine übermäßige Erwärmung zu erleiden haben, darf der auf 1 cm^2 ihrer Oberfläche entfallende Verlust ungefähr 0,06 bis 0,1 Watt/cm^2 betragen.

Übererwärmungen an richtig bemessenen Gleichstromspulen treten meistens nur als Folgen von Windungs- oder Eisenschlüssen auf, die selbst wieder durch feuchte Isolationen oder mechanische Einwirkungen (Erschütterungen) verursacht sein können.

Ein häufiger Grund für gefährliche Übererwärmung von Wechselstromspulen ist das Hängenbleiben des Ankers in der Ausgangsstellung. Die Magnetspule nimmt bei dieser Ankerstellung einen viel größern Strom auf, als bei ganz angezogenem Anker und ist in kurzer Zeit überhitzt. Ferner kommt es bei unrichtiger Anordnung von eisernen Konstruktionsteilen im magnetischen Kreis vor, daß sich dort Wirbelströme ausbilden können und daß von diesen Stellen aus die Wicklung zusätzlich erwärmt wird.

Windungsschlüsse treten vorwiegend an Wechselstromspulen auf, weil hier die Windungsspannung größer ist als an Gleichstromspulen. Zudem sind die ersteren mehr Erschütterungen ausgesetzt, weil die Eisenkerne, besonders bei niedern Frequenzen, leicht vibrieren können.

2. Übermäßige Erwärmung von Kontakten.

Die Erwärmung eines Kontaktes ist durch folgende Einflußgrößen bedingt: Strombelastung, Kontaktdruck, Oberfläche und deren Abkühlungsverhältnisse.

Worin besteht die Gefahr einer zu großen Kontakterwärmung? Zunächst beginnt beim Überschreiten einer bestimmten Temperatur die Oxydation der Kontaktstellen. Dabei erhöht sich der Übergangswiderstand, der ganze Kontakt glüht aus und schließlich kann eine Verschweißung eintreten, wie sie etwa bei der werkstattmäßigen Widerstandsschweißung hergestellt wird. Daneben verursacht diese außerordentlich hohe örtliche Kontakterwärmung, je nach der Wärmeleitfähigkeit der Umgebung, auch starke Temperaturanstiege anderer benachbarter Teile. Die Zerstörung von Isoliermaterial kann alsdann die weitere Folge sein.

Wie beurteilt man die Sicherheit eines Kontaktes hinsichtlich Übererwärmung? Die Bemessung der Oberfläche war ja ursprünglich dem Konstrukteur übertragen; es dürfte also vorerst angenommen werden, daß diese richtig erfolgt ist und daß auch der Apparat von Anfang schon für die vorgesehene geschlossene oder offene Aufstellung richtig entworfen war. Die zulässige Übertemperatur über die Raumtemperatur (max. 35° C) kann für einen Kontakt mit ungefähr 35° C angegeben werden. Wird eine höhere Erwärmung festgestellt, so prüfe man zuerst, ob die Aufstellung und Belastung des Apparates seiner zugedachten Bestimmung entsprechen. Die vorhandene Belastung soll mit dem Nennstrom verglichen und die Raumtemperatur kontrolliert werden. Beträgt diese z. B. 40 bis 50° C, so kann auch eine geringe Erhöhung der Kontakt-Übertemperatur auf 40 bis 50° C für den Zustand des Kontaktes bereits gefährlich werden. Seine Temperatur erreicht dann 80 bis 100° C, wobei die Oxydationsgefahr auftritt.

Dem Betriebsmann dürfte es schwer fallen zu beurteilen, ob der Kontaktdruck richtig ist. Dieser kann seinen Wert seit der Fertigstellung des Apparates geändert haben, und das Wartepersonal kann kaum den für eine bestimmte Stromstärke erforderlichen Kontaktdruck kennen oder „von Hand“ beurteilen. Die Kenntnis einiger Zahlenwerte ist daher nützlich, auch wenn diese nur angenähert gültig sein können. Als normale Kontaktdrücke an Hauptstromkontakten gelten:

Für Bürstenkontakte in Luft und in Öl: ca. 25 g/Amp.
Für Klotzkontakte bis ca. 300 Amp.: ca. 25 g/Amp.
Für Klotzkontakte mit höheren Stromstärken ist meist ein bedeutend höherer Druck notwendig, mit Rücksicht auf andere Vorgänge (Feuern beim Einschalten u. a.).

Unabhängig von der wärmeableitenden Oberfläche darf ein gewisser minimaler Druck an jedem Kontakt nicht unterschritten werden, weil die an der Stromübergangsstelle entstehende Erwärmung doch vorwiegend durch den Druck allein bestimmt ist. Hauptsächlich für Klotz- und Wälzkontakte ist diese Feststellung sehr wichtig. Für Kontakte mit sehr kleinen Strömen, also für Hilfskontakte, gelten obige Werte natürlich nicht mehr. Bei solchen Kontakten sollte der Druck ca. 150 bis 200 g nicht unterschreiten. An Hilfskontakten aus Edelmetall kann noch ein Kontaktdruck von mindestens 50 g zugelassen werden.

Ein weiterer Grund für zu hohe Kontakterwärmung kann im Zustand des Kontaktes liegen. Die Kontakte können bei ungünstiger Löschung des Lichtbogens gewissermaßen „verschlacken“ bzw. oxydieren. Es bildet sich an der Berührungsfläche eine sehr schlecht leitende Schicht und dadurch entsteht ebenfalls leicht die Verschweißung. Außerdem kann eine Verschlackung auch bei der Verwendung von gewissen oxydierbaren Fetten auf den Kontakten entstehen, die im Abschn. S. B. 2. erwähnt ist. Hier gilt die Regel: Besser gar kein Fett, als zu viel oder schlechtes Fett.

Ein weiterer Grund zur Schlackenbildung liegt im Verzinnen der Kontaktflächen. An den Lichtbogenansatzstellen entsteht Zinnoxyd, welches sehr schlecht leitet und darum ebenfalls zu Kontakterwärmung führen kann. Also vermeide man die Verzinnung von Kontakten.

Bei Kupferkontakten unter Öl wird oft beobachtet, daß ihre Übertemperatur dauernd langsam ansteigt, „klettert“, so daß schließlich, z. B. bei Ölschaltern, eine zu hohe Temperatur der Schalterkessel festgestellt wird. Die Ursache dieser Erscheinung ist eine an den Kontaktflächen entstehende schlecht leitende Schicht, hervorgerufen durch Oxydation und Kupfersalzbildung. Eine chemische Untersuchung des Öles solcher Schalter zeigt gewöhnlich eine stark erhöhte Säurezahl und hohen Schlammgehalt. Da die Oxydation erst über einer bestimmten Temperatur einsetzt, tritt diese Gefahr ganz besonders da auf, wo das Öl durch andere Ursachen dauernd erwärmt wird, wie z. B. in Anlassern. Wo also in Apparaten eine verhältnismäßig hohe Grundtemperatur des Öles vorhanden ist, darf der Kontakt nicht mehr normal, sondern nur entsprechend vermindert belastet werden. Der Gefahr einer zu starken Oxydation kann aber sehr wirksam begegnet werden, wenn man vermeidet, einen stromführenden Kontakt dauernd — z. B. während einiger Monate — ununterbrochen eingeschaltet zu halten. Es genügt dagegen, dann und wann „leer" zu schalten, um dabei die Oxydschicht abzustoßen.

Eine Kontrolle, die sicheren Aufschluß über den Zustand der Kontakte liefert, ist die Messung des Spannungsabfalles mit Gleichstrom an den Kontaktstellen sowohl vor Inbetriebsetzung (im Prüffeld des Herstellers) wie auch nach längerer Betriebsdauer. Diese Methode ist jedoch im Betriebe schwer ausführbar, weil sie zur einwandfreien Durchführung Ströme von mehreren hundert Amp. erfordert. Sie gestattet jedoch am besten, diejenigen Stellen im Stromkreis zu ermitteln, welche die Übererwärmung verursachen. Diese Kontrolle hat vor allem den Vorteil, daß man damit ein genaues Bild von der Veränderung des Apparates gegenüber dem ursprünglichen gesunden Zustande erhält.

3. Übermäßige Abnützung von Kontakten.

Alle Schaltkontakte von sog. „Manövrier"-Apparaten, wie Kontrollern, Anlassern, Schützen u. a., die zur häufigen Unterbrechung und Schließung eines Stromkreises dienen, sind dem Abbrand unterworfen. Beim Öffnen eines Stromkreises wird zwischen den unterbrechenden Kontakten eine Schaltarbeit geleistet, die sich in Wärme umsetzt und die Erhitzung der Luft und der Ansatzstellen des Lichtbogens an den beiden Kontakten bewirkt. An diesen Stellen wird eine gewisse Menge des Kontaktmaterials auf die Schmelztemperaurt erhitzt und teilweise verdampft. Der Lichtbogen wird besonders bei Gleichstromschaltern mittels eines zur Lichtbogenrichtung senkrecht stehenden magnetischen Blasfeldes auf größere Länge ausgeblasen. Im Moment, da die Spannung zur Aufrechterhaltung des Lichtbogens gleich der anliegenden Betriebsspannung wird, erlöscht derselbe. Der Kontaktverschleiß ist abhängig von Strom und Spannung, von der Häufigkeit (Intermittenz oder Spieldauer) der Schaltungen, ferner von Güte und Härte des Kontaktmaterials.

Der Materialverlust durch Abbrand ist bei Gleich- oder Wechselstrom sehr verschieden und nicht direkt der unterbrochenen Leistung proportional, sondern allgemein in stärkerem Maße vom Strom abhängig. Ebenso ist der Kontaktverschleiß unter sonst gleichen Verhältnissen verschieden, wenn bei gleicher Anzahl der Schaltungen diese in kürzerer oder längerer Zwischenzeit erfolgen. Dies ist darauf zurückzuführen, daß bei sehr kleinen Schaltpausen der Kontakt keine Zeit zur Abkühlung zwischen zwei sich folgenden Unterbrechungen hat und demnach dauernd erhitzt bleibt.

Die Art des Materials ist selbstverständlich beim Abbrand der wichtigste Faktor, denn mit dem Material ändert sich der Schmelzpunkt. Bei ein und demselben Material hängt der Abbrand auch sehr vom Härtegrad ab. Man stellt dabei fest, daß der Abbrand innerhalb von bestimmten Härtegraden von ca. 30 bis 90° Brinell sehr rasch abnimmt, darüber hinaus wieder weniger. Die Härtung des Kontaktmaterials lohnt sich deshalb oberhalb dieser Grenze meistens nicht mehr.

Sehr geringer Abbrand entsteht an Kontakten aus Edelmetallen, besonders Silber, und zwar Hart-Reinsilber. Silberkontakte haben zudem den großen Vorteil, daß im Lichtbogen entstandenes Silberoxyd elektrisch leitet.

Die an den Kontaktoberflächen allgemein entstehende Verschlakkung, die schon im Abschn. A. A. 2. erwähnt ist, bildet sich in überraschender Weise bei Schaltern für schwache Ströme leichter aus als bei solchen für starke Ströme. Diese Tatsache läßt sich aus Versuchen damit erklären, daß die bei der Abschaltung starker Ströme entstehende Kontaktfläche viel grobkörniger ist als nach der Unterbrechung kleiner Ströme. Die stark grobkörnigen Kontaktflächen werden beim Einschaltschlag verhältnismäßig viel mehr gequetscht als die feinkörnigen Flächen. Der gleiche Effekt wird bei sog. Wälzkontakten auf andere Art erstrebt, indem dort die Kontaktflächen bei jeder Schaltung gegeneinander gerieben werden. Dabei ist aber, unter sonst gleichen Verhältnissen, der Materialverlust eher etwas größer als bei Hammerkontakten.

In besonders krassen Fällen sind Spannungen bis zu ca. 100 Volt notwendig, um die Oxydschicht an den Kontakten zu durchschlagen. Dieser Zustand der Kontakte kann sehr unangenehme Folgen haben, wenn es sich um Kontakte in einem Erregerkreis handelt. An solchen Kontakten, in denen ein dauernder Kleinst-Widerstand sichergestellt sein muß, wie z. B. in Bremsstromkreisen im Bahnbetrieb, muß durch spezielle Ausbildung der Kontakte eine derartige Oxydbildung unter allen Umständen verhindert werden.

Bei Gleichstromschaltern ist der Abbrand der Kontakte sehr stark abhängig von der Güte der Abschaltung. Dort gilt im allgemeinen die Regel: Je rascher der Lichtbogen von den anfänglichen Ansatzstellen weggetrieben wird, um so kleiner ist der Abbrand. Dies ist leicht einzusehen, denn je länger die Lichtbogenansatzstellen am gleichen Orte haften, um so mehr Kontaktmaterial wird an dieser Stelle geschmolzen und verdampft. Wenn der Lichtbogen dagegen rasch abwandert, wie es bei Schaltern mit magnetischer Blasung in Verbindung mit Ablaufhörnern der Fall ist, so werden noch andere, nicht an der Berührungsfläche liegende Teile der Kontakte auf die Schmelztemperatur erhitzt. Durch Befestigung von Lichtbogenablaufhörnern an den Kontakten kann darum der Abbrand an den Kontaktstellen oft beträchtlich vermindert werden.

Bei Wechselstromschaltern in Luft sind die Schaltverhältnisse anders. Der Lichtbogen erlischt meistens von selbst beim Durchgang des Stromes durch den Wert Null. Er besteht deshalb meistens nur während der Zeit einer oder weniger Halbwellen, und die elektrische Schalterarbeit ist, wenigstens bei induktionsfreien Stromkreisen, beträchtlich kleiner. Durch Blasung kann deshalb keine beträchtliche Verbesserung der Löschung erreicht werden. Immerhin muß auch bei Wechselstrom von einer gewissen Leistung an die magnetische Blasung angewendet werden, um bei einer bestimmten Öffnung der Kontakte zu vermeiden, daß der Lichtbogen nach dem Löschen im Nulldurchgang durch die wiederkehrende Spannung wieder von neuem gezündet wird. Nur bei tieferen Spannungen — unter ca. 150 Volt — kann die Blasung oder andere Hilfsmittel zur Lichtbogenlöschung weggelassen werden. Bei Wechselstrom-Ölschaltern ist der Kontaktabbrand, bei sonst gleichen Schaltbedingungen, eher größer als an Luftschaltern mit Lichtbogenblasung.

Gleichstrom-Ölschalter sollten für Leistungsunterbrechung möglichst nicht verwendet werden. Die Schalterarbeit ist hier viel größer als bei Wechselstromschaltern, und durch den Lichtbogen entsteht eine derart starke Verkohlung der im Öl enthaltenen harzartigen Stoffe, daß das Öl nach verhältnismäßig wenigen Schaltungen undurchsichtig wird und die Kontakte stark verschlacken. Der chemische Vorgang ist im Abschnitt S. C. 5. beschrieben. Man muß daher das Öl sehr oft kontrollieren und nötigenfalls filtrieren. Ferner muß der Schalter wegen der äußerst starken Rußentwicklung längs den Kriechwegen öfters gereinigt werden.

Beim Luftschalter entsteht neben dem Abbrand der Kontakte auch ein Verschleiß der Funkenkammerwände, wofür außer der Feuerbeständigkeit des Materials auch die Güte des Abschaltvorganges maßgebend ist. Wenn der Lichtbogen schön gerade geführt ist, seine Strombahn also die Funkenkammer höchstens tangiert, so entsteht praktisch keine Beanspruchung der Funkenkammer. Wenn der Lichtbogen hingegen an die Funkenkammerwände getrieben wird, sind die Wände bald durchgebrannt. Dies kommt meistens durch unzweckmäßig geformte Kontakte zustande, kann aber durch eine Formgebung der Kontakte ähnlich wie in den Abb. 128a, b und 129 vermieden werden. Es besteht für jeden Kontakt eine sog. „kritische Breite", bis zu welcher der Lichtbogen, auch wenn er am äußersten Rand des Kontaktes zünden sollte, immer noch in die richtige Bahn parallel zur Funkenkammer geleitet wird. Ist die Kontaktbreite jedoch zu groß, d. h. allgemein über 30 mm, so ist die

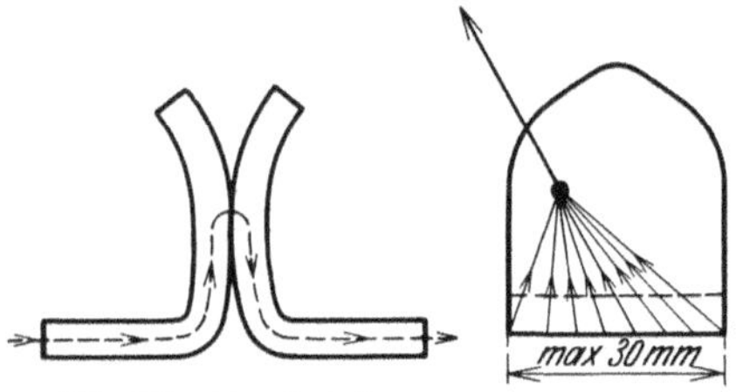

Abb. 128a. Zweckmäßige Kontaktform. Bei zu großer Breite starke seitliche Stromkomponente.

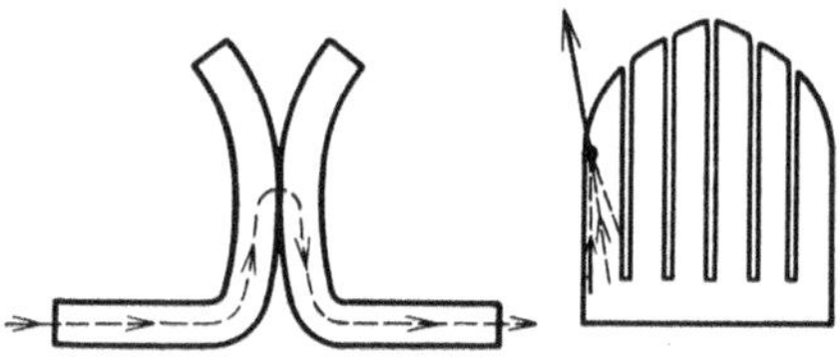

Abb. 128b. Durch Schlitzung unterteilter Kontakt zur Schwächung der seitlichen Stromkomponenten.

seitliche Stromkomponente (Abb. 128a) und deren magnetisches Eigenfeld in den Kontakten und im Lichtbogen zu groß. Der Lichtbogen brennt sich dann in die Funkenkammer ein und verbleibt in dieser Stellung, in welcher er die Zerstörungsarbeit an den Kontakten und an den Funkenkammern vollbringt.

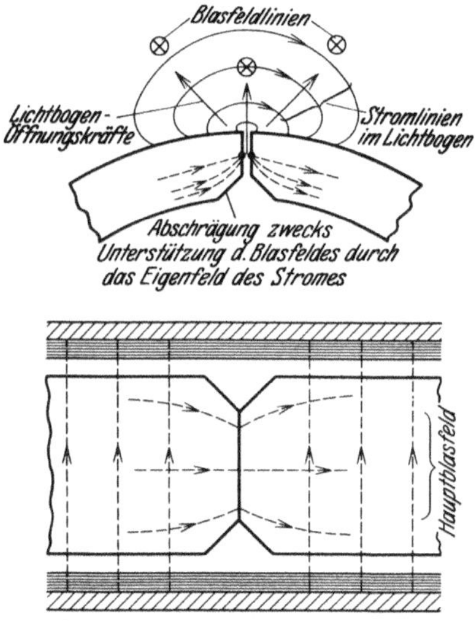

Abb. 129. Zweckmäßige Formgebung eines Hammerkontaktes.

Der Abbrand der Kontakte und der Funkenkammern kann durch Schlitzen der Kontakte nach Abb. 128b vermindert werden. Dadurch wird die seitliche Komponente des Stromes ebenfalls stark verringert. Die Schlitze müssen aber eine gewisse Mindestbreite aufweisen, da sie sonst bei Abschaltungen zugeschweißt werden.

Die zweckmäßige Form eines Hammerkontaktes ist aus Abb. 129 zu ersehen. Die Ausbildung einer starken seitlichen Stromkomponente ist durch das Abtrennen der Ecken verhindert. Die Strombahn wird hier zur Unterstützung des fremden Blasfeldes benützt.

Auch wenn Abschaltungen mit Rückzündungen verbunden sind, kann ein stark vermehrter Abbrand der Funkenkammern eintreten. Abb. 130 erläutert das Zustandekommen einer Rückzündung bei einer größeren Abschaltung mit gewöhnlichen Kontakten. Solange sich die Lichtbogen-Ansatzstellen auf der inneren Flanke der Kontakthörner nach oben bewegen, vergrößert sich ihr Abstand fortwährend. Nach dem Kippen über die Spitzen der Hörner kann jedoch der Lichtbogen auf der Rückseite der Hörner weiterwandern, wobei seine Ansatzstellen sich wieder nähern, so daß die schon ionisierte Luftstrecke immer noch durchschlagen werden und der Lichtbogen sich seitlich in die Funkenkammern einbrennen kann. Auch gegen diese Möglichkeit sind Ablaufhörner zweckmäßig. Ihre Wirkung ist aus einem Vergleich der Abb. 131 a und b zu ersehen. Beide Kontaktformen wurden der gleichen Schaltleistung bei gleicher Schalthäufigkeit unterworfen. Der vermehrte Abbrand der Funkenkammer, kenntlich am völligen Durchbrennen der Schutzplatte bei der hornlosen Kontaktform, ist augenfällig und nur durch die entstandenen Rückzündungen zu erklären.

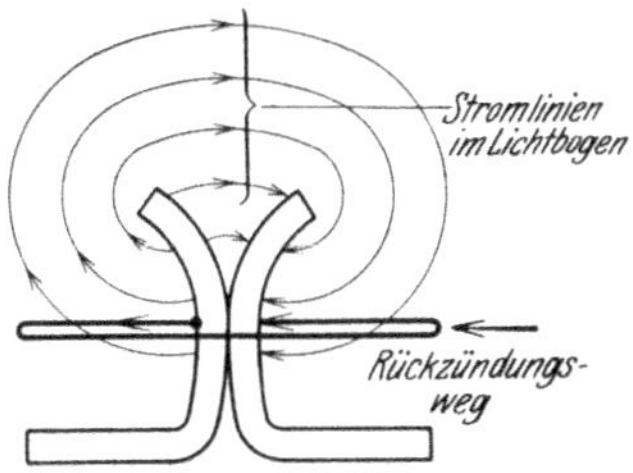

Abb. 130. Rückzündender Lichtbogen an Kontakten ohne Verlängerungshorn.

Beobachtete Brandstellen an Klotz-, Kugel- und anderen Kontakten unter Öl beunruhigen das Betriebspersonal sehr oft ganz unbegründet. Diese Kontakte, auch wenn es sich um Klotzkontakte handelt, welche im neuen Zustande scheinbar auf einer Fläche berührten, beruhen ohne-

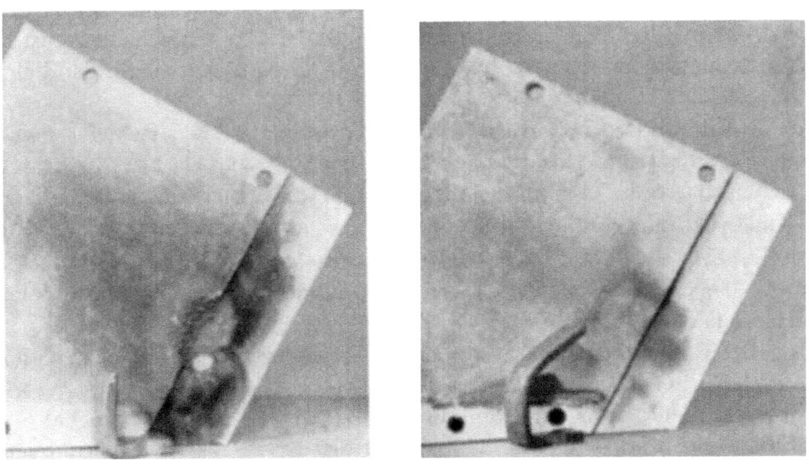

a b

Abb. 131. Einbrennen des Lichtbogens in die Funkenwände bei verschiedener Kontaktform. a Kontakte ohne Verlängerungshorn; Funkenwand durchgebrannt, b Kontakte mit Verlängerungshorn; Funkenwand wenig zerstört.

hin auf einer punktförmigen Kontaktgabe. Durch den Abbrand wird daher die Kontaktauflage gar nicht schlechter, als sie bei diesen Kontakten von Anfang an vorgesehen war. Nur der entstehende Materialverlust zieht schließlich dem Abbrand eine Grenze, an der die Kontakte ersetzt werden müssen.

4. Ungenügende Isolierung.

An Apparaten, die in Luft aufgestellt sind, bilden sich die Isolationsfehler meistens als Kriechwege aus. Durchschläge der Isolation sind hingegen viel seltener. Über die Mindestgröße von Kriechwegen an Apparaten macht Keinath[1] Angaben. Selbstverständlich ist nicht nur die Länge, sondern vor allem auch der Zustand eines Kriechweges für die Überschlagssicherheit maßgebend. Es ist daher notwendig, die Isolationsoberflächen gegen Staub- und Schmutzansammlung zu schützen. Bei Leistungsschaltern in Luft und bei Ölschaltern ist es unvermeidlich, daß Kriechwege durch die Abschaltungen verrußt werden. Diese Stellen müssen dann von Zeit zu Zeit gereinigt werden.

Die Feuchtigkeit verursacht auch bei Apparaten eine Großzahl aller Krankheiten. Die Apparate, welche an sehr feuchten Orten aufgestellt werden, müssen möglichst gut durchlüftet sein. Bei Apparaten in Freiluftanlagen bildet die aus den angeschlossenen Kabelkanälen eintretende Warmluft eine Gefahr für die Bildung von Kondenswasser, welches sich an gefährlichen Stellen niederschlagen kann und zu Defekten führt. Die Verschalungskasten von Freiluftapparaten sind deshalb gegen den Warmlufteintritt abzusperren. Am einfachsten werden die Kanäle beim Eintritt in die Kasten durch Sand möglichst dicht aufgefüllt.

Relais und Schützen sind oft auf Grundplatten aus Schiefer montiert. Auftretende Durchschläge in diesen Platten zwischen Apparateteilen, die unter Spannung stehen, sind die Folge unzweckmäßiger Konstruktion, nämlich ungenügender Isolierung der stromführenden Teile gegen die Grundplatte, schlechter Schieferqualität (leitende Adern), vor allem aber ungenügender Nachbehandlung des Schiefers durch den Hersteller der Apparate.

Bei Gleichstromapparaten, besonders an deren Magnetspulen, kann die Isolation durch elektrolytische Wirkung — Korrosion — zerstört werden, und zwar meistenfalls dann, wenn 1-polig abgeschaltete Spulen noch einseitig mit dem +-Pol des Netzes dauernd verbunden sind. Diese Störung wird vermieden durch Verbindung des unter Spannung stehenden Spulenanschlusses mit dem negativen Pol, was in Abb. 154a, b angedeutet ist. Wenn Spulen nicht nach dieser Regel angeschlossen werden können, so bietet das Tauchen in Paraffin wenigstens einen gewissen Schutz gegen Korrosionen. Bei Spulen, welche zweipolig abgetrennt werden, tritt diese Erscheinung überhaupt nicht auf.

Die Verwendung von unzweckmäßigen Lötmitteln, z. B. von Lötwasser, führt zur Grünspanbildung und daher ebenfalls zu Zerstörung der Isolation an Apparateteilen.

---

[1] Keinath: Technik der Meßgeräte Bd. 1 S. 81.

Die Durchschläge des Öles, die auf das Öl selbst zurückzuführen sind, werden unter S. C. 5. beschrieben. Es wird hier nur auf die besonderen Ursachen von Öldurchschlägen an Apparaten hingewiesen. Die höchste Beanspruchung des Öles in Apparaten entsteht immer da, wo eine Metallspitze gegenüber einer Metallplatte unter Spannung steht. Das elektrische Spannungsgefälle an der Spitze ist bei dieser Anordnung ein Vielfaches des aus dem Abstand Spitze—Platte berechneten mittleren Spannungsgefälles. Sobald an die Stelle der Spitze eine abgerundete kugelige Form tritt, verbessern sich die Verhältnisse bedeutend. Es ist selbstverständlich die Aufgabe des Konstrukteurs, diese Tatsachen bei der Konstruktion zu berücksichtigen. Der Betriebsmann muß aber ebenfalls hierüber selbst aufgeklärt sein, um Reparaturen an Hochspannungsapparaten zweckmäßig ausführen zu können. Selbstverständlich gilt diese Regel auch dort, wo an Stelle von Öl andere feste Isolierstoffe, z. B. Hartpapier, Holz u. a., gleichartig unter Spannung stehen. Die Gefahr eines Durchschlages kann sogar noch erhöht sein bei der Verwendung von Isolierstoffen mit faseriger Struktur (Holz), wenn die Faserrichtung mit der Richtung des Spannungsgefälles übereinstimmt und eine spitze Elektrode zudem noch in gleicher Richtung in das Material eindringt, wie Abb. 132 als drastisches Beispiel zeigt.

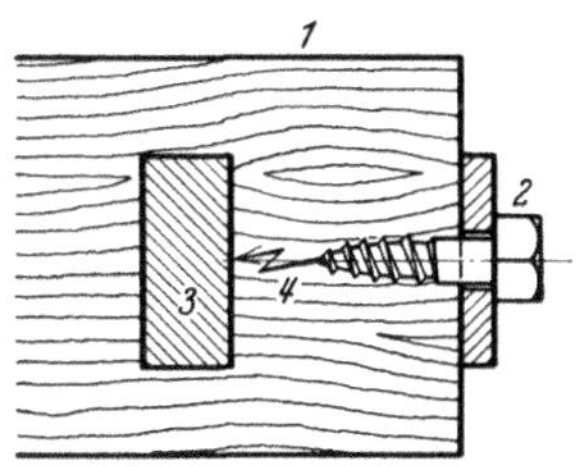

Abb. 132. Gegen Durchschlag gefährdete Stelle eines Apparates: Längsbeanspruchung von Holz zwischen Spitze und Platte. *1* Holztraverse, *2* Befestigungsschraube geerdet, *3* Spannungsführender Metallteil, *4* Durchschlagstelle.

Auf Durch- und Überschläge, herrührend von Überspannungen, werden oft allzu schnell alle Defekte zurückgeführt, bei welchen die vorhandenen isolierenden Abstände nicht durch die bloße Betriebsspannung durchschlagen werden konnten. Diese Anschauungsart ist sprichwörtlich geworden: „Was man sich nicht erklären kann, sieht man als Überspannung an.“ In vielen Fällen sind tatsächlich Überspannungen, auf deren Herkunft nicht eingetreten werden soll, die Ursache entstandener Zerstörungen. Es empfiehlt sich aber sehr oft bei ihrer Untersuchung von einer Überspannung als Ursache zuerst völlig abzusehen und die Störung eher „aus sich selbst heraus“ zu suchen und zu erklären. Man findet dann z. B. an Anschlußklemmen von Ölschaltern oft schlecht sitzende oder lockere Kontaktverschraubungen, welche leicht Funken bilden können. Durch das Wegspritzen von glühenden Metallteilen können verhältnismäßig große Luftabstände durchschlagen werden. Schließlich bildet sich daraus ein Stehlichtbogen gegen Erde oder gegen andere Phasen. A. Roth empfiehlt in seinem Buch[1] ein wirksames Mittel gegen Überspannungen: Einen kräf-

[1] Roth, Arnold, Dr.-Ing.: Hochspannungstechnik. 1927.

tigen Schraubenschlüssel! Eine sorgfältige Kontrolle aller ähnlichen Apparatestellen bei Montagen oder Überholungen wird manche vermeintliche „Überspannung" fernhalten. Die Ergänzung dieses Schutzmittels gegen Überspannung durch einen Besen dürfte in vielen Fällen notwendig sein, da sehr oft ein verschmutzter Zustand der Anlagen (Spinngewebe) die Ursache von Überschlägen ist.

Das Vorhandensein eines Isolationsdefektes wird auch oft befürchtet, wenn z. B. an Ölschaltern von außen her ein gewisses „Knistern" gehört wird, welches innere Entladungen vermuten läßt. Nach dem Ausziehen des Apparates aus dem Öl wird oft gar keine Fehlerstelle festgestellt; das Öl ist gut und man beobachtet auch keine Perlen oder Überschlagsspuren. Solche Erscheinungen haben meistens folgende Ursachen: Es befindet sich im Apparat irgendeine Einrichtung, z. B. ein Schutz-, Vorschalt- oder Heizwiderstand oder dergleichen, welcher entweder mit einem der übrigen spannungsführenden Teile mit der Erde oder mit einer fremden Stromquelle verbunden sein sollte, was jedoch nicht mehr der Fall ist. Diese Einrichtung liegt dann elektrisch neutral und wird je nach den Kapazitätsverhältnissen auf eine bestimmte Spannung gegen Erde aufgeladen; deshalb hört man von außen Lade- oder Entladefunken. Bei vielen Schalterbauarten ist z. B. die Verbindung mit den Vorkontakt- und Schutzwiderständen durch Gleitkontakte hergestellt, die bei schweren Abschaltungen oft verrußt werden, wodurch der Kontakt verschlechtert und der erwähnte Störungsfall eintreten kann. Man prüft in solchen und ähnlichen Fällen den Apparat daraufhin, ob sich die betreffenden Teile hinsichtlich ihrer Anschlüsse und Verbindungen in gutem Zustand befinden.

Oft trifft man an ölgefüllten Apparaten auch Konstruktionsteile, die normalerweise elektrisch neutral liegen und darum hörbare Entladungen verursachen. Meistens lassen sich diese Teile ohne weiteres entweder mit den übrigen spannungsführenden Teilen, oder mit der Erde leitend verbinden, und die beunruhigende Störung ist damit behoben. Entladungen treten auch auf, wenn ein Apparat zu rasch nach der Füllung mit Öl wieder unter Spannung gesetzt wird, weil sich dann noch Luftsäcke im Innern befinden.

Viele Isolationsdefekte, namentlich gesprengte Porzellanisolatoren, haben ihre Ursache in inneren mechanischen Spannungen, die entweder bei ihrer Fabrikation oder bei der Montage entstanden sind. Bei den Transportbeanspruchungen können sich solche innere Spannungen gelegentlich auswirken und den Isolator sprengen. Krankheiten an Isolatoren aus Hartpapier können durch ungünstige Verhältnisse in der Atmosphäre entstehen. Auch können nicht wetterbeständige Überzuglacke zu Krankheiten der Isolatoroberfläche führen.

Defekte Isolationsteile aus Ölholz sind meistens entweder auf unrichtige Behandlung oder auf unzweckmäßigen Einbau zurückzuführen. Bei richtiger Herstellung und zweckmäßiger Verwendung als Isoliermittel ist getränktes Holz als ein sicherer Isolierkörper zu betrachten. Ein auffallendes Kennzeichen für den Zustand eines Isolators aus Holz oder Hartpapier ist die Temperatur, die er im Betriebe annimmt. Wird eine Krankheit vermutet, so muß so bald wie möglich der Isolator spannungslos gemacht und von Hand abgetastet werden. Eine merkliche Übertemperatur gegenüber der Umgebung soll dabei nicht festgestellt werden können.

5. Mechanische Fehler.

Mechanische Fehler, die allgemein vorkommen können, entstehen durch ungenügende Schmierung, durch Rostbildung, Ermüdungswirkungen bei Apparaten mit sehr häufiger Betätigung, zu hohe Temperatur. Weitere Ursachen sind: Ungenügende Widerstandsfähigkeit gegen die sehr mannigfaltigen Schlagwirkungen, unrichtig dimensionierte und überbeanspruchte Federn aller Art, mechanische Abnützung in Lagern, an Druckstellen, Klinken und an anderen Konstruktionsteilen.

Ungenügende Schmierung und Rostbildung treten vorwiegend bei Freiluftapparaten auf. Infolge starker Temperaturschwankungen und atmosphärischer Einflüsse ist die chemische Beständigkeit der Schmiermittel oft sehr unbefriedigend. Über das Verhalten gewisser Fette in der Kälte gibt der Abschnitt S. B. 2. Aufschluß. Bei Freiluftapparaten, besonders an Trennschaltern, ist die Gefahr des Versagens der Schmierung besonders groß, einerseits weil sie sehr selten betätigt werden und andererseits, weil die Messer selbst, oder benachbarte Teile, dauernd unter Spannung stehen und die Schmierung deshalb nie kontrolliert werden kann. Es ist darum besonders bei Kälteeintritt sehr zu empfehlen, solche Apparate bei gegebener Gelegenheit wenigstens einigemal mechanisch zu betätigen. Hinsichtlich Rostbildung gilt das im Zusammenhang mit Isolationsfestigkeit und Feuchtigkeit Gesagte (siehe Abschn. A. A. 4.).

Sehr oft treten ernste Versager an mechanischen Apparateantrieben auf, die sehr selten betätigt werden müssen. Bei vorhandener Wasseransammlung entsteht an Gelenken und ähnlichen Stellen nach eingetretener Kälte Eis, wodurch die Apparate blockiert werden. An derart gefährdeten Stellen ist für unbehinderten Wasserablauf zu sorgen.

Auch gelegentliche Störungen an den Einschaltvorrichtungen von Ölschaltern der Freilufttype haben oft Ursachen allgemeiner Natur. Gemeint sind damit hauptsächlich jene bekannten Versager, die im Winter bei eintretendem heftigen Frost vorkommen. Schalteröl hat bei tiefen Temperaturen eine sehr ungünstige Viskosität, die nicht ohne

Einfluß auf den Schalterantrieb ist. In Anlagen, die sehr tiefen Temperaturen ausgesetzt sind, werden mit gutem Erfolg Heizwiderstände in den Ölkessel eingebaut. Vor dem Eintreten der Kälte sind diese vorsichtshalber auf ihren betriebsbereiten Zustand zu prüfen.

Die auf elektrodynamische Wirkungen zurückzuführenden Zerstörungen von mechanischen Apparateteilen werden bei denjenigen Apparaten, bei denen sie ganz besonders auftreten, näher beschrieben. Es ist allgemein bekannt, daß sich die elektrodynamische Zerstörungsarbeit hauptsächlich in den Stirnverbindungen von Wechselstromgeneratoren, begünstigt durch die außerordentlich gedrängte Anordnung der Leiter, besonders schädlich auswirkt. Auch in elektrischen Niederspannungsanlagen sind solche Störungen nicht selten. Hier muß das Auftreten hoher Kurzschlußströme oft mit Sicherheit erwartet werden. Im Gegensatz dazu treten in Hochspannungsschaltanlagen viel seltener sehr hohe Stromstärken auf; die Leitungen haben zudem bei hohen Betriebsspannungen so große Abstände, daß die elektrodynamischen Kraftwirkungen nicht gefährlich werden können. Mit Hilfe der angegebenen einfachen Formel kann auch der Betriebsmann die Wirkung eines Kurzschlusses zwischen parallelen Leitern berechnen und eine Zerstörung abschätzen.

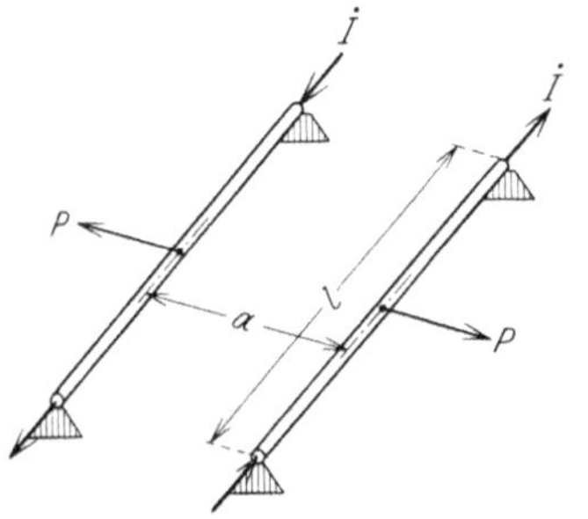

Abb. 133. Abstoßung von zwei parallelen Leitern mit ungleichgerichteten Strömen durch die elektrodynamische Kraft P.

Zwei parallele, vom gleichen Strom durchflossene Leiter nach Abb. 133 (Hin- und Rückleitung) sind einer Kraft ausgesetzt, die sich berechnet aus:

$$P = 2{,}04 \cdot 10^{-8} \cdot I^2 \cdot \frac{l}{a} \text{ kg},$$

worin

I in Amp. = Stromstärke in jedem Leiter,
l in cm = Länge des parallelen Stückes,
a in cm = Abstand der parallelen Leiter.

Bei gleicher Stromrichtung in beiden Leitern wirkt die Kraft anziehend, bei ungleicher abstoßend.

Zwischen Einphasenleitungen sind die Kräfte mit der Frequenz pulsierend, bei Drehstromleitungen in stationärem Zustand sind sie angenähert ausgeglichen und treten nur im Kurzschlußfall bei unsymmetrischer Stromverteilung auf.

Das Auftreten von gefährlichen Kurzschlußströmen ist besonders in niedergespannten Umformerwerken für Gleichstrom zu erwarten.

Außerordentlich hoch fallen Kurzschlußströme u. a. in Walzwerken aus, in denen sehr starke Gleichstromerzeuger vorhanden sind, welche meistens Walzmotoren speisen. Bei einem Kurzschluß arbeiten die letzteren dank ihrer Schwungmasse alle generatorisch auf die Kurzschlußstelle. An den besonders gefährdeten Stellen ist eine kräftige Abstützung der Leitung daher sehr notwendig.

Bei der Leitungsverlegung ist es zweckmäßig, dafür zu sorgen, daß Stützisolatoren aus Porzellan durch das Gewicht der schweren Kupferleitungen nicht auf Zug, sondern auf Druck beansprucht werden.

A. B. Schaltapparate.

Für Gleichstrom kommen als praktisch geeignete Leistungsschalter nur Luftschalter in Betracht, für Wechselstrom dagegen Luft- und Ölschalter.

1. Luftschalter.

a) Blasung. Störungen oder Versager bei Abschaltungen können auf das Ausbleiben der Blasung zurückzuführen sein. In einem solchen Fall prüft man bei stromdurchflossenem Schalter, ob der magnetische Kreis wirklich erregt ist, indem man z. B. die Polplatten mit einem isolierten Eisenstück berührt. Bei richtiger Blasung muß eine leichte — dem Normalstrom entsprechende —, aber doch ganz deutliche magnetische Zugkraft feststellbar sein. Bei unzweckmäßigen Konstruktionen können durch den Lichtbogen die Zuleitungen zu den Blasspulen oder deren Windungen teilweise kurzgeschlossen werden. Müssen schwache, beträchtlich unter dem Nennstrom liegende Ströme bei hoher Kontaktspannung abgeschaltet werden, so kommen leicht Versager vor, wenn die Blasung zu schwach oder die Distanz der geöffneten Kontakte zu klein ist. Besteht das Blasfeldsystem vorwiegend aus massivem oder stark remanentem Eisen, so kann ein Gleichstrom-Lichtbogen sogar in den Schalter hineingetrieben werden. Dies ist besonders zu befürchten, wenn nach einem starken Stromdurchgang in einer Richtung ein schwacher Strom in der Gegenrichtung unterbrochen werden soll.

Beim Einschalten von Wechselstrom-Luftschaltern wird oft ein Lichtbogen beobachtet. Seine Ursache ist nicht immer eine ungeeignete Konstruktion der Kontakte. Der Lichtbogen entsteht besonders bei hohen Spannungen einfach als Überschlag über den kleiner werdenden Abstand beim Annähern der Kontakte vor der Schließstellung. Diese Erscheinung kann unterdrückt werden, wenn die Einschaltgeschwindigkeit auf den höchstzulässigen Wert erhöht wird.

b) Lichtbogenlängen bei Gleichstrom. Da durch den Lichtbogen die Luft ionisiert wird, ist ihre elektrische Festigkeit stark vermindert. Bei nicht einwandfreier Anordnung der Funkenkammern treten deshalb Überschläge gegen Erde auf, oder der Lichtbogen sucht sich sonst einen anderen nicht vorgeschriebenen Weg. Selbstverständlich kann auch eine abzuschaltende Kurzschlußleistung die Leistungsfähigkeit eines Schalters überschreiten. Wenn die zu unterbrechende Höchstleistung (Höchststrom und Spannung) eines Schalters bekannt ist, kann seine Lichtbogenlänge beim Abschalten eines induktionsfreien Stromkreises an Hand folgender Formel ungefähr berechnet werden:

$$l = 0{,}3 \cdot U^{0{,}7} \cdot I^{0{,}36} \text{ cm},$$

worin

U in Volt = wiederkehrende Spannung,
I in Amp. = Betriebsstrom vor Abschaltung,
l in cm = die ungefähr entstehende Lichtbogenlänge.

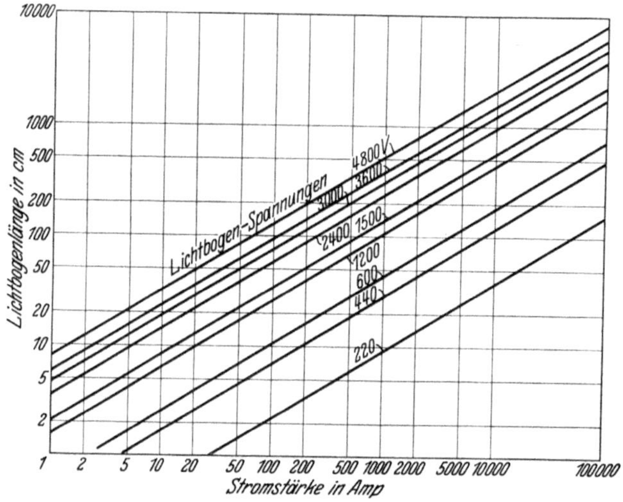

Abb. 134. Länge des Gleichstromlichtbogens in Abhängigkeit von Strom und Spannung in einem magnetischen Blasfeld mit ca. 500 Gauß Induktion, bei induktionsfreiem Stromkeis.

Das Kurvenblatt der Abb. 134 ermöglicht die graphische Bestimmung der ungefähren Lichtbogenlänge aus den bekannten Werten U und I. Aus dieser Lichtbogenlänge läßt sich nun feststellen, ob der Schalter einen genügenden Raum für die Ausbreitung des Lichtbogens besitzt, ohne Überschläge auf einen benachbarten Strang oder auf Erde einzuleiten. Die nach obiger Formel berechneten Lichtbogenlängen lassen sich durch den Einbau von Kühlorganen in die Lichtbogenbahn beträchtlich verkürzen. Die Kühlung begünstigt aber die Abschaltüberspannung und darf darum nicht zu weit getrieben werden.

c) Zusatzspannungen. Stark induktive Stromkreise erschweren die Abschaltung ganz beträchtlich, denn die beim Stromunterbruch zusammenbrechenden magnetischen Felder der Induktivitäten verursachen hohe Zusatzspannungen, die an den Schalterkontakten auftreten und unter Umständen ein Vielfaches der Betriebsspannung betragen können. Die Zusatzspannung verursacht nicht allein eine größere Abschaltleistung, sondern es ist auch die Abschaltarbeit bei induktiven Stromkreisen viel größer, da die ganze magnetische Feldenergie in den Abschaltlichtbogen fließt. Demzufolge werden auch viel mehr Gase entwickelt als bei der Abschaltung von Stromkreisen ohne Induktivitäten.

Die Höhe der Zusatzspannung wird hauptsächlich sehr gefährlich in induktiven Hilfsstromkreisen, bestehend aus Magnetspulen und dergleichen. Die ganz im Eisen verlaufenden magnetischen Kreise und die hohe Windungszahl dieser Spulen bedingen eine sehr große Induktivität. Werden solche Kreise durch Schalter mit magnetischer Blasung oder durch Kontakte unter Öl unterbrochen, so ist eine Überspannung von mehreren tausend Volt ohne weiteres möglich. Darin liegt die Ursache vieler Überschläge in den Hilfsstromnetzen, die oft fast unbegreiflich erscheinen. Beim unerklärlichen Durchgehen von Sicherungen in Gleichstromhilfskreisen versuche man der Ursache in dieser Richtung auf die Spur zu kommen.

Eine wirksame Abhilfe besteht im Anbringen eines Ohmschen Widerstandes parallel zu den induktiven Spulen, durch welche die frei werdende magnetische Energie abströmen und vernichtet werden kann. Der Unterbrecherlichtbogen fällt dann sehr klein aus. Wenn möglich, wähle man diesen Widerstand gleich groß wie den Ohmschen Widerstand des abzutrennenden Stromkreises, wobei ihre Wirkung am günstigsten hinsichtlich der Höhe der Überspannung und des Verlaufes des Abschaltvorganges ist. Schalter, die zur Unterbrechung von Magnetfeldern elektrischer Maschinen bestimmt sind, besitzen von Anfang die angegebene Schutzschaltung. Beim Abschalten wird hierbei zuerst der Widerstand parallel zur Spule geschaltet und hierauf erst der Dauerstrom unterbrochen.

Als weiterer Schutz gegen Zusatzspannungen, hauptsächlich an Hilfsspulen mit schwachen Unterbrecherkontakten, kommt das Parallelschalten von Kondensatoren in Frage, welche die freiwerdende Energie aufnehmen und die Lichtbogenlänge verkürzen.

2. Ölschalter.

Die wirklichen Vorgänge beim Abschalten einer Wechselstromleistung unter Öl sind komplizierter Natur; es kann hier nicht näher auf sie eingegangen werden. Jedoch soll das praktisch Wichtigste dieser Vorgänge dargelegt werden.

a) Druckexplosionen. Die sog. Ölkolbentheorie der Abschaltung wird heute allgemein durch die Schalterpraxis bestätigt. Der Lichtbogen unter Öl erzeugt Gase durch Zersetzung des Öles. Diese verdrängen das Öl, welches nur nach oben weichen kann, worauf sich ein aufsteigender Ölkolben ausbildet. Gelangt dieser an den Schalterdeckel und wird während des Weiterbrennens des Lichtbogens fortgesetzt Gas entwickelt, so entsteht ein Überdruck im Innern des Schalters. Der beim Abschalten auf obige Art entstehende Druck kann nun die Druckfestigkeit des Schalters übersteigen, es entsteht eine Druckexplosion und der Schalter wird zerstört. Bei Schaltern älterer Konstruktion waren es namentlich die Ölkübel, welche den auf-

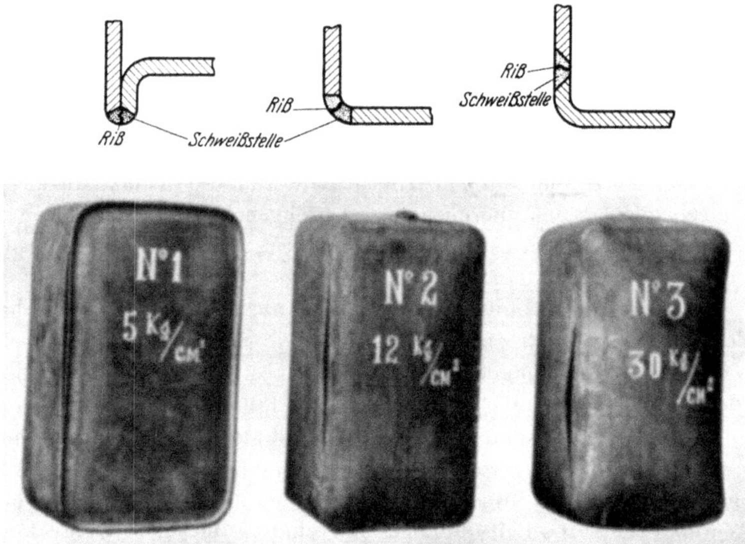

Abb. 135. Festigkeit verschiedener Schweißkonstruktionen an Ölschalterkesseln (Mantel Boden). *a* Schnitt der Schweißstellen, *b* Gerissene Schweißnähte bei den angegebenen Innendrücken.

tretenden Druckstößen nicht stand hielten, wie es in Abb. 135 dargestellt ist.

b) Gasexplosionen. Beim Abschalten kann die gebildete Gaskugel aus dem Ölspiegel hervortreten, bevor der Ölkolben den Deckel berührt hat. Dies kommt namentlich bei Schaltern vor, bei denen die Kontakte zu wenig tief unter dem Ölspiegel liegen. Unter diesen Umständen kann ein Brand über dem Ölspiegel entstehen. Bei jeder Abschaltung entstehen Gase, die durch den Ölspiegel hindurch in den oberhalb befindlichen Luftraum entweichen. Bei einem gewissen Mischungsverhältnis zwischen Gas und Luft wird die Mischung explosiv. Wenn dann gleichzeitig aus irgendeinem Grunde ein Funken entsteht, z. B. ein Entladefunken an den Durchführungsflanschen der Isolatoren, so tritt die Explosion ein. Bei zweckmäßig konstruierten Schaltern müssen die Durchführungsflanschen in den Ölspiegel tauchen, um Entladefunken in diesem Raum zu vermeiden.

Die Zündung eines von früheren Abschaltungen herrührenden Gasgemisches ist unter Umständen auch ohne fremde Zündursache durch die bei einer schweren Abschaltung sehr rasch aufsteigende heiße Gaskugel möglich, vor allem dort, wo die Auspufföffnungen zu klein oder falsch angeordnet sind.

Gasexplosionen, herrührend von normalen Abschaltungen und von nach obiger Art entzündeten Gasen, sollen von modernen Schaltern ohne Schaden ertragen werden.

Schalterdefekte, die auf reine Gasexplosionen zurückzuführen sind, kommen sehr selten vor; in den meisten Fällen bildet die ungenügende Druckfestigkeit des Schalters die Störungsursache.

Die heftigste Beanspruchung erfährt ein Ölschalter bei Auftreten eines Stehlichtbogens unter Öl, was meistens infolge von Isolationsdefekten vorkommt. In diesem Falle wird der Schalter weit über seine zulässige Druckfestigkeit beansprucht und wird daher sicher zerstört.

c) Nachexplosionen. Nach schweren Abschaltungen an Ölschaltern ist vorerst größte Vorsicht bei jeglicher Annäherung oder Bedienung am Platze. Wenn zu rasch mit der Kontrolle begonnen wird, besteht die Gefahr der sog. Nachexplosion. Diese kann auf folgende Weise zustande kommen: Durch die schwere Abschaltung befindet sich über dem Ölspiegel immer noch eine Menge Schaltergas. Wird nun der Ölkessel herabgelassen, so kann sich beim Hinzutritt der Außenluft ein explosibles Gemisch bilden und dieses durch irgendeine Ursache entzündet werden, wobei schwere Verbrennungen des Wartepersonals möglich sind. Man warte daher möglichst so lange mit dem Öffnen des Schalters, bis angenommen werden kann, daß die Gase abgekühlt und in genügendem Maße entwichen sind. Gegen diese Gefahr bieten ferngesteuerte Ölkübelablaßvorrichtungen ein sehr wirksames Schutzmittel.

Ganz besonders groß ist die Gefahr der Nachexplosion bei den Schaltkasten mit sog. Relaiskammern. Die Relaiskammer ist ein abgeschlossener Raum zum Einbau von Instrumenten, Auslöseorganen u. a. Sie ist durch kleine Öffnungen mit dem Ölkessel verbunden und enthält unter Umständen auch Kontakte für Hilfsstromkreise. Wenn mit solchen Schaltern häufig in kurzen Abständen manöveriert wird, sammeln sich darin Schaltgase, die sich mit der Luft des Relaisraumes mischen und durch die Kontaktfunken zur Explosion gebracht werden können.

Es gibt auch Ölschalterkonstruktionen, bei denen im ausgeschalteten Zustand die auf einer gemeinsamen Traverse sitzenden Unterbrecherkontakte der drei Phasen nicht durch eine Ölschicht von den noch unter Spannung stehenden Kontakten gänzlich getrennt sind. Sie stehen selbst noch unter Spannung und sind über die verrußten Kriechwege der Traverse, nach schweren Abschaltungen, einem direkten Kurzschluß mit Stehlichtbogen ausgesetzt.

d) Ölauswurf. An Ölschaltern älterer Konstruktion entstehen ernste Defekte durch unzweckmäßig angeordnete, bisweilen zu große Öffnungen im Deckel, wenn auch der Schalter selbst der Abschaltleistung gewachsen wäre. Bei stärkeren Abschaltungen wird durch solche Öffnungen verrußtes Öl ausgeworfen, welches sich an den Klemmen oder zwischen denselben niederschlägt und Klemmenkurzschlüsse einleitet.

Bei Schaltern neuerer Konstruktion sind die Öffnungen, die natürlich nicht gänzlich vermieden werden können, so angeordnet, daß der Ölauspuff nicht gegen die Klemmen, sondern nach unten erfolgt.

Bei schweren Abschaltungen ist auch hier ein Ölaustritt aus dem Schalter unvermeidlich. Die Auspufföffnungen schützen den Schalter gegen zu starken Druckanstieg und dürfen darum nicht verschlossen werden. Bei den Schalterkonstruktionen, die eine höhere Druckfestigkeit aufweisen, können jedoch die Öffnungen so klein gehalten werden, daß auch bei schweren Abschaltungen der Ölverlust auf wenige Liter Öl beschränkt bleibt.

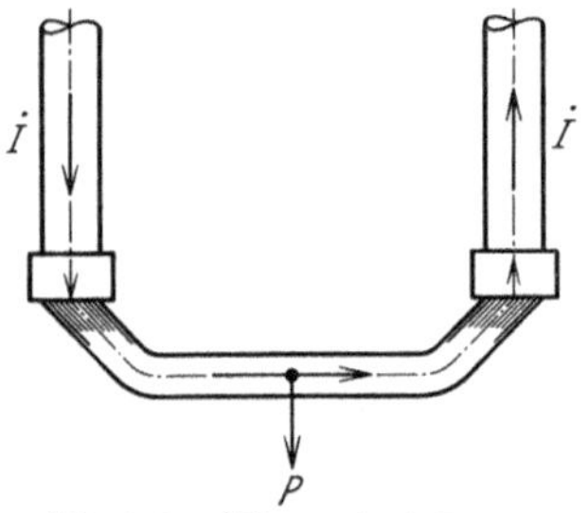

Abb. 136a. Öffnungskraft P auf eine Schaltertraverse durch elektrodynamische Wirkung, sog. „Schleifenwirkung".

Bei der Montage von Ölschaltern, die am Boden befestigt werden, ist Rücksicht zu nehmen auf die beim Abschalten auftretenden Schläge, die das Bestreben haben, den Schalter vom Boden abzuheben. Der Schlag entsteht durch den Ölkolben, welcher gegen den Deckel geschleudert wird. Diese Schläge sind bei hohen Abschaltleistungen sehr heftig und können das Gewicht des Schalters samt dem Öl um ein Vielfaches übersteigen. An Hochleistungsschaltern mit Abschaltleistungen über 1000000 kVA wurden z. B. Abhebekräfte an den Fundamentbolzen von insgesamt über 10 t festgestellt.

e) Kontaktabhebung. Beim Einschalten auf Kurzschluß und auch bei Kurzschluß im geschlossenen Zustand des Schalters besteht bekanntlich die Gefahr der sog. Kontaktabhebung. Sie ist die Folge der im Einschaltmoment durch den starken Kurzschlußstrom auftretenden elektrodynamischen Kräfte an den Kontaktstellen. Sie kann Brandstellen und sogar Verschweißung der Kontakte erzeugen. Die Abhebung kommt hauptsächlich durch die folgenden zwei Ursachen zustande:

1. Die Stromschleife, gebildet von der Kontakttraverse und den Durchführungen, hat das Bestreben, sich auszuweiten und stößt dabei die nachgiebige Traverse nach unten fort, s. Abb. 136a.

2. An den Einschaltkontakten tritt der Strom vorerst nur an einem Punkt über und fließt dabei in den durch Abb. 136b angedeuteten Bahnen. Nach der Regel: ,,Ungleich gerichtete Ströme stoßen sich ab", entsteht dadurch ebenfalls eine Abhebung der Kontakte.

Moderne Schalterbauarten besitzen deshalb besondere Vorrichtungen, um diese Gefahren auszuschließen. Es handelt sich um die Verwendung von geeigneten Finger-, Tulpen- und Solenoidkontakten und ähnlichen Kontaktformen. Bei Schaltern älterer Konstruktion ist oft Abhilfe möglich durch Unterteilung der Klotzkontakte in mehrere Fingerkontakte und durch gleichzeitige Erhöhung des Kontaktdruckes.

f) Schalterwiderstände. Weitere Gefahren für den Schalter entstehen durch Fehler an eingebauten Widerständen, z. B. durch Vorkontaktwiderstände zur Begrenzung des Einschaltstromstoßes von Transformatoren. Unterbrüche an solchen Widerständen können einen dauernd brennenden kleinen Lichtbogen hervorrufen; frei gewordene Drähte oder Verbindungen können Überschläge einleiten. Beim Versagen des Schalterantriebes können Widerstände dauernd eingeschaltet bleiben und verbrennen. Das unzuverlässige Arbeiten eines Ein- und Ausschaltmechanismus hat aus diesem Grunde schon manche katastrophale Schalterexplosion zur Folge gehabt. Eine genaue regelmäßige Kontrolle dieser Organe ist deshalb eine der wichtigsten Angelegenheiten des verantwortlichen Betriebspersonals. Auf die mechanischen Mängel von Schalterantrieben ist im Abschn. A. A. 5 hingewiesen.

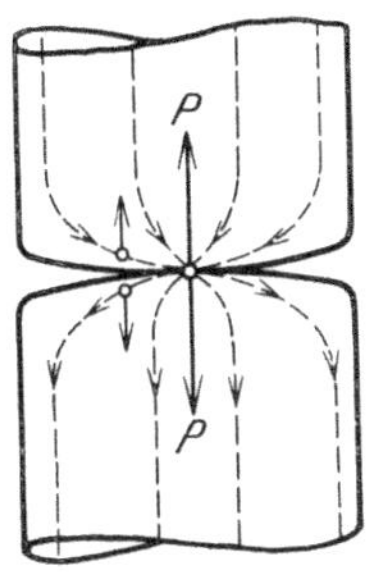

Abb. 136b. Öffnungskraft P auf einen Schalterkontakt durch elektrodynamische Wirkung der parallelen Strombahnen.

g) Abschaltleistung. Viele Ölschalterdefekte entstehen durch unrichtige Wahl der Typen, d. h. durch die ungenügende Leistungsfähigkeit derselben, oder durch eine unzweckmäßige Einstellung der Schutzrelais. Die Wahl der Schalterleistung soll nicht zu knapp erfolgen, besonders für Anlagen, in denen mit einer Ausdehnung des Betriebes zu rechnen ist. In der heutigen Zeit, wo der Zusammenschluß der Kraftwerke immer ausgedehntere Netze vereinigt, ist dieser Hinweis besonders berechtigt. Es ist zu bedenken, daß z. B. für die Beanspruchung eines Motorschalters nicht die Nennleistung des abzutrennenden Motors oder des angeschlossenen Netzteiles maßgebend ist, sondern es ist die mögliche Kurzschlußleistung aller parallelen Generatoren auf eine hinter dem Schalter liegende Kurzschlußstelle in Betracht zu ziehen. Ganz besonders gefährdet sind Ölschalter oder Schaltkästen mit Kurzschluß-Momentauslösung, da in diesem Fall die momentan höchste Kurzschlußleistung und nicht die beträchtlich kleinere Dauer-Kurzschlußleistung, die erst nach einigen Sekunden eintritt, abgeschaltet werden muß. Die

Motorschaltkästen sind in der Regel für die höchstmögliche Kurzschlußleistung der zu schützenden Motoren bemessen. Wenn jedoch schon vor den Klemmen des Motors ein Kabelkurzschluß entsteht, so kann sich ein viel höherer Kurzschlußstrom ausbilden. In allen solchen Fällen, wo Kurzschlüsse in der Leitung zwischen Schalter und Verbraucher möglich sind, sollte als notwendiger Schutz ein Ölschalter in Serie mit dem Betätigungs-Schaltkasten eingebaut werden. Der letztere ist alsdann nur mit der thermischen Schutzvorrichtung, z. B. für den angeschlossenen Motor, auszurüs en, der Ölschalter dagegen mit einem rasch ansprechenden Auslöseorgan für den Kurzschlußfall.

Mit Rücksicht auf die Selektivität der Abschaltung gebe man auch dem leistungsfähigsten Schalter die kürzeste Abschaltzeit, damit der abzuschaltende Kurzschlußstrom, welcher im Moment der Entstehung am stärksten ist und nachher abnimmt, von diesem allein übernommen wird.

Die Folgen der Ölschalterdefekte werden heute nach Möglichkeit zu begrenzen versucht. Dies geschieht entweder durch Einbau derselben in separate Zellen oder noch besser durch Versenken der Ölkessel unter den betonierten Schalthausboden.

Eine sichere Gewähr für das Verhalten von Ölschaltern erhält man nur, indem man sie den im Betrieb entstehenden schwersten Kurzschlüssen versuchsmäßig unterwirft. Führende Konstruktionsfirmen haben zu diesem Zwecke besondere Kurzschlußanlagen gebaut, welche die richtige Prüfung der Ölschalter gestatten.

3. Trennschalter.

a) Falsche Betätigung. Durch falsche Betätigung von Trennmessern, d. h. durch das Ziehen derselben unter Leistung, entstehen häufig ernsthafte Beschädigungen in Schaltanlagen. Oft wird dann beim Auftreten der heftigen Feuererscheinungen mit Löschmitteln gearbeitet. Würde sich jeder Schaltwärter vor dem Ziehen eines Trenners auf den möglichen Fehler gefaßt machen und beim Erblicken des bei Leistungsunterbrechung auffallend starken Lichtbogens die Trenner sofort wieder einlegen, so entstünde meistens gar kein beträchtlicher Schaden. Trennmesser sind grundsätzlich nur für stromlose Betätigung gebaut und sollten immer verriegelt sein. Ein elektrischer Lichtbogen, der beim Ziehen unter Leistung entsteht, ist weder mechanisch noch elektromagnetisch geführt. Er bildet sich deshalb in willkürlicher Form aus, greift auf benachbarte Leiter oder Erde über und leitet dabei Kurzschlüsse oder Erdschlüsse ein.

b) Auswerfen. Auch ohne diese falsche und willkürliche Betätigung können Trennmesser aus folgendem Grund geöffnet werden: Infolge unzweckmäßiger Anordnung der Zuleitungen zu den Trennern entstehen bei Kurzschlüssen, durch die elektrodynamische Wirkung in Stromschleifen, bedeutende Kräfte in der Ausschaltrichtung der Trennmesser. Diese werden dabei herausgeworfen, wie Abb. 137 erläutert. Als Abhilfe gegen das Auswerfen ist vorzuschlagen: Wenn irgend möglich das Trennmesser in den geraden Leitungszug verlegen. Das Selbstöffnen eines Trenners ist in Abb. 138a, b illustriert. Diese Versager wurden versuchsmäßig reproduziert, und zwar erfolgte bei b das Öffnen mit 65000 Amp. eff. und bei a das unvollständige Öffnen mit 45000 Amp. eff. Die beiden Abbildungen zeigen auch deutlich, daß bei jeder Winkelbildung in der Strombahn mechanische Beanspruchungen auftreten, welche die Leiter deformieren können.

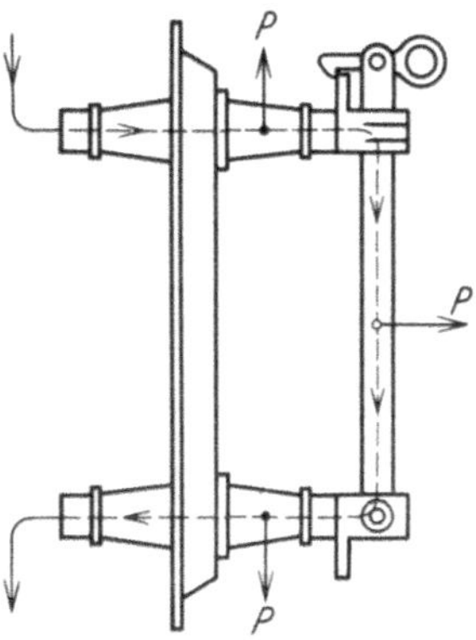

Abb. 137. Elektrodynamische Kräfte P auf Schaltmesser und Durchführungen eines Trennschalters.

Außer der Messeröffnungskraft treten auch Kräfte auf, welche je nach der Trennerkonstruktion den Kontaktdruck vermindern können.

Abb. 138a. Auswerfen eines Trennmessers bei 45000 Amp.: beginnendes Auswerfen.

Besonders bei Trennmessern, die gegen das selbsttätige Öffnen verriegelt sind, kann dafür an der Kontaktstelle eine seitliche Kontaktabhebung nach Abb. 139 und dabei Funkenbildung und eine Zerstörung des Apparates eintreten, wenn der Trenner nicht auch noch gegen diesen Vorgang besonders geschützt ist. Diese Erscheinung ist beim Trenner der

Abb. 138 b. Auswerfen eines Trennmessers bei 65000 Amp.: gänzliches Auswerfen.

Abb. 140 während dem Durchgang von ca. 50000 Amp. aufgetreten, der mit einer Schraubenverriegelung gegen das

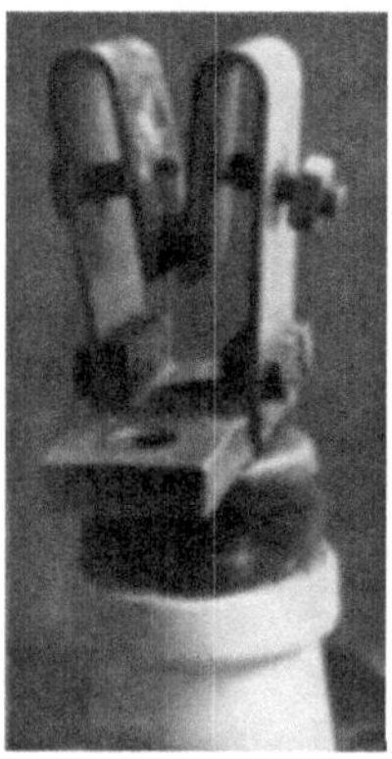

Abb. 139. Trennschalter mit seitlicher Kontaktabhebung. Das Schaltmesser war durch den Bolzen gegen Auswerfen verriegelt.

Abb. 140. Trennschalter mit seitlich abhebenden Kontakten während des Stromstoßes.

Selbstöffnen versehen war. Bei neuern Konstruktionen werden durch die Verriegelung nicht nur die Kontakte vor dem Verbrennen geschützt, sondern sie verhindern zugleich das Abreißen der Isolatoren, da die Öffnungskraft selbstverständlich auch auf diese übertragen wird. Versuche ergaben, daß gewöhnliche Trennmesser bei Kurzschlußstromstößen von 20000 Amp. eff. meistens herausgeworfen wurden. Trennmesser mit einer zweckmäßigen Schutzeinrichtung gegen das Auswerfen und gegen Kontaktabhebung ertragen Kurzschlußströme bis zu 100000 Amp.

Abb. 141a. Lichtbogen beim Abtrennen eines leerlaufenden Transformators von 1500 kVA, 50 kV.

c) Abschalten leerlaufender Transformatoren und Leitungen. Mit zweckmäßig angeordneten und konstruierten Trennmessern können Transformatoren bis zu bestimmten Leistungen im Leerlauf mit Sicherheit abgetrennt werden. Leerlaufende Transformatoren mit Betriebsspannungen über ca. 100 kV werden wegen zu großen Lichtbogenlängen jedoch selten abgetrennt. Bei Freilufttrennschaltern ist bei Abschaltungen unter hohen Spannungen besonders auf die herrschende Windrichtung zu achten, weil in krassen Fällen Phasenüberschläge fast unvermeidlich sind. Beim Abtrennen von leerlaufenden Freileitungen treten ungefähr die gleichen Lichtbogenlängen auf, wie beim Abtrennen leerlaufender Transformatoren von gleicher Leerlaufbelastung. Zudem ist beim Öffnen von Leitungstrennschaltern besondere Vorsicht geboten wegen der auftretenden Überspannung. Die Abb. 141 a, b zeigen die beim Abtrennen leerlaufender Transformatoren von angegebener Leistung und Spannung entstandenen Lichtbogen. Es ist vorteilhaft, die Trenner so zu bedienen, daß die Kontakte mit möglichst großer Geschwindigkeit öffnen. Dadurch wird die Lichtbogenlänge etwas gekürzt. Bei langsamem Schalten können zudem, wenn offene Freileitungen abgetrennt werden, Überspannungen auftreten durch Rückzündungen des Abschaltlichtbogens. Solche Überspannungen sind bei der Verwendung von Ölschaltern weniger zu erwarten.

Abb. 141b. Lichtbogen beim Abtrennen eines leerlaufenden Transformators von 2000 kVA, 8 kV.

A. C. Meßgeräte.

1. Meßinstrumente.

Elektrische Meßgeräte sind verschiedenartigen Störungen ausgesetzt, die mit ihrem System, ihrer Bauart und Genauigkeitsklasse, ihrer Aufstellung und Benützung direkt im Zusammenhang stehen. Die Störungsursachen sind zu trennen in innere, die im Meßinstrument selbst liegen, und in äußere, die aus der Umgebung des Instrumentes auf sie einwirken. Unter den zahlreichen inneren Fehlermöglichkeiten seien nur erwähnt: Reibungsfehler in den Lagern, Auswägungsfehler durch ungenügend ausgeglichene drehende Teile, Skalenfehler, gekrümmte Zeiger, hängenbleibende Zeiger und alle inneren Folgen von Überlastungen.

Im folgenden sollen nur einige der allgemeinen äußeren Störungsursachen an der Gruppe „Betriebsinstrumente" genannt werden. Zu dieser Gruppe sind zu zählen die gebräuchlichen Schalttafel- und die tragbaren Betriebs-Meßinstrumente. Nach § 31 der Regeln des VDE für Meßgeräte werden zwei Klassen G und H von Betriebsinstrumenten unterschieden, bei denen die folgenden Anzeigefehler in Prozent des vollen Meßbereiches als zulässig erklärt sind:

Instrumentart	Klasse G	Klasse H
Strom-, Spannungs- und Leistungsmesser für = und ∼ Strom	± 1,5%	± 3%
Leistungsfaktormesser	± 2 [illegible]	

Der zulässige Anzeigefehler eines Betriebs-Strommessers der Klasse G mit 15 Amp. Meßbereich bei 150 Skalenteilen Vollausschlag beträgt demnach höchstens ± 2,2 S.T oder ± 0,22 Amp. Dieselbe Abweichung in Skalateilen ist auch bei kleineren Ausschlägen zulässig. Der Meßbereich eines Instrumentes soll deshalb so gewählt werden, daß es bei dem höchsten auftretenden Meßwert gerade maximal belastet ist, damit bei den üblichen Meßwerten ein möglichst großer Ausschlag abgelesen werden kann.

Abb. 142. Drehspulinstrument.

Große Anzeigefehler entstehen allgemein beim Reiben der Deckgläser mit einem Tuch. Dabei entstehen elektrische Ladungen, die einfach durch Befeuchten der Gläser (Anhauchen) entfernt werden können.

a) **Drehspulinstrumente** für die Messung von Gleichstrom und Gleichspannung besitzen einen Aufbau ähnlich dem in Abb. 142 ersichtlichen Modellinstrument. Zwischen den Weicheisenpolschuhen des Dauermagneten besteht ein kräftiges magnetisches Feld. Der Hauptteil desselben verläuft direkt von einem Pol über den Luftspalt, wo die vom Meßstrom durchflossene Drehspule geschnitten wird, durch den zentralen Weicheisenzylinder zum anderen Pol. Ein kleiner Teil des Flusses, gewissermaßen das „Streufeld", erstreckt sich jedoch außerhalb dieses Weges zwischen den Stirnflächen der Pole bogenförmig durch die Luft. Durch dieses Streufeld könnten benachbarte gleichartige Instrumente (vor allem Präzisionsinstrumente) beeinflußt werden, falls sie sehr nahe angeordnet sind. Der Einfluß ist jedoch derart klein, daß er für Schalttafelinstrumente moderner Konstruktion kaum in Betracht kommt.

Hingegen sind Drehspulinstrumente auf Schalttafeln direkt beeinflußbar durch die magnetischen Felder von nahe vorbeigeführten Gleichstromleitern (Sammelschienen, Kabeln), welche auf die Drehspule einwirken und die Anzeige fälschen. Ferner vermögen solche Fremdfelder, sofern sie sehr kräftig sind, das Feld der Dauermagnete bleibend zu verändern, so daß die Ablesung fortan gefälscht ist. Seltener wird es vorkommen, daß starke Wechselströme mit ihren magnetischen Wechselfeldern die Dauermagnete treffen und durch die periodische Mit- und Gegenmagnetisierung allmählich zu schwächen vermögen. Eine Überlegung oder Prüfung, ob diese Störmöglichkeiten an Schalttafeln oder bei betriebsmäßigen Messungen vorhanden sind, ist also angebracht.

b) Dreh- oder Weicheiseninstrumente für Gleich- und Wechselstrom und Spannung. Bei diesen auf Schalttafeln sehr gebräuchlichen, stark überlastbaren Instrumententypen erzeugt eine Erregerspule ein vorwiegend in Luft verlaufendes magnetisches Feld, das einen drehbaren Eisenanker anzieht. Störeinflüsse sind deshalb bei beiden Stromarten möglich von seiten fremder Felder, welche sich dem Eigenfeld überlagern und Fehlanzeigen veranlassen. Die Abschirmung der Fremdfelder ist durch ein Eisengehäuse möglich, vornehmlich bei Wechselstrominstrumenten. Störende Gleichstromfelder können jedoch zu Polbildungen in der Abschirmung Anlaß geben.

c) Hitzdrahtinstrumente für Gleich- und Wechselstrom und Spannung. Kennzeichnend für diese Type ist in erster Linie die starke Gefährdung bei Überlastungen, wobei der Hitzdraht leicht durchbrennen kann. Da die Zeigerstellung durch die Temperatur des Drahtes bestimmt wird, ist prinzipiell auch eine Abhängigkeit des Ausschlages von der Raumtemperatur vorhanden. Ein solcher Einfluß müßte an einer Veränderung der Instrumenten-Nullage bei hohen und tiefen Raumtemperaturen zu erkennen sein. Moderne Bauarten suchen diese Störung durch Temperaturkompensation oder eine hohe Betriebstemperatur des Hitzdrahtes zu beseitigen.

Starke äußere Magnetfelder können sich vornehmlich bei Hitzdrahtstrommessern noch geltend machen, indem der Hitzdraht als stromführender Leiter im Fremdfeld elektromagnetischen Kräften ausgesetzt ist. Sehr kurze Stromstöße, z. B. Stoßlasten, können von dieser Type wegen ihrer thermischen Trägheit nicht angezeigt werden.

d) Elektrodynamische Instrumente für Gleich- und Wechselstrom, Spannung und Leistung. Hier muß von Anfang an zwischen eisenlosen Bauarten und eisengeschlossenen unterschieden werden; Abb. 143 zeigt ein Modellinstrument der offenen Type.

Bei den offenen Dynamometern verlaufen die Felder beider Systeme ganz in Luft. Sie sind deshalb dem Einfluß äußerer Felder um so mehr ausgesetzt, als ihre selbsterzeugten Felder relativ schwach sind. Bei Wechselstrominstrumenten ist ein Störeinfluß möglich durch ein magnetisches Feld von gleicher Frequenz, nicht aber durch ein konstantes Fremdfeld. Bei Wattmetern kann der entstehende Fehler besonders bei kleinem Leistungsfaktor beträchtlich sein.

Abb. 143. Elektrodynamisches Instrument.

Die von der festen und der Drehspule erzeugten magnetischen Felder verlaufen bei der eisengeschlossenen Type größtenteils in einem äußeren Mantel und Kern. Die inneren Felder können sich kräftig ausbilden. Äußere Felder vermögen deshalb die Drehspule praktisch nicht zu beeinflussen. Hinsichtlich magnetischer Störungen gilt für ähnliche Konstruktionen dasselbe wie für Gleichstrom-Drehspulinstrumente.

Elektrodynamische Wattmeter sind bei falschem Anschluß nach Abb. 144 b gefährdet; zwischen beiden Spulen sollte eine möglichst kleine Spannung herrschen, um innere Überschläge längs Kriechwegen zu vermeiden.

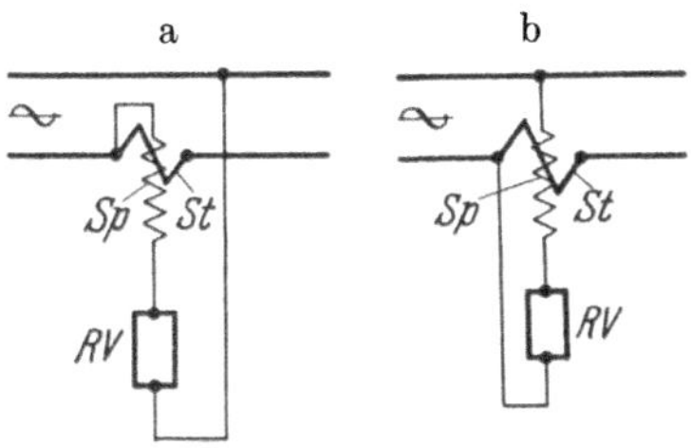

Abb. 144. Anschluß eines Wattmeters, 1-phasig, a Richtig. Kleine Spannung zwischen Strom- u. Spannungsspule, b Falsch. Netzspannung zwischen Strom- u. Spannungsspule. *St* Stromspule, *Sp* Spannungsspule, *RV* Vorwiderstand zur Spannungsspule.

e) Drehfeld-(Ferraris-)Instrumente für Wechsel-Strom, -Spannung und (hauptsächlich) -Leistung. Das Drehmoment entsteht durch die elektromagnetischen Kräfte zwischen dem magnetischen Wechselfeld und den davon erzeugten Wirbelströmen, die sich in einer massiven Aluminiumscheibe ausbilden. Prinzipiell ist die Anzeige dieser Instrumententype von der Frequenz abhängig. Die Raumtemperatur beeinflußt die Anzeige beträchtlich, ebenso die Erwärmung der Aluminiumscheibe bei längerer Belastung. Äußere Störeinflüsse fallen kaum in Betracht.

f) Leistungsfaktormesser in offener und geschlossener Ausführung. Bei der meist angewandten Kreuzspultype befindet sich im Feld einer festen Stromspule eine drehbare Kreuzspule, die an Spannung liegt.

Bei Leistungsfaktormessern, besonders registrierenden Instrumenten, ist die Anzeige bei Stromstärken unterhalb 20% des Nennstromes nicht mehr zuverlässig, da die Richtkraft zu klein wird. Die Beeinflussung ist ähnlich zu beurteilen wie bei offenen und eisengeschlossenen Dynamometern. Permanente Magnetfelder und Felder von Hochstromleitern sind von beiden Instrumenten fernzuhalten.

g) Prüfung auf Störeinflüsse. Eine einfache Kontrolle der Instrumente mit Richtkraft liegt in der Prüfung, ob der Zeiger des stromlosen Instrumentes auf dem Skalanullpunkt steht. Werden störende Einflüsse vermutet, so muß versucht werden, die Störursache bei möglichst großem Instrumentenausschlag entweder ganz zu beseitigen, z. B. eine benachbarte Stromleitung auszuschalten, oder ein benachbartes Störinstrument oder naheliegende Eisenteile zu entfernen. Gleichzeitig ist der Instrumentausschlag genau zu beobachten. Schließlich kann ein Instrument auch durch provisorische, fliegende Anschlüsse versuchsweise von seinem betriebsmäßigen Platz in der Schaltanlage entfernt werden, wobei sein Ausschlag bei sonst gleichen Verhältnissen geprüft wird. In solchen Fällen ist eine sorgfältige Beurteilung aller möglichen Wirkungen, d. h. ein gutes fachmännisches Urteil nötig.

Bei inneren Fehlern der Instrumente wird meist eine sachkundige Reparatur unumgänglich sein.

Als allgemeine Regel bei der Benützung von Instrumenten ist festzuhalten: Alle Stromleiter nach und von Meßinstrumenten und an denselben vorbei, die größere Ströme führen, sind möglichst nahe beisammen zu verlegen (s. a. Abschn. A. G. 1.). Sie sind auch gegenüber den Instrumenten so anzuordnen, daß ihr Störeinfluß ohnehin möglichst klein ist. Ferner sollen Instrumente nur in der angegebenen Gebrauchslage verwendet werden, weil ihre drehenden Systeme im allgemeinen nur für diese Lage ausbalanciert sind. Beim Anschluß von Instrumenten, namentlich Leistungs- und Leistungsfaktor-Messern ist auf richtige Verbindung der Zuleitungen und Anschlußklemmen zu achten. Vorhandene Schemata sind zu benützen, jedoch ist auch bei diesen eine vorherige Kontrolle zu empfehlen.

2. Spannungswandler.

Bisweilen sind Spannungswandler auf der Sekundärseite mit Sicherungen versehen. Beim Durchgehen derselben entstehen unnötigerweise Betriebsunterbrüche, vor allem wenn Schutzrelais, Regler u. a. vom Spannungswandler gespeist sind (z. B. in Abb. 160 beim Durchgehen der mittleren Sicherung bei *b*). In den Rückwattrelais hat eine durchgegangene Spannungswandlersicherung eine veränderte Phasenverschiebung des Magnetisierungsstromes in der Spannungsspule zur Folge, wobei das Relais im Sinne einer Auslösung anläuft und evtl. auslöst. Dieselbe Ursache bedeutet für einen angeschlossenen Spannungsregler eine plötzliche Spannungssenkung; der Regler wird deshalb versuchen, die Spannung wieder zu erhöhen, indem er den Generator auf den möglichen Höchstwert erregt. Die Folgen sind starke Ausgleichströme zwischen parallellaufenden Maschinen oder sehr starke Spannungserhöhungen beim Einzelbetrieb. Auch an Synchronisiereinrichtungen können solche Sicherungsdefekte falsche Zustände vortäuschen. Aus diesen Gründen werden die sekundärseitigen Sicherungen bei Spannungswandlern zur Speisung von Schutzrelais oder Reglern besser nicht angebracht. Zum Schutz eines Spannungswandlers genügen Primärsicherungen. Hinsichtlich ihrer Ausführung und Anordnung ist zu beachten, daß bei ihrem Durchgehen der Lichtbogen keine Erd- oder Sammelschienenkurzschlüsse verursacht.

In neuester Zeit werden zweckmäßig Primärsicherungen mit Vorschaltwiderständen verwendet, welche einen an den Klemmen des Spannungswandlers allfällig entstehenden Kurzschlußstrom beträchtlich herabsetzen und damit den Kurzschlußlichtbogen schwächen sollen. Der durch diesen Vorschaltwiderstand entstehende Fehler im Übersetzungsverhältnis kommt bei richtiger Wahl des Widerstandes gar nicht zur Geltung.

3. Stromwandler.

Hier treten hauptsächlich drei Arten von Fehlern auf:

a) Der Wandler gibt falsche Werte, er besitzt Übersetzungsfehler.

b) Er wird bei heftigen Kurzschlüssen beschädigt, er ist nicht kurzschlußsicher.

c) Er erleidet Überschläge durch ungenügende Isolationsfestigkeit und durch Erwärmungswirkungen.

Das im Zusammenhang mit c) Stehende ist im Hauptabschnitt T. D. erwähnt, da der Stromwandler diese Fehler mit Transformatoren gemeinsam hat.

a) Übersetzungsfehler. Zur Feststellung eines Übersetzungsfehlers dient auch hier, als erster Anhaltspunkt, die Kontrolle der betriebsmäßigen Belastung und ein Vergleich derselben mit dem auf dem Leistungsschild angegebenen Wert.

Es muß darauf hingewiesen werden, daß die Übersetzung eines Stromwandlers nur bis zu einer bestimmten Belastung innerhalb der garantierten Meßgenauigkeit bleibt. Die sekundäre Belastung ändert bei konstantem Primärstrom proportional mit der Impedanz des sekundären Kreises. Abb. 145 zeigt erläuternd die Sekundärbelastung in VA und das Übersetzungsverhältnis in Abhängigkeit von der sekundären Belastungsimpedanz, wenn primärseitig ein konstanter Strom fließt. Daraus ist ersichtlich, daß das Übersetzungsverhältnis von einer bestimmten Belastung an größer wird, weil der sekundäre Strom trotz gleichbleibendem Primärstrom abnimmt. Die Ursache dieser Erscheinung liegt in der Zunahme des magnetischen Flusses bei steigender Sekundärspannung, wobei ein stärkerer Magnetisierungsstrom aufgenommen werden muß.

Nach auftretenden Krankheiten an Stromwandlern, welche außer einem Strom- oder Leistungsmesser noch Regulierapparate und andere Apparate speisen, macht man oft die Feststellung, daß bei der Wandlerprüfung auf der Eichstätte die Übersetzung genau stimmt, sofern man nur mit einem Amperemeter allein belastet. Dem Fehler kommt man erst auf die Spur, wenn die im Betrieb vorhandenen Apparate angeschlossen sind. Weil dann die Spannung zwischen den Sekundärwindungen des Stromwandlers höher wird, kann bei etwas schwacher Windungsisolation ein Durchschlag einsetzen, der bei der kleinen Prüfbelastung noch nicht entstehen konnte.

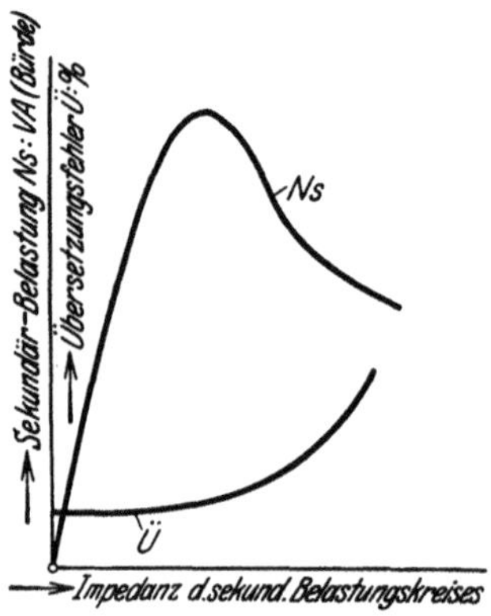

Abb. 145. Allgemeine Stromwandlercharakteristiken bei konstantem Primärstrom.

Außer dem Übersetzungsverhältnis ist bei Stromwandlern mit sog. Systemgenauigkeit auch die Einhaltung des Fehlwinkels der Ströme wichtig. Unter dem Fehlwinkel ist die Winkelabweichung in $\sphericalangle$ min des Sekundärstromvektors von seiner Soll-Lage, die 180° gegenüber dem Primärstrom verschoben ist, zu verstehen. Besonders tritt der Einfluß des Fehlwinkels bei der Messung von Leerlaufleistungen auf, weil dort sehr niedrige Leistungsfaktoren vorkommen. Es ist leicht erklärlich, daß dabei eine Winkelabweichung des Sekundärstromes auf die Wirkkomponente einen beträchtlicheren Einfluß hat, als wenn die Messung etwa bei $\cos\varphi = 1$ erfolgen könnte.

Unzulässig große Veränderungen der Fehlwinkel können u. a. entstehen durch Defekte der sog. Schutzwiderstände. Diese haben die Primärwicklung bei Kurzschlüssen vor Sprungwellen zu schützen. Weiteres über die Zerstörung der Schutzwiderstände siehe im Unterabschnitt A. C. 3. c).

Kleine Abweichungen des Übersetzungsverhältnisses können entstehen durch die Polaritätsprobe, welche von den Stromwandler-Fabrikanten oder von den amtlichen Prüfstellen durchgeführt wird. Dabei wird meistens die Schaltung nach Abb. 146 angewandt. Zur Feststellung des Wicklungssinnes wird der Stromwandler intermittierend mit Gleichstrom gespeist und der Ausschlag eines an die Sekundärwicklung angeschlossenen Voltmeters beim Schließen oder Öffnen des Primärschalters kontrolliert. Dies hat zur Folge, daß der Kern des Stromwandlers nach der Probe eine der Gleichstromrichtung entsprechende Remanenz behält. Er weist deshalb bei der anschließenden Kontrolle mit Wechselstrom gewisse Fehler in der Übersetzung und im Winkel auf. Die Remanenz wird am besten beseitigt, indem man den Stromwandler mit Wechselstrom aus einem separaten Generator speist, wobei dessen Frequenz allmählich verringert wird, so daß der Wechselstrom nach Stärke und Frequenz gegen Null ausläuft.

b) Kurzschlußbeanspruchung. Was den Stromwandler von anderen elektrischen Anlageteilen, wie Generatoren, Motoren und Transformatoren, besonders unterscheidet, ist der außerordentlich hohe Kurzschlußstrom, dem er unter Umständen ausgesetzt ist. Ähnlich hohe Kurzschlußströme, die aber doch bei weitem nicht in demselben Verhältnis zur Normalstromstärke stehen wie in Stromwandlern, treten höchstens an Autotransformatoren auf, und auch dort nur bei fehlerhaften Betätigungen. Alle anderen Maschinenarten bestimmen entweder direkt oder indirekt durch ihre Kurzschlußimpedanz die Höhe der bei Netzkurzschlüssen in ihnen auftretenden Kurzschlußströme. Da die Impedanz eines Stromwandlers jedoch äußerst klein sein muß, hat sie auf die Stärke eines in seinem Leistungszug liegenden Kurzschlusses meistens gar keinen Einfluß.

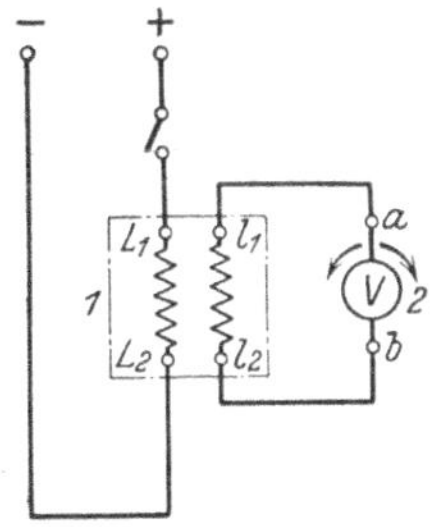

Abb. 146. Polaritätsprobe an Stromwandlern mit Gleichstrom. *1* Stromwandler, *2* Polarisiertes Voltmeter.

Je nach der Einbaustelle des Stromwandlers im Netz können in ihm verschieden starke Kurzschlußströme auftreten. Maßgebend für die Beanspruchung eines Stromwandlers ist das Verhältnis des höchsten auftretenden Kurzschlußstromes zu einem Normalstrom. Dieses Verhältnis ist um so größer, je kleiner der normalerweise hindurchgehende Strom, verglichen mit dem Nennstrom des Netzes ist. Selbstverständlich ist dieses Verhältnis auch abhängig vom Abstand des Stromwandlers von den speisenden Kraftwerken.

Im Beispiel der Abb. 147 kann an der angenommenen Kurzschlußstelle unter Vernachlässigung der Leitungsimpedanzen folgende Kurzschlußbeanspruchung berechnet werden:

Nennstrom des Generators		3000 Amp.
Momentan-Kurzschslußtrom des Generators	15 × 3000 Amp. =	45000 „
Dauer-Kurzschlußstrom des Generators	1,6 × 3000 „ =	4800 „
Nennstrom des Stromwandlers		100 „

Momentan-Kurzschlußstrom: $\frac{45000}{100} = 450 \times$ Nennstrom des Stromwandlers.

Dauer-Kurzschlußstrom: $\frac{4800}{100} = 48 \times$ Nennstrom des Stromwandlers.

Durch diese hohen Ströme wird der Wandler doppelt gefährdet: thermisch und elektrodynamisch.

Der hinsichtlich einer gefährlichen Übertemperatur höchst zulässige Kurzschlußstrom ist vorwiegend bestimmt durch die spezifische Stromstärke des Wandlers bei Normalstrom. Je kleiner diese ist, um so größer darf der Kurzschlußstrom sein. Für die meisten Stromwandler liegt sein Wert über dem 100-fachen Normalstrom unter Annahme einer Kurzschlußdauer von ca. 1 Sekunde je nach Bemessung des Wandlers.

Die elektrodynamische Festigkeit des Stromwandlers ist selbstverständlich auch in erster Linie von seiner Konstruktion abhängig. Sie ist aber im allgemeinen bei Stromwandlern, deren Genauigkeit den amtlichen Vorschriften entpricht, geringer als bei Stromwandlern, die eine größere Ungenauigkeit aufweisen dürfen, hauptsächlich aus dem Grunde, weil die ersteren höhere Windungszahlen erfordern als die letzteren. Die sog. Einstab-Stromwandler besitzen bei üblicher Konstruktion und kleinen Nennströmen eine den amtlichen Vorschriften nicht entsprechende Genauigkeit, weil sie einfach um den durchgeführten Leiter angeordnet sind und deshalb nur eine einzige Primärwindung besitzen. Dafür sind sie aber unbedingt kurzschlußsicher.

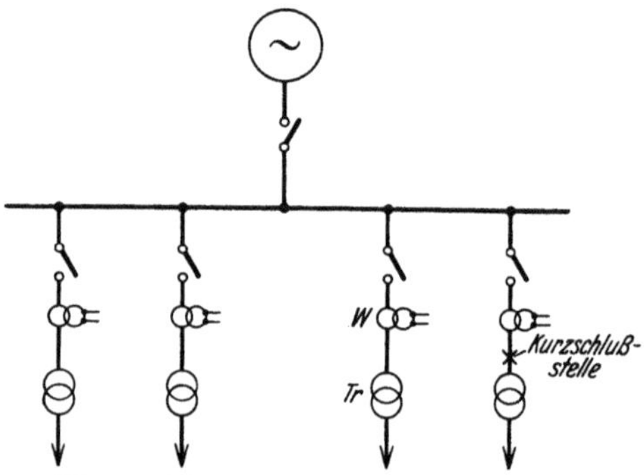

Abb. 147. Schaltbild zum Rechnungsbeispiel für die Kurzschlußbeanspruchung eines Stromwandlers. *Tr* Transformatoren, *W* Stromwandler.

Stromwandlerdefekte treten bei Kurzschlüssen doch oft auf, trotzdem sie thermisch und elektrodynamisch vollständig kurzschlußsicher gebaut sind. Durch den hohen Strom entsteht hauptsächlich zwischen den Primärzuleitungen eine verhältnismäßig hohe Spannung, welche die Isolation durchschlagen kann. Die als Schutzvorrichtung parallel zur Primärwicklung angebrachten Widerstände können dabei versagen, besonders wenn sie nicht gewissenhaft montiert werden, mangelhafte Klemmenanschlüsse besitzen oder verschmutzt sind. Viele Konstrukteure verwenden Schutzwiderstände aus Silit. Weil jedoch deren Widerstand einerseits sehr spannungsabhängig ist und andererseits bei ihrer plötzlichen Beanspruchung im Kurzschlußfall Überschläge längs der Oberfläche auftreten können, ist in gewissen Fällen ein Metallwiderstand zweckmäßiger, besonders wenn niederohmige Widerstände notwendig sind[1].

[1] Berger: Bulletin d. Schweiz. Elektrotechn. Vereins 1927. H. 2.

Bei starker Belastung des Stromwandlers und einsetzenden Kurzschlüssen treten Windungsschlüsse in der Sekundärwicklung leichter auf als bei geringer Belastung. Im ersten Falle ist die Windungsspannung entsprechend höher, und weil die Wicklung während des Kurzschlusses „atmet", ist sie durch die höhere Spannung eher gefährdet. Bei Stromwandlern älterer Konstruktion findet man häufig sehr lange Spulen, welche sich bei Kurzschlüssen viel ungünstiger verhalten als kürzere Spulen.

Bei Hochstromwandlern mit Anzapfungen für verschiedene Übersetzungswerte können an der Sekundärwicklung verhältnismäßig sehr hohe Spannungen auftreten. Die höchste Spannung tritt zwischen den entferntesten offenen Sekundär-Klemmen der nicht belasteten Säule auf und erreicht ein Maximum beim höchsten Primärstrom, wenn die sekundäre Belastung zwischen den tiefsten Anzapfungen beim kleinsten Übersetzungsverhältnis angeschlossen ist, wie Abb. 148 zeigt. Dies kommt teilweise durch die unzweckmäßig angeordnete Primärleitung (*2*) im Fenster des Kerns und durch die Verteilung der Sekundärwicklung auf beide Schenkel zustande. Durch Verteilung der Primärstromschienen auf das ganze Fenster des Magnetkerns wird meistens eine Besserung erreicht. Radikale Abhilfe bringt die Verteilung aller zwischen je zwei Anzapfungen gelegenen Sekundärwindungen auf die beiden Schenkel.

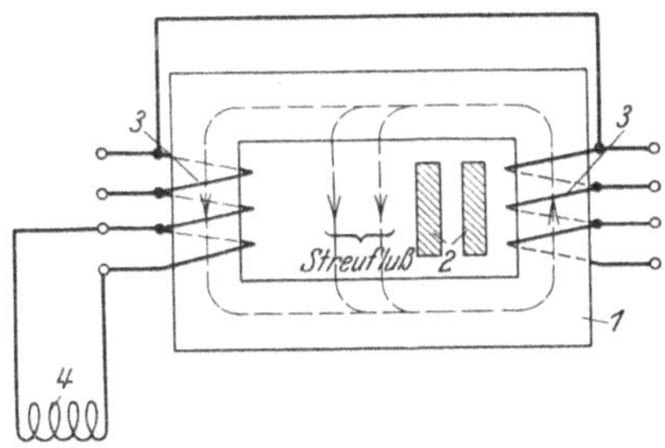

Abb. 148. Ungünstige Wicklungsanordnung an Stromwandlern. *1* Eisenkern, *2* Primärstromschienen, *3* Sekundärwicklung mit Anzapfungen, *4* Belastung.

c) **Isolationsfehler.** Bei Stromwandlern sorge man immer für eine zuverlässige Erdung der Sekundärwicklung am Stromwandler selbst, um Entladungen im Innern des Kessels und Gefährdungen angeschlossener Instrumente und Apparate zu vermeiden. Bei vorzunehmenden Reparaturen, bei Umschaltungen im Betriebe zur Richtigstellung von Instrumenten sichere man den Wandler gegen Öffnen der Sekundärwicklung, das auch für das arbeitende Personal bekanntlich sehr gefährlich sein kann. In neueren Anlagen sollten die hierfür vorhandenen einfachen Kurzschließer von Anfang an allen Stromwandlern vorhanden sein.

Bei Stromwandlern unter Öl können auftretende Isolationsdefekte sehr gefährlich sein, sie können eine Explosion des Kessels verursachen, wenn sich die durch den Funken unter Öl bildenden Gase mit der Luft über dem Ölspiegel mischen oder einen zu großen Druck erzeugen, ähnlich wie das bei Ölschalter-Gasexplosionen möglich ist. Es ist deshalb bei Erscheinungen, die auf solche Vorgänge schließen lassen, eine sofortige Untersuchung anzuordnen. Die periodische Kontrolle des Ölspiegels und des Ölzustandes ist bei Hochspannungsstromwandlern ohnehin sehr angezeigt.

A. D. Anlaß- und Regulierapparate.

Ein großer Teil der Störungen an Anlassern ist auf Kontaktdefekte zurückzuführen, welche in den Abschnitten A. A. 2. und A. A. 3. näher beschrieben sind.

1. Kontroller.

An Kontrollern treten Störungen besonders bei Schaltvorgängen auf, meistens bei Reversierungen (Änderungen des Drehsinnes der Motoren), und bei Änderung der Gruppierung der Motoren, z. B. Serie-Parallelschaltung und umgekehrt. An Drehstromkontrollern besteht bei diesen Manövern die Gefahr von Kurzschlüssen zwischen den Phasen, bei Gleichstrom ebenfalls zwischen den beiden Polen und bei Bahnkontrollern besonders gegen Erde. Abb. 149 erläutert allgemein die Entstehung des Kurzschlusses durch den Öffnungslichtbogen. Die Ursache ist in den meisten Fällen dieselbe: Beim Umschalten muß zuerst einStromkreis unterbrochen und sofort nachher mit vertauschter Polarität wieder geschlossen werden. In mechanischer Hinsicht verläuft die Schaltung meistens einwandfrei: durch mechanische Verriegelung ist dafür gesorgt, daß die Umschaltung in richtiger Weise vor sich geht. Weil aber der Unterbrechungslichtbogen je nach den magnetischen Verhältnissen des Stromkreises kürzere oder längere Löschzeit benötigt, besteht die Gefahr, daß er an der Unterbrecherstelle noch brennt, wenn der Stromkreis schon wieder geschlossen wird. Bei auftretenden Störungen im Moment der Reversierung oder der Umgruppierung ergibt eine Prüfung auf diese Möglichkeit meistens sofort Aufschluß.

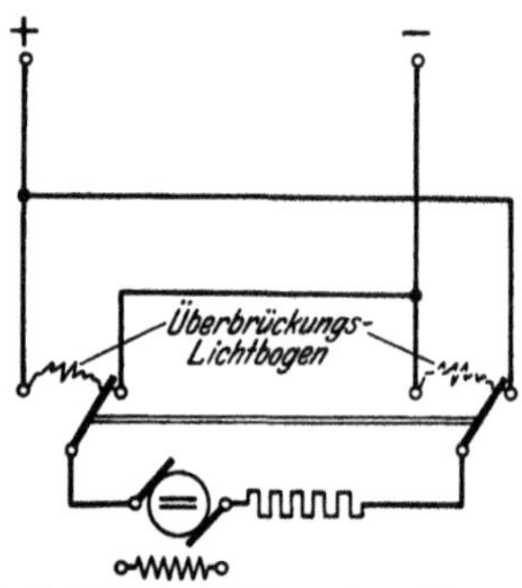

Abb. 149. Ausbildung eines Kurzschlusses bei Reversierschaltvorgängen.

Kontroller sind in gewissen Betrieben, besonders auf Kranen, bei Walzenstraßenantrieben u. a. sehr stark beansprucht, indem sie einer enormen Schalthäufigkeit ausgesetzt sind. Zugleich müssen sie gegen Staub und Schmutz möglichst gut geschützt sein, was zur Folge hat, daß sie eine ungenügende Ventilation aufweisen. Die bei den fortwährenden Schaltungen erzeugten Schaltgase können darin nicht entweichen und deshalb Überschläge einleiten. Über den Abbrand der Kontakte siehe Abschn. A. A. 3.

Wichtig ist bei Kontrollern, besonders bei Bahnkontrollern, ein leichter Gang. Wenn dieser nicht vorhanden ist, so kann der Apparat und folglich das Fahrzeug vom Führer nicht sicher genug beherrscht werden. Beim Übergang in eine gewünschte Fahrstellung ist ein zu großer Kraftaufwand notwendig, so daß dabei leicht einige Stellungen ungewollt durchlaufen werden. Wenn der Schaltermechanismus zu schwer geht, besteht ferner die Gefahr, daß sich die Kontakte nicht richtig schließen, da sie zu wenig Druck erhalten. Daraus ergeben sich die im früheren Unterabschnitt A. B. 2. e) erwähnten Störungen. Ein einwandfreier Bahnkontroller muß so leicht gehen, daß er aus einer Stellung zwischen zwei Stufen entweder von selbst in die alte Stufe zurückfällt oder in die nächstfolgende springt.

2. Anlaßwiderstände in Luft und Öl.

Bei Anlaßwiderständen in Luft treten Defekte auf bei zu hoher Temperatur, bei Oxydation und namentlich bei ungeeignetem Material, wie z. B. Widerständen aus Eisen. Andere Materialien, wie z. B. Messing, können Defekte durch Kurzschlüsse zwischen verschiedenen Widerstandsgruppen ergeben, weil das Widerstandsmaterial sich stark ausdehnen und andere Teile berühren kann. Auf gute Distanzierung der Widerstände ist überall besonders achtzugeben.

Durch unsorgfältige Fabrikation können, besonders an Biegungsstellen, unsichtbare Materialbeschädigungen, wie Risse usw. entstanden sein, die im Betriebe zu unerklärlichen Defekten führen können. Besonders tritt dies an Widerständen auf, die dauernden Erschütterungen ausgesetzt sind, die z. B. in Bahn- oder Kranbetrieben immer vorhanden sind. Widerstände aus verschiedenen Gußeisensorten sind in dieser Hinsicht besonders empfindlich und verlangen zuverlässige Abstützvorrichtungen.

Oft ist das Betriebspersonal, bei fehlender Instruktion, durch die scheinbar zu hohen Temperaturen der Widerstände beunruhigt. An Widerständen aus Guß, Konstantan usw. dürfen die Übertemperaturen der austretenden Luft in einem Abstande von ca. 5 cm noch 150° C ohne Bedenken erreichen, was einer Übertemperatur am Metall selbst von ca. 300° C entspricht. Selbstverständlich hängt diese Temperatur von der Umgebungstemperatur und der Abzugsmöglichkeit der Warmluft ab. Staub und Schmutz verursachen auch bei diesen Apparaten viele Schäden. In Ausnahmefällen, wenn dauernde Reparaturen notwendig werden, kann sich oft eine Umkonstruktion des Apparates oder der Ersatz durch eine in Öl stehende Ausführung lohnen. Bei der Verwendung einer Ölausführung sind zudem die Schwierigkeiten der Schmierung von mechanischen Konstruktionsteilen und Kontakten gänzlich behoben; zudem wird die Isolation verbessert.

Anlaßwiderstände von Motoren verbrennen meistens beim Stehenlassen in der Anfangs- oder in einer Zwischenstellung. Beim Anlassen von Drehstrommotoren treten oft Erschütterungen am Motor auf, welche ihre Ursache in einem schlechten Kontakt im Widerstand des Läuferanlassers haben, wobei der Widerstandswert in den drei Phasen sehr verschieden ist.

3. Flüssigkeitsanlasser.

Bei Flüssigkeitsanlassern wird als Widerstandsmaterial Leitungs- oder destilliertes Wasser verwendet, als Elektrodenmaterial meist verzinktes Eisen oder Bronze. Sie eignen sich nur für Betriebe mit Wechselstrom; verschiedene elektrolytische Vorgänge und die Gefahr der Knallgasbildung sind ihrer Anwendung für Gleichstrom hinderlich.

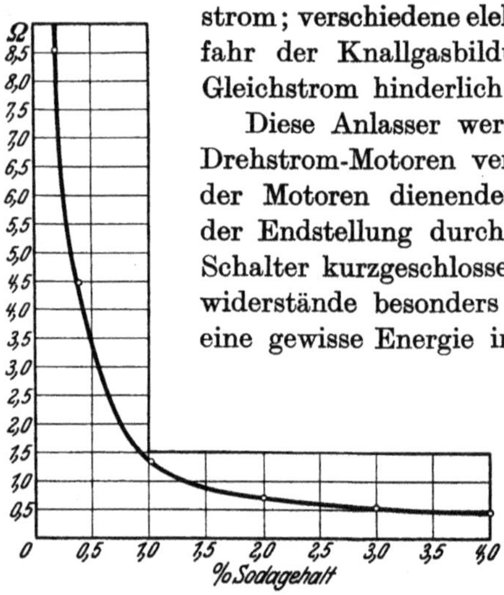

Abb. 150. Änderung des Widerstandes eines Wasseranlassers bei verschiedenem Sodagehalt des Elektrolyten (Sodagehalt in Gewichtsprozenten).

Diese Anlasser werden meist zum Anlassen großer Drehstrom-Motoren verwendet. Die nur zum Anlassen der Motoren dienenden Läuferwiderstände werden in der Endstellung durch einen meist direkt angebauten Schalter kurzgeschlossen. Außerdem eignen sich Wasserwiderstände besonders für Motoren, bei denen dauernd eine gewisse Energie im Läuferanlasser vernichtet und der Widerstand stetig verstellbar sein muß, z. B. zur Schlupfregulierung von Motoren, zum Antrieb von Fördermaschinen, Walzenstraßen u. a. Der Anlasser dient in diesen Betrieben nicht nur dazu, den Motor in Gang zu setzen und zu regulieren, sondern er soll zudem in Verbindung mit einem auf der Motorwelle sitzenden Schwungrad die Aufnahme von zu großen Spitzenleistungen aus dem Drehstromnetz vermeiden. Diese Anlasser sind gewöhnlich mit einer Kühleinrichtung für den Elektrolyten versehen. Die Kühler sind entweder direkt in den Kessel des Wasserwiderstandes eingebaut oder außerhalb aufgestellt.

Der Widerstandswert eines Wasseranlassers in jeder Stellung ist durch seine Hauptmasse: Eintauchtiefe, Fläche und Distanz der Elektroden und den Elektrolytwiderstand gegeben. Die Anpassung des Widerstandes an einen zugehörigen Motor erfolgt je nach Konstruktion durch richtige Wahl des Wasserstandes und durch Veränderung des Elektrolytwiderstandes (Sodazugabe). Die Änderung des Wasserwiderstandes mit wachsendem Sodazusatz ist aus Abb. 150 ersichtlich. Zur

Verminderung des Widerstandes genügt ein viel geringerer Zusatz als oft allgemein angenommen wird, so daß durch Übertreibungen sehr leicht Störungen hervorgerufen werden. Ein Sodazusatz von ca. 0,1% des Wassergewichtes verringert den anfänglichen Widerstand des Wassers um ca. 50%.

Bei Läuferanlassern mit variablem Wasserspiegel wird die wirksame Elektrodenfläche durch Veränderung der Eintauchtiefe geregelt. Wenn diese zu klein wird, entsteht Überschlagsgefahr, meistens beim Einschalten, bei größter Läuferspannung. Bei zu geringer Eintauchtiefe der Platten treten besonders bei höheren Spannungen wegen zu großer Leistungskonzentration an den Elektroden Feuererscheinungen auf, begleitet von heftigem Knattern. Die Elektroden erhitzen sich dabei derart stark, daß sie stückweise abschmelzen.

Selbstverständlich muß das

$$\text{Widerstandsverhältnis: } \frac{\text{Höchstwiderstand am Anfang}}{\text{Kleinstwiderstand am Ende}}$$

des Wasserwiderstandes als Läuferanlasser anfänglich möglichst groß sein, denn ohnedies ist mit Sodazusatz natürlich nichts zu verbessern. Bei richtiger Anpassung muß dann der Widerstand derart eingestellt sein, daß in der Anfangsstellung der Einschaltstromstoß nicht zu groß wird. In der Endstellung, beim Kleinstwert des Widerstandes, muß hingegen die Motordrehzahl genügend hoch sein, um einen zu hohen Stromstoß beim Kurzschließen des Widerstandes zu vermeiden. Der Anfangswert bestimmt den Einschaltstromstoß und der Endwert bestimmt den Schlupf des Motors vor dem Kurzschließen des Anlassers und den nachherigen Stromstoß.

Bei der Zugabe von Soda verwende man möglichst chemisch reine Soda, löse sie vorerst in einem kleineren Quantum heißen Wassers auf und mische die konzentrierte Lösung hernach gründlich mit dem Elektrolyten, bevor wieder eingeschaltet wird. Es ist zu berücksichtigen, daß sich außerdem die Leitfähigkeit des Elektrolyten durch die Temperaturerhöhung verbessert, und zwar um ca. 2½% je 1^0 C, bei mittlerem Sodagehalt. Der Verlauf der Widerstandsänderung mit der Eintauchtiefe ist durch die Form der Elektroden bedingt; günstige Verhältnisse ergeben Ausführungen mit getrennten Widerständen der einzelnen Phasen, die beispielsweise in Tonröhren eingebaut sein können. Abb. 151 zeigt die Widerstandskurven eines solchen Anlassers bei Verwendung verschiedener Sodazusätze und bei verschiedenen Temperaturen.

Beschädigungen an den Innenwänden des Wasserkessels sind meistens auf Korrosion zurückzuführen. In solchen Fällen ist der Kübel durch Abklopfen der Ansätze zu reinigen und die Innenwände mit Mennige und Gilsonitlösung anzustreichen.

Besonders schädlich kann sich der Chlorgehalt des Wassers und der verwendeten Soda verhalten, durch welchen die Elektroden und unter Umständen auch Teile des Wasserkessels zerfressen werden. Haben die Elektroden durch Zerfressungen beträchtlich an Fläche eingebüßt, oder haben sich darauf starke Niederschläge von Kalk gebildet, so wird der Endwiderstand des Anlassers zu groß und der Stromstoß beim Kurzschließen des Anlassers kann dann unzulässig stark ausfallen.

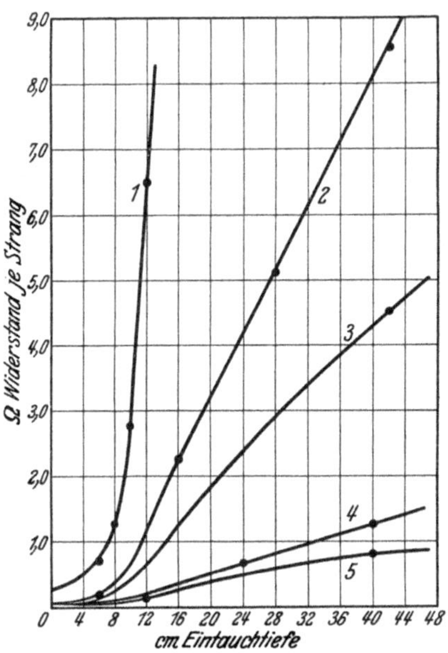

Abb. 151. Widerstand eines Wasseranlassers in Abhängigkeit der Eintauchtiefe bei verschiedenem Sodagehalt des Elektrolyten.

1 reines Leitungswasser
2 „ „ + 0,2% Soda } Temp. 20° C
3 „ „ + 0,4% „
4 „ „ + 1,0% „
5 „ „ + 1,0% „ Temp. 60° C.

Die Kühler von Wasserwiderständen können aus folgenden Gründen an Wirkung einbüßen: Wenn bei einem horizontal gelagerten Kühler die Zu- und Abflußleitungen auf der Unterseite angeschlossen sind, so füllt sich der obere Teil des Kühlers mit Luft, welche aus dem erwärmten Kühlwasser ausgetrieben wird. Ordnet man dagegen die Kühlwasserzuleitung unten und die Ableitung oben an, so arbeitet der Kühler richtig. Die Abbildungen 152a, b erläutern diese Verhältnisse.

Bei Kesselsteinansatz in den Röhren des Kühlers führt das Wasser

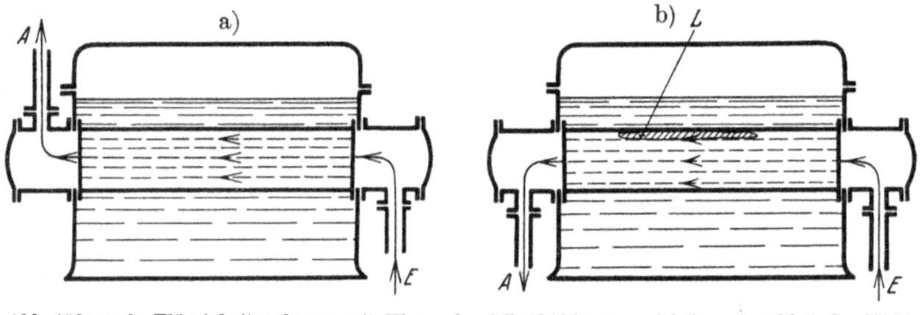

Abb. 152a u. b. Flüssigkeitsanlasser mit Wasserdurchflußkühlung. *a* richtiger Anschluß der Kühlleitung, *b* falscher Anschluß der Kühlleitung. *E* Eintrittstelle des Kühlwassers, *A* Austrittstelle des Kühlwassers, *L* Luftsack.

keine oder nur ungenügende Wärme ab (s. Abschn. S. A. 6.). Ein periodisches Reinigen mittels ca. 3proz. Salzsäurelösung ist zu empfehlen. Dabei muß für freien Abzug der entstehenden Gase gesorgt werden, und die Kühlrohre sind nachher mit reinem Wasser äußerst sorgfältig zu spülen. Salz- und säurehaltiges oder stark kalkhaltiges Wasser oder solches mit organischen Verunreinigungen ist als Kühlwasser nicht verwendbar. Starke kurzzeitige Überlastungen werden von den Wasseranlassern ohne besonders nachhaltigen Schaden ertragen. Ein Überschreiten ihrer Leistungsfähigkeit macht sich sogleich deutlich bemerkbar, indem das stark erhitzte Wasser von dem innerhalb entwickelten Dampf gegen den Deckel gedrückt wird und herausläuft. Wenn daher oben am Kessel zweckmäßige Austrittsöffnungen vorhanden sind, so ist keine Explosion zu befürchten. Nach einer derartigen Überlastung prüfe man den Wasserstand; mit einer Nachfüllung wird der Anlasser wieder betriebsbereit gemacht.

A. E. Steuer-Apparate.

1. Allgemeine Störungen.

Außer den bereits im Hauptabschnitt A. A. erwähnten allgemeinen Kontaktfehlern treten an Steuerapparaten, wie z. B. Kontaktrelais, Schützen u. a. folgende besondere, aber typische Fehler auf: Unzuverlässiges Einschalten und Ausschalten, das sog. „Klebenbleiben“ und „Brummen“ des Magnetsystems.

a) Unsicherer Anzug und Abfall von Magneten. Unsicheres Einschalten rührt meistens von mechanischem Klemmen infolge Verrostung oder Verharzung und ähnlichen Hemmungen her. Bei Gleichstromrelais, die verhältnismäßig viele Kontakte zu betätigen haben, wird oft die sog. Sparschaltung angewandt. Dabei erhält die Magnetspule für den Anzug eine höhere Spannung, als sie nachher für das dauernde Halten der Kontakte besitzt. Zu diesem Zwecke ist der Magnetspule ein Widerstand vorgeschaltet, welcher im spannungslosen Zustand und während des Anzuges durch einen am Relais selbst angebrachten Kontakt überbrückt ist. Erst am Schluß der Einschaltbewegung wird der Vorwiderstand durch den nämlichen Kontakt eingeschaltet. Erfolgt diese Einschaltung zu früh, so ist die magnetische Zugkraft der Spule zu schwach, um den in der letzten Phase der Schaltbewegung am Kontaktsystem auftretenden mechanischen Widerstand zu überwinden. Der Magnet fällt dann zurück, zieht neuerdings wieder an usw., man sagt: Das Relais oder der Schütz „pumpt“.

Relais und Schützen verschiedener Schalteinrichtungen müssen oft (z. B. bei automatischen Parallelschaltvorrichtungen) bei einer nur ganz kurzzeitigen Kontaktgabe doch sicher in die Einschaltstellung gehen und sich dann selbst durch eine Haltespule festhalten, wie Abb. 153 an einem Schaltbild zeigt. Bei unzweckmäßigen Konstruktionen treten beim Einschalten oft Versager auf, namentlich dann, wenn die vom

Relais zu beschleunigenden Massen zu groß sind und deshalb eine Kontaktgabe von bestimmter Zeitdauer benötigen, die aber nicht gegeben wird. Außerdem kann die Haltewicklung zu schwach sein, namentlich dann, wenn der Stromanstieg im Stromkreis zufolge hoher Induktivität langsam ist. Die Polarität der Stromspule gegenüber derjenigen der Spannungsspule kann zudem verkehrt sein. Die beiden Spulen schwächen sich alsdann in ihrer magnetisierenden Wirkung, statt sich zu unterstützen.

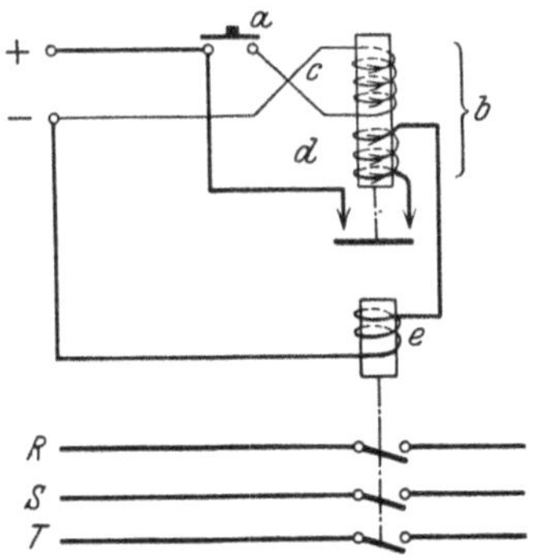

Abb. 153. Schaltbild eines Einschaltrelais mit Haltespule. *a* Kommandokontakt, *b* Einschaltrelais, *c* Einschaltspannungsspule, *d* Haltestromspule, *e* Hauptschalterantrieb.

Beim Anschluß eines bestimmten Gleichstrommagneten an verschiedene Netzspannungen nach Abb. 154 macht man die zunächst unerklärliche Feststellung, daß der Magnet an höherer Spannung sehr gut, an niederer Spannung hingegen nicht anzieht, obwohl mittels richtiger Vorwiderstände dafür gesorgt ist, daß beim Anschluß an höhere Spannung nach *a*) der Magnet im Dauerbetrieb genau die gleiche Klemmenspannung erhält wie beim direkten Anschluß an die niedrige Spannung nach *b*). Die theoretische Erklärung dieser Erscheinung ist einfach. In einem Gleichstromkreis mit Ohmschen Widerständen und Induktivität verläuft der Stromanstieg wie Abb. 155 erläutert. Man sieht daraus, daß der Stromanstieg anfänglich durch den Ohmschen Widerstand des Kreises gar nicht beeinflußt wird. Er ist einzig durch das Verhältnis: Klemmenspannung/Induktivität bestimmt. Bei obigen Schaltungen ist der Wert der Induktivität in beiden Fällen gleich, jedoch die angelegte Spannung in einem Fall höher, z. B. 220 Volt, wobei die Spule kräftig anzieht. Bei 110 Volt Klemmenspannung und auf die Hälfte verlangsamtem Stromanstieg kann jedoch der Magnet versagen.

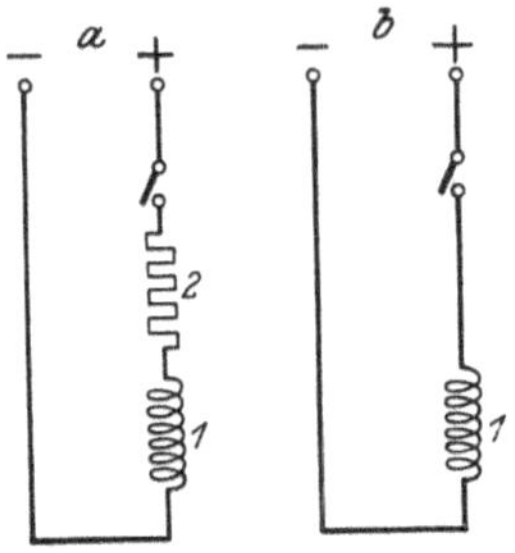

Abb. 154. Anschluß einer Gleichstrommagnetspule. *a* an höhere Spannung mit Vorwiderstand: Gutes Anziehen des Magneten, *b* an niedere Spannung direkt: Schlechtes Anziehen.

Die Arbeitsweise eines Gleichstrommagneten ist vom zeitlichen Anstieg des Spulenstromes nach dem Einschalten stark abhängig. Änderungen dieser Verhältnisse können zu den erläuterten Versagern der Magnete führen, z. B. bei Magneten, die ursprünglich vom Lieferwerk für Betriebe mit Vorwiderstand vorgesehen waren, nachträglich aber irrtümlich direkt mit niedriger Spannung betrieben werden. Von den beschriebenen Verhältnissen beim Einschalten eines Gleichstromkreises wird auch reichlich in der Reguliertechnik Gebrauch gemacht, wie später im Abschn. A. J. 1. ersichtlich ist, z. B. bei Generatorspannungsregulierung zwecks rascherem Magnetfeldaufbau.

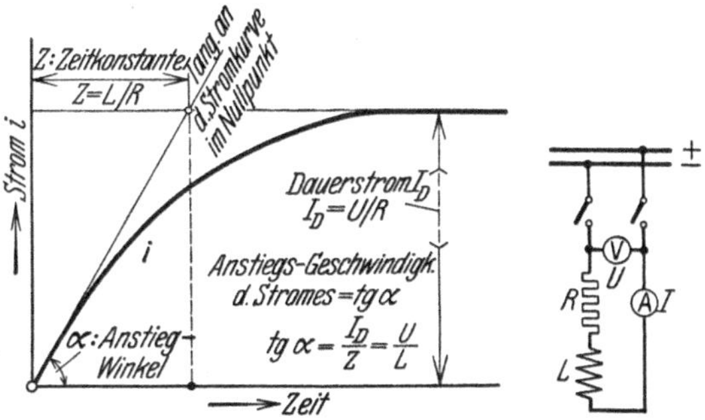

Abb. 155. Einschaltvorgang im Gleichstromkreis mit Widerstand R und Induktivität L. Abhängigkeit der Stromanstiegsgeschwindigkeit von der Netzspannung und Induktivität.

Unsicheres Abfallen der Magnete kommt hauptsächlich bei Gleichstrommagneten unter der Wirkung der Remanenz vor. Als Sicherheit ist deswegen im magnetischen Kreis immer ein Luftspalt vorhanden, der z. B. durch eine Zwischenlage aus Messing hergestellt wird. Relais und Schütze, die betriebsmäßig in Schräglage arbeiten sollen, müssen dafür besonders konstruiert sein. Das „Kleben“ der Relais kann auch durch ein zu reichlich oder unzweckmäßig angestrichenes Fett an der Magnetauflagefläche entstehen.

Das unsichere Ausschalten von Gleichstromapparaten entsteht besonders auch bei der vielfach angewandten Schaltart nach Abb. 156a, b. Hierbei besitzt die Magnetspule dauernd einen Vorwiderstand und der Abfall des Magnetankers wird einfach durch das Kurzschließen der Spule veranlaßt. Bei einem solchen Schaltvorgang sinkt jedoch der Strom in der Magnetspule nicht sofort auf den Nullwert, sondern verläuft nach der Kurve in Abb. 156b asymptotisch zu Null. Diese „schleichenden“ Stromrückgänge bieten darum geringere Sicherheit für richtiges Abfallen der Magnete. Besser ist ein plötzlicher Stromunterbruch mit sofortigem Aussetzen der magnetischen Zugkraft.

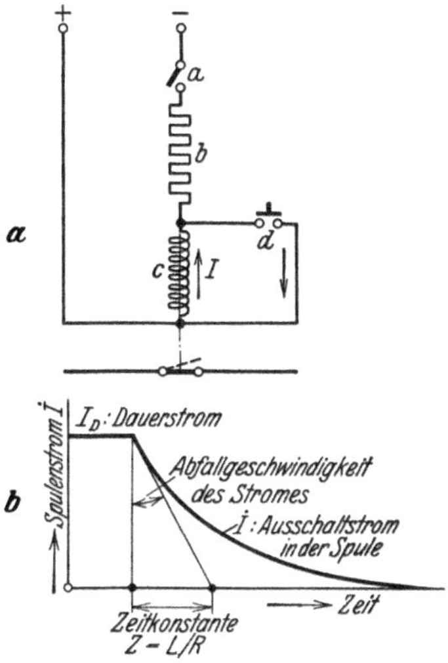

Abb. 156. Gleichstromschaltmagnet. *a* Schaltbild, *b* Stromverlauf *i* im Kurzschlußkreis *c* . . *d* beim Ausschalten, *a* Einschaltkontakt, *b* Vorwiderstand, *c* Schaltmagnetspule, *d* Ausschaltkontakt.

Bei Wechselstrom-Nullspannungsspulen kann bei langsamem Spannungsrückgang die Auslösung versagen, weil der Anker nicht rasch ganz abfällt, sondern in halb offener Stellung in Schwingungen gerät.

In Unterabschnitt A. B. 1. c) ist schon auf die sehr hohen Überspannungen beim Unterbrechen von Gleichstrom-Magnetspulen hingewiesen. Die Spulen von Relais oder Schützen selbst halten diese Überspannungen in der Regel durchwegs aus; die Störungen treten hingegen in den übrigen Anlageteilen auf, die mit dem Stromkreis der Magnetspulen elektrisch verbunden sind, selbstverständlich an der schwächst isolierten Stelle.

b) Brummen von Magneten. Das Brummen tritt bei Wechselstrommagneten durch das pulsierende Magnetfeld auf. Damit die magnetische Zugkraft beim Nullwert des Stromes nicht verschwindet, sind an der Auflagefläche der Magnete sog. Kurzschlußwindungen angebracht. Sie bezwecken die Erzeugung eines zeitlich verschobenen Magnetfeldes in demjenigen Teil des Polschuhes, der von dieser Windung eingeschlossen wird. Defekte an diesen Kurzschlußwindungen, z. B. schlecht gewordene Lötstellen, ferner schlechte Nietstellen und unrichtig bemessene Luftspalte, können starkes Brummen hervorrufen. Sehr wichtig sind beim Wechselstrommagnet gut sitzende Auflageflächen, um das Brummen zu verhüten.

c) Feuern von Schützenkontakten. Über Störungen an Kontakten sind allgemeine Hinweise in den Abschnitten A. A. 2. und 3. zu finden. Es muß jedoch noch auf einen typischen Fehler bei Schützen aufmerksam gemacht werden: Das „Feuern“ der Kontakte beim Einschalten. Diese Erscheinung ist gewöhnlich auf Konstruktionsmängel zurückzuführen, indem die Werte der zu beschleunigenden Massen, ihre Einschaltgeschwindigkeit und der Kontaktdruck einander nicht richtig angepaßt sind. Durch Wahl einer Feder mit richtiger Charakteristik (Kraft—Weg-Kurve) kann der Fehler behoben werden. An anderer Stelle (Unterabschnitt A. B. 1. a) ist darauf hingewiesen, daß Feuererscheinungen auch auf Überschläge beim Einschalten zurückzuführen sind, indem besonders bei höheren Spannungen der Lichtbogen die Kontaktdistanz überschlägt, bevor die Kontakte geschlossen sind.

A. F. Schutzrelais.

Für den Schutz von Generatoren, Transformatoren und Leitungen werden gegenwärtig hauptsächlich folgende Schutzrelais verwendet:

Stromabhängige Überstrom-Zeitrelais,
Stromunabhängige Überstrom-Zeitrelais,
Rückwatt- oder Energierichtungs-Relais,
Differenzstrom-Relais,
Distanz- oder Selektivrelais.

Rückwatt- und Differenzstrom-Relais kommen für den inneren Schutz der Generatoren und Transformatoren zur Anwendung, während mit den übrigen Relais die Abtrennung eines kranken Netzteiles bezweckt wird. Es würde viel zu weit führen, hier Aufbau und Wirkungsweise dieser verschiedenen Relais eingehend zu behandeln; es stehen hierüber in der neuzeitlichen Literatur sehr wertvolle Veröffentlichungen von berufenen Spezialisten zur Verfügung[1].

Die Zweckmäßigkeit des Aufbaues und die prinzipielle Eignung vieler Relais ist zur Zeit immer noch Gegenstand eingehender Diskussionen und Streitfragen, und zwar gilt dies für den Schutz der Generatoren und Transformatoren wie für den Netzschutz. Ohne hier eine allgemeine Auseinandersetzung zu beabsichtigen, wollen diese Mitteilungen nur dem Zweck dienen, dem praktisch interessierten Elektrotechniker das Prinzipielle der genannten Schutzrelais zu erläutern und ihn im Zusammenhang damit auf ihre allgemeinen Mängel aufmerksam zu machen.

1. Stromabhängige Überstrom-Zeitrelais.

Die charakteristischen Kurven dieser Relais sind in Abb. 157 dargestellt. Die Auslösestrom-Zeitkurven zeigen, daß die Auslösezeit rasch kürzer wird, nachdem ein bestimmter einstellbarer Ansprechstrom überschritten wurde. Ist der Auslösestrom das fünffache des Nennstromes und darüber, so bleibt die Auslösezeit schließlich wieder konstant. Mit dieser Relaisart wurde bis in die jüngste Zeit in vielen Fällen ein genügend selektiver Schutz erreicht, womit nicht gesagt sein soll, daß sie in ihrer Wirkung den modernen Selektivrelais gleichkommen. Weil jedoch früher die Werke noch öfter elektrisch getrennt arbeiteten, konnten Relais mit stromabhängiger Auslösezeit, besonders in einseitig gespeisten verzweigten Leitungssträngen, die beste Selektivwirkung zeigen. In solchen Leitungen werden an den der Zentrale am nächsten liegenden Schaltern die Relais auf hohe Ansprechstromstärke eingestellt. Die Relais der entfernteren Schalter

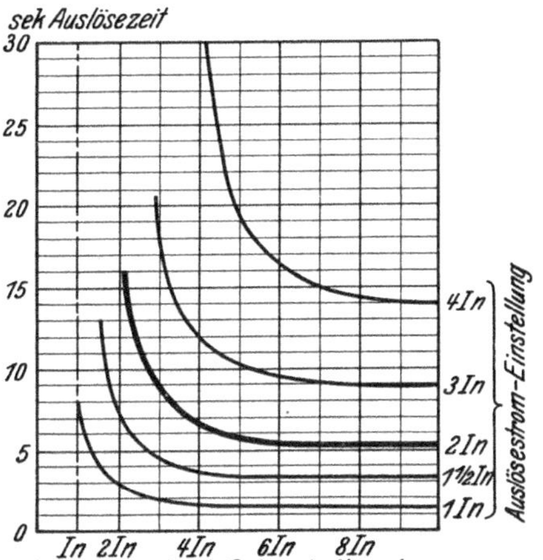

Abb. 157. Stromabhängige Überstrom-Zeitrelais. Auslösezeiten in Abhängigkeit vom Auslösestrom bei verschiedenen Einstellungen des Magnetkerns.

[1] u. a.: Relais und Schutzschaltungen in elektrischen Kraftwerken und Netzen. Herausgegeben von Dr. R. Rüdenberg. Berlin: Julius Springer 1929.

der Leitung erhalten dann eine zunehmende kleinere Ansprechstromstärke, je nach ihrem Abstand vom Kraftwerk. Um auf diese Weise einen wirksamen Schutz zu erreichen, ist die möglichst genaue Kenntnis der an den verschiedenen Stellen des geschützten Netzes auftretenden Kurzschlußströme erforderlich.

Trotz sehr einfacher Verhältnisse der Leitung konnte diese Schutzart hinsichtlich genauer Selektivität oft nicht befriedrigen. Dies muß darauf zurückgeführt werden, daß die Ansprechstromstärken nicht nach dem vorher erwähnten Grundsatz eingestellt wurden, sondern nur mit Rücksicht auf die vermutlich auftretenden Überlastungen.

Ein Mangel dieser Relais, die gewöhnlich mit Ferrarisscheibe ausgebildet sind, ist das sog. „Überlaufen" bei unzweckmäßigen Konstruktionen. Darunter versteht man das Weiterlaufen der Drehscheibe, nachdem der Kurzschluß bereits abgeschaltet wurde. Bei zweckmäßig ausgeführten Relais ist dieser Mangel durch magnetische Dämpfungen, die nur auf die Drehscheibe wirken, vollkommen behoben. Gänzlich unbrauchbar für den selektiven Leitungsschutz sind Relais mit Auslösevorrichtungen, die bei Kurzschluß oder starkem Überstrom momentan auslösen. Diese Eigenschaft besitzen die meisten Relais mit thermisch wirkender Verzögerung oder mit Dämpfungen durch Flüssigkeiten u. a. Solche Relais sind nur als Überlastungsschutz einzelner Verbraucher zweckmäßig verwendbar.

Die stromabhängigen Relais werden gewöhnlich nur als sog. Sekundärrelais gebaut und werden deshalb nicht direkt, sondern über einen Stromwandler gespeist. Aus diesem Grunde können sie verhältnismäßig leicht bis zu sehr hohen primären Kurzschlußströmen kurzschlußsicher ausgebildet werden. Die mechanische Wirkung dieser Stromstöße wird besonders leicht aufgenommen, wenn die Ferraris-Drehscheibe mit einer Rutschkuppelung ausgerüstet ist.

Gegenüber den üblichen elektromagnetischen Relaisbauarten, bestehend aus einem magnetischen Kreis, worin der eiserne Anker als bewegliches Organ eingebaut ist, haben die Relais mit Wirbelstromscheibe den bedeutenden Vorteil, nicht zu brummen und zu vibrieren. Die Laufzeiten dieser Relais, wie auch aller anderen Relais, welche das Ferrarisprinzip zum Antrieb verwenden, sind sehr stark frequenzabhängig. Weil ihr Drehmoment ungefähr quadratisch mit der Frequenz ändert, sprechen sie bei verhältnismäßig geringem Frequenzrückgang gar nicht mehr, oder nur bei erhöhtem Strom an.

2. Stromunabhängige Überstrom-Zeitrelais.

Entsprechend ihrer Benennung besitzen diese Relais eine vom Strom unabhängige, einstellbare Auslösezeit. Auch der Ansprechstrom ist meistens innert einem Bereich mit einem Verhältnis der Grenzwerte von $\frac{1}{1,8}$ beliebig einstellbar. Von verschiedenen Firmen wird diese Relaistype in zwei konstruktiv abweichenden Ausführungen hergestellt: als Primär- und Sekundärrelais.

Bei einem Primärrelais wird die Stromspule direkt in die Leitung verlegt, welche den Hauptstrom führt. Der Anfang der Stromspule ist dabei metallisch mit dem Relaismechanismus verbunden, während das Ende der Spule vom Relaiskörper zu isolieren ist, jedoch nur für die zwischen den Spulenenden höchstens auftretende Spannung. Das ganze Primärrelais ist so ausgebildet, daß es direkt auf den Ölschalterklemmen befestigt werden kann und somit dauernd unter Spannung steht. Verstellungen daran dürfen daher während des Betriebes überhaupt nicht vorgenommen werden oder nur mittels einer besonderen isolierten Betätigungsstange. Das Auslösen des Schalters durch das Primärrelais erfolgt meistens unmittelbar durch mechanische Freigabe der Verklinkung des Ölschalters. Weil diese Relaisart keine Stromwandler benötigt, hat sie bis heute die weiteste Verbreitung gefunden.

Die zweite Art der unabhängigen Zeitrelais unterscheidet sich prinzipiell nicht von der beschriebenen; ihre Erregerspule ist jedoch an die Sekundärwicklung der Stromwandler angeschlossen. Da diese von der Oberspannung isoliert und geerdet sein muß, stellt das Sekundärrelais einen Niederspannungsapparat dar, welcher zusammen mit anderen Apparaten, wie Zählern, Reglern u. a., in der Niederspannungsschaltanlage eingebaut werden kann.

Beide Relaisgruppen besitzen gewöhnlich eine wahlweise einstellbare Vorrichtung, womit ein momentanes Ansprechen von einem Mehrfachen des Normalstromes an erzielt werden kann, während bei kleineren Überströmen die eingestellte Auslösezeit doch eingehalten wird.

Bei diesen stromunabhängigen Relais können folgende allgemeine Störungen auftreten:

1. Sie halten bei Kurzschlüssen den auftretenden elektrodynamischen Kräften nicht stand. In dieser Hinsicht sind besonders die Primärrelais stark gefährdet, weil die Begrenzung des Kurzschlußstromes durch einen speisenden Stromwandler fehlt, im Gegensatz zum Sekundärrelais. Die Schutzwiderstände, welche die Ausbildung von Sprungwellen bei starken Kurzschlußströmen vermeiden sollen, und parallel zur Stromspule angeschlossen sind, können nicht in Ordnung sein, indem sie falsche Widerstandswerte besitzen oder ungenügend befestigt sind. Alsdann können Metallspritzer und damit Überschläge entstehen.

2. Die Relais sind in funktioneller Beziehung nicht kurzschlußsicher, d. h. die eingestellte Laufzeit wird bei starken Kurzschlüssen

nicht eingehalten, die Relais „reißen durch“. Die Ursache dieses Fehlers liegt im Zeitsperrmechanismus des Relais.

3. Es erfolgen Relaisauslösungen, nachdem die Kurzschlußstelle schon abgeschaltet wurde. Der Fehler liegt dann meistens in einer konstruktiven Unvollkommenheit des Relais, indem der Strom auf einen viel tieferen Wert als den Ansprechwert zurückgehen muß, bis der Relaisanker abfallen kann.

4. Die Relais, vorzugsweise die Primärrelais, besitzen zu geringe Auslösekraft, weil die zur Freigabe der Ölschalterverklinkung nötige Arbeit größer ist als die vom Relais abgegebene Arbeit. Bei Hochstrom-Ölschaltern ist zur Vermeidung dieser Unsicherheit in der Regel eine indirekte sog. „Kraftspeicher“-Auslösung erforderlich.

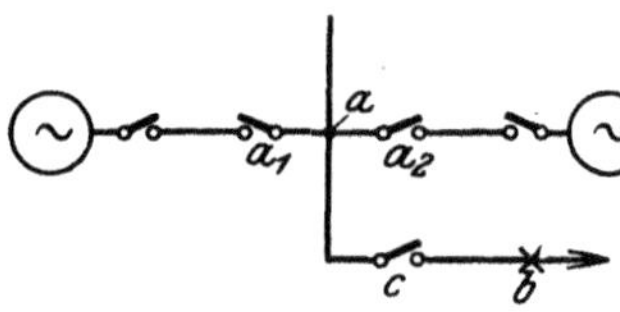

Abb. 158. Netzdisposition mit möglichen Versagern der Linienrelais. *a* Kuppelstelle, a_1 a_2 Kuppelschalter, *b* Kurzschlußstelle, *c* Linienrelais.

Auslöseversager können in Netzen mit unabhängigen Überstrom-Zeitrelais auch unter den in Abb. 158 gezeigten Umständen auftreten. Bei Kurzschluß an der Stelle *b* ist die Spannung in der Kuppelstation *a* stark reduziert, deshalb ist die synchronisierende Kraft, welche die beiden Kraftwerke in Tritt hält, ebenfalls stark vermindert. Sie laufen nicht mehr synchron, sondern pendeln gegenseitig, wobei auch die Spannung im Punkte *a* zwischen einem gewissen Höchstwert und Null dauernd pendelt. Im Takt mit diesen Spannungsschwankungen ändert sich dann auch der nach *b* fließende Kurzschlußstrom. Es kann nun leicht der Fall eintreten, daß die Relais dieser Leitung nach jedem Anlauf wieder zurückfallen, besonders wenn sie einen hohen Rückfallstrom besitzen, was mit Rücksicht auf andere Vorgänge gerade erwünscht ist. In diesem Fall wird daher der kranke Netzteil gar nicht abgeschaltet, möglicherweise wird an seiner Stelle irgendein Schalter in der Verbindungsleitung der Kraftwerke fälschlich auslösen.

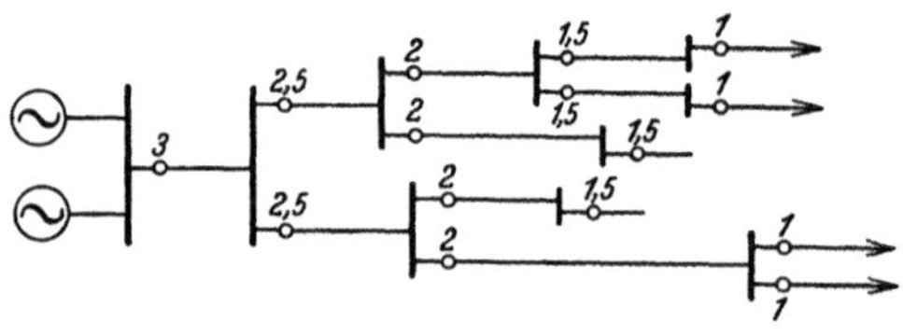

Abb. 159. Schaltbild eines Stichleitungs-Verteilnetzes: Abstufung der Auslösezeiten von stromunabhängigen Überstrom-Zeitrelais. Relais mit eingestellter Laufzeit in sec.

Die Verwendungsmöglichkeit dieser Relaisart für den Selektivschutz ist sehr beschränkt. Ein solcher Schutz ist praktisch nur in einseitig gespeisten Netzen möglich und auch nur dann, wenn die Anzahl der in Reihe liegenden Netzabschnitte nicht zu groß ist. Die Laufzeit wird dabei nach Abb. 159 so abgestuft, daß die Schalter in der Nähe der Zentrale die größten und die entfernteren Schalter von Stelle zu Stelle kleinere Auslösezeiten erhalten. Es ist leicht ersichtlich, daß eine praktisch zuverlässige Wirkung dieses Schutzes nur dann erreichbar ist, wenn die Staffelung zwischen benachbarten Relais mit möglichst geringen Laufzeit-Unterschieden eingestellt werden kann. Mit Rücksicht auf eine bestimmte Streuung in den Laufzeiten der heutigen Relais und in den Auslösezeiten der Ölschalter wird es jedoch kaum möglich sein, die Staffelzeit kleiner als 0,5 sec anzusetzen. Aus diesem Grunde führt dieses Schutzsystem bei Kurzschlüssen in der Nähe von Kraftwerken notwendig zu langen Auslösezeiten und dadurch zu Betriebsunterbrüchen. Eine gewisse Verbesserung der Selektivität läßt sich mit diesen Relais immerhin in Verbindung mit anderen Hilfsapparaten erreichen, wie im folgenden Abschnitt gezeigt wird.

3. Rückwatt- oder Energierichtungs-Relais.

Bis in die neueste Zeit war dieses Relais das allgemein angewandte Schutzorgan, von dem man einen selektiven Schutz bei inneren Generatorkrankheiten erwartete. Diese Relais werden von der Energierichtung beeinflußt und werden so angeschlossen, daß sie bei deren Umkehr, also bei Leistungsaufnahme des Generatoɹs aus dem Netz, ansprechen und den Generatorschalter auslösen. Eine Schutzwirkung bei alleinlaufenden Generatoren ist deshalb ausgeschlossen. Der Schutz arbeitet hingegen selektiv zwischen parallelen Generatoren.

Diese Relais werden in den verschiedensten Schaltungen ein- und mehrphasig gebaut und angewendet. Viele dieser Schaltungen und Ausführungen haben den Nachteil, daß die Relais nicht rein wattmetrisch arbeiten, sondern auch vom Leistungsfaktor abhängig sind, so daß sie entweder bei stark induktiver oder kapazitiver Generatorlast unerwünscht auslösen können. Der letztere Fehler zeigt sich dadurch, daß die Relais auch beim Einschalten von langen Freileitungen oder Kabeln ansprechen.

Die Hauptforderung an ein störungsfrei arbeitendes Rückwattrelais ist also: Eine rein wattmetrische Charakteristik, d. h. die vollkommene Unabhängigkeit vom Leistungsfaktor.

Um bei allen möglichen inneren Defekten eines Generators ein sicheres Ansprechen des Schutzes erwarten zu können, müssen mindestens zwei Relaissysteme je Generator vorhanden sein. In Abb. 160 ist diese Schutzart angewendet mittels eines zweipoligen Rückwattrelais. In jedem System entsteht ein Drehmoment durch die Wirkung des Stromes einer Phase auf die um 90^0 phasenverschobene verkettete Spannung. Durch zweckmäßige Hilfsmittel kann bei dieser Anordnung erreicht werden, daß sie vollkommen wattmetrisch arbeiten.

Ein unter allen Umständen sicheres Ansprechen bei jedem beliebigen Wicklungsdefekt im Innern des Generators wird indessen mit Rückwattrelais allein nie erreicht. Die Leistung, welche auf den defekten Generator zurückfließt, hängt selbstverständlich ganz von der Lage der kranken Stelle ab. Befindet sie sich am Anfang der Wicklung in der Nähe der Klemmen, so ist die zurückfließende Leistung viel größer als wenn der Defekt ganz im Innern, z. B. etwa in der Nähe des Sternpunktes liegt. In diesem Falle ist das Rückfließen der Energie überhaupt fraglich.

Bei Defekten in der Erregerwicklung ist das Ansprechen des Rückwattrelais ebenfalls sehr unsicher. Denn selbst bei völlig weggenommener Erregung kann der Generator, wenigstens bis zu einem gewissen Grade, wie ein Asynchrongenerator in das Netz arbeiten; ein Energierückfluß kommt dabei nicht zustande und es besteht daher keine Veranlassung zum Ansprechen des Rückwattrelais. Der Schutz durch diese Relais kann indessen in anderer Beziehung wertvoll sein: Er schützt die Maschinengruppe vor gefährlichen Drehmomentstößen. Diese können namentlich bei Schaltvorgängen, z. B. bei schlechtem Parallelschalten, auftreten. Solche Vorgänge sind besonders mechanisch gefährlich, weil sie stoßweise auftreten und oft Energiependelungen zwischen Generator und Netz auslösen. Die Folge davon kann die Beschädigung

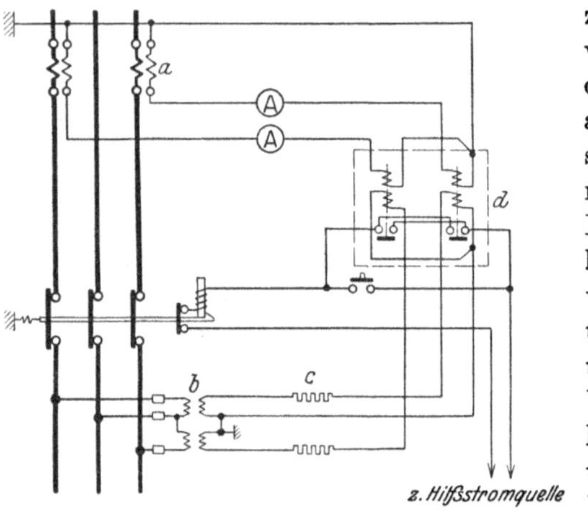

Abb. 160. Schaltbild eines 2-poligen Rückwattrelais. *a* Stromwandler, *b* Spannungswandler, (O-S-seitig gesichert), *c* Vorwiderstände, *d* Relais.

der Kupplungen sein. Im Bestreben, ein sicheres Arbeiten in diesen Fällen zu erreichen, wird das Relais allzuleicht zu empfindlich gemacht, so daß es schon bei geringfügigen Leistungsstößen beim Parallelschalten unerwünscht ausschaltet. Viele Ausführungen von Rückwattrelais haben ferner den Nachteil, daß sie bei niedriger Spannung, die gerade in Störungsfällen vorhanden ist, nicht mehr sicher arbeiten.

Vor der Einführung von einwandfrei arbeitenden Distanzrelais wurde auch ein selektiv arbeitender Leitungsschutz mit Hilfe von Rückwattrelais zu erreichen versucht. Dies geschah meistens in Verbindung mit stromabhängigen Höchststrom-Zeitrelais, wobei das Rückwattrelais die Rolle eines Sperrrelais erfüllen mußte. Ein einfaches Anwendungsbeispiel dieser Schutzart ist in Abb. 161 dargestellt. Ein Kraftwerk speise über eine Doppelleitung ein unterteiltes Netz. Wenn nun in einer der Leitungen ein Kurzschluß auftritt, so fließt der Kurzschlußstrom nicht nur von der Zentrale her direkt, sondern auch auf dem Umweg über die gesunde Leitung und die Sammelschiene nach der Kurzschlußstelle hin. Damit nun allein die kranke Leitung abgeschaltet wird, soll das Rückwattrelais in der gesunden Leitung die Auslösung sperren und nur das Relais der kranken Leitung den zugehörigen Schalter auslösen, weil die Energie in der gesunden Leitung nach der Sammelschiene hin, in der kranken Leitung dagegen von der Schiene wegfließt. Die Unvollkommenheit des vorhandenen Schutzsystems ist nun sofort ersichtlich; die kranke Leitung wird nur von der Netzeite her momentan abgetrennt, an der Kraftwerkseite dagegen erst nach einer Verzögerung, entsprechend der Laufzeit des dort aufgestellten Relais.

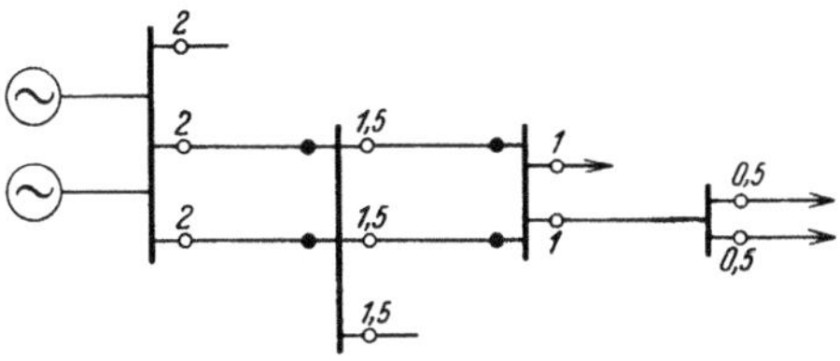

Abb. 161. Schaltbild eines selektiven Leitungsschutzes. z Stromabhängige Höchststrom-Zeitrelais. • Rückwatt- oder Energierichtungsrelais.

4. Differenzstrom-Relais.

Diese Relais werden gegenwärtig allgemein für den Generatorschutz angewandt, nachdem sie bis vor kurzer Zeit auch einzig für den Transformatorenschutz dienten.

Dieser Schutz beruht auf einem Stromvergleich; er ist deshalb praktisch unabhängig von der Größe der verglichenen Ströme und auch völlig unabhängig von der Betriebsspannung; er wirkt vollkommen selektiv.

Ein unzweckmäßiges Ansprechen des Differentialschutzes tritt vorwiegend bei Transformatoren auf, wo Primär- und Sekundärstrom unmittelbar miteinander verglichen werden (s. Abschnitt T. C.). Bei der Einstellung des Relais muß deshalb auf den Magnetisierungsstrom Rücksicht genommen werden. Es muß für den störungsfreien Betrieb des Relais vor allem auf den Leerlaufstromstoß beim Einschalten und auf die Zunahme des Magnetisierungsstromes bei betriebsmäßiger Spannungserhöhung um 10 bis 15% geachtet werden. Aus diesen beiden Gründen muß die Empfindlichkeit des Schutzrelais begrenzt werden.

Die innere Schaltung des Transformators muß beim Anschluß des Relais ebenfalls berücksichtigt werden; denn nur bei symmetrischer Schaltung, d. h. bei ⅄/⅄- oder △/△-Schaltung sind die zu vergleichenden Ströme in Phase und das Relais zum direkten Anschluß geeignet. Bei anderen Schaltungen müssen Umkehr-Transformatoren zu Hilfe gezogen werden. Bei unsymmetrischer Schaltung eines Transformators (z. B. △/⅄ oder ⅄/△-Schaltung) müssen die Stromwandler entsprechend geschaltet werden, und zwar im umgekehrten Sinn, nämlich ⅄/△ bzw. △/⅄. Schaltbild Abb. 162a zeigt diese richtige Schaltung der Stromwandler in Anpassung an die Transformatorschaltung. Wird diese Schaltregel nicht eingehalten, und sind die Stromwandler z. B. bei ⅄/△-Schaltung des Transformators ebenfalls in ⅄/△ geschaltet, so können die Differenzstromrelais in folgendem Fall falsch ansprechen: Der Transformator sei auf der ⅄-Seite (mit geerdetem Nullpunkt) gespeist, auf der △-Seite jedoch offen. In einer Phase der Zuleitung, außerhalb des Transformators, entstehe ein Erdschluß und der Erdschlußstrom fließe von dieser Stelle zum Sternpunkt des Transformators. Bei der nun im Transformator entstehenden Stromverteilung werden die Stromwandlerkreise nur mehr von der ⅄-Seite aus die Relais speisen, während von der △-Seite aus die Relais stromlos bleiben. Damit ist der Grund für deren Fehlansprechen gegeben; der Transformator wird abgeschaltet, ohne selbst von der Störung betroffen zu sein. Abb. 162b zeigt den Verlauf der Ströme in den Transformatorwicklungen und in den Relaiskreisen in diesem Störungsfall.

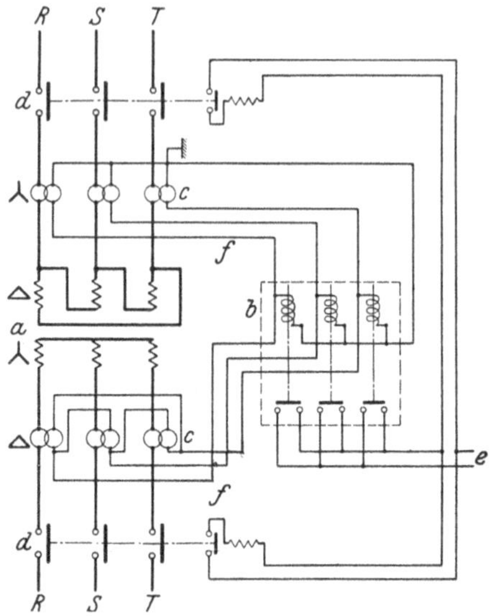

Abb. 162a. Schaltbild: Anschluß des Differentialschutzes an einen ⅄/△-Transformator mit △/⅄-Schaltung der Stromwandler zur Verhinderung des Ansprechens bei Netzerdschluß. *a* Dreiphasentransformator, *b* Differenzstromrelais, *c* Stromwandler, *d* Ölschalter mit Auslösespule, *e* Zur Hilfsstromquelle, *f* Seriestromkreis der Stromwandler.

Fehlauslösungen kommen auch oft zustande, wenn die Charakteristiken der Übersetzung der speisenden Stromwandler stark verschieden sind. Diese Abweichungen sind oft unvermeidlich, wenn auf einer Seite des Relais Spulenstromwandler mit sehr vielen Primärwindungen vorhanden sind, auf der Gegenseite jedoch Durchführungsstromwandler mit nur einer Primärwindung. Die Fehlauslösungen entstehen dann leicht beim Auftreten von äußeren Kurzschlüssen. Durch zweckmäßige Hilfsmittel kann dieser Mangel behoben werden: Einbau von fein abgestuften Zwischenwandlern oder von einstellbaren Impedanzen (Drosselspulen) in den Stromkreis eines Wandlers.

Selbstverständlich kann auch dieses Schutzsystem die inneren Krankheiten eines Transformators nicht verhüten, aber doch den entstehenden Schaden beschränken.

Die Differenzstromrelais können auch einen Generator nicht in allen Fällen schützen. Mit der üblichen Schaltung nach Merz-Price (Abb. 163) wird nicht einmal ein Ansprechen bei Windungsschlüssen

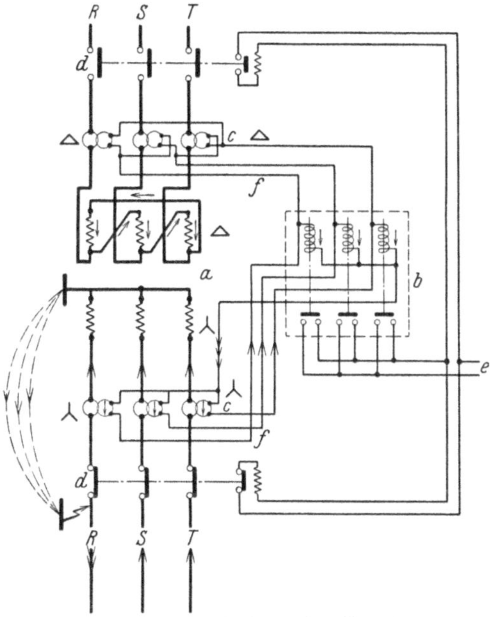

Abb. 162 b. Stromverlauf in den Transformatorwicklungen und Relaiskreisen bei unrichtiger Anpassung der Stromwandlerschaltung beim Auftreten eines Erdschlusses. *a* Dreiphasentransformator, *b* Differenzstromrelais, *c* Stromwandler, *d* Ölschalter mit Auslösespule, *e* Zur Hilfsstromquelle, *f* Seriestromkreis der Stromwandler.

oder Leiter-Unterbruch erreicht. Dagegen sprechen die Relais in dieser Schaltung bei Eisenschluß der Ständerwicklung an, wenn der Schutz den Verhältnissen richtig angepaßt ist, was hauptsächlich von der Erdung des Nullpunktes abhängt. Besitzt das vom Generator direkt gespeiste Netz eine große Kapazität, so kann bei einem entstandenen Erdschluß in seiner Wicklung, auch ohne Nullpunktserdung, der Differentialschutz doch wirksam sein, weil der kapazitive Erdschlußstrom stark genug ist. Ist dies nicht der Fall, so muß der Nullpunkt, gewöhnlich über einen Widerstand, geerdet werden. Die Größe des Erdungswiderstandes ist dann selbstverständlich von großem Einfluß auf die Empfindlichkeit des Differentialschutzes. Ist er verhältnismäßig groß, so wird bei einem Eisenschluß der auftretende Störstrom auf einen tieferen Wert begrenzt, so daß ein geringer Schaden in Aussicht steht. Damit wird aber der Schutz unempfindlicher gemacht, so daß die Relais, beim Erdschluß an solchen Stellen der Wicklung, die in der Nähe des Nullpunktes liegen, gar nicht mehr ansprechen.

Wenn auch der Differentialschutz in der besprochenen Anordnung nicht direkt auf Windungsschlüsse anspricht, so wird er trotzdem in den meisten Fällen indirekt zum Eingreifen veranlaßt, weil aus einem

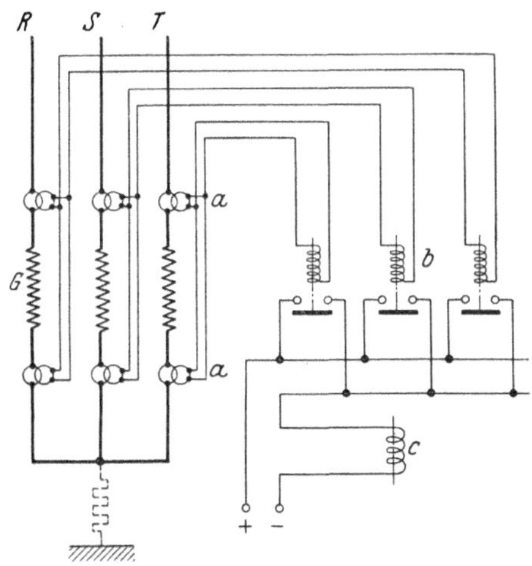

Abb. 163. Schaltbild der Merz-Price-Generatorschutzschaltung. *G* Generatorwicklungen, *a* Schutzstromwandler, *b* Differenzstromrelais, *c* Hauptschalterauslösung.

Windungsschluß in der Regel ein Eisenschluß wird. Bei Stabwicklungen mit nur einem Stab pro Nut ist das Entstehen eines reinen Windungsschlusses ohnehin kaum möglich; ein solcher kann nur in den außerhalb der Nuten liegenden Wicklungsteilen auftreten.

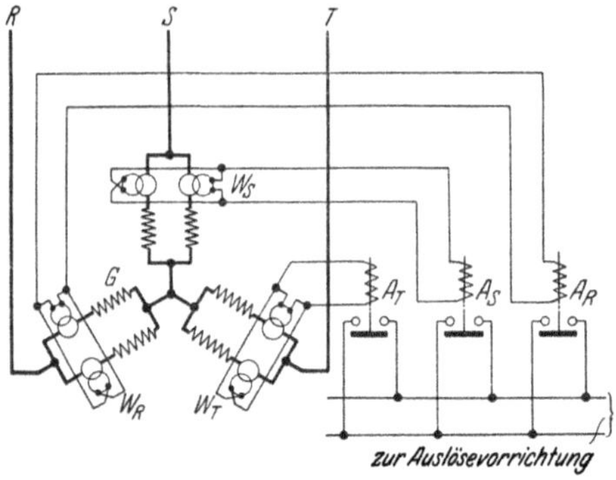

Abb. 164. Differentialschutz an Generatoren mit parallelen Wicklungen. *G* Generator, *W* Stromwandler, *A* Schutzrelais.

Schutzeinrichtungen, die besonders auf Windungsschlüsse ansprechen, sind in sehr mannigfacher Art vorgeschlagen worden. Mit verhältnismäßig einfachen Mitteln läßt sich eine sichere Schutzvorrichtung bei Generatoren herstellen, die zwei parallele Stromkreise besitzen. Für den Windungsschutz allein sind sechs Stromwandler nötig, die ein dreipoliges Differenzstromrelais speisen, s. Abb. 164. Jeder Pol wird von den beiden Stromwandlern der parallel geschalteten Ständerwicklungen gespeist. Wird diese Schaltung noch durch den Einbau eines weiteren dreipoligen Differenzstromrelais mit zugehörigen Stromwandlern ergänzt, so erhält man eine Schutzeinrichtung, welche auf alle inneren Defekte eines Generators, Windungs- und Eisenschlüsse anspricht.

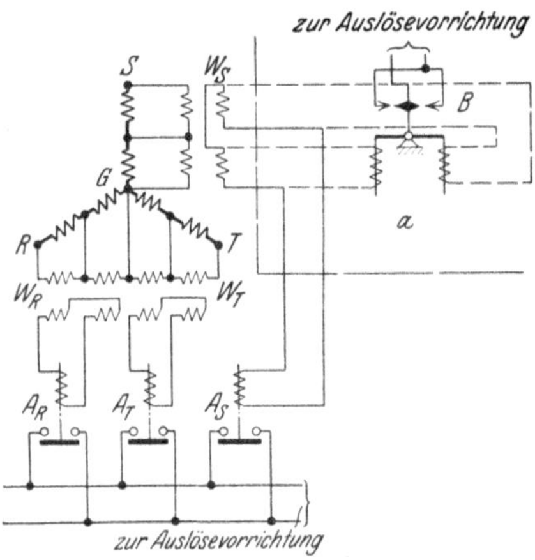

Abb. 165. Schaltbild: Generatorwicklungsschutz mit Differenzspannungsrelais bei angezapfter Wicklungsmitte. *a* Schaltung mit mechanischem Balancierrelais bei Phasenunterschied zwischen den Vergleichsspannungen. *G* Generator, W_R W_S W_T Spannungswandler, *A* Auslöserelais, *B* Balancierrelais.

Eine Schutzart gegen Windungsschluß für Generatoren mit normaler Wicklung, ohne parallele Stromkreise, ist in Abb. 165 angegeben. In jedem Wicklungsstrang ist der Mittelpunkt angezapft und die beiden Teilspannungen werden mittels Spannungswandlern verglichen. Bei auftretenden Windungsschlüssen oder Leiterbrüchen — ausgenommen Erdschlüsse — sind die beiden Teilspannungen nicht mehr gleich groß, wobei das Differenzspannungsrelais anspricht. Die Einrichtung ist einfach und vollkommen selektiv.

Bei diesen beiden letzten Schutzschaltungen gegen Windungsschluß muß darauf geachtet werden, daß die beiden verglichenen Ströme bzw.

Spannungen genau in Phase sind, sonst würden die Relais unerwünscht ansprechen. Wenn bei der letztgenannten Schutzart die beiden Vergleichsspannungen aus Schaltgründen phasenverschoben sind, so muß ein Balancierrelais je Phase angewandt werden, mit zwei mechanisch und elektrisch ganz getrennten Elektromagneten, wie Abb. 165a angibt.

5. Distanz- oder Selektivrelais.

Die prinzipiellen Mängel der bis heute allgemein verwendeten Relais für den Netzschutz sind in den vorstehenden Abschnitten kurz beschrieben und lassen das Urteil zu, daß ein einwandfreier Schutz mit solchen Apparaten unmöglich ist. Die Lösung der Aufgaben des Netzschutzes ist nun in den letzten Jahren um einen bedeutenden Schritt gefördert worden durch die Ausbildung des sog. Distanz- oder Selektivrelais. Über ihre Mängel können zur Zeit noch keine Angaben gemacht werden, da die Entwicklung kaum als abgeschlossen gelten kann und sehr verschiedenartige Wege zur Lösung desselben Problems beschritten wurden. Die Besprechung dieser neuen Relaistype muß sich daher auf wenige, während der Entwicklung und ersten Einführung dieser Relais in den Betrieb zutage getretene allgemeine Schwierigkeiten beschränken. Eine Hauptschwierigkeit bildet die Forderung nach möglichst weitgehender Unabhängigkeit der Relaiszeiten von der Größe des Kurzschlußstromes; ferner zuverlässiges Unterscheiden der Energierichtung. Der an einer Netzstelle auftretende Kurzschlußstrom ist bedingt durch die momentan im Netz wirksamen Generatorleistungen und durch die Impedanzen der Generatoren und Transformatoren des Netzes. Wenn nun der Maschineneinsatz stark reduziert ist, wie es z. B. im Sonntags- oder Nachtbetrieb der Fall ist, so kann ein im Netz entstehender Kurzschluß möglicherweise nicht einmal den Wert des Leitungsnennstromes annehmen, welchen die Schutzrelais sonst führen und dem sie angepaßt sind. Besonders ungünstig können die Verhältnisse in schwachbelasteten Hochspannungsnetzen ausfallen, in denen, wegen der Netzkapazität, die Generatoren sehr schwach erregt sind, so daß der Kurzschlußstrom nur ca. 10 bis 20% des Normalstromes betragen kann. Aus diesen Angaben geht hervor, daß die Stromstärke nicht immer ein eindeutiges Anzeichen einer aufgetretenen Netzstörung sein kann. Als besonders nachteilig werden bei verschiedenen Systemen die zu langen Auslösezeiten empfunden. Die max. Auslösezeit sollte mit Rücksicht auf die Zerstörungsarbeit des Kurzschlußlichtbogens und die Aufrechterhaltung des Synchronbetriebes in keinem Falle 3 Sekunden übersteigen. Eine weitere Schwierigkeit bildet die Vielgestaltigkeit der Störungen selbst, wie das Auftreten von ein- und mehrpoligen Kurzschlüssen zwischen Phasen und gegen Erde, ferner das Ineinandergreifen mehrerer Störungen durch gleichzeitiges Auftreten von Kurzschlüssen an verschiedenen Stellen des Netzes. Wegleitend für die Entwicklung der modernen Distanzrelais war die Überlegung, daß im Kurzschlußfall nicht etwa der Strom, sondern die Impedanz der Kurzschlußschleife — d. i. das Verhältnis der Netzspannung zum Kurzschlußstrom — ein richtiges Maß für die Entfernung der Kurzschlußstelle darstellt. Die Erfassung der Impedanz, zur Bestimmung des Abstandes vom Fehlerort, ist indessen nicht vollkommen eindeutig. Je nachdem sich der Kurzschluß durch direkte metallische Berührung oder durch einen Lichtbogen bildet, ist die Spannung an der Kurzschlußstelle selbst sehr verschieden. Diese Verhältnisse bilden dann eine weitere Schwierigkeit für die genaue Ermittlung des Fehlerortes und damit für die Festlegung der Schalterauslösezeit. Bei einem modernen Distanzrelais ist eine sinnreich ausgebildete Verbindung des üblicherweise als Ansprechorgan verwendeten Impedanzmeters mit einem Ohmmeter angewendet. Das Impedanzmeter ermöglicht die Erfassung von Kurzschlußströmen weit unter Normalstrom, während das auf die Leitungsreaktanz abgestimmte Ohmmeter die Relaiszeit bestimmt, wobei erstere das einzig richtige Maß für die Entfernung des Fehlerortes liefert.

6. Überspannungsableiter.

Die Erfahrung hat gezeigt, daß zweckmäßig angeordnete und bemessene Hörnerableiter mit Drosselspulen und Widerständen elektrische Anlagen gegen viele Überspannungen schützen können. Sie schützen vor allem gegen die bei aussetzendem Erdschluß auftretenden Überspannungen, welche betriebsmäßig am häufigsten vorkommen. Ebenso ist der Hörnerableiter bei niedrigen Betriebsspannungen wirksam gegen hochfrequente Schwingungen und Wanderwellen, sofern ihre Spannungen die Überschlagsspannung der Hörner wirklich erreichen.

Die Ableiterwiderstände werden sowohl als Wasserwiderstände wie auch als Metallwiderstände ausgeführt. Sehr wichtig ist die richtige Bemessung des Widerstandswertes für die Schutzwirkung des Apparates. Sie ist in der Regel um so größer, je kleiner dieser Widerstand ist, allerdings nur bis zu einem bestimmten Grenzwert. Der kleinste zulässige Widerstand wird nämlich bestimmt durch den entstehenden Lichtbogenstrom. Dieser darf eine bestimmte Stärke nicht überschreiten, wenn er noch zwischen den Hörnern sicher gelöscht werden soll. Der nach dem Ansprechen eines Hornes bei Überspannung entstehende Lichtbogen wird von der Betriebsspannung solange unterhalten, bis er durch elektrodynamische und thermische Wirkungen in der Lichtbogenbahn gelöscht wird. Durch die Länge der Hörner und den Raum für die Ausbreitung des Lichtbogens ist diejenige Stromstärke festgelegt, welche durch den Widerstand begrenzt werden muß. Dieser Kleinstwert des Widerstandes darf also ebensowenig unterschritten werden, wie andererseits der Höchstwert nicht zu groß sein soll, mit Rücksicht auf die Güte der Ableitung.

Aus dieser Überlegung ist herzuleiten, daß Wasserwiderstände an Hörnerableitern nicht sehr geeignet sind, weil ihr Widerstand sehr stark von der Temperatur abhängig ist. Der minimale Widerstand darf selbst bei der höchsten im Betrieb auftretenden Temperatur nicht unterschritten werden. Es ist ferner zu beachten, daß die Füllung der Wasserwiderstände mit der Zeit abnimmt. Ein Rückgang des Wasserinhaltes um mehr als ca. 30% ist nicht zulässig. Bei zu tiefem Wasserstand ist die Elektrode nicht mehr genügend eingetaucht.

Für Wasserwiderstände wird am besten destilliertes Wasser verwendet, besonders bei Spannungen über ca. 12 kV, weil Brunnenwasser einen zu niederen spezifischen Widerstand besitzt. Beim Einstellen des Widerstandswertes sind die Angaben des Leistungsschildes einzuhalten und die augenblickliche Temperatur durch den Umrechnungsfaktor zu berücksichtigen. Ergibt die Kontrollmessung des erreichten Widerstandes einen zu großen Wert, so wird er durch Sodazusatz erniedrigt; ist er zu klein, so kann durch Zufügen von destilliertem Wasser nachgeholfen werden. In Ausnahmefällen kann der Widerstand durch Einfüllen von geringen Mengen gereinigten Kies auf den richtigen Wert erhöht werden. Zur Messung des Widerstandes wird vorteilhaft ein Wechselstrom-Ohmmeter verwendet, um elektrolytische Vorgänge im Wasser, die bei der Verwendung von Gleichstrom auftreten können, auszuschalten. Wenn kein Ohmmeter vorhanden ist, genügt auch ein Voltmeter mit bekanntem hohen Eigenwiderstand R_v. Man mißt mit dem Voltmeter zuerst die zur Verfügung stehende Wechselspannung U von ca. 100 bis 500 Volt. Hierauf wird der Wasserwiderstand in Serie mit dem Voltmeter geschaltet und die Spannung U_1 neuerdings abgelesen. Den Widerstand R_x berechnet man dann mit der Formel:

$$R_x = R_v\left(\frac{U}{U_1} - 1\right).$$

Die Metallwiderstände sind als Ableiterwiderstände besser geeignet, weil sie von der Temperatur unabhängig gemacht werden können. Sie werden gewöhnlich in Öl untergebracht. Aus diesem Grunde ist auf die Brandgefahr zu achten. In bedienungslosen Kraftwerken sind sie daher nicht anzuwenden. Es ist zu beachten, daß hierfür gut getrocknetes Öl verwendet werden muß.

Schlechtes Arbeiten der Hörnerableiter kann durch unzweckmäßige Anordnung der Hörner und Widerstände oder der Drosselspulen veranlaßt sein. Das Horn wird bekanntlich zwischen die zu schützende Leitung und Erde geschaltet. Die Verbindung von der Leitung über das Horn zur Erde soll möglichst geradlinig verlaufen, besonders dann, wenn ein Schutz gegen Wanderwellen oder hochfrequente Schwingungen erreicht werden soll. An einem unrichtig geformten Horn kann der Lichtbogen nach unten abgeleitet werden; Risse und Anfressungen an der Hörneroberfläche haben Stehlichtbogen zur Folge.

Bei Metallwiderständen können einige Widerstandsgruppen kurzgeschlossen sein. Bei Wasserwiderständen kann ein zu kleiner Widerstand oder zu wenig Wasser vorhanden sein, das sich rasch erwärmt. Bei zu niedrigem Wasserstand wird beim Ansprechen der Hörner viel Wasser ausgespritzt. Bei zu kleinen Abständen der Hörner von Wänden und Decken kann der Lichtbogen auf Erde oder andere Teile der Anlage übergreifen.

Falsche Einstellung der Schlagweite hat selbstverständlich unzweckmäßiges Ansprechen der Ableiter zur Folge. In Innenräumen werden die Ableiter etwa auf das 1,4-fache, im Freien auf das 1,8-fache der höchsten vorkommenden Betriebsspannung eingestellt. Die Überschlagsspannung hängt von der Dicke und Form der Hörner ab.

Ein vollkommener Überspannungsschutz mit dem Hörnerableiter allein kann nie erreicht werden, unter Umständen nicht einmal ein Schutz gegen Erdschlußüberspannungen. Die Verwendung anderer Überspannungsschutzarten, wie z. B. die Nullpunktserdung oder die Aufstellung von Löschspulen ist in den meisten Fällen zweckmäßig. Schließlich ist zu bedenken, daß Hörnerableiter nur ein Ventil darstellen, welches erst nach dem Entstehen der Überspannungen ansprechen kann, während das letztere Überspannungsschutzmittel schon die Entstehung der Überspannungen unterdrücken kann.

A. G. Allgemeine Störungsursachen in Anlagen.

1. Unrichtige Leitungsverlegung.

Falsche Anzeigen von Meßinstrumenten sowie das Ansprechen von Relais auf unrichtige, vom Einstellwert abweichende Werte haben ihre Ursache häufig in schlecht angeordneten Leitungen, vorwiegend Hochstromleitungen. Solche Leitungen erzeugen entsprechend ihrem hohen Strom ein starkes Magnetfeld, das in nächster Umgebung des Leiters seine größte Dichte hat und den in Abb. 166 dargestellten Verlauf nimmt. Daraus ist ersichtlich, daß das Feld H in der Ebene durch die beiden Leiter um so stärker ist und um so gleichmäßiger verläuft, je kleiner der Abstand der Leiter ist. Sind in diesem Zwischenraum — z. B. auf Schalttafeln — Meßinstrumente eingebaut, so sind Fehlanzeigen vorwiegend bei elektromagnetischen und elektrodynamischen Typen unvermeidlich, wie im Abschn. A. C. 1. erklärt wurde.

Auch Höchststromrelais von Schaltern werden von zu naheliegenden Hochstromleitern derart beeinflußt, daß die ursprüngliche Einstellskala der Auslöseströme nicht mehr stimmt.

2. Ungleiche Stromverteilung auf parallele Leiter.

Besteht eine Gleichstromleitung aus mehreren parallelen Leitern zum Zweck der Querschnittsunterteilung, so werden in den einzelnen Parallelleitern meistens sehr ungleiche Ströme festgestellt. Die gleichmäßige Aufteilung des Hauptstromes in mehrere parallele Leiter ist um so schwieriger, je mehr Leiter dazu benützt werden. Maßgebend für die Stromaufnahme ist nur der Ohmsche Widerstand jedes dieser Leiter. Sind die Leiter verhältnismäßig kurz, was meistens der Fall ist, so sind in der Regel die Übergangswiderstände an den Kontakt-

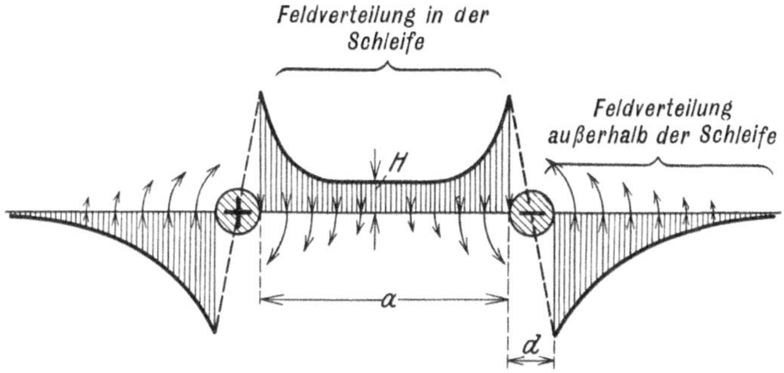

Abb. 166. Hochstrom-Hin- und Rückleitung mit dem umgebenden Magnetfeld.

stellen größer als die eigentlichen Leitungswiderstände. Je nach Montage und Behandlung sind diese Übergangswiderstände jedoch sehr ungleich groß, woraus sich dann auch die ungleichmäßige Stromführung erklären läßt.

Die Übergangwiderstände an Kontaktstellen von Sammelschienen können durch Verzinnung nur wenig verbessert werden. Als Schutz der Kontaktstellen ist leichtes Einfetten mit Vaselin zu empfehlen. Maßgebend für die Übergangsverluste ist auch hier hauptsächlich der Kontaktdruck. Da es sich meistens um gewöhnliche verschraubte Kontakte handelt, ist der Druck je nach Anzug der Schrauben sehr verschieden. An einer guten Kontaktstelle sollte ein Druck von ca. 1 kg/Amp. bei einseitiger und ca. 0,5 kg/Amp. bei doppelseitiger Kontaktauflage vorhanden sein. Der mit Eisenschrauben erzielbare Preßdruck in kg beträgt ungefähr das 500-fache des Schraubenquerschnittes in cm^2.

Bei Wechselstromleitungen ist die gleichmäßige Stromverteilung auf viele Parallelleiter noch schwieriger erreichbar. Denn hier ist außer dem Ohmschen Widerstand noch der induktive Widerstand für die Stromaufnahme bestimmend. Ein anschauliches Bild vom induktiven Widerstand paralleler Wechselstromleiter ergibt sich aus der Häufigkeit oder der Anzahl magnetischer Feldlinien, die den betreffenden Leiter umschließen.

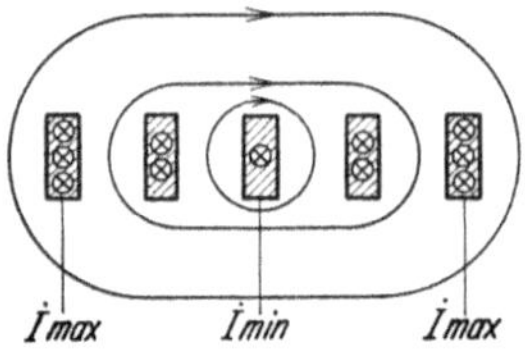

Abb. 167. Feldverlauf und Stromverteilung bei 5 parallelen Wechselstromleitern desselben Stranges.

Betrachtet man als Beispiel den in Abb. 167 dargestellten Wechselstromstrang, bestehend aus fünf parallelen Leitern, so ist leicht ersichtlich, daß der in der Mitte liegende Leiter von der größten Anzahl Feldlinien umschlossen ist. Sein induktiver Widerstand ist daher am größten. Aus derselben Überlegung erklärt sich die Tatsache, daß die Strombelastung im Innern eines dicken, massiven Leiters kleiner ist als außen gegen die Leiteroberfläche hin (sog. Hauteffekt).

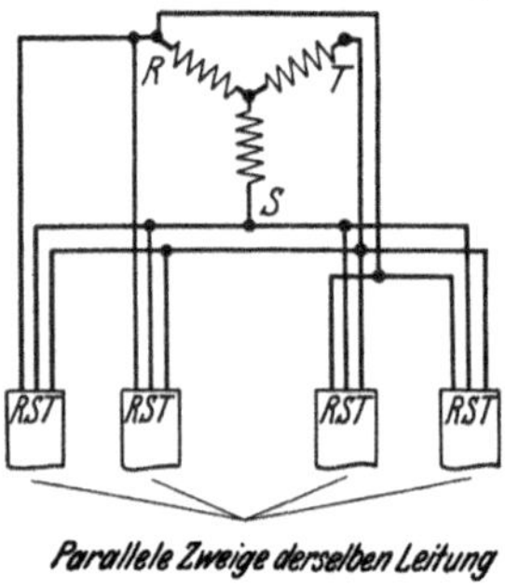

Abb. 168. Gruppierung der parallelen Leiter einer Hochstrom-3-Phasenleitung zur Vermeidung ungleicher Stromverteilung.

Ist jede Phase einer dreiphasigen Hochstromleitung in mehrere parallele Leiter (Kabel) unterteilt, so verlegt man die ganze Leitung zweckmäßig so, daß man jedem Strang einen Einzelleiter entnimmt und diese drei Leiter zu einer Gruppe nach Abb. 168 vereinigt. Der Wechselstromwiderstand — Impedanz — einer solchen Gruppe und der ganzen Leitung wird damit bedeutend verringert, weil bekanntlich die Summe der Ströme jedes Stranges immer Null ist, weshalb sich kein magnetisches Feld um eine so gebildete Gruppe aufbauen kann. Handelt es sich um eine Einphasenleitung, so ordne man z. B. die Hin- und Rückleitung einer Einphasenleitung nicht in einer Ebene, sondern in zwei parallelen Ebenen an, wie Abbildung 169 andeutet. Die gleichmäßige Aufteilung der Wechselströme auf die parallelen Leiter erfolgt, je nach den vorhandenen Möglichkeiten, durch Veränderung der Schienen- oder Kabellänge, oder auch durch stellenweises Umhüllen der Kabel mit einem Eisenmantel oder ähnlichen Behelfen, die einfach den Zweck erfüllen müssen, den induktiven Widerstand der Leiter und damit die Stromverteilung zu verändern.

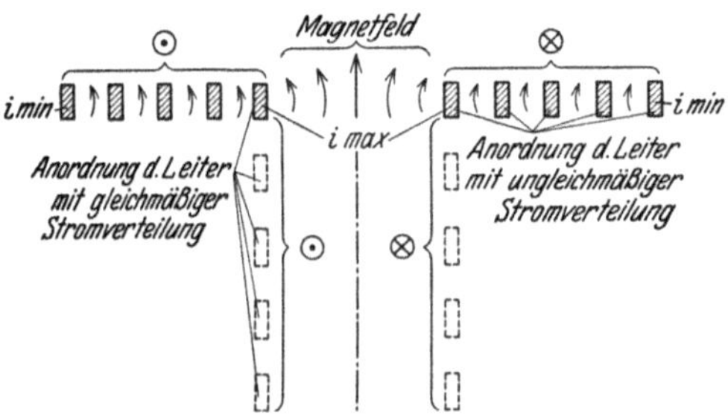

Abb. 169. Anordnung paralleler Leiterstäbe einer 1-Phasenleitung zur Erzielung gleichmäßiger Stromverteilung.

3. Isolierstoffe in Durchführungen.

Der Austritt von Isolierfüllmasse aus Durchführungsisolatoren ist vorwiegend in Leitungen mit höheren Stromstärken festzustellen. Er hat seine direkte Ursache in zu großer Erwärmung der Durchführung oder zu starker Füllung derselben mit Ausgußmasse. Die Erwärmung kann indirekt von einem benachbarten, im selben Leitungszug liegenden, schlecht gewordenen Kontakt erzeugt werden. In krassen Fällen ist größte Vorsicht geboten, da die Durchführungen unter Umständen explodieren können. Wenn sich an dem unter Öl befindlichen Teil der Durchführung undichte Stellen bilden, wird von gewissen Füllmassen Öl eingesaugt, so daß ein Überdruck entsteht, welcher den Isolator sprengen kann. In den Ausgußmassen können bei der Dehnung und Zusammenziehung Hohlräume entstehen, in denen Glimmentladungen auftreten und die betreffenden Stellen stärker erwärmen können. Die weitere Folge ist bisweilen dieselbe wie bei den übrigen Wärmeeinflüssen.

Bei Freiluftölschaltern mit ölgefüllten Durchführungsisolatoren wird oft eine starke Trübung des Öls im Ölstandsglas beobachtet. Die chemische Untersuchung des Öles weist verschiedene schlammartige Zersetzungsprodukte auf, auch wenn bei der Füllung der Durchführung ganz einwandfreies Öl verwendet wurde. Diese Erscheinung ist auf einen photochemischen Oxydationsvorgang zurückzuführen, bei dem die Licht- und Lufteinwirkung auf das Öl ursächlich beteiligt sind. Die Trübung oder Verschlammung fällt um so stärker aus, je heller das Öl war. Die elektrische Festigkeit des Öls wird dadurch aber nicht erheblich verändert. Durch einen vollkommen luftdichten Abschluß des Glasgefäßes und Aufsetzen einer Lichtschutzhaube wird dieser Einfluß verhindert.

4. Glimmerscheinungen.

Glimmerscheinungen an spannungsführenden Konstruktionsteilen haben ihre Ursachen entweder in den vorerwähnten Verhältnissen oder in zu scharfen Kanten, mangelhaften oder fehlenden Erdungen, zu tiefem Ölstand usw. An Trennmessern in offener Stellung, die beidseitig von verschiedenen Betrieben her unter Spannung stehen, treten leicht periodische Glimmerscheinungen mit Geräuschen verbunden auf; wenn die beiden Betriebe nicht synchron laufen, ändert sich die Spannung an dem betreffenden Trenner dauernd zwischen Null und einem Höchstwert bei Phasenopposition beider Spannungen.

5. Fehlansprechen von Relais und Erdschlußanzeigern.

Unbegründetes Ansprechen von Relais, u. a. von Rückwattrelais, kommt oft vor, und zwar durch kapazitiven Einfluß. Die Störung entsteht besonders leicht, wenn Trennmesser Pol um Pol eingelegt werden, wodurch die Spannungssysteme der in jeder Phase liegenden Relais der Reihe nach angeschlossen werden und die Kapazitäten der angeschlossenen Anlageteile einen Ladestrom aufnehmen. Ein Relais mit nicht rein wattmetrischem Verhalten kann bei diesem Vorgang ansprechen.

In Hochspannungsanlagen mit direkt geerdetem Nullpunkt werden oft Erdschlußströme registriert, ohne daß Erdschlüsse wirklich aufgetreten sind. Ein Erdschluß-Amperemeter kann nämlich beim Einschalten gewisser Schalter ansprechen, und zwar aus folgender Ursache: Die drei Pole eines Dreiphasen-Ölschalters Abb. 170 schließen ihre Vorkontakte nicht ganz gleichzeitig. Deshalb fließt während der Zeit, in der nur der Kontakt einer Phase geschlossen ist, über das Erdschluß-Amperemeter der Magnetisierungsstrom einer Phase. Die Dauer dieses Stromes ist natürlich sehr kurz, meistens während nur weniger Halbwellen. Sie kann auf ein Minimum gebracht werden durch genauere Einstellung der drei Kontakte und durch möglichst kurze Einschaltzeit. Bei Dreiphasen-Ölschaltern der sog. Dreikessel-Type, die aus drei vollständig getrennten Schaltern bestehen, ist deshalb die Verwendung von einstellbaren Kupplungen sehr vorteilhaft. Das exakt gleichzeitige Schließen der drei Polkontakte wird jedoch auch dann nicht immer möglich sein. Wenn dann trotz hoher Einstellgenauigkeit der Kontakte und Kupplungen das Amperemeter anspricht, so ist es zu empfindlich und kann durch verstärkte Dämpfung unempfindlicher gemacht werden. Betriebsmäßige Erdschlüsse werden dann trotzdem registriert werden, weil sie in der Regel von verhältnismäßig viel längerer Dauer sind.

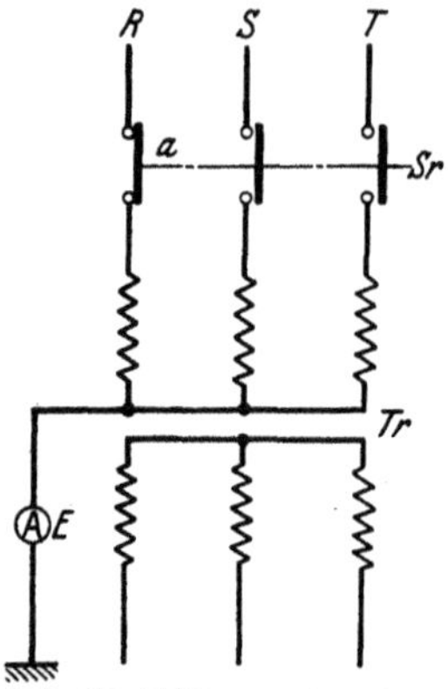

Abb. 170. Fehlansprechen eines Erdschluß-Amp.-Meters. *Sr* Schalter, *a* Zuerst schließender Schalterkontakt, *E* Erdschlußamperemeter, *Tr* Transformator.

A. H. Anlaßeinrichtungen.

Allgemeine Störerscheinungen an Anlaßwiderständen in Luft und Öl und an Wasserwiderständen sind im Hauptabschnitt A. D. zusammengefaßt.

Störungen, die im besonderen mit dem Anlauf von Gleichstrom- und Asynchronmotoren zusammenhängen, s. in den Abschnitten M. M. 2. u. 3.

Hinsichtlich der Apparate von Anlaßvorrichtungen sind hauptsächlich diejenigen von Synchronmotoren noch bemerkenswert, worüber das Wichtigste folgt:

1. Anlaßeinrichtungen von Synchronmotoren.

a) Direktes asynchrones Anlassen. Dieses Anlaßverfahren ist heute wegen seiner Einfachheit am häufigsten angewendet; es entspricht dem

Anlauf von Asynchronmotoren mit Kurzschlußanker. Mittels eines Anlaßtransformators mit Anzapfschalter wird dabei dem Hauptmotor zuerst eine herabgesetzte Spannung zugeführt. Nach erfolgtem Anlauf wird je nach den Anlaufbedingungen — mit oder ohne Last — entweder direkt oder über eine Zwischenstufe auf volle Spannung umgeschaltet. Dabei sind folgende Störungen möglich: Überschläge an den Schleifringen oder an der Läuferwicklung des Synchronmotors. Ihre Ursache ist die vom Ständer aus im stillstehenden Läufer erzeugte hohe Spannung. Deshalb darf beim Anlassen die Läuferwicklung nicht offen sein, sondern ist über einen Schutzwiderstand zu schließen. Selbstverständlich ist bei solchen Überspannungserscheinungen der vorhandene Widerstand auf seinen richtigen Wert zu untersuchen. Ein unrichtig bemessener Widerstand hat möglicherweise, z. B. bei sehr hoher Ohmzahl, keine Schutzwirkung mehr gegen entstehende Überspannungen. Andererseits wird bei zu kleinem Wert des Schutzwiderstandes die im Läuferkreis vernichtete Leistung zu groß, so daß der Anlauf schlecht erfolgt.

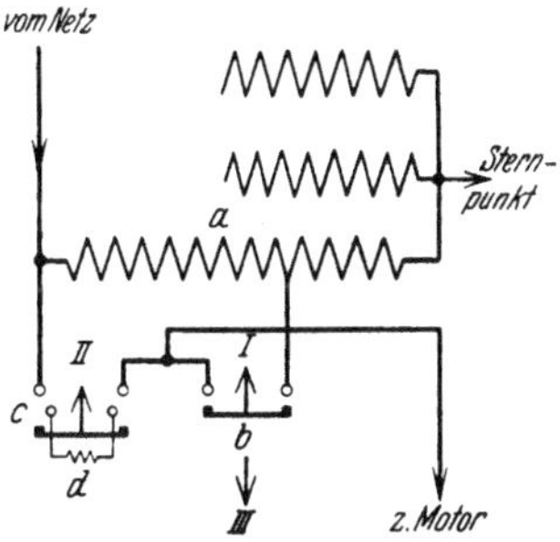

Abb. 171. Schaltfehler am Anlaßstufenschalter. *a* Anlaßtransformator, *b* Anlaßschalter, *c* Arbeitsschalter, *d* Schutzwiderstand bzw. Schutzdrosselspule. I—III Reihenfolge der Schalterbewegungen.

Wenn die Anlaufspannung oder die Netzspannung selbst zu niedrig sind, so kann in kaltem Zustand und nach langem Stillstand der Motor nicht anlaufen. Bei Synchronmotoren mit ausgeprägten Polen ohne Dämpferwicklung ist bei der Bestimmung der Anlaufspannung auch der bei halber Drehzahl auftretende Drehmomentrückgang zu berücksichtigen, um zu vermeiden, daß der Motor bei dieser Drehzahl hängen bleibt[1]. Die Anlaßspannung und damit der Anlaßstrom sollen daher nicht zu knapp, jedoch nur so hoch gewählt sein, als es der Motor und die speisende Einrichtung in elektrodynamischer Hinsicht ertragen.

Ernsthafte Störungen können beim Anlauf von Synchronmotoren nach dem Schema der Abb. 171 durch Fehler am Anlaßschalter entstehen. Das Umschalten von einer tieferen auf eine höhere Spannung geschieht entweder **ohne** oder höchstens **mit** kurzzeitiger Unterbrechung, um einen Drehzahlrückgang in der Zwischenzeit zu verhindern. Dabei werden zuerst die zwischen den Anzapfungen des Transformators liegenden Spulen über einen Widerstand kurzgeschlossen. Bevor nun dieser Widerstand durch die Hauptkontakte überbrückt wird, muß die Verbindung mit der Transformatoranzapfung aufgehoben und auch

[1] Siehe hierüber: Journal of the American Institute of Electrical Engineers 1920. S. 34. A. Hay.

der dabei entstandene Lichtbogen schon gelöscht sein, sonst ist ein Kurzschluß in der Wicklungsstufe zwischen beiden Anzapfstellen möglich. Wird für das Anlassen ein Auto-Transformator verwendet, so hat dieser Fehler oft dessen völlige Zerstörung zur Folge, weil bekanntlich Auto-Transformatoren äußerst starke Kurzschlußströme ergeben. Neuere Anlaßschalter weisen zweckmäßig konstruierte Verriegelungen auf, die solche Störungen ausschließen.

b) Anwerfen mit Asynchronmotor. Bei diesem Anlaßverfahren weist der asynchrone Anwurfmotor eine niedrigere Polzahl auf und besitzt deshalb eine höhere synchrone Drehzahl als der Hauptmotor. Mit Hilfe eines feinstufig regulierbaren Anlassers, der meistens ein Flüssigkeitsanlasser ist, wird der Schlupf des Anwurfmotors so reguliert, daß der Hauptmotor wie ein Synchrongenerator mit dem Netz parallel geschaltet werden kann.

Zu diesem Verfahren sei darauf hingewiesen, daß die Drehzahl eines Asynchronmotors nur dann in genügendem Maße mit dem Läuferwiderstand reguliert werden kann, wenn der Motor auch eine bestimmte Belastung besitzt. Die Nennleistung des Anwurfmotors muß deshalb der Leerlaufleistung — einschließlich den Erregerverlusten — des Hauptmotors richtig angepaßt, d. h. mit diesen Leistungen genügend belastet sein.

c) Anwerfen mit synchronisiertem Asynchronmotor. Hier besitzt der Anwurfmotor gleiche Polzahl wie der Hauptmotor, der nach erfolgtem Anlauf synchronisiert wird. Durch richtige Kupplung des Anwurf- mit dem Hauptmotor ist dafür gesorgt, daß auch das Polrad des letzteren seine richtige Stellung besitzt, wenn der erstere synchronisiert ist, so daß ohne weiteres parallel geschaltet werden kann. Ein krasser Fehler zeigt sich mitunter, wenn der synchronisierte Anwurfmotor mit verkehrter Polarität in Synchronismus geht. Dementsprechend ist dann auch das Polrad des Hauptmotors um eine Polteilung gegenüber dem Ständerfeld verschoben. Wenn keine elektrische Sperrvorrichtung am Schalter vorhanden ist, muß auf diese Möglichkeit geachtet werden.

Die beiden übrigen, eingangs erwähnten Anlaßverfahren geben hinsichtlich der verwendeten Apparate zu keinen Bemerkungen Anlaß.

A. J. Reguliereinrichtungen.

1. Generator-Spannungsregulierung mit Widerstandsreglern.

Die heute allgemein eingeführten selbsttätigen Spannungsregler lassen sich hinsichtlich ihrer prinzipiellen Wirkungsweise einteilen in:

Widerstandsregler und Vibrationsregler.

Die erste Regulierart ahmt die manuelle Reguliertätigkeit nach, indem durch einen zweckmäßigen automatischen Antrieb ein Widerstand derart verändert wird, daß die zu regulierende Größe, z. B. Spannung, Strom, Leistung, Leistungsfaktor u. a. konstant bleibt.

a) **Reguliervorgang.** Die Erregerfeldänderung eines Generators und damit seine Spannungsänderung verlaufen nicht völlig gleichzeitig mit der Verstellung des Regulierwiderstandes oder mit der Bewegung des Regulierorgans, sondern je nach Bauart, Größe und Drehzahl der Maschine mit verschieden großer Verzögerung. Nach einer Änderung im Betriebszustand und einer damit verbundenen Spannungsänderung muß der Regler die Spannung raschestens wieder auf den Sollwert bringen. Er verändert deshalb den Regulierwiderstand zunächst weit über den neuen Beharrungswert hinaus. Erst allmählich geht das Regulierorgan entweder direkt oder mit einem geringen Rückschlag unterhalb die neue Endstellung, in die Lage, welche dem veränderten Betriebszustand wieder entspricht. Der Übergang der Erregung von einem Betriebszustand in den anderen erfolgt also durch Überregulierung. Der Grad der Überregulierung muß durch den Schnellregler selbsttätig eingestellt werden; je größer die sog. magnetische Zeitkonstante der Maschine ist, d. h. je mehr die Feldänderung der Widerstandsänderung zeitlich nacheilt, um so größer muß diese Überregulierung am Feldregler gewählt sein. Damit nun die zu regulierende Größe nicht merklich von ihrem konstant zu haltenden Wert abweicht, muß die Überregulierung zur richtigen Zeit rückgängig gemacht werden. Geschieht dies zu spät, nachdem der Feldregler zu lange in der Überregulierstellung verharrte, oder indem er sich zu langsam in die neue Beharrungslage zurückbewegt, so erfolgt eine übermäßige Änderung der Reguliergröße. Dies hat zur Folge, daß der Regler neuerdings im Gegensinn eingreifen muß, um die zu starke Überregulierung zurückzuholen, wobei wieder derselbe Fehler auftreten kann. Der Übergang in die neue Dauerstellung erfolgt dabei mit vielen Schwingungen und bei ganz ungünstigen Verhältnissen gehen diese in dauernde Pendelungen über. Ihre Behebung ist meistens möglich durch richtiges Einstellen der Dämpfung und der Rückführung.

Die stabile Schnellregulierung einer elektrischen Größe ist allein bei richtigem Zusammenwirken dieser beiden Reglerteile gesichert. Sie kommt folgendermaßen zustande, Abb. 172. Der Generator besitzt eine gewisse Belastung und eine entsprechende Erregerspannung, um die Klemmenspannung des Generators konstant zu halten. Dabei befindet sich die Kontaktstelle des Widerstandsreglers dauernd im Punkt *1*. In diesem Betriebszustand hält die Hauptfeder *f* dem Spannungsmagnet das Gleichgewicht. Dieser Zustand ändert sich aber unverzüglich, wenn die elektrische Belastung, die Drehzahl oder eine andere Zustandsgröße sich ändert. Beim Rückgang der Belastung z. B. wird durch die ansteigende Klemmenspannung der Magnet eine ruckartige Bewegung im Sinne einer Spannungssenkung ausführen. Er wird vielleicht erst in Stellung *3* durch die zunehmende Anspannung der Rückführfeder *g* zum Stillstand kommen. Die Dämpferscheibe war zunächst noch in Ruhe, beginnt aber nun ihre Bewegung unter dem Druck der Feder *g*. Durch die Verstellung des Kontaktes wird der Regulierwiderstand so weit erhöht, daß die Erregerspannung um einen beträchtlichen Betrag gesenkt wird. Der Erregerstrom kann aber wegen der Selbstinduktion der Polradwicklung nicht augenblicklich der Erregerspannung folgen. Sobald sich dann aber der Rückgang des Erregerstromes durch die verminderte Spannung im Regler geltend macht, geht auch die Zugkraft auf den Magnet zurück und vermag die Feder *g* nicht mehr gespannt zu halten. Der Magnet *d* wird sich wieder rückwärts bewegen, so daß der Kontaktapparat z. B. in Stellung *2* gelangt; dabei stellt sich wieder eine höhere Erregerspannung ein. Inzwischen hat sich auch die Dämpferscheibe so weit gedreht, daß die Feder *g* auch wieder ganz entspannt ist. Wenn in diesem Moment die Generatorspannung wieder ihren normalen Wert erreicht hat, so ist der Reguliergang vollendet.

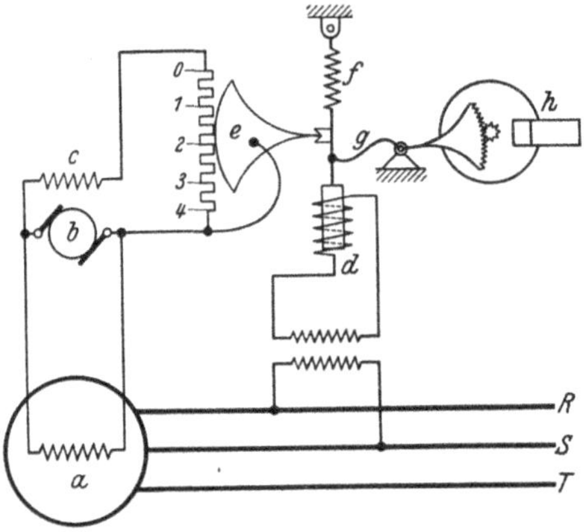

Abb. 172. Schaltbild und Anordnung eines Widerstandsreglers. *a* Wechselstromgenerator mit Erregerwicklung, *b* Erreger, *c* Erregerwicklung des Erregers, *d* Spannungsmagnet oder Drehsystem, *e* Kontaktapparat, *f* Haupt- oder Einstellfeder, *g* Rückführfeder, *h* Dämpfung.

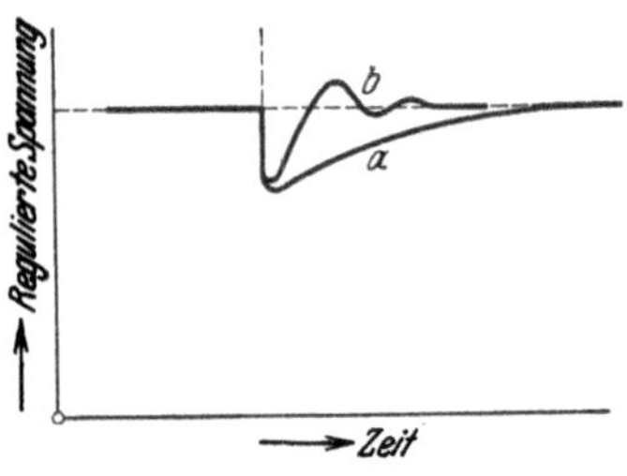

Abb. 173. Reguliervorgänge. *a* Spannungsregulierkurve ohne Überregulierung, *b* Spannungsregulierkurve mit Überregulierung.

Das Charakteristische an diesem Vorgang liegt also darin, daß die Erregerspannung vorübergehend über den Wert hinaus verändert wird, welcher dem neuen Belastungszustand entspricht. Ohne diese Überregulierung ist eine Schnellregelung nicht denkbar. Die entsprechenden Regulierkurven sind zum Vergleich mit einem Reguliervorgang ohne Überregulierung in Abb. 173 dargestellt.

b) Pendelungen. Es wurde bereits erwähnt, wie wichtig das rechtzeitige Aufhören der Überregulierung für den pendelfreien Verlauf eines

Reguliervorganges ist. Wenn zum Beispiel die Nachlaufzeit der Dämpferscheibe zu klein ist, so wird die Rückführfeder zu früh entspannt. Der Ausschlag des Magneten und damit die Überregulierung werden zu groß. Es wird deshalb eine starke Spannungsänderung im Sinne der Überregulierung entstehen, die den Regler zum weiteren Eingreifen zwingt. Die Laufzeit des Dämpfungsorgans ist somit direkt abhängig von der magnetischen Zeitkonstanten der Maschine, dem Zeitmaß für die Raschheit der Klemmenspannungsänderung nach einer bestimmten Erregerspannungsänderung.

Die Ursachen der Pendelungen sind so zahlreich, daß sie hier unmöglich erschöpfend behandelt werden können. Es wird im nachstehenden nur auf die häufigsten charakteristischen Pendelungsarten hingewiesen:

1. Die Dämpferscheibe in Abb. 172 steht still, das Magnetsystem bewegt sich mit dem Kontaktapparat dauernd hin und her; die Schwingungen sind sehr schnell.

2. Das Dämpferorgan schwingt beinahe in gleicher Amplitude mit dem Kontaktapparat. Die Dämpfung erscheint mit dem Magnetsystem bzw. mit dem Kontaktapparat starr gekuppelt, die Schwingungen sind sehr langsam.

Im ersten Falle besteht der Fehler in zu starker Überregulierung, d. h. sehr hoher Reguliergeschwindigkeit mit zu spät eingreifender Rückführung, um die Überregulierung aufzuheben. Weil das Dämpfungsorgan bereits stillsteht, wäre seine Verstärkung zwecklos; vielmehr muß Abhilfe möglich sein durch eine Verstärkung der Rückführfeder, ihre Charakteristik muß steiler gemacht werden. Die Pendelungen der zweiten Art haben ihre Ursache in den gegenteiligen Verhältnissen. Die Rückführfeder ist zu stark, deshalb die Überregulierung ungenügend, verbunden mit zu kleiner Reguliergeschwindigkeit und verfrühter Rückführung der Überregulierung. Hier bringt eine Verstärkung der Dämpfung oder eine Schwächung der Rückführfeder die nötige Abhilfe, um die gewünschte Reguliergeschwindigkeit zu erreichen.

Weitere Ursachen von Pendelungen der Regler können sein:

1. Zu viel Reibung und deshalb starke Unempfindlichkeit. Dieser Fehler ist leicht festzustellen.

2. Zu grobe oder ungleichmäßige Abstufung des Feldreglers. In diesem Fall pendelt der Regler mit hoher Schwingungszahl, weil er auch bei den kleinen Bewegungen des Magnetsystems doch viel zu stark überreguliert.

3. Zu kleiner Feldregulierwiderstand, wodurch eine Überregulierung unmöglich wird. Der Regler pendelt dabei langsam und geht von einer Endlage in die andere.

4. Regulierung im labilen Bereich der Magnetisierungskurve der Erregermaschine. Mit einem Schnellregler kann durch günstige An-

passung von Rückführung und Dämpfung trotzdem die Generatorspannung praktisch konstant gehalten werden. Die regulierte Spannung wird allerdings dauernd leicht vibrieren, jedoch innert zulässigen Grenzen. Bei reichlich bemessenen Erregermaschinen kann durch den Einbau eines Widerstandes direkt in den Polradkreis dieser Zustand verbessert werden. Der Erreger wird dadurch gezwungen, mit höherer Spannung zu arbeiten, also in einem stabileren Bereich. Diese Art der Abhilfe bringt allerdings größere Verluste im Erregerkreis mit sich.

5. Zu viel axiales Spiel der regulierten Maschine, wodurch der magnetische Fluß dauernd pulsiert und der Regler ebenfalls fortwährend mitschwingen muß; außerdem Unregelmäßigkeiten an Kommutatoren, Feldspulen u. a., die in Kapitel M. beschrieben sind.

6. Unstabiles Arbeiten des Reglers der Antriebsmaschine, wobei die Drehzahl periodisch ändert, im Wechselstrom-Parallelbetrieb damit auch die Belastung. In schlimmen Fällen können sich Turbinenregler und Spannungsregler gegenseitig zu Resonanzschwingungen anregen. Abhilfe ist meist leicht möglich, indem die Reguliercharakteristik eines Reglers geändert und damit die Störfrequenz aus dem kritischen Bereich verschoben wird. Für einwandfreies Zusammenarbeiten des Turbinen- und Spannungsreglers muß jeder der beiden Regler allein stabil arbeiten.

7. Abnormal starke Remanenz der Erregermaschine, welche die Schnellregulierung verunmöglicht; Abhilfe ist an der Erregermaschine vorzunehmen.

8. Unrichtige Bürstenstellung des Erregers, stark vorverschobene Bürsten, mit großem Spannungsabfall des Erregers verbunden, so daß der Einfluß des Reglers zu klein wird. Zu stark rückverschobene Bürsten geben dem Erreger eine Kompoundcharakteristik und vergrößern dadurch die Regulierzeiten. Die Einstellgeschwindigkeit der Erregerspannung wird in diesem Zustand durch den Einfluß der Kompoundwicklung zu stark vom Hauptstrom abhängig, dessen Anstieg eben zu langsam erfolgt.

9. Zu großer Spannungsabfall des Generators selbst. Dies äußert sich namentlich dadurch, daß bei plötzlichen Belastungsstößen starke Spannungssenkungen entstehen.

Schon bei Generatoren mit normalem und vielmehr noch bei vergrößertem Spannungsabfall ist eine Spannungsänderung bei Belastungsstößen natürlich unvermeidlich; jeder Regler spricht erst an nach einer vorherigen Änderung der zu regulierenden Größe. Dagegen ist die Dauer und der Grad, um welchen die regulierte Größe von ihrem Nennwert abweicht, nur von der Schnelligkeit und Empfindlichkeit des Reglers abhängig. Eine möglichst hohe Ansprechempfindlichkeit ist immer anzustreben, besonders wenn der Regler die Aufgabe hat, plötzlich auftretende Belastungsspitzen nach Möglichkeit zu reduzieren, wobei er um so rascher eingreifen kann, je größer die Empfindlichkeit ist. Andererseits hat die Steigerung der Empfindlichkeit ihre Grenzen, indem der Regler dauernd leichte, rasche Schwingungen ausführt, wenn er durch die kleinsten periodischen Schwankungen der Belastung oder durch Riemenantriebe, Zahnradantriebe u. a. dazu angeregt wird. Durch solche Störungen wird ein Regulierapparat nur unnütz beansprucht, ohne daß ein praktischer Vorteil gewonnen wird.

Bei der automatischen Spannungsregulierung von Gleichstromgeneratoren ist zu bedenken, daß dies gleichzeitig die Regulierung auf konstante Leistung bedeutet. Das Pendeln eines Gleichstromreglers veranlaßt daher das Eingreifen des Reglers der Antriebsmaschine, was sehr leicht zu gegenseitiger Pendelung der beiden Regler führen kann. Abhilfe ist immer möglich durch eine Verstellung eines der Regler im Sinne einer Vergrößerung der sog. Statik (Ungleichförmigkeitsgrad), oder durch das Einstellen von stark abweichenden Reguliergeschwindigkeiten.

c) **Kohlendruckregler.** Als Widerstandsmaterialien für Widerstandsregler kommen meist Metalle zur Anwendung, die zu keinen besonderen Bemerkungen Anlaß geben. Selten ist die Verwendung von Wasserwiderständen. Neuerdings haben auch die sog. „Kohlendruckregler" Eingang gefunden, die aus scheibenförmigen Kohlenstücken zu einer Säule aufgebaut werden. Die Widerstandsänderung kommt durch variablen Axialdruck auf die Säule zustande, wobei sich hauptsächlich der Übergangswiderstand zwischen den einzelnen Scheiben stark verändert. Die Kohlendruckregler haben den Vorteil, daß sich der Widerstand nicht stufenweise, sondern innert einem Höchst- und einem Kleinstwert stetig auf jeden gewünschten Zwischenwert einstellen läßt. Dagegen besteht der Nachteil, daß der Widerstand der Kohlensäule sehr stark temperaturabhängig ist. Da nun der Regulierweg der Kohlensäule, d. i. der Unterschied der Säulenlänge bei den Grenzwerten des Widerstandes ohnehin sehr klein ist, wirkt sich der Temperatureinfluß sehr stark aus. Bei den üblichen Bauarten der Kohlendruckregler muß deshalb die Säule von Zeit zu Zeit nachreguliert werden, damit der Apparat seine Regulieraufgabe erfüllen kann. Ferner ist die elektrische Belastbarkeit der Kohlensäulen sehr begrenzt. Beim Überschreiten einer gewissen Temperatur zerfällt die Kohlensäule zu Staub und wird unbrauchbar. Selbst bei zulässiger Belastung ist ein starker Abfall von Kohlenstaub an den Scheiben zu beobachten, welcher durch die gewöhnlichen Regulierbewegungen veranlaßt ist. Die ungünstige Form ihrer Charakteristik macht es notwendig, daß die Kohlensäule über komplizierte Gestänge oder Kurvenscheiben gesteuert werden muß, wodurch eine befriedigende Reguliergenauigkeit sehr schwer erreicht wird.

d) Indirekte Regler. Bei den indirekten Reglern, deren Kontaktapparate nicht, wie z. B. beim BBC-Regler, unmittelbar mit der Drehtrommel gekuppelt ist, sondern durch einen Öl-Servomotor gesteuert wird, gelten selbstverständlich die gleichen Reguliergesetze. Diese Regler arbeiten auch in derselben vorher beschriebenen Weise mit Überregulierung. Die Behebung der Pendelungen erfolgt nach denselben Grundsätzen durch zweckmäßige Einstellung der elastischen Rückführfeder und der Dämpfung. Indirekte Regler sind meistens auch mit hydraulischen, meist Öldämpfungen, ausgerüstet. Die Wirksamkeit der Dämpfung hängt dadurch von der Viskosität des Öles ab, welche bekanntlich sehr stark mit der Temperatur veränderlich ist.

2. Generator-Spannungsregulierung mit Vibrationsreglern.

Das Prinzip des Vibrationsreglers liegt in folgender Wirkungsweise: Ein Vorwiderstand im Erregerkreis wird durch vibrierende Kontakte periodisch kurzgeschlossen, wodurch der Widerstandswert herabgesetzt wird. Der Grad der Widerstandsänderung wird durch die Häufigkeit bzw. Dauer der Kurzschließungen bestimmt und unmittelbar von der zu regulierenden Größe beeinflußt. Die mit der Regulierung verbundenen Verluste, die bei Widerstandsreglern in den Widerstandsmaterialien entstehen und durch Abkühlung beseitigt werden, müssen bei Vibrationsreglern hingegen zum Teil von den vibrierenden Kontakten aufgenommen werden. Ihre Lebensdauer und Belastbarkeit wird dadurch eingeschränkt. Bei zu hoher Belastung der Kontakte besteht die Gefahr, daß sie verschweißen. Im Betrieb ist ein regelmäßiger Wechsel der Kontaktpolarität notwendig, um die Kontaktabnützung zu vermindern. Neuerdings wird diese Umschaltung automatisch betätigt. Der Vorteil der Vibrationsregler gegenüber den Widerstandsreglern liegt in ihren etwas höheren Reguliergeschwindigkeiten. Bei größeren Generatoren kommt dieser Unterschied jedoch nicht zum Ausdruck, weil die Zeitkonstante des Polrades bedeutend größer ist als diejenige des Erregers. Maßgebend für die Schnelligkeit der Regulierung, speziell der Spannungssteigerung, ist in erster Linie die Leistungsfähigkeit des Erregers.

3. Parallelbetriebs-Regulierung.

a) Gleichstromgeneratoren. (Siehe auch Abschnitt M. J.) Wenn mehrere Gleichstromgeneratoren parallel laufen, wobei jeder Generator einen auf konstante Spannung regulierenden sog. astatischen Regler besitzt, treten unvermeidlich Spannungs- und Leistungsschwankungen auf, auch wenn die Generatoren selbst genügend hohen inneren Spannungsabfall aufweisen. Für einen stabilen Parallelbetrieb mit astatischen Reglern muß eine vom Strom gespeiste Stabilisierungseinrichtung an jedem Regler vorhanden sein, welche eine ungleiche Stromverteilung fortwährend ausgleicht. In Abb. 174 ist eine solche Einrichtung dargestellt. Ein einwandfreier Parallelbetrieb ist hingegen ohne Hilfseinrichtungen mit statisch eingestellten Reglern möglich. Dabei besteht jedoch der Nachteil, daß die regulierte Spannung von Leerlauf bis Vollast nicht konstant bleibt, sondern um den sog. „Ungleichförmigkeitsgrad" des Reglers zurückgeht.

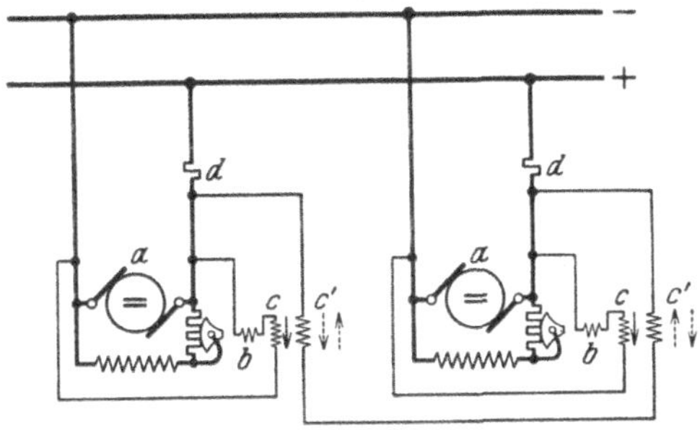

Abb. 174. Stabilisierungsschaltung der Spannungsregler zweier paralleler Gleichstromgeneratoren. *a* Gleichstromgenerator, *b* Spannungsregler, *c* Feldwicklung des Reglers, *c'* Stabilisierungswicklung des Reglers, *d* Stabilisierungsvorwiderstand.

b) Wechselstromgeneratoren. (Siehe Abschn. M. K. 2 bis 5.) Die Spannungsregulierung von parallellaufenden Wechselstromgeneratoren bietet, verglichen mit den Gleichstromgeneratoren, keine Schwierigkeiten. Jede Änderung einer Generatorerregung im Parallelbetrieb beeinflußt nur die Blindlastverteilung. Die Wirklast des Generators, welche durch die Regulatorstellung bzw. das Drehmoment der Antriebsmaschine allein festgelegt ist, wird davon nicht berührt. Den Spannungsreglern paralleler Generatoren kommt die Aufgabe richtiger Blindlastverteilung zu. Reglerpendelungen wirken sich folglich nur in Blindstrompendelungen aus, ohne die Regler der Antriebsmaschinen zu beeinflussen.

Die Beherrschung der Blindstromverteilung durch die automatischen Spannungsregler ist um so leichter, je größer die zwischen den Generatoren vorhandenen Reaktanzen sind, was Abb. 175a, b erläutert. Es wird angenommen, daß ein Generator über eine Reaktanz x auf ein Netz arbeitet. U stellt Größe und Richtung der Netzspannung als Vektor dar, I den Belastungsstrom und φ den Phasenwinkel. Der Generator sei übererregt, sein cos φ sei induktiv, d. h. es wird Magnetisierungsblindstrom ans Netz abgegeben. Die Spannung U_x an der

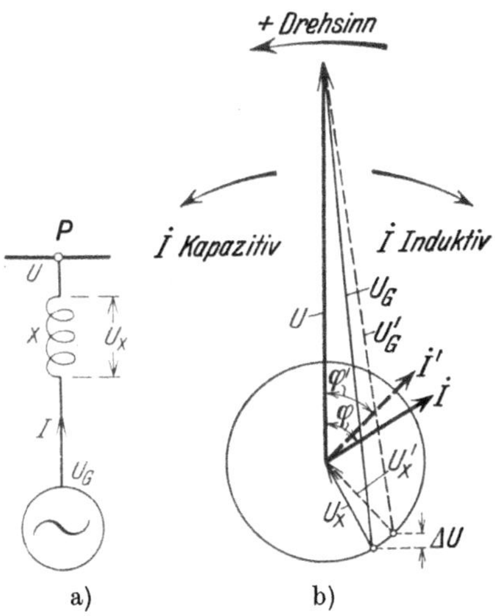

Abb. 175. Einfluß von induktiven Reaktanzen zwischen Generator und Netz auf die Spannungsregelung. *a* Schaltbild, *b* Vektordiagramm.

Reaktanz ist dem Belastungsstrom I um 90° voreilend phasenverschoben. Die am Generator notwendige Klemmenspannung muß daher höher sein als die Netzspannung in Punkt P und ist durch den Vektor U_g dargestellt. Steigt nun aus irgendeinem Grunde der Blindstrom an, so wird sich dadurch der Phasenwinkel zwischen Generatorstrom und Klemmenspannung weiter vergrößern, der Leistungsfaktor wird kleiner. Dementsprechend ändert auch der Vektor der Spannung an der Reaktanz seine Lage, so daß sich die Generatorspannung um ΔU erhöhen müßte. Dieser Spannungsänderung und damit einer größeren Blindstromabgabe widersetzt sich aber der Spannungsregler, der ja die Spannung konstant hält.

Das Diagramm zeigt, daß sich bei einer Blindlaständerung die Generatorenspannung um so mehr erhöhen muß, je größer die zwischen Generator und Netz wirksame Reaktanz ist. Aus diesem Grunde ist die Blindlastverteilung zwischen Generatoren und Kraftwerken, die über Transformatoren oder lange Freileitungen parallel laufen, sehr leicht durchführbar sogar mittels astatisch eingestellten Spannungsreglern, wobei trotzdem die Überlastungsgefahr mit Blindstrom gering ist.

Ungünstiger liegen in dieser Hinsicht die Verhältnisse für die Generatoren eines Kraftwerkes, wenn sie direkt über Sammelschienen verbunden sind, so daß keine Reaktanzen stabilisierend wirken können. Bei Verwendung von gewöhnlichen astatischen Spannungsreglern würden einzelne Generatoren induktive Blindleistung abgeben, also übererregt laufen, während die anderen Generatoren Blindlast aufnehmen, d. h. untererregt arbeiten würden. Ein einwandfreier Parallelbetrieb ist jedoch auch hier möglich durch Verwendung von zweckmäßigen Blindstrom-Stabilisierungseinrichtungen, welche die selbsttätige Blindstromverteilung auf die Generatoren bewirken. Die Spannungsregler werden damit $\cos \varphi$-empfindlich gemacht, so daß sie bei niedrigem Leistungsfaktor die Spannung tiefer einregulieren. Die Generatorspannung folgt also den Vorgängen im Netz in der Weise, daß eine zu hohe Blindstromabgabe nicht auftreten kann.

4. Parallelschalt-Regulierung.

a) Leistungsstoß. Ein durchaus zuverlässiger Fernantrieb der Ölschalter ist die erste Voraussetzung für einwandfreies Parallelschalten. Je kürzer die totale Einschaltzeit ist, d. i. die Zeit zwischen der Kommandogabe und der ersten Berührung der Vorkontakte bzw. Hauptkontakte, um so leichter kann vom Personal oder vom Automaten stoßfrei parallel geschaltet werden. Theoretisch verlangt eine vollständig stoßfreie Parallelschaltung absolute Übereinstimmung beider Frequenzen wie auch genaues Zusammenfallen beider Spannungsvektoren, also

Phasenverschiebung Null und gleiche Spannungswerte. Dieser Zustand ist nun aber praktisch nicht herbeizuführen und auch nicht notwendig. Der Betriebsmann beurteilt erfahrungsgemäß die Frequenzabweichung, bei welcher noch parallel geschaltet werden kann, aus der Geschwindigkeit des Synchronoskops oder des Phasenvoltmeters. Dieser Grenzwert des Frequenzunterschiedes beträgt ca. 0,2 bis 0,4%, je nachdem die Maschinen direkt über Sammelschienen oder über Transformatoren, Freileitungen oder Kabel parallelgeschaltet werden. Der kleinste Leistungsstoß entsteht, wie aus dem Gesagten ersichtlich ist, wenn der Kuppelschalter gerade im Moment der Phasenübereinstimmung geschlossen wird. Das Kommando zum Einlegen des Schalters muß deshalb mit einer Voreilung gegeben werden, und zwar um so früher, je größer die Einschaltzeit des Kuppelschalters und die Frequenzabweichung sind. Die Nachrechnung führt auf folgendes Ergebnis: Wenn ein Kuppelschalter bei ca. 0,3% Frequenzdifferenz so eingelegt wird, daß die Kontaktgabe im Moment der Phasenkoinzidenz erfolgt, so tritt zwischen Generator und Netz ein Leistungsstoß von ca. 30% der Generatornormallast auf. Durch diesen Leistungsstoß wird der vor dem Parallelschalten noch vorhandene Frequenzunterschied ausgeglichen. — Dieser angenäherte Wert gilt für Parallelschaltungen von Generatoren unmittelbar über Sammelschienen. Liegen größere Reaktanzen zwischen den Generatoren, so vermindert sich der Leistungsstoß bei sonst gleichen Verhältnissen, hingegen dauert der Schwingungsvorgang länger.

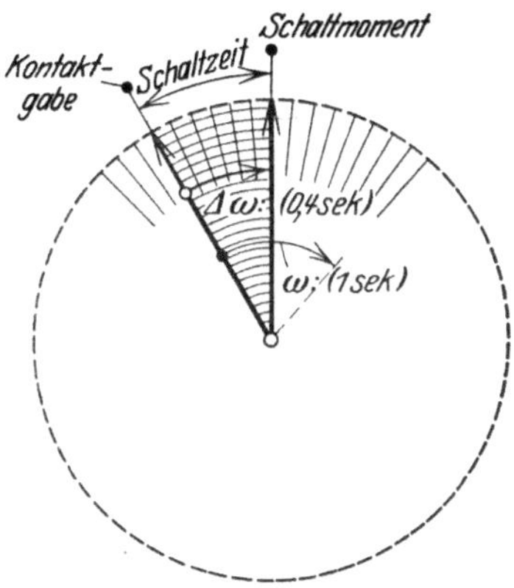

Abb. 176. Synchronoskop-Zeigerstellung beim Parallelschalten.

b) Schaltmoment. Mit der folgenden einfachen Rechnung kann der richtige Zeitpunkt oder die Zeigerstellung des Synchronoskops bei Kommandogabe bestimmt werden, um die Schaltverzögerung auszugleichen und korrekt parallel zu schalten.

In einem Netz mit 50 Hz hat der Zeiger eines zweipoligen Synchronoskops nach Abb. 176 bei einer Frequenzdifferenz von 0,3% die Umlaufgeschwindigkeit:

$$u = 50 \cdot \frac{0,3}{100} = 0,15 \text{ U/sec}.$$

1 U/sec = 360 el°/sec.,

folglich beträgt die elektrische Winkelgeschwindigkeit des Synchronoskops:

$$\omega = 0,15 \cdot 360 = 48^0 \text{ el/sec}.$$

Beim zweipoligen Synchronoskop stimmen die el. Grade mit den geometrischen Winkelgraden überein.

Wenn z. B. die totale Eigenschaltzeit des Kuppelschalterantriebes 0,4 sec beträgt, so muß der Schalter im Moment betätigt werden, in dem der umlaufende Zeiger des Synchronoskops um den Winkel

$$\Delta\,\omega = 48^0 \cdot 0{,}4 = 20^0$$

vor der Synchronlage sich befindet. Wäre die Schaltzeit 1 sec statt 0,4 sec, so müßte der Winkel im Schaltmoment 50^0 betragen. Daß unter solchen Bedingungen kein sicheres Schalten mehr möglich ist, kann leicht ermessen werden. Die Drehgeschwindigkeit des Synchronoskopzeigers, welche durch den Frequenzunterschied bestimmt wird, ist nicht immer konstant. Sie kann sich möglicherweise unmittelbar nach der Kontaktgabe verändern, sogar derart, daß der Zeiger umkehrt. Dann ist natürlich eine krasse Fehlschaltung unvermeidlich. Beträgt die Schaltzeit hingegen nur 0,2 sec, so reduziert sich der Winkel auf 10^0 el, wodurch das Parallelschalten bedeutend sicherer wird.

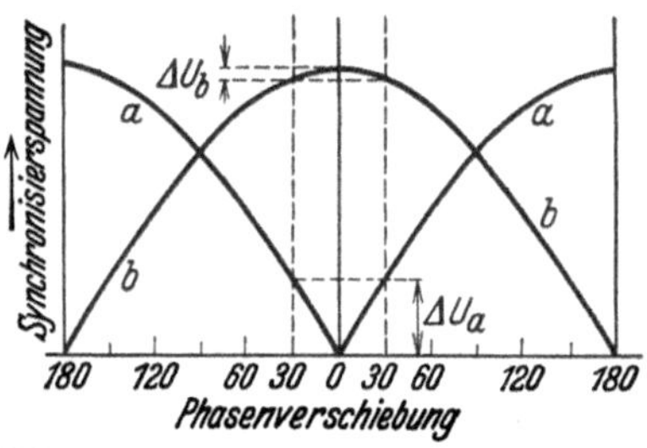

Abb. 177. Synchronisierspannung in Abhängigkeit von der Phasenverschiebung der Spannungen. *a* beim „Dunkel“-Schalten, *b* beim „Hell“-Schalten.

Zum Parallelschalten bedient man sich folgender drei Instrumentarten:

1. Drehfeld-Synchronoskop,
2. Phasen-Voltmeter mit Summenspannungsmessung, sog. Hellschaltung,
3. Phasen-Voltmeter mit Differenzspannungsmessung, sog. Dunkelschaltung.

Das erstere Instrument bietet die beste Übersicht und Sicherheit für die Einleitung und Durchführung der Parallelschaltung.

Von den beiden Schaltarten der Phasenvoltmeter ist die Dunkelschaltung hinsichtlich Genauigkeit der Hellschaltung vorzuziehen; die Spannungsänderung in der Nähe des Synchronismus ist dabei viel größer, s. Abb. 177. Es ist aber die Möglichkeit des Durchgehens einer Sicherung oder das Vorhandensein eines schlechten Kontaktes zu beachten. Die Spannung würde dabei auch Null und deshalb ein falscher Zustand vorgetäuscht. Es gibt automatische Parallelschaltapparate, die auf „Hell“ einschalten, aber trotzdem die Genauigkeit der „Dunkel“-Methode besitzen.

c) Netzkupplung und Leistungspendelung. Das Kuppeln zweier belasteter Netze ist meistens viel schwieriger als das bloße Parallelschalten eines Generators mit einem Netz. Verhältnismäßig geringe Schaltungenauigkeiten wirken sich dabei noch unangenehmer aus, weil nicht nur die Schwungmassen der parallel zu schaltenden Generatoren, sondern auch diejenigen der angeschlossenen Belastungsaggregate mitbeschleunigt oder verzögert werden müssen.

Werden zwei Netze über eine Kuppelleitung parallel geschaltet, deren Normalstrom kleiner ist als derjenige des kleineren Netzes, so sind für die Bewertung der auftretenden Stöße in der Kuppelleitung die Belastungsverhältnisse des kleineren Netzes maßgebend, s. Abb. 178. Wenn die Parallelschaltung nicht sehr genau ist, können dabei leicht Stromstöße auftreten, welche den Ansprechwert der Schutzrelais an den Kuppelschaltern erreichen.

Es gibt äußerst empfindliche Parallelschaltverhältnisse, bei denen der geringste Leistungsstoß eine dauernde Leistungspendelung anregen kann, so daß der hinzugeschaltete Generator wieder abgetrennt wird. Die Ursache kann im folgenden liegen:

1. Eine Störung im Generator, z. B. ein intermittierender Windungsschluß im Polrad. Durch die vom Ständerstromstoß im Läuferkreis hervorgerufene Überspannung kann an einer schwachen Stelle der Polradwicklung ein intermittierender Windungsschluß entstehen, welcher die Schwingung des Polrades veranlaßt.

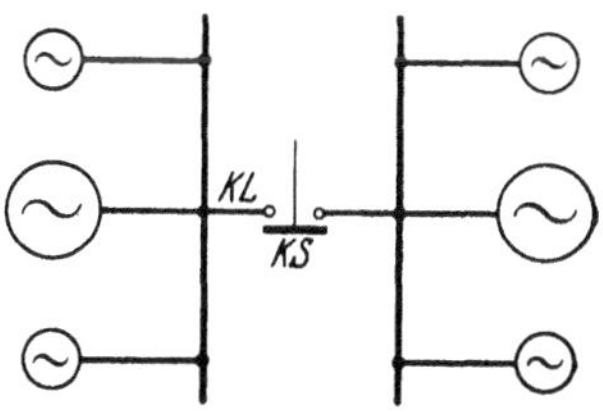

Abb. 178. Parallelschalten großer Netze über schwache Kuppelleitungen. *KL* Kuppelleitung, *KS* Kuppelschalter.

2. Zu große Reguliergeschwindigkeit des Turbinenregulators, der auf die kleine Drehzahländerung zu stark anspricht.

3. Zu geringe Schwungmasse des Aggregats Generator—Turbine, wobei sich der vorher genannte Charakter des Turbinenreglers als sehr ungünstig zeigt. Besonders unruhig verhält sich die Leerlaufdrehzahl von Propeller-Turbinen.

4. Große Impedanzen zwischen den hinzuzuschaltenden Generatoren und den übrigen Netzteilen. Während nach früherer Erläuterung die Blindlastverteilung bei großen Leitungsimpedanzen sehr stabil ist, gilt für die Stabilität der Leistungsverteilung das Gegenteil. Der Grund liegt darin, daß der Verschiebungswinkel zwischen dem Polrad und dem Ständerfeld sich proportional mit diesen zwischenliegenden Impedanzen vergrößert. Diese Erscheinung setzt darum auch der Größe der Kurzschlußspannung von Transformatoren eine Grenze.

Die Behebung dieser beschriebenen Pendelungen durch den Einbau von Dämpferwicklungen in die Polräder gelingt nicht immer im gewünschten Maß. Die Schwingungszeit ist meistens zu groß, weshalb eine äußerst starke Dämpferwicklung nötig wäre, die aus konstruktiven Gründen nicht untergebracht werden kann. Im normalen Betrieb treten

Leistungspendelungen auch an Generatoren auf, die von Kolben-Primärmotoren, wie Dampfmaschinen, Dieselmotoren, Gasmotoren angetrieben werden. Hier ist jedoch eine Abhilfe durch den Einbau einer Dämpferwicklung sehr oft möglich, weil die Schwingungsfrequenz meist beträchtlich höher liegt als bei Schwingungen, die durch Parallelschaltstöße hervorgerufen werden, s. Abschn. M. K. 4.

5. Generator-Regulierung beim Zuschalten offener Freileitungen.

Im Gegensatz zu der Regulierung bei induktiver Blindlast mit Übererregung verlangt eine kapazitive Blindbelastung des Generators eine Schwächung der Erregung, weil bei kapazitiver Belastung die Streuspannung spannungserhöhend wirkt. Es entsteht die reguliertechnische Bedingung, die Generatorerregung bis auf den Wert Null stabil regulieren zu können. Diesen Bedingungen genügt eine gewöhnliche Nebenschluß-Erregermaschine nicht mehr. Man verwendet heute dazu allgemein eine Erregergruppe, bestehend aus Haupt- und Hilfserreger. Die Erregung des ersteren wird dem Hilfserreger entnommen, welcher vorteilhaft auf konstanter Spannung gehalten wird. Der automatische Spannungsregler kann damit die Erregung des Haupterregers ohne weiteres auf jeden beliebigen Wert evtl. auch auf Gegenerregung einstellen. Letztere hat für den Dauerbetrieb keine praktische Bedeutung, weil die Gegenerregung mit Rücksicht auf das Außertrittfallen des Generators nur sehr begrenzt zulässig ist. Dagegen bietet sie für die Reguliergeschwindigkeit Vorteile, indem durch den „negativen Impuls“ im Erregerkreis der Magnetfeldabbau beschleunigt wird.

Die Schwierigkeiten beim Einschalten einer langen Freileitung bestehen im folgenden:

Ist ein Generator auf die Nennspannung der Leitung erregt und wird diese einfach vom Generator oder dem zugehörigen Transformator aus unter Spannung gesetzt, so ist ein plötzlicher starker Spannungsanstieg unvermeidlich. Zum mindesten wird der Überspannungsschutz dabei ansprechen. Eine lange Leitung kann daher nicht ohne weiteres auf diese Art zugeschaltet werden, sondern es muß wie folgt vorgegangen werden:

1. Die offene Freileitung wird zuerst an den unerregten Generator angeschlossen und beobachtet, wie der Spannungsanstieg erfolgt. Im Fall starker Selbsterregung ist dieser sehr steil und die Spannung am offenen Ende der Leitung übersteigt nach eingetretenem Dauerzustand die Betriebsspannung beträchtlich. Die Inbetriebsetzung der Leitung ist in diesem Fall nicht möglich.

2. Zeigt sich durch obige Probe keine Selbsterregung, so muß weiter beurteilt werden, ob der Ladestrom der Leitung von einem Generator allein geliefert werden kann oder ob hierfür mehrere Generatoren notwendig sind.

3. Die Reguliereinrichtung des Generators ist für diese Schaltung vorzusehen, indem sie eine vollkommen stabile Regulierung des Erregerstromes bis auf Null oder noch besser bis auf einen bestimmten negativen Wert ermöglichen muß.

4. Wenn für die Aufladung der Leitung ein besonderer Generator bestimmt und mit zweckmäßiger Spannungsreguliereinrichtung ausgerüstet ist, so wird die Leitung an den unerregten Generator zugeschaltet und hierauf der Generator allmählich auf Nennspannung erregt. Noch sicherer wird erstmals unter Spannung gesetzt, wenn man die Leitung an den stillstehenden Generator schaltet und sukzessive die Drehzahl bzw. Frequenz steigert.

Wenn zur Aufladung mehrere Generatoren notwendig sind, so wird vorteilhaft so vorgegangen:

Der Generator *I* wird mit der automatischen Regulierung auf die kleinstmögliche Spannung erregt. Generator *II* wird in üblicher Weise parallel geschaltet; die automatische Spannungsregulierung ist bei diesem vorerst noch ausgeschaltet. Die Erregung wird von Hand möglichst tief eingestellt, so daß er seinen Magnetisierungsstrom vorwiegend vom Generator *I* bezieht.

Wird nun die Leitung zugeschaltet, so sind keine Schwierigkeiten zu erwarten, wenn der vom Generator *II* aufgenommene Magnetisierungsstrom ungefähr den Wert des Ladestromes der Leitung besitzt.

Wenn zur Aufladung einer offenen Freileitung mehrere parallele Generatoren notwendig sind, darf unter keinen Umständen einer dieser Generatoren abgeschaltet werden. Die übrigen Generatoren vermöchten sonst den Leitungsladestrom nicht mehr bei stabiler Spannungsregulierung zu liefern. Ein solcher Schaltvorgang hätte eine momentane Überspannung zur Folge.

Wenn eine offene Leitung abgetrennt werden muß, so ist zuerst der Leitungsschalter auszulösen und erst hernach die Generatorschalter.

Soll nach vorangegangenem Leerlauf der Leitung auf Belastung übergegangen werden, so ist zuerst der Generator mit positiver Erregung dazu zu verwenden. Wird irrtümlich die Belastung mit einem minimal oder gegenerregten Generator aufgenommen, so fällt dieser außer Tritt.

Ein sicherer und stabiler Betrieb der Leitung wird eingehalten, wenn man die am Ende der Leitung befindlichen Transformatoren möglichst ununterbrochen angeschlossen läßt.

6. Belastungsumstellung zwischen parallelen Generatoren.

In neuzeitlichen Anlagen werden zusammengehörige Transformatoren und Generatoren oft zu einer Gruppe vereinigt, ohne einen dazwischenliegenden Schalter. Außerhalb der Gruppe liegende Störungen werden dann durch die Ölschalter auf der Transformator-Oberspannungsseite abgeschaltet. Die Anordnung hat gegenüber älteren Anlagen den Vorteil größerer Einfachheit der Schaltanlage und verminderter Kurzschlußleistung des Ölschalters, weil dieselbe noch durch den Transformator begrenzt wird. Um innerhalb der Anlage verschiedene Schaltzustände herzustellen, sind auf der Niederspannungsseite zwischen Generatoren und Transformatoren noch Trenner und eine Hilfssammelschiene vorhanden. An dieser Sammelschiene ist meistens der Eigenbedarf des Kraftwerkes, oft noch ein Niederspannungsnetz angeschlossen.

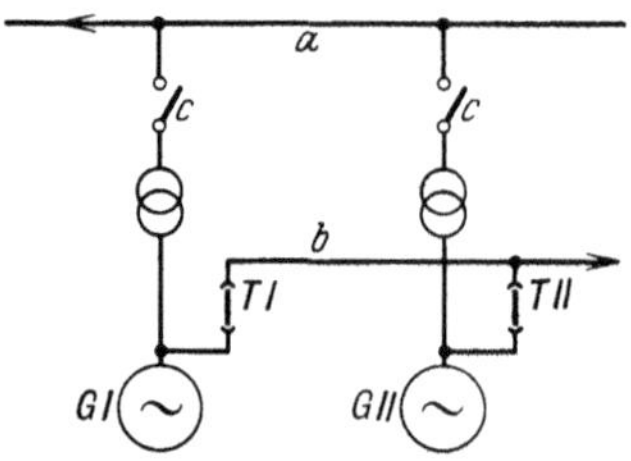

Abb. 179. Schaltbild zur Belastungsumstellung mit Trennschaltern. *a* Hochspannungssammelschiene, *b* Niederspannungssammelschiene, *c* Hochspannungsölschalter, *T I* u. *T II* Trennschalter, *G I* u. *G II* Generatoren.

Die Betriebsverhältnisse erfordern oft, daß die Belastung der Niederspannungsseite von einem Generator auf einen anderen übertragen werden muß, ohne daß der Parallelbetrieb auf der Oberspannungsseite unterbrochen werden darf. Die Umschaltung erfolgt dann mittels der vorhandenen Trennschalter nach Abb. 179, wobei diese falsche Voraussetzung gemacht wird: Wenn die Generatoren auf der Oberspannungsseite parallel sind und bleiben, kann doch ohne weiteres umgeschaltet werden. Um die Niederspannungsbelastung von Generator *I* auf *II* zu übertragen, wird dann einfach das Trennmesser *T II* zuerst geschlossen und nachher *T I* geöffnet. Als Folge dieser Schaltung entsteht jedoch beim Öffnen des Trennmessers *T I* möglicherweise ein sehr starker Lichtbogen, der leicht zu einem Sammelschienenkurzschluß führen kann. Dieser Lichtbogen entsteht aus folgendem Grund: Die beim Öffnen des Trennmessers *T I* an seinen Kontakten vorhandene Abschaltspannung ist nicht immer gleich Null. Diese Spannung hängt von der gleichmäßigen Belastung der beiden Generatoren im Moment der Trennmesserbetätigung ab. Wenn z. B. Generator *II* stark belastet ist, während Generator *I* leerläuft, so ist die Spannung des Generators *II* sofort nach Öffnen des Trenners um den Spannungsabfall seines Transformators höher als diejenige des Generators *I*.

Um diese Umschaltung, die ohnehin alle Vorsicht erfordert, ohne Gefahr vornehmen zu können, müssen vorerst beide Generatoren auf möglichst gleiche Belastung auf der Oberspannungsseite und gleichen Leistungsfaktor eingestellt sein.

7. Netzspannungs-Reguliereinrichtungen.

a) Stufentransformatoren. Durch die immer engere und umfassendere Vermaschung der Netze ist die Energielieferung viel sicherer gestellt worden; dabei haben jedoch die beteiligten Stellen, Energielieferanten wie Abnehmer, ihre frühere Unabhängigkeit hinsichtlich der Spannungshaltung größtenteils verloren. Ganz besonders gilt dies für die Spannungsverhältnisse an den Speisepunkten der Verteilnetze.

Man betrachte als einfachstes Beispiel ein Versorgungsgebiet mit mehreren Gemeinden, das aus ziemlich großer Entfernung von einem Haupt- oder Unterwerk mit Energie versorgt werden soll. Es entsteht sogleich die Forderung nach einer Einrichtung zur Spannungsregulierung im Unterwerk oder direkt am Verbrauchsort, mit der Aufgabe, die Speisepunktspannung in Abhängigkeit von der Belastung zu regeln, d. h. zu kompoundieren, um die Verbraucherspannung möglichst konstant zu halten. Denn es ist leicht einzusehen, daß ein Haupt- oder Unterwerk, welches mit anderen Großkraftwerken gekuppelt ist, nicht in der Lage ist, seine Spannung selbst auf diese Bedingungen einzustellen. Um die mit der Belastung veränderlichen Spannungsverluste zwischen Speisepunkt und Verbraucher oder die Schwankungen der gelieferten Spannung selbst auszugleichen, werden Drehtransformatoren und Stufentransformatoren verwendet. Da die letzteren in den meisten Fällen den gestellten Aufgaben praktisch vollkommen genügen und zudem bedeutend billiger sind, haben sie in neuester Zeit zahlreiche Anwendung gefunden.

Die Spannungsregulierung mit Stufentransformatoren geschieht allgemein auf folgende Weise: Der Reguliertransformator besitzt eine Haupt- und eine Regulierwicklung mit einer Anzahl Stufen. Die Regulierwicklung als ganzes kann in spannungserhöhendem oder erniedrigendem Sinne mit der Hauptwicklung verbunden werden. Folglich gewinnt man dadurch doppelt so viele Regulierstufen, als Schaltstufen oder Anzapfungen vorhanden sind. Der Übergang von einer Stufe zur anderen kann an modernen Stufentransformatoren unter Last beliebig erfolgen, und zwar mit Hilfe von Schutzwiderständen oder Drosselspulen. Diese begrenzen den entstehenden Spulenkurzschlußstrom beim unterbrechungsfreien Übergang von einer Stufe zur anderen. Die Verwendung von Drosselspulen hat gegenüber den rein Ohmschen Widerständen den Nachteil größerer Kontaktabnützung, weil der bei jeder Schaltung zu unterbrechende Spulenstromkreis vorwiegend induktiv ist, wobei bekanntlich größere Schaltarbeit entsteht. Die längere Lichtbogenbrenndauer bei Drosselspulen bringt zudem die nur für funkenloses Unterbrechen vorgesehenen Hauptkontakte des Stufenschalters in Gefahr, weil die Unterbrecherleistung teilweise von diesen übernommen werden muß.

Zweckmäßig ausgebildete Konstruktionen sorgen dafür, daß die den Dauerstrom führenden Hauptkontakte immer funkenfrei arbeiten. Die zu unterbrechende Kurzschlußleistung der Spulen wird von besonders ausgebildeten Funkenschaltern übernommen, welche nicht im Transformatorkessel liegen dürfen, um das Öl nicht zu verunreinigen. Weil die Schutzwiderstände oder Drosselspulen nur während der Reguliervorgänge beansprucht werden, sind sie nicht für dauernde Belastung bemessen.

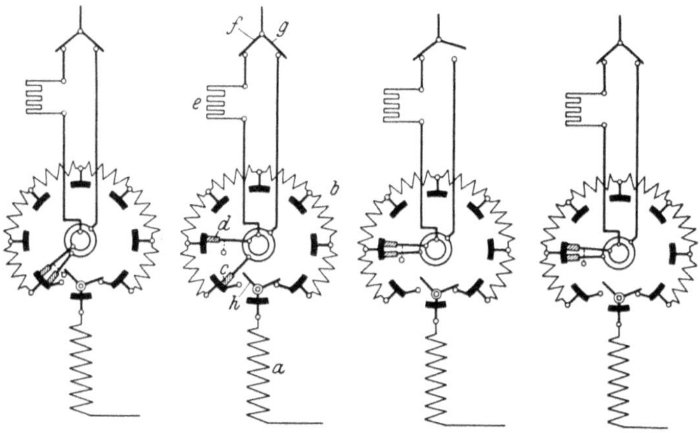

Abb. 180. Schaltvorgang an einem Stufentransformator ohne Unterbrechung.

1. Ausgangsbetriebsstellung bei tiefster Spannung. 2. Übergangsstellung. a) mit überbrückter Stufe der Regulierwicklung. 3. Übergangsstellung. b) Netzstrom über den Schutzwiderstand fließend. 4. Neue Betriebsstellung bei höherer Spannungsstufe.

a Hauptwicklung des Transformators, *b* Regulierwicklung des Transformators, *c* Hauptkontakt des Stufenschalters, *d* Hilfskontakt des Stufenschalters, *e* Schutzwiderstand, *f* Hilfsfunkenschalter, *g* Hauptfunkenschalter.

Erfolgt ein Reguliervorgang nicht einwandfrei, so daß der Stufenschalter in einer anderen als in der Hauptstellung stehen bleibt, so geht der Schutzwiderstand zugrunde. Dieser Fehler muß daher durch besondere mechanische Verriegelungen am Antrieb verhindert werden.

Wenn beim Übergang unter Last von einer Stufe zur andern eine kurzzeitige starke Spannungsabsenkung beobachtet wird, so ist ein zu großer Schutzwiderstand (oder Drosselspule) die Ursache. In den Abb. 180a—d sind die wichtigsten Zwischenstellungen während des Schaltvorgangs beim unterbrechungsfreien Übergang erläutert.

Bei automatisch regulierten Stufentransformatoren wird der Antrieb dauernd hin- und hergeworfen, wenn die Empfindlichkeit des Reglers der Stufenspannung nicht richtig angepaßt ist, d. h. wenn der

Regler schon innerhalb der Spannungsdifferenz zweier benachbarter Stufen anspricht. Wenn beispielsweise die Stufenspannung 1,2% und die Ansprechgrenze des Steuerreglers $\pm$ 0,5% beträgt, so muß der Stufenschalter deshalb dauernd in Bewegung kommen.

b) Drehtransformatoren (Induktionsregler). (Siehe auch Hauptabschnitt T. H.) Die Spannungsregulierung mit Induktionsreglern erfolgt kontinuierlich und deshalb mit beliebig hoher Genauigkeit, welche die praktischen Bedürfnisse oft übersteigt. Induktionsregler sind gewöhnlich mit Einrichtungen zur Überbrückung versehen, die eine Betriebsführung ohne Regler ermöglichen. Dabei ist nun aber zu bedenken, daß trotz genau gleicher Spannung auf der regulierten und unregulierten Seite die Überbrückung nicht ohne weiteres eingelegt werden darf, weil beim Drehstrom-Induktionsregler die beiden genannten Spannungen phasenverschoben sind wie das Regulierdiagramm der Abb. 181b zeigt.

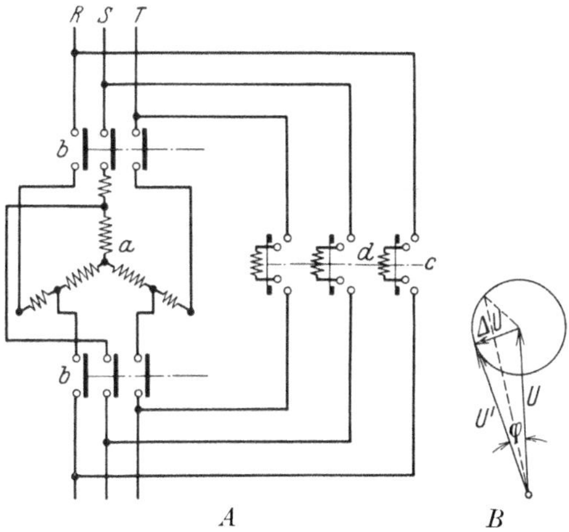

Abb. 181. Überbrückung eines Induktionsreglers ohne Unterbrechung. *A* Schaltbild, *B* Spannungsvektordiagramm, *a* Drehstrominduktionsregler, *b* Trennschalter des Induktionsreglers, *c* Überbrückungsschalter, *d* Schutzwiderstände bzw. Schutzdrosselspulen, *U* Unregulierte Spannung, *U'* Regulierte Spannung, ΔU Differenzspannung, φ Verschiebungswinkel der beiden Spannungen.

Wenn die Überbrückung unter Last ohne Betriebsunterbruch zu geschehen hat, so dürfen die beiden Schalter *b* in Abb. 181a erst ausfallen, wenn die Vorkontakte des Überbrückungsschalters *c* berühren. Andererseits dürfen die Hauptkontakte des letzteren erst zum Berühren gelangen, wenn die beiden Schalter *b* ausgeschaltet haben, d. h. wenn die Ausschaltlichtbogen vollständig gelöscht sind.

A. K. Steuerungseinrichtungen.

1. Halb- und vollautomatische Steuerungen.

Die Automatisierung elektromotorischer Antriebe ist heute in viele Betriebe eingedrungen, wie Pumpwerke für die Wasserversorgung von Gemeinden, Seilbahnen, Hebezeuge aller Art u. a. Antriebe. Solche automatische Anlagen sind meistens an abgelegenen Orten aufgestellt, und nicht überall kann dem Antriebsmotor ein eigener Transformator am Aufstellungsort zugeordnet werden, sondern es muß oft die allgemeine Transformatorenanlage einer Gemeinde zur Versorgung benützt werden. Deshalb entsteht sehr oft, vorwiegend bei etwas „forciertem“ Anlauf, am Aufstellungsort des Antriebsmotors ein momentaner Spannungsrückgang. Dieser kann so beträchtlich sein, daß verschiedene wichtige Steuerapparate, hauptsächlich Spannungsmagnete, abfallen. Die Spannungssenkungen entstehen beim Kurzschließen der größeren Widerstandsstufen der Anlasser, bei gesonderten Läuferanlassern sowohl wie bei eingebauten Fliehkraftanlassern, durch die Spannungsverluste im Transformator oder in der Zuleitung. Weil aber das „Kommando“ für die Inbetriebsetzung des Motors z. B. von einem Schwimmerkontakt ausgehen kann, der seine Stellung während des Anlaufes noch nicht verändert hat, wird dieser den Anlauf neuerdings wieder veranlassen, die Anlage aber aus gleichem Grund wieder abgeschaltet usw. Moderne automatische Steueranlagen berücksichtigen diese Möglichkeit, indem ihre Steuerapparate bei Spannungssenkungen bis zu ca. 25% der Nennspannung noch zuverlässig arbeiten. Immerhin ist die Sicherheit, speziell automatischer Anlagen, davon abhängig, daß diese Spannungsverluste möglichst gering gehalten werden, auch aus dem Grunde, weil die Betriebsspannung selbst mitunter unvermeidlich etwas zu tief ist. Vielfach findet man in automatischen Pumpwerken Störungsursachen an der Schwimmereinrichtung: Hängenbleiben der Schwimmer, Kontaktdefekte u. a., die im allgemeinen sehr leicht festzustellen sind.

2. Steuerung von Leonard-Gruppen.

Bei der Leonard-Schaltung nach Abb. 182 werden bekanntlich ein oder mehrere Gleichstrommotoren direkt von einem Gleichstromgenerator gespeist, meistens sogar ohne einen Schalter im Hauptstromkreis. Die Steuerung der Motoren erfolgt sehr feinstufig, und für beide Drehrichtungen der Motoren beliebig, durch die Veränderung der Generatorerregung. Ist im Hauptstromkreis kein automatischer Überstromschalter vorhanden, so ist die Gefahr der sog. Selbsterregung besonders zu befürchten. Selbsterregung bedeutet den Anstieg der Klemmenspannung des Generators und damit die Erhöhung des Hauptstromes auf ein Vielfaches des Nennstromes bei unerregtem Generator. In einem solchen Fall hilft nur das sofortige Stillsetzen der Generatorgruppe. Damit die Selbsterregung unter allen Umständen sicher unterdrückt wird, muß der Generator entweder mit einer Gegenkompoundwicklung versehen sein oder seine Bürsten müssen über die neutrale Zone hinaus im Sinne der Drehrichtung ein wenig verstellt sein.

Wenn die von den Motoren angetriebenen Maschinen große Schwungmassen besitzen, wie z. B. bei Fördermaschinen, Brückenkranen u. a., so entsteht beim raschen Abschalten der Generatorenerregung ein heftiger Rückstrom im Hauptkreis, welcher ein Mehrfaches des Normalstromes betragen kann. Dabei arbeitet der Motor als Generator, angetrieben durch das Schwungmoment der in voller Drehung befindlichen Schwungmassen, auf den Generator zurück. Dieser Vorgang wird in vielen Anlagen, nämlich bei Fördermaschinen, zur Abbremsung des gesamten angetriebenen Teils benützt, mittels zweckmäßig entwickelter Reguliereinrichtungen.

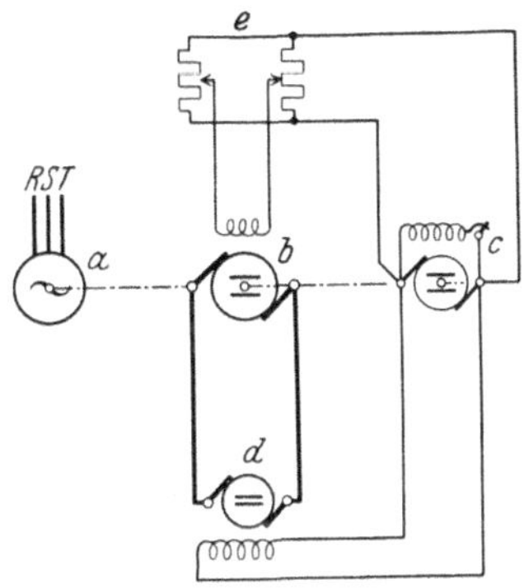

Abb. 182. Schaltbild: Leonardgruppe. *a* Antriebsmotor, *b* Leonardgenerator, *c* Erreger, *d* Motor, *e* Magnetregulator.

Die Regulierung der Geschwindigkeit einer Leonardgruppe erfolgt gewöhnlich mit der sog. „Potentiometer“-Schaltung nach Abb. 182 (*e*).

Das Auftreten von zu großen Strömen beim Anfahren und bei der Drehzahlregulierung, selbst bei vorsichtiger Betätigung des Reglers, ist auf unrichtige Abstufung des Widerstandes zurückzuführen. Nach dem Rückführen des Regulierwiderstandes in seine Nullstellung bleibt häufig ein konstanter Hauptstrom, bisweilen in Vollaststärke, bestehen. Wenn der Generator selbst nicht zur Selbsterregung neigt, ist dieser Strom für die Gruppe nicht direkt gefährlich, aber für das „Manövrieren“ sehr hinderlich. Seine Ursache liegt in der zu hohen Remanenzspannung einer Erregermaschine im Erregerkreis des Leonardgenerators, hauptsächlich des Haupterregers. Eine radikale Abhilfe ist meistens möglich durch die vollkommene Unterbrechung des Erregerstromkreises des Hauptgenerators.

A. L. Schutzeinrichtungen in Drehstromanlagen.

1. Mehrphasen-Schutzsysteme.

In Drehstromanlagen ohne geerdeten Nullpunkt genügt es, zur Speisung der Auslöseorgane nur zwei Stromwandler zu benützen, um die meisten Störungsfälle richtig zu erfassen. Werden die Sekundärwicklungen z. B. in der sog. 60°-Schaltung nach Abb. 183 verbunden, so erhält man einen sicher ansprechenden Schutz gegen alle Kurzschlüsse zwischen zwei Strängen. Voraussetzung ist jedoch, daß die Stromwandler unmittelbar im gestörten Leitungszug liegen und direkt vom Störstrom durchflossen sind. Ist hingegen die Kurzschlußstelle z. B. durch einen Transformator von der Einbaustelle der Stromwandler elektrisch getrennt, so kann die sonst sichere 60°-Schaltung doch versagen, wie Abb. 184 erläutert. Bei einem oberspannungsseitigen Kurzschluß zwischen zwei Phasen ist der im Relaiskreis sich bildende Summenstrom gleich Null. Eine Auslösung wird daher in diesem Falle nicht erfolgen.

Eine Schutzeinrichtung, die in allen Fällen zuverlässig arbeitet, erhält man erst durch die Verwendung von drei Relais. Sie schützt gleichzeitig auch gegen Erdschlüsse, wenn der Nullpunkt des Netzes geerdet ist.

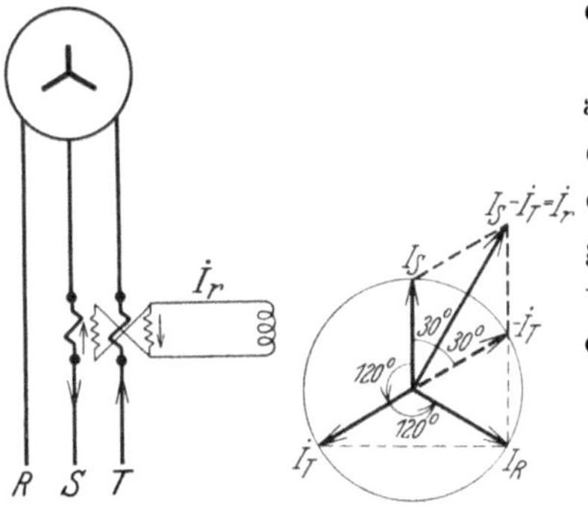

a b

Abb. 183. a) Schutzschaltung mit 2 Stromwandlern in 60°-Schaltung. b) Vektordiagramm der Ströme.

2. Auslösesysteme für Schalter.

Als Auslöseorgane für die willkürliche oder selbsttätige Schalterauslösung in Störungsfällen genügen in allen Fällen Elektromagnete. Hinsichtlich der Speisung der Auslösemagnete und je nach der Art und Weise, wie der Auslösevorgang veranlaßt wird, unterscheidet man prinzipiell drei Auslösesysteme:

1. Auslösung durch Nullspannung: Der vor der Auslösung durch Ruhestrom gespeiste und angezogene Magnet wird durch Herbeiführung der Nullspannung, d. i. Unterbruch des Ruhestromes, entregt und fällt ab.

2. Auslösung durch Arbeitsstrom: Der vor der Auslösung stromlose Magnet wird durch den erst im Schaltmoment eingeschalteten Arbeitsstrom zum Anziehen gebracht.

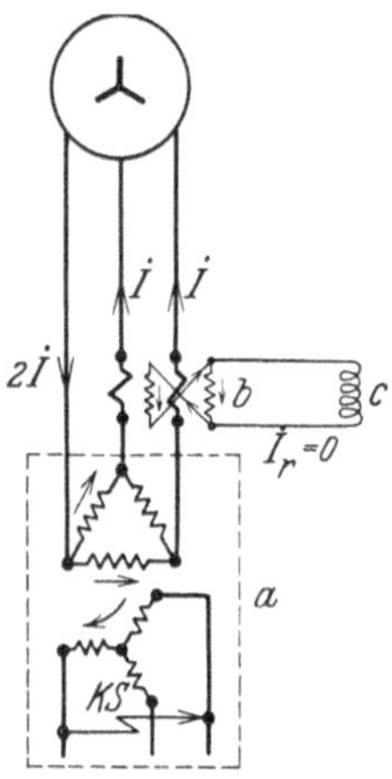

Abb. 184. Stromverlauf beim Versagen der 60°-Schutzschaltung bei oberspannungsseitigem Kurzschluß *KS*. *a* Transformator △/⅄-Schaltung, *b* Stromwandler, *c* Schutzapparat (Relais).

Unter den Arbeitsstromsystemen unterscheidet man weiterhin folgende Arten der Speisung:

a) Speisung durch die Netzspannung,

b) Speisung durch eine fremde, vom Netz unabhängige Hilfsstromquelle,

c) Speisung durch Stromwandler des zugehörigen Netzes.

a) Ruhestromsystem. Dieses System nach 1. darf selbstverständlich nur angewandt werden, wenn ein Schalter nach dem Verschwinden der Netzspannung ausgelöst werden soll. In vielen Fällen muß dieses System zur Verriegelung eines Schalters dienen, der bei ausbleibender Netzspannung nicht betätigt werden darf. Hauptsächlich dient es zum Schutz von Motoren gegen Stromstöße, die nach kurzzeitigem Ausbleiben der Netzspannung und anschließend plötzlichem Wiederanstieg auf vollen Wert entstehen. Auch bei sehr kurzzeitigen Spannungssenkungen können die so arbeitenden Relais Motorabschaltungen veranlassen, die gar nicht erwünscht oder notwendig sind. Wo solche Unterbrüche besonders schädlich sein könnten, ist eine Vorkehr möglich entweder durch den Einbau einer Zeitverzögerung in die Nullspannungsauslösung, oder durch ein Tieferlegen der Abfallspannung des Magneten. Aus diesen Überlegungen folgt, daß die Nullspannungsauslösung nur für wenige Schutzzwecke angewandt werden darf, also vorwiegend nur für die unmittelbare Schalterauslösung bei ausbleibender Netzspannung. Hingegen ist die Nullspannungsauslösung von Schaltern prinzipiell nicht geeignet, wenn sie etwa von selektiv wirkenden Relais aus mit Hilfe der Netzspannung vollzogen werden soll. Ihre Benützung zur Nullspannungsauslösung ist sinnlos, weil dabei alle Schalter ja in erster Linie schon durch das Verschwinden der Netzspannung selbst, unter Umständen unerwünscht auslösen, statt von obigem Relais zweckmäßig und einzeln ausgelöst zu werden. Die Betätigung der Nullspannungsauslösung von den gesamten Relais erfolgt nur vollkommen richtig, wenn eine unabhängige Hilfsstromquelle das ganze System speist, die vom Zusammenbruch der Netzspannung unbeeinflußt bleibt. Es lösen dann nur diejenigen Schalter aus, die von den betreffenden Relais dazu veranlaßt werden.

Bei Maschinen, die während des Auslaufes erregt bleiben, z. B. bei Synchronmaschinen, geht mit der Klemmenspannung in gleichem Maße auch die Frequenz zurück. Der induktive Widerstand einer Magnetquelle nimmt mit sinkender Frequenz gleichmäßig ab. Trotz der ebenfalls sinkenden Spannung bleibt deshalb der Spulenstrom nahezu konstant. Der Magnet bleibt während des Anlaufes angezogen und fällt erst kurz vor Stillstand der Maschine ab. Durch Vorschalten eines induktionsfreien Widerstandes zur Magnetspule kann dieses Verhalten des Magneten vermieden werden.

b) Arbeitsstromsystem mit Netzspannung. Das Auslösesystem nach 2a hat prinzipiell die gleichen Nachteile wie die Nullspannungsauslösung. Die wahlweise Betätigung eines Schalters ist bei fehlender Netzspannung unmöglich. Das System versagt auch noch im Fall von Kurzschlüssen, wobei die Netzspannung zusammenbricht und für die Schalterauslösung die gleichen Folgen entstehen.

c) Arbeitsstromsystem mit Fremdspannung. Die sicherste Auslöseart ergibt die Benützung einer Hilfsstromquelle, wie leicht einzusehen ist. Als zuverlässigste Stromquellen kommen Akkumulatorbatterien in Betracht, die zweckmäßig mit einer automatischen Ladegruppe ausgerüstet werden, um dauernd vollkommen betriebsbereit zu sein.

An zweiter Stelle hinsichtlich Betriebssicherheit steht die Auslöseart mittels Stromwandler. Hier wird zur Auslösung direkt der Netzstrom verwendet. Die Anordnung hat gegenüber 2b folgende Vorteile: Sie ist viel billiger und besitzt trotzdem einen sehr hohen Sicherheitsgrad, der mit wachsender Stärke des Netzstromes steigt. Je höher der Strom im Moment der Störung, um so stärker wird der Auslösemagnet erregt und die Auslösekraft des Magneten erhöht. Lediglich der minimale Auslösestrom setzt der Auslösung eine Grenze, welche aber selten in Betracht fällt, weil diese Grenze unter dem Ansprechwert der Relais liegt, welche die Auslösung vollziehen müssen. Für willkürlich vorzunehmende Schaltvorgänge eignet sich diese Auslöseart selbstverständlich nicht. Wenn dieses Auslöseverfahren versagt, so muß fast einzig die ungenügende Leistungsfähigkeit der Relaiskontakte die Ursache sein, s. Abb. 185. Bei sehr hohen Kurzschlußströmen tritt an diesen Kontakten eine übermäßige Belastung auf, so daß die Kontakte verschweißen oder den Lichtbogen nicht zu unterbrechen vermögen. Um auch mit dieser Schutzart völlige Sicherheit zu besitzen, wird der Auslösemagnet nicht vom Netzstromwandler selbst, sondern von einem Hilfsstromwandler gespeist. Dieser ist so bemessen, daß er den Anstieg des Sekundärstromes auf einen Wert begrenzt, der für die Kontakte zulässig ist.

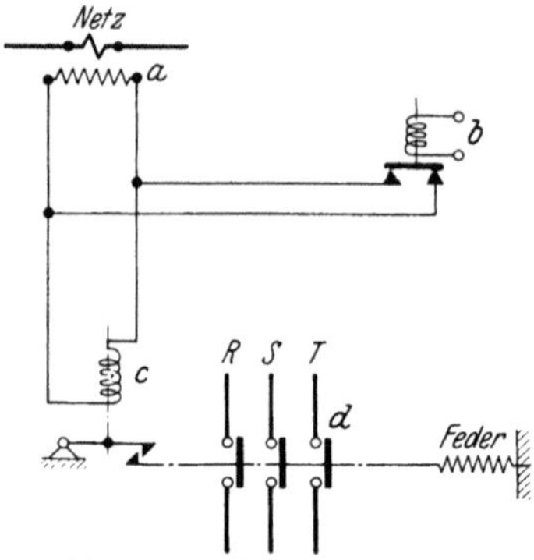

Abb. 185. Schalterauslösung über einen Stromwandler. *a* Stromwandler, *b* Schutzrelais des Schalters *d*, *c* Auslösemagnet, *d* Hauptschalter.

A. M. Richtlinien für Arbeiten an elektrischen Anlagen.

Es ist vorerst darauf hinzuweisen, daß jede Manipulation an unter Spannung stehenden Teilen grundsätzlich zu verbieten ist, auch wenn sehr niedrige Spannungen vorhanden sind. Je nach dem Standort der berührenden Person hinsichtlich ihrer Verbindung mit Erde, der Umgebung anderer spannungsführender Teile oder rotierender Maschinen, Glasfenstern usw. bestehen dabei große Gefahren: Durch die mit der Berührung verbundene Nervenreizung können unwillkürliche Bewegungen der Person ausgelöst werden, so daß sie mit den gefährlichen Teilen in Berührung kommt. Die Folge ist in den meisten Fällen der Unfall durch Elektrizität in seinen verschiedenartigsten Auswirkungen.

Die zu berührenden Teile sind nach erfolgter Trennung vom Netz immer zu erden. In Mehrphasenanlagen begnüge man sich nicht allein mit der Erdung. Man sichere sich auch gegen die Möglichkeit einer Einschaltung von anderer Seite, bei falsch durchgeführten oder unrichtig verstandenen Manövern durch das Erstellen einer festen metallischen Kurzschlußverbindung über alle Phasen hinweg. Diese Kurzschlußstelle ist dann noch mit einer guten Erdungsstelle solid zu verbinden. Es gibt heute verschiedene besondere Hilfsvorrichtungen, welche die Ausführung dieser Sicherheitsmaßnahme ohne Berührung eines spannungsführenden Teiles gestatten, ähnlich den beim Arbeiten an Freileitungen verwendeten Erdungsstangen. Die Erdung der Arbeitsstelle ist dringend nötig, denn man bedenke, daß selbst nach allseitiger Abtrennung von der speisenden Seite der abgetrennte Anlagenteil anfänglich noch eine Restladung besitzt, die dann beim Berühren durch eine Person erst zur Erde abgeleitet wird. Einzig an Anlagestellen, an denen eine unerwartete Einschaltung von anderer Seite ganz ausgeschlossen ist, genügt die Herstellung einer leitenden Erdverbindung während einiger Sekunden, um die Gefahr einer Elektrisierung zu beseitigen. Dem Verfasser ist unter mehreren Unfällen infolge der Unterlassung dieser Maßnahme ein Fall bekannt, bei dem ein Schalttafelwärter bei der Elektrisierung von einer ca. 3 m hohen Leiter heruntergeschleudert wurde. Bei der Abtrennung der zu berührenden Teile vom Netz begnügt man sich vielfach mit der Annahme, daß die Spannung nur von einer Seite herkomme, z. B. dann, wenn man über die Schaltung der eigenen Stromerzeuger frei verfügen kann. Dies ist aber in gewissen Fällen irrtümlich, wie folgendes Beispiel zeigt. Je nach Lage der Synchronisierwandler zu den in der Hauptleitung eingebauten Trennmessern und Ölschaltern kann z. B. das in der Abb. 186 eingezeichnete Leitungsstück, zwischen Trennschalter und Ölschalter, eine sehr gefährliche Rückspannung erhalten. Wenn der Generator unter Spannung steht und der Synchronisierschalter *2* falscherweise geschlossen ist, wird die Generatorspannung über die Synchronisierwandler auf das mit dem anderen Synchronisierwandler verbundene Hauptleitungsstück hinübertransformiert. Man sorge daher immer dafür, daß die Synchronisierwandler beidseitig durch Sicherungen oder Stöpsel vollständig abgetrennt werden können.

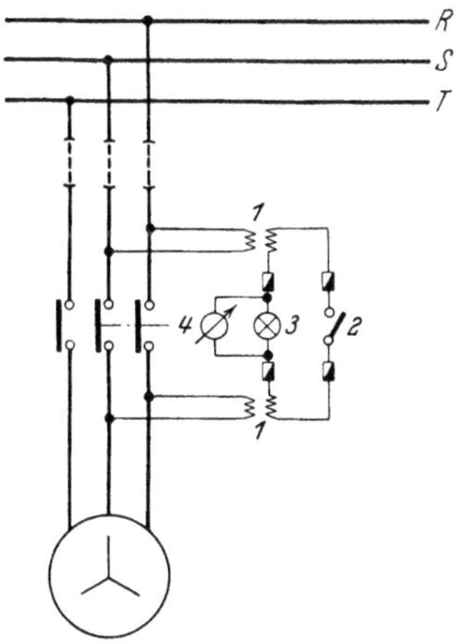

Abb. 186. Schaltbild zur Darstellung des Auftretens von Rückspannung durch Synchronisierwandler. *1* Synchronisierspannungswandler, *2* Synchronisierschalter, *3* Synchronisierlampe, *4* Synchronisiervoltmeter.

Immer wieder kommen auch Unfälle durch folgende falsche Maßnahme zustande: Es seien zum Beispiel an einer Generatorleitung Arbeiten vorzunehmen. Aus irgendeinem Grunde sei jedoch die Stillsetzung desselben unmöglich; ferner seien keine Trenner vorhanden. Man begnügt sich nun irrtümlich allein mit der völligen Entregung. Die Remanenzspannung kann jedoch noch sehr gefährliche Werte besitzen. Besonders gefährlich kann ein solcher Zustand werden, wenn mit dem Generator ein Transformator verbunden ist, auf dessen Oberspannungsseite gearbeitet werden soll. Bei abgetrennten Leitungen ist nicht zu vergessen, daß gefährliche Spannungswerte durch elektromagnetische Induktion von anderen stromführenden Leitern her entstehen können, wenn die abgetrennten Teile nicht kurzgeschlossen sind und an Erde liegen.

S (Stoffe).

S. A. Konstruktionsstoffe.

1. Schäden durch mechanische Spannungen.

Bei der Verformung von Metallen und Legierungen können, je nach dem Verformungsgrad, gewisse Spannungen im Material zurückbleiben, die sich nachher im Betrieb sehr nachteilig auszuwirken vermögen. Einige interessante Erscheinungen, die damit zusammenhängen, sollen daher an Hand von Beispielen besprochen werden.

a) Spannungsrisse bei Kühlerrohren. Beim Ziehen von Rohren werden die äußeren Schichten der Rohrwandung stärker verformt als die inneren. Es sind deshalb in der Wandung noch Reckspannungen vorhanden, sofern das Material vor seiner Inbetriebnahme nicht eine entsprechende thermische Behandlung durchgemacht hat. In Abb. 187a ist rechts ein Kühlerrohr gezeigt, bei dem die Reckspannungen durch Loslösen einer Zunge sichtbar gemacht werden konnten. Das links abgebildete Rohr ist von demselben Rohrstück wie die Probe rechts entnommen, ist aber vor der Loslösung der Zunge einer thermischen Behandlung unterworfen worden. Wie zu ersehen ist, sind dadurch die Spannungen vollständig verschwunden. Mit dieser Zungenmethode soll es sogar möglich sein, mehr oder weniger quantitative Anhaltspunkte über die Größenordnung der Spannungen zu erhalten.

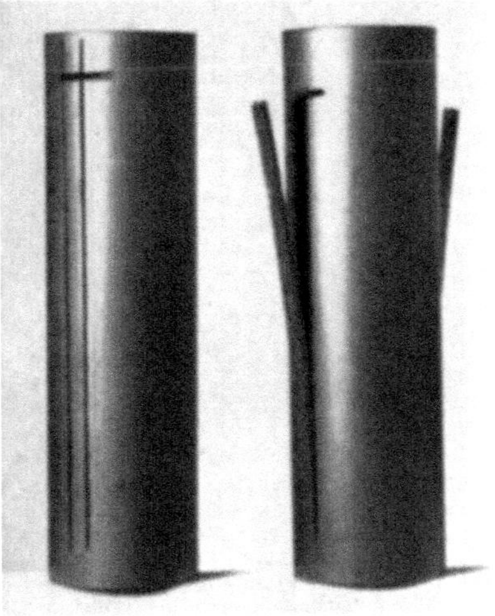

Abb. 187 a. Rechts: Spannungen in Kühlerrohren, ermittelt nach der sog. Zungenmethode. Links: Kühlerrohr nach thermischer Behandlung zur Beseitigung der inneren Spannungen.

Die im Material zurückbleibenden Spannungen können oft bis hart an die Grenze des Zulässigen heranreichen. Es können dann beim längeren Lagern oder durch kleine äußere Anlässe, wie z. B. Benetzen mit einer korrosiven Flüssigkeit, durch Anreißen u. a. ganz plötzlich Längsrisse in den Rohren entstehen. Auch im Betriebe von Kühlern treten solche Risse gelegentlich spontan auf, da die in den Öl- und Luftkühlern vorkommenden Temperaturdifferenzen bereits genügen, um die Spannungen auszulösen. In Abb. 187b soll an einem weiteren Beispiele gezeigt werden, wie groß solche Spannungen sein können. Die blank gereinigten Rohrstücke wurden in eine wässerige Quecksilbersalzlösung gegeben und mehr oder weniger rasch sprangen sie in der abgebildeten Form auf. Um solche Spannungen nachzuweisen, hat sich gerade diese letzte Prüfart sehr gut bewährt. Auch mehr oder weniger lokale Spannungsstellen, die sternförmige Anrisse ergeben, können durch diese sog. „Quecksilberprobe" gelegentlich erfaßt werden.

Abb. 187b. Auslösung von Reckspannungen in Kühlerrohren durch Behandlung mit Quecksilbersalzlösung.

b) Lotsprödigkeit oder Lotbruch. Im Zusammenhang mit der Quecksilberprobe an hart gezogenen Messingrohren muß eine Erscheinung erwähnt werden, die unter dem Namen Lotsprödigkeit oder Lotbruch bekannt ist und oft großen Schaden verursachen kann. Es hat sich ganz allgemein gezeigt, daß ein Metall oder eine Legierung mit inneren mechanischen Spannungen brüchig wird und auseinanderfällt, wenn es mit einem flüssigen Metall in Berührung kommt. Diese Erscheinung haben wir eben bei der Quecksilberprobe an Messingröhren kennengelernt, wobei das Quecksilber die Rolle des flüssigen Metalls spielte. Wenn das Material z. B. in Berührung mit flüssigem Lot gebogen wird, dann tritt die gleiche Erscheinung als Lotsprödigkeit auf. Das flüssige Metall dringt in die kleinsten Poren des festen Metalles ein und führt so den Bruch herbei. Aus Abb. 188 ist deutlich zu erkennen, wie das Lot durch den von links kommenden Riß eingedrungen ist und das Material zerstört hat.

Zur Ergänzung soll noch ein Fall erwähnt werden, wie er in der Werkstätte vorkommen kann, um damit auch noch besser die praktische Bedeutung dieser Erscheinung zu kennzeichnen. An einem Polrad sollte ein Kurzschlußbügel aus Bronze an Messingstäbe hart angelötet werden. Beim Hartlöten mit Silberlot trat nun, nachdem einige Stäbe bereits befestigt waren, ein spröder Bruch des Bronzebügels auf. Die Bruchfläche war äußerst grob und der Bruch selbst ein ausgesprochener Trennungsbruch, s. Abb. 189. Der Bruch trat ein, weil die bereits gelöteten Stellen mit den Messingstäben sich kontrahierten, während die zu lötenden Stäbe sich ausdehnten, was zu Biegungsspannungen führte. Das aufgebrachte flüssige Lot verursachte dann in

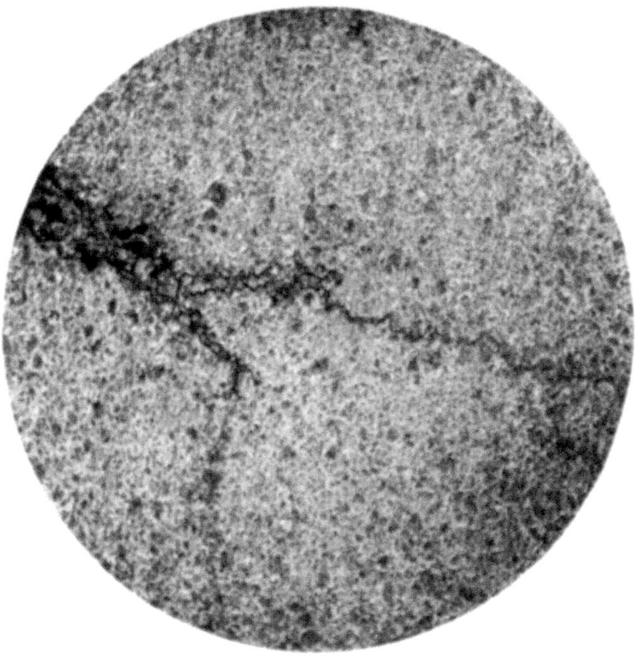

Abb. 188. Lotsprödigkeit: Eindringen von flüssigem Lot in festes Metall. Das Eindringen erfolgt hier von der linken Seite her.

den unter innerer Spannung stehenden Teilen die Lötsprödigkeit. In Abb. 189 sind drei verschiedene Stellen des Bügels in der Nähe der Bruchstelle gezeigt. Abb. 189/1 ist, wie schon gesagt, die Bruchstelle selbst. An einer weiteren, nebenan gelegenen Stelle ist nur noch eine teilweise Zerstörung durch das Lot und damit ein interkristalliner Bruch festzustellen (s. Abb. 189/2 linker Schenkel). Ein kaltes Nachbrechen der noch unversehrten Teile ergab dann einen feinen Gleitungsbruch, wie er im oberen Teile des Schenkels der Abb. 189/2 beobachtet werden kann. Daß die Verschiedenartigkeit des Bruches nicht auf das ursprüngliche Gefüge zurückgeführt werden kann, ist aus dem rechten Schenkel zu ersehen, wo genau der gleiche Aufbau wie bei Abb. 189/3 nach entsprechender

Ätzung nachweisbar war. In Abb. 189/3 ist eine weitere Stelle gezeigt, die noch etwas mehr von der Lotbruchstelle entfernt ist. Wir sehen auf dem linken Schenkel einen feinkörnigen Kaltbruch und auf dem rechten wieder das bekannte Gefüge.

Es muß im Betriebe immer darauf geachtet werden, daß zu lötende metallische Teile nicht unter inneren Spannungen mit dem flüssigen Lot in Berührung gebracht und nicht so gewärmt werden, daß beim

189/1

189/2

189/3

Abb. 189. Infolge Lotsprödigkeit gebrochener Kurzschlußbügel. *1* grobkörniger, interkristalliner Trennungsbruch, durch eindringendes Lot verursacht. *2* Stelle nebenan, nur noch teilweise Trennungsbruch in der unteren Hälfte des linken Schenkels. *3* Stelle neben *4/2*, normaler Gleitungsbruch ohne Einschluß von Lot.

Löten selbst infolge ungleichmäßiger Wärmeverteilung solche Spannungen entstehen können. Leider ist dem Lotbruch bis jetzt viel zu wenig Aufmerksamkeit geschenkt worden.

c) **Rekristallisation.** Wenn Metalle oder Legierungen, die bis zu einem bestimmten Grad kalt verformt wurden, längere Zeit auf eine gewisse Temperatur erwärmt werden, dann tritt eine Kornvergrößerung ein, die man als Rekristallisation bezeichnet. Das Maximum der Rekristallisation wird dann erreicht, wenn der anfängliche Reckgrad einen bestimmten Betrag ausmacht und zu dem die Temperatur innerhalb bestimmter Grenzen liegt. Zu dieser Rekristallisationstemperatur gehört also ein bestimmter Reckgrad. Im Zusammenhange mit der Rekristallisation treten oft sehr spröde Brüche in der rekristallisierten Zone auf.

Ein praktisches Beispiel soll hier noch erwähnt werden. Bei gewissen Ventilatorstreben an Motoren traten oft spröde Brüche an ganz unerklärlichen Stellen auf. Eine mikroskopische Untersuchung zeigte, daß als Ursache dieser Erscheinung eine Rekristallisation angenommen werden muß. In Abb. 190 ist eine solche Stelle gezeigt. Die gebrochenen Streben wurden vor der Weiterverarbeitung kalt gebogen und nachher geschweißt. An der gebogenen Stelle waren nun die günstigsten Rekristallisationsbedingungen vorhanden und durch die Erwärmung beim Schweißen wurde die Rekristallisation denn auch eingeleitet. Der Beginn derselben ist aus der Abb. 190 deutlich zu erkennen. Aus dem Bilde ersieht man ferner die bei der Biegung des Stabes auftretenden Zug- und Druckbereiche in Kegelform. Solche Erscheinungen können durch vorsichtiges Glühen bei höheren Temperaturen, die über der Rekristallisationstemperatur liegen — bei ca. 900° C —, verhindert werden.

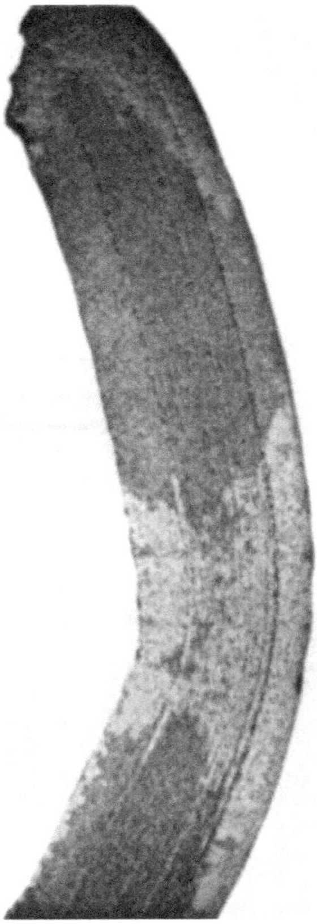

Abb. 190. Rekristallisierte Stelle an einer Ventilatorstrebe. Deutliche Ausbildung des Zug- und Druckkegels.

2. Dauerbrüche.

Es kommt leider immer wieder vor, daß Wellen oder andere Maschinenteile, die Wechselbeanspruchungen dauernd ausgesetzt sind, plötzlich brechen, obschon ihre statisch ermittelte Bruchfestigkeit bei weitem noch nicht erreicht wurde. Diese Erscheinung tritt meistens da auf, wo ein Material innert zwei Grenzwerten ständig schwankenden Beanspruchungen unterworfen ist, wobei diese Grenzwerte einen bestimmten Betrag, nämlich die Dauer- oder Arbeitsfestigkeit, überschreiten. Nach einer bestimmten Anzahl Belastungswechsel, die vom Grad der Überschreitung der Dauerfestigkeit abhängt, erfolgt der Bruch durch Ermüdung. Der Dauerbruch kann schon lange vor der eigentlichen Brucherscheinung eingeleitet werden, ohne daß eine augenfällige Veränderung an der betreffenden Stelle auftritt. Eingeleitet wird der Dauerbruch durch einen kleinen Anriß. Zwischen dem Beginn des Dauerbruchs und dem sog. Restbruch, der zur Zerstörung führt, kann eine lange Zeit verstreichen. Wenn in der Zwischenzeit die Kräfte, welche die Überbeanspruchung bewirkten, nachlassen, so kann eine Unterbrechung in der Ausbildung des Dauerbruchs eintreten. Sobald aber die Kräfte wieder zunehmen, wird auch der Durchbruch sich weiter entwickeln.

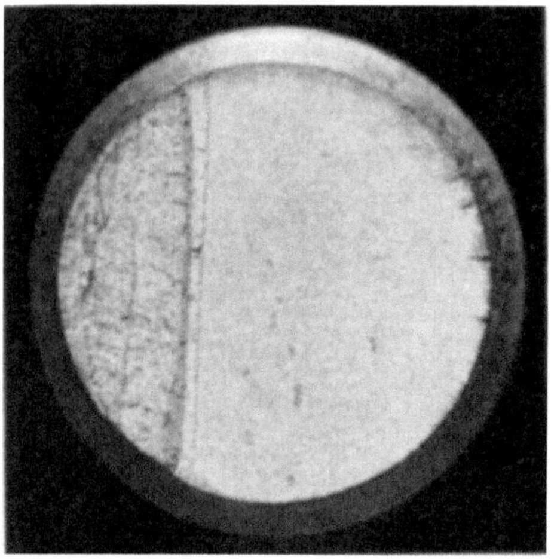

Abb. 191. Dauerbruch einer Motorenwelle. Rechte Seite: Dauerbruch mit Anrissen am Umfang. Linke Seite: Restbruch, grobkörnig, mit verschiedenen Bruchlinien.

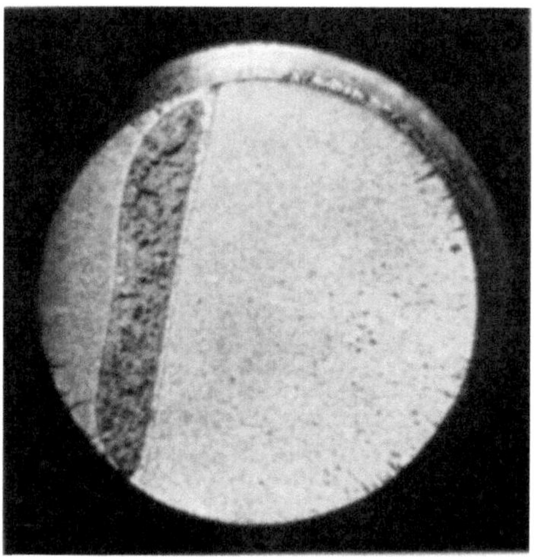

Abb. 192. Dauerbruch einer Welle. Rechte Seite: Feinkörniger Dauerbruch. Linke Seite: Zuerst Dauerbruch, dann grobkörniger Restbruch.

Das Aussehen einer Dauerbruchfläche ist sehr charakteristisch: Sie ist nicht im geringsten deformiert und weist in der Mehrzahl der Fälle ein feinkörniges, unter Umständen muschelähnliches Gefüge auf. Die Ablösung der Bruchfläche kann bei gegebenen Bedingungen in verschiedenen Stufen erfolgen, wodurch dann in einem solchen Fall dem Verlauf der Beanspruchung entsprechende Bruchlinien auf der Trennfläche zu beobachten sind. In der letzten Phase der Zerstörung tritt dann der sog. Restbruch auf, der sich in seinem Aussehen von der übrigen Bruchfläche deutlich unterscheidet. Sein Gefüge ist viel grobkörniger. Es ist dies der letzte Teil des Materiales, der den Beanspruchungen nicht mehr genügen konnte und dann plötzlich zum Bruch gelangt ist. In Abb. 191 ist eine Dauerbruchfläche gezeigt, bei der auf der linken Seite verschiedene Bruchzonen zu erkennen sind. Sehr schön zeigt die Abb. 192 den Zustand der Bruchfläche. Der dunklere, grobkörnige Teil ist der sog. Restbruch.

Der Dauerbruch wird, wie schon gesagt, eingeleitet durch kleine Haarrisse, die z. B. von der Bearbeitung herrühren können. Ein solcher Haarriß wirkt wie eine Kerbe. Auf dem Grunde solcher Kerben ist eine Diskontinuität der Spannungsverteilung über dem Querschnitt festzustellen, und zwar haben wir es mit einer Steigerung der Spannung

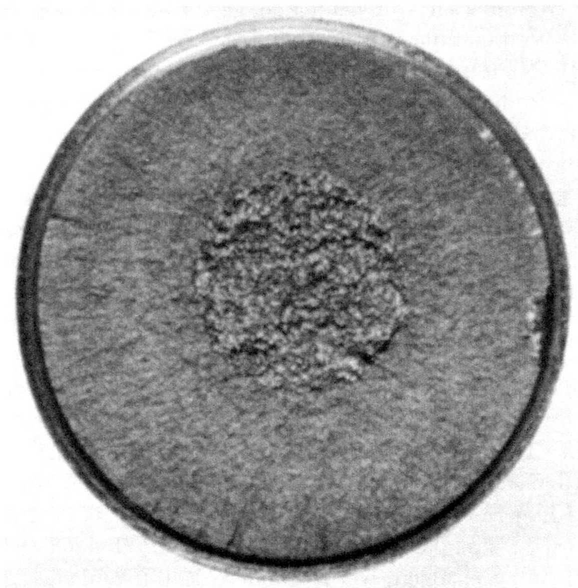

Abb. 193. Dauerbruch einer Motorenwelle. In der Mitte ist die grobkörnige Restbruchstelle ersichtlich. Der Dauerbruch hat sich konzentrisch von der zu scharf eingedrehten Ölspritzrille vorgearbeitet.

am Kerbgrunde zu tun, die mit der Schärfe der Kerbe enorm zunehmen kann. An dieser Stelle beginnt also der Dauerbruch. Es entsteht dann der Anriß und dieser wirkt seinerseits wiederum als Kerbe und so setzt sich die Trennung durch den ganzen Querschnitt hindurch fort. Schon das Anreißen mit einer Reißnadel genügt, um die Dauerfestigkeit der beanspruchten Stelle um 50 und mehr Prozent zu reduzieren. Abb. 193 zeigt den Dauerbruch einer Motorenwelle. Es ist wiederum das typische Bruchaussehen vorhanden. Die Kerbwirkung wurde in diesem Falle veranlaßt von einer zu scharf eingedrehten Ölspritzrille. Auch scharfkantige Querschnittsveränderungen wirken wie Kerben und haben den gleichen Effekt.

Wenn man Dauerbrüche bei wechselbeanspruchten Konstruktionsteilen vermeiden will, dann muß man dafür sorgen, daß keine scharfen, wie Kerben wirkende Eindrehungen vorhanden sind oder keine scharfkantigen Querschnittsveränderungen am entsprechenden Maschinenteil angebracht werden.

3. Lagermetalle.

Als Lagermetalle werden hauptsächlich zwei Gruppen von Legierungen in der Praxis gebraucht: die Weißmetalle und die Lagerbronzen.

a) Die Weißmetalle. Je nach den gegebenen Betriebsbedingungen können die Weißmetalle verschieden legiert sein. In der folgenden Tabelle S. 1 (DIN 1703) sind die gebräuchlichsten, genormten Legierungen zusammengestellt. Bei den zinnreichen Lagermetallen sollen die guten Eigenschaften des Zinnes in bezug auf die Lötbarkeit ausgenützt werden. Dieses Metall diffundiert gut in die Oberfläche des Lagerschalenmateriales und erzeugt dadurch eine gute Verbindung. Um diesen Vorgang noch zu steigern, ist man dazu übergegangen, die Lagerschalen vor dem Ausgießen mit Lagermetall zu verzinnen. Um eine gute Benetzung der Lagerschale mit Zinn zu bekommen, muß ein geeignetes Lötwasser verwendet werden. Eine empfehlenswerte Zusammensetzung ist z. B. folgende: 40% Zinkchlorid, 1,4% Salmiak, 0,85% Kochsalz und 57,75% Wasser. Als weitere gute Eigenschaften von Zinn im Lagermetall sind noch zu erwähnen, daß Zinn eine hohe Schmelzwärme besitzt und während des Erstarrens die Form erwärmt, in die das Lagermetall gegossen werden soll. Beim Abkühlen zieht sich die Form dann zusammen; Schale und Lagermetall sitzen alsdann besser aufeinander. Infolge seiner guten Wärmeleitfähigkeit führt das Zinn die Reibungswärme gut ab. Um die Härte zu erhöhen, werden andere Metalle zulegiert.

Tabelle S. 1. Weißmetalle für Gleitlager und Gleitflächen nach **DIN 1703**

Benennung	Kurzzeichen	Zusammensetzung			
		Sn	Sb	Cu	Pb
Weißmetall 80 F . . .	WM 80 F	80	10	10	—
Weißmetall 80	WM 80	80	12	6	2
Weißmetall 70	WM 70	70	13	5	12
Weißmetall 50	WM 50	50	14	3	33
Weißmetall 42	WM 42	42	14	3	41
Weißmetall 20	WM 20	20	14	2	64
Weißmetall 10	WM 10	10	15	1,5	73,5
Weißmetall 5	WM 5	5	15	1,5	78,5

Wiedergabe dieser und nachfolgender Dinormen (S. 295, 298) erfolgt mit Genehmigung des Deutschen Normenausschusses. Verbindlich ist die jeweils neueste Ausgabe der Normblätter im Dinformat A 4, die durch den Beuth-Verlag, GmbH, Berlin S 14 zu beziehen sind.

Durch die Zulegierung der in der Tabelle S. 1 angegebenen verschiedenen Metalle wird nun jeweils bei der fertigen Legierung ein ganz bestimmter Gefügeaufbau erzielt. Abb. 194 zeigt eine Mikroaufnahme, aus der die einzelnen Gefügeelemente gut zu erkennen sind. Die Legierung entspricht WM 80 der Zusammenstellung. Es lassen sich deutlich unterscheiden: Die mehr oder weniger gut ausgebildeten Würfel der antimon- und zinnhaltigen Kristalle, die in einer zinnreichen Grundmasse (in der Abbildung schwarz) eingebettet sind; daneben die kleineren Einsprenglinge von verschiedenen Mischkristallen, die zum Teil eine nadelförmige Ausbildung zeigen können. Letztere sind noch besser aus Abb. 195 zu ersehen. Diese nadelförmigen Anteile üben auf die Grundmasse eine verfestigende Wirkung aus. Aus diesen Aufnahmen geht hervor, daß die ganze Masse infolge der verschiedenen Erstarrungstemperaturen der einzelnen Bestandteile nicht einheitlich erstarrt, sondern daß je nach dem Grad der Überhitzung beim Schmelzen und je nach der Geschwindigkeit der darauffolgenden Abkühlung verschiedenartige Gefügebestandteile vorwiegend erscheinen können. Durch die Ausscheidung der einzelnen Mischkristalle können auch Entmischungen in der noch mehr oder weniger flüssigen

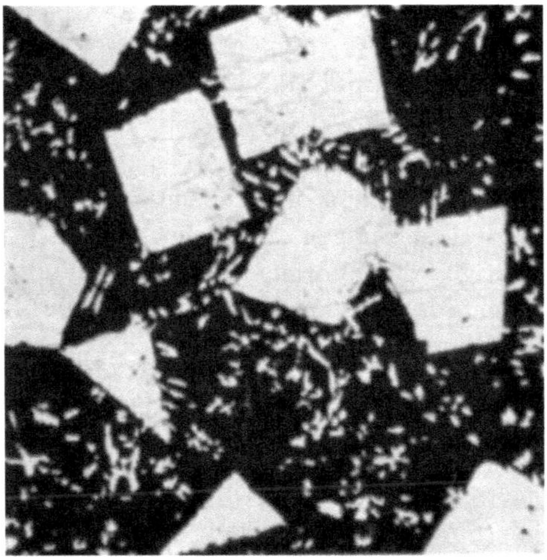

Abb. 194. Weißmetall WM 80. Weiße Würfel = Zinn-Antimon-Mischkristalle. Kleine weiße Einsprenglinge = Kupfer-Zinn-Antimon-Mischkristalle. Schwarzer Grund = Blei-Zinn-Eutektikum + Zinn.

Abb. 195. Weißmetall WM 80 nach langsamer Abkühlung. Weiße Würfel = Zinn-Antimon-Mischkristalle. Nadelförmige, weiße Bestandteile = Kupfer-Zinn-Antimon-Mischkristalle. Schwarzer Grund = Blei-Zinn-Eutektikum + Zinn.

Grundmasse vorkommen. Die harten Bestandteile, die eigentlich das tragende Element bei den Weißmetallen bilden, sollen nicht nur eine bestimmte Größe aufweisen, sondern sie sollen auch möglichst gleichmäßig auf der Lauffläche verteilt sein. Es muß also beim Vergießen von Weißmetallen dafür gesorgt werden, daß nur möglichst geringe Entmischungen stattfinden. Bei stark bleihaltigem Lagermetall kann es vorkommen, daß dieser Vorgang sehr unangenehme Erscheinungen zur Folge hat, weil die bleihaltige Phase zuletzt erstarrt. Wie aus der Tabelle S. 1 entnommen werden kann, enthalten diese Legierungen zudem noch wenig Kupfer, so daß sich auch kupferhaltige, nadelförmige Gefügebestandteile, die verfestigend wirken könnten, nicht zu bilden vermögen. Solche Weißmetalle sind daher nur bei geringen Flächendrücken verwendbar.

Neben der gleichmäßigen Verteilung der tragenden Anteile im Lagermetall ist auch die Größe derselben im Verhältnis zur Grundmasse von Bedeutung, weil davon vor allem die Laufeigenschaften der Weißmetallager abhängig sind. Im Gebiet der halbflüssigen Reibung, also im Stadium einsetzender Filmbildung durch das Schmiermittel, wird der Schmierfilm beim Vorhandensein von großen Kristallen rascher gebildet, als wenn viele kleine Kristalle vorhanden sind. Es konnte einwandfrei nachgewiesen werden, daß bei grobem Korn die Lebensdauer der Lagermetalle wesentlich größer ist als bei kleinem, womit also bewiesen ist, daß die Filmbildungsfähigkeit bei diesem Aufbau des Gefüges sich tatsächlich auch praktisch auswirkt. Ein grobes Korn erhält man durch hohe Gießtemperatur und kleine Erstarrungsgeschwindigkeit bei gewärmter Form. Man darf aber in dieser Richtung nicht zu weit gehen, da ein zu grobkörniges Gefüge brüchig wird und dann in mechanischer Hinsicht ungenügende Eigenschaften aufweisen kann.

Aus diesen wenigen Bemerkungen geht hervor, daß es für die praktische Eignung eines Weißmetallagers viel wichtiger ist, wie sein Gefüge aufgebaut ist, als wie es chemisch zusammengesetzt ist. Immerhin ist es wohl selbstverständlich, daß diese Behauptung nur innerhalb gewisser Grenzen gilt und daß z. B. ein stark zinnhaltiges Lagermetall bei gegebenen Verhältnissen nicht ohne weiteres durch ein hoch bleihaltiges ersetzt werden kann.

Vor einiger Zeit hat man auch versucht, durch gewisse „Härtungszusätze“ zinnarme Legierungen beträchtlich zu verbessern, unter Berücksichtigung der obigen Forderungen. Es gelingt heute der Legierungstechnik, Weißmetalle, die vorwiegend Blei enthalten, durch Zusatz von hochschmelzenden Metallen zu härten, wozu sich vor allem Nickel zu eignen scheint. Das Zusatzmetall kann natürlich nur in verhältnismäßig geringen Mengen beigegeben werden, da sonst der oberste Schmelzpunkt der Legierung zu stark erhöht wird, womit eine wesentliche Erhöhung der Gießtemperatur und des Abbrandes einzelner Komponenten verbunden ist.

Vor dem Vergießen von Weißmetallen muß darauf geachtet werden, daß das Metallbad nicht überhitzt wird. Durch Abdecken des Bades mit Holzkohle muß eine zu starke Oxydation verhindert werden. Lagerschalen- und Gießtemperatur müssen, je nach der Art der Zusammensetzung und der Schichtdicke, in einem bestimmten Verhältnis zueinander stehen, damit möglichst gute Laufeigenschaften im Betrieb erreicht werden. Allgemeine Angaben lassen sich daher nicht ohne weiteres machen.

b) Lagerbronzen und Rotgüsse. Die als Lagermetalle benutzten Rotgüsse und Bronzen können die verschiedensten Zusammensetzungen aufweisen. In Tabelle S. 2 sind die wichtigsten Legierungen, die im Blatt DIN 1705/1 genormt sind, zusammengestellt. Neben diesen kommen noch verschiedene Speziallegierungen in der Praxis vor.

Tabelle S. 2. Bronzen und Rotgüsse nach **DIN 1705** Blatt 1

Benennung	Kurzzeichen	Zusammensetzung Cu	Sn	Zn	Pb	Verwendung für
Gußbronze 20 . . .	GBz 20	80	20	—	—	Teile m. starkem Reibungsdruck (z. B. Spurlager)
Gußbronze 14 . . .	GBz 14	86	14	—	—	Teile m. starkem Verschleiß, hochbeanspruchte Lagerschalen
Rotguß 9	RG 9	85	9	6	—	Lager für Eisenbahnzwecke
Bleizinnbronze 10 .	Bl-Bz 10	86	10	—	4	Lager für elektr. Maschinen
Bleizinnbronze 8 . .	Bl-Bz 8	80	8	—	12	Lager m. hoh. Flächendruck

Durch die Zusammensetzung und die Gieß- und Erstarrungsverhältnisse ist auch bei diesen Lagermetallen wieder die Bildung bestimmter Gefügebestandteile bedingt. Bei den Weißmetallen wurde die Heterogenität des erstarrten Materiales hervorgehoben. Bei jenen waren die harten, tragenden Bestandteile in eine weiche Grundmasse eingebettet. In Abb. 196 ist nun ein dendritisches Gefüge gezeigt, wie es bei gewissen Lagerbronzen vorkommen kann. Die in der Abbildung zu beobachtenden, hervorstehenden Kämme sind auch hier etwas härter als die Grundmasse; das Einlaufen eines solchen Lagers soll so vor sich gehen, daß die härteren Erhöhungen weggearbeitet werden. Während man früher auch bei diesen Legierungen Wert darauf legte, daß das Gefüge möglichst heterogen sei, konnte man später feststellen, daß dies keine wichtige Bedingung für das einwandfreie Arbeiten solcher Lager ist. In Abb. 197 ist eine Lagerbronze abgebildet, welche z. B. der Bl-Bz 10 der Zusammenstellung der Lagerbronzen entspricht. Wir ersehen ein gleichmäßiges Gefüge, aufgebaut aus polygonalen Mischkristallen.

Im Abschnitt S. B. wird auf die Wechselbeziehungen zwischen Lagermetall und Schmierflüssigkeit, auf Grund der neuesten theoretischen Untersuchungen, kurz eingegangen.

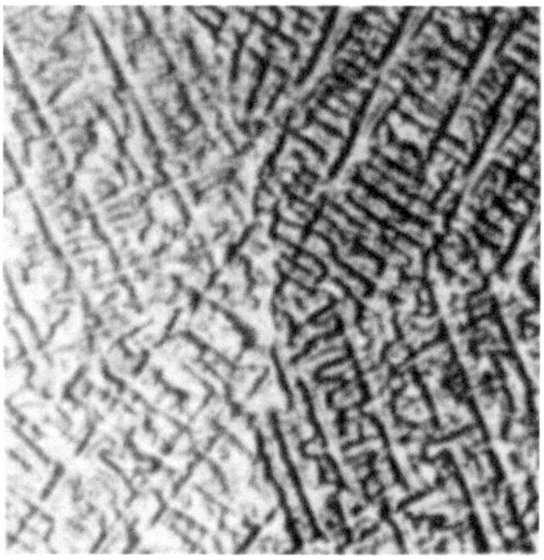

Abb. 196. Dendritisches Gefüge einer Lagerbronze.

Trotz heterogenem Gefüge des Lagermetalls können durch nachträgliche Kaltbearbeitung, etwa beim Aufdornen, schlechte Laufeigenschaften auftreten, wie aus Abb. 198 zu ersehen ist. Das Metall ist eine Blei-Zinnbronze und entspricht der Zusammensetzung Bl-Bz 10. Sie wurde vor Inbetriebnahme aufgedornt; dabei wurden die weichen Bestandteile an der Oberfläche zerstört und daraufhin noch verschmiert. Dadurch war die Lauffläche aber nicht genügend homogenisiert und ihre Eigenschaften deshalb sehr schlechte. Das Lager hat nach kürzester Betriebszeit angefressen.

Abb. 197. Gefüge einer Lagerbronze, bestehend aus polygonalen Mischkristallen.

Ein weiterer interessanter Fall ist in Abb. 199 gezeigt. Das Lagermetall zeigte in diesem Fall ein dendritisches Gefüge in der Grundmasse. Auf der Lauffläche erscheint eine bleihaltige Schicht aufgeschmiert. Es muß angenommen werden, daß durch die starke Erhitzung des Lagers beim Versagen des Schmierfilmes aus nicht mehr zu ermittelnden Gründen die Legierung sich entmischt hat und daß dabei ein leichtschmelzender Anteil ausgeschieden wurde. Die Bronze enthielt verhältnismäßig viel Blei und zeigte schlechte Laufverhältnisse. Da die Wechselbeziehungen zwischen Schmiermittel und Lagermetall noch nicht vollständig aufgeklärt sind, ist es gelegentlich sehr schwierig, die Ursache solcher Zerstörungen richtig festzustellen.

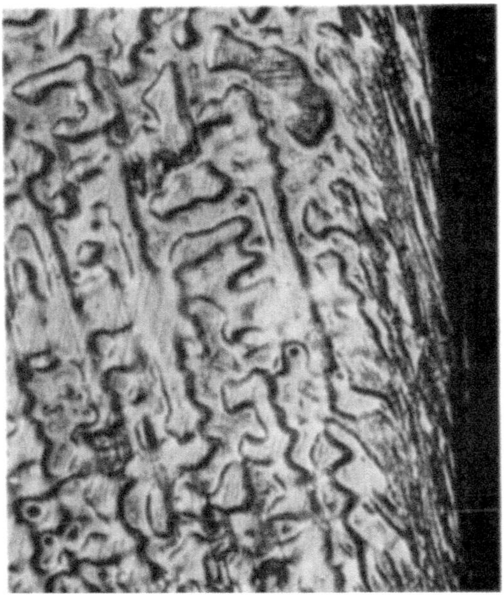

Abb. 198. Lagerbronze mit dendritischem Gefüge, deren Oberfläche durch Aufdornen verschmiert wurde.

Für das Schmelzen und Vergießen dieser Gruppe von Lagermetallen gelten wieder ähnliche Forderungen wie für das Weißmetall: Das Metallbad soll nicht überhitzt und vor Oxydation geschützt sein. Wenn nicht für genügende Desoxydation gesorgt wurde, findet man im Lagermetall oft Zinnsäure, die sich sehr nachteilig auswirken kann. Auch muß dem Ausdehnungskoeffizienten der Lagerschale und des Lagermetalles die nötige Aufmerksamkeit geschenkt werden. Die Differenzen der beiden Ausdehnungskoeffizienten können so groß sein, daß die Lager sich festklemmen und zur Havarie führen.

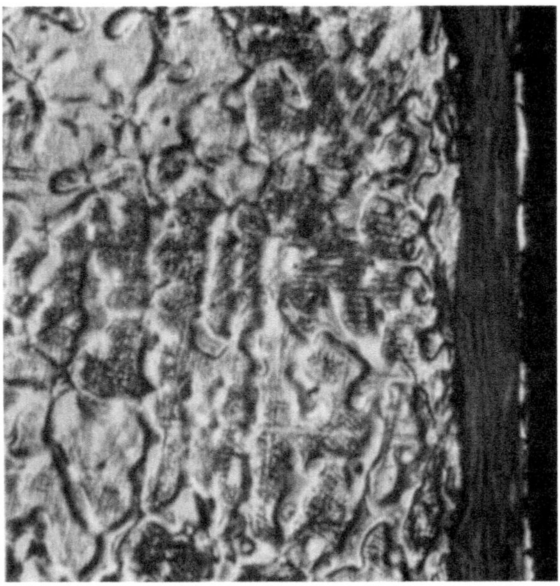

Abb. 199. Lagerbronze mit dendritischem Grundgefüge mit ausgeschiedener bleireicher Entmischungsschicht an der Lauffläche.

4. Lote und Lötvorgänge.

Metallteile können dadurch miteinander verbunden werden, daß man zwischen dieselben ein weiteres Metall oder eine Legierung in flüssigem Zustande einbringt und dann erstarren läßt. Der Vorgang der Bindung beruht auf einer Diffusion: Das flüssige Metall (Lot) diffundiert in den festen Körper, das sog. Lötobjekt, hinein. Je nach den Anforderungen, die an eine solche Verbindung gestellt werden, muß auch die Art

Tabelle S. 3. Lötzinne nach **DIN 1707**

Benennung	Zusammensetzung in % Sn	Pb	Verwendung
Lötzinn 25 . . .	25	75	Für Flammenlötung (für Kolbenlötung nicht geeignet)
Lötzinn 30 . . .	30	70	Bau- und grobe Klempnerarbeit
Lötzinn 33 . . .	33	67	Zinkbleche u. verzinkte Bleche
Lötzinn 40 . . .	40	60	Messing und Weißblechlötung
Lötzinn 50 . . .	50	50	Messing und Weißblechlötung für Elektrizitätszähler u. Gasmesser
Lötzinn 60 . . .	60	40	Lot für leichtschmelzende Metallgegenstände; feine Lötungen z. B. in der Elektroindustrie
Lötzinn 90 . . .	90	10	Besonders durch gesundheitliche Rücksichten bedingte Anwendungen

Tabelle S. 4. Silberlote nach **DIN 1710**

Benennung	Zusammensetzung in % Cu	Zn	Ag	Schmelzpunkt °C	Lieferart	Verwendung
Silberlot 4	50	46	4	855	Körner	Lötung von Messing mit 58% und mehr Cu; für feinere Arbeiten, wenn eine saubere Lötstelle ohne viel Nacharbeit erreicht werden soll, sowie für Lötung von Cu- und Bronzestücken
Silberlot 9	43	48	9	820	Körner	
Silberlot 12	36	52	12	785	Körner	
Silberlot 8	50	42	8	830	Streifen (Stecklot)	
Silberlot 25	40	35	25	765	Streifen (Stecklot)	
Silberlot 45	30	25	45	720	Streifen (Stecklot)	

Tabelle S. 5. Schlaglote (Hartlot) nach **DIN 1711**

Benennung	Zusammensetzung % Cu	Zn	Schmelzpunkt °C	Verwendung
Schlaglot 42 . .	42	Rest	820	Lötung von Messing mit mehr als 60% Cu
Schlaglot 45 . .	45	Rest	835	2. und 3. Lötung von Messing mit 67% Cu aufwärts
Schlaglot 51 . .	51	Rest	850	Lötung von Kupferlegierungen mit 68% und mehr
Schlaglot 54 . .	54	Rest	875	Wie MsL 51 und für Kupfer, Rotguß, Bronze, Eisen, Bandsägen
	Lieferart: in Körnern			

des Lotes gewählt werden. Man unterscheidet nach der neuen DIN-Nomenklatur zwischen Lötzinn, Silberlot und Schlaglot, welch letzeres auch Hartlot genannt wird. Diese verschiedenen Gruppen unterscheiden sich außer durch ihre Zusammensetzung vor allem durch den Schmelzpunkt. Es ist immer noch die Ansicht verbreitet, daß der Schmelzpunkt für die Festigkeit der Lötverbindung von größter Bedeutung sei. Wir werden im weiteren noch sehen, daß das nicht der Fall ist.

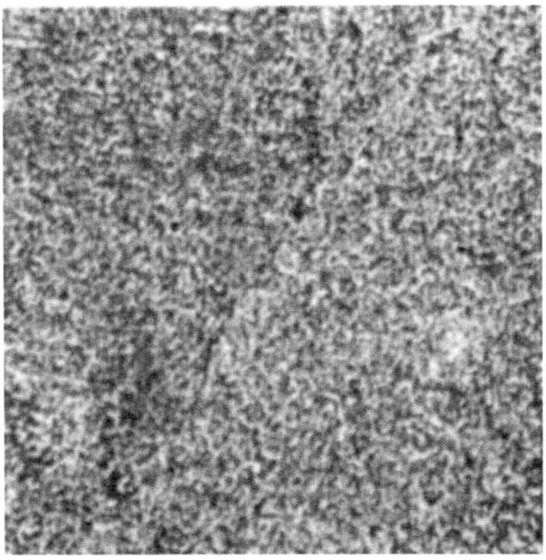

Abb. 200a. Eutektisches Gefüge eines Lötzinnes. Gleichmäßige feine Körnung des Lotes.

In den Tabellen S. 3, 4, und 5 sind die verschiedenen Legierungen enthalten, die heute in Deutschland genormt sind.

Abb. 200 zeigt das typische eutektische Gefüge eines sog. Lötzinns, mit ungefähr 35% Blei, sowohl in 100-facher als in 1000-facher Vergrößerung.

Abb. 201 ist ein Beispiel für ein eutektisches Silberlot in 50- und 500-facher Vergrößerung.

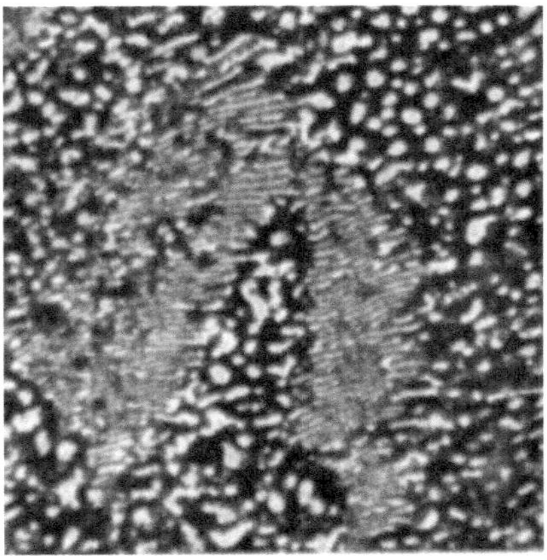

Abb. 200b. Gleiches Lot wie Abb. 200a bei stärkerer Vergrößerung.

Je nach der Art des Lötobjektes und des verwendeten Lotes kann der Diffusionsvorgang verschieden vor sich gehen. Die drei wichtigsten Arten, die man in dieser Hinsicht unterscheiden kann, sind folgende:

1. Lot und Lötobjekt bilden Mischkristalle. Ein solches Beispiel besitzen wir im Hartlöten von Kupfer mit Messinglot. Die Diffusion kann dabei so weit vor sich gehen, daß nicht mehr das Lot die Verbindung bildet, sondern die durch Diffusion entstandene neue Legierung. Solche Lötungen sind natürlich mechanisch sehr fest und infolge der Mischkristallbildung auch sehr korrosionsbeständig. Die derart entstandene Legierung kann in mechanischer Hinsicht andere Eigenschaften aufweisen als das Lot selbst, folglich ist es nicht möglich, auf Grund der

mechanischen Festigkeit des Lots etwas über die Festigkeit der Lötung auszusagen.

Ähnlich verhält es sich auch mit dem Schmelzpunkt. Die sich bildenden Mischkristalle können einen anderen Schmelzpunkt besitzen als das Lot, so daß derselbe nicht maßgebend für die Lötung ist.

2. Lot und Lötobjekt bilden intermediäre Kristallarten, wie z. B. beim Weichlöten von Kupfer mit Lötzinn. Es kann hier wohl auch eine Verankerung zwischen Lot und Lötobjekt zustande kommen. Diese

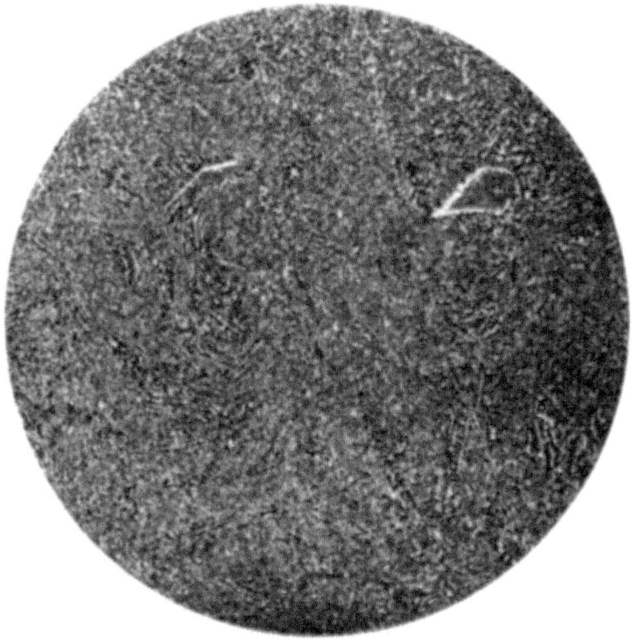

Abb. 201a. Eutektisches Gefüge eines Silberlotes. Gleichmäßige feine Körnung.

Lötungen haben aber bei weitem nicht die Güte der unter 1. genannten.

3. Das Lot vermag das Lötobjekt nur in geschmolzenem Zustand zu lösen. Die so entstandene Legierung zerfällt beim Erstarren wieder in ihre Bestandteile. Ein Beispiel hierfür haben wir beim Löten von Zink mit Lötzinn. Die dabei entstehende Legierung kann eutektisch sein, was von großem Vorteil ist, da der niedrige Schmelzpunkt des Eutektikums ein besseres Eindringen des Lotes in das Lötobjekt ermöglicht. Es können auch auf diesem Wege Lötungen erreicht werden, die in mechanischer Beziehung als gut zu bezeichnen sind. Da aber an der Lötstelle verschiedene Metalle nebeneinander vorhanden sind, können sich elektrische Lokalelemente bilden; damit ist die Lötstelle

der Korrosion ausgesetzt. Diese Lötungen sind also hinsichtlich Korrosionsbeständigkeit schlechter als die unter 1. genannten.

Wenn die Diffusion bei einer Lötung nicht in genügendem Maße während des eigentlichen Lötprozesses vor sich gegangen ist, kann durch eine thermische Nachbehandlung die Lötstelle dadurch verbessert werden, daß man die Diffusion nachträglich noch befördert. Wenn also besonders hohe mechanische Festigkeit von einer Lötung verlangt wird, dann ist eine solche Nachbehandlung durchaus erforderlich.

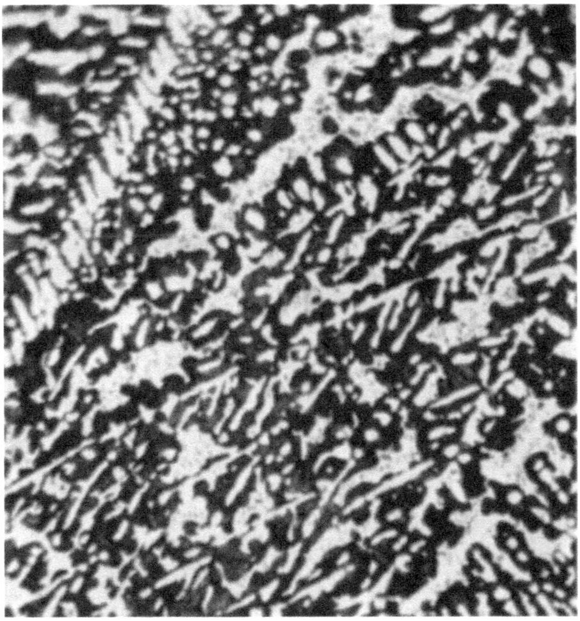

Abb. 201 b. Das gleiche Lot wie Abb. 201 a bei stärkerer Vergrößerung.

Es wurde schon bemerkt, daß dem Schmelzpunkt bei der Entscheidung über die Verwendbarkeit eines Lotes immer noch zu große Bedeutung zugemessen wird. Durch die Bildung von Mischkristallen und von eutektischen Gemischen zwischen Lot und Lötobjekt werden Legierungen erzeugt, die sich gegenüber der Temperatur ganz anders verhalten können als das Lot. Noch stärker tritt der Unterschied in dieser Hinsicht hervor, wenn die Lötstelle im Betrieb dauernd erhöhte Temperaturen zu ertragen hat. Es zeigt sich dort nämlich, daß je nach der Art der Bindungen die Lötstelle bei dauernder Belastung ganz verschieden erweichen und schließlich zum Fließen kommen kann. Zusammenhänge mit dem Schmelzpunkt des Lots konnten in solchen Fällen gar nicht festgestellt werden. Es hat sich oft gezeigt, daß Lote mit höheren Schmelzpunkten in der Wärme bei Dauerbeanspruchung sogar bei viel niedrigeren Temperaturen und Belastungen schon zum Fließen kommen als Lote mit niedrigerem Schmelzpunkt. Unter solchen Verhältnissen müssen daher zuerst die Dauerfestigkeiten der entsprechenden Lötungen untersucht werden, bevor man sie an Maschinen oder Apparaten ausführt.

Während des Lötens können sich sowohl auf dem Lötobjekt als auch auf dem flüssigen Lot Oxydschichten bilden. Man muß dagegen gewisse Hilfsstoffe anwenden, welche entweder dadurch, daß sie schmelzen und den betreffenden Metallteil bedecken und die Luft fernhalten, oder dann dadurch, daß sie eine reduzierende Wirkung auf das Lot ausüben, die Bindung verbessern. Die Zusammensetzung dieses Stoffs ist abhängig von der Löttemperatur; zum Weichlöten wird gewöhnlich Kolophoniumpulver und Salmiak in Stücken verwendet. Häufig wird auch Chlorzink in Verbindung mit Salmiak gebraucht. Die sog. Lötwasser enthalten auch wieder die gleichen Bestandteile, nur in Wasser aufgelöst. In teigiger Form als Lötpasten sind diese Stoffe mit Stärkemehl angerührt oder mit einem Fett vermischt. Zum Hartlöten wird vor allem Boraxpulver verwendet. Es können dabei noch verschiedene Borsalze zugemischt werden. So gibt es z. B. Lötpulver, die Borsäure oder Metaborat enthalten.

Beim Löten von Bestandteilen elektrischer Maschinen und Apparate ist immer darauf zu achten, daß ja keine Spur des Lötmittels mit der Isolation in Berührung kommt. Diese wird dadurch entweder direkt zerstört oder saugt zum mindesten diese Salze auf, sättigt sich dabei mit Elektrolyten, die hygroskopisch sind und damit gut leiten. Es kommt immer und immer wieder vor, daß diesbezüglich mit zu wenig Vorsicht gearbeitet wird.

Im weiteren muß bei Lötungen darauf geachtet werden, daß die zu verbindenden Metallteile vollständig spannungsfrei sind, da das flüssige Lot sonst im Lötobjekt die Lötsprödigkeit erzeugt, die im Abschnitt S. A. 1. beschrieben ist.

5. Kühlerrohr-Korrosionen.

Die in den Öl- und Luftkühlern von Transformatoren und Generatoren verwendeten Rohre bestehen wohl mehrheitlich aus Messing. In der Regel werden dazu zwei Legierungen verwendet, die folgendermaßen zusammengesetzt sind: 70% Kupfer, 29% Zink, 1% Zinn und 63% Kupfer, 37% Zink. Es kann nun vorkommen, daß aus verschiedenen Gründen die Rohre in verhältnismäßig kurzer Zeit durch Korrosionen zerstört werden.

Die Korrosionen der Messingröhren hängen zusammen mit dem kristallinen Gefügeaufbau, mit der thermischen Behandlung beim Herstellungsprozeß und mit gewissen Betriebsbedingungen. Es ist in letzter Zeit oft die Behauptung aufgestellt worden, die erste Legierung sei korrosionsfrei; sie wurde daher zur Normalisierung vorgeschlagen. Es muß aber ausdrücklich darauf hingewiesen werden, daß diese Behauptung den Tatsachen nicht entspricht. Das Gefüge solcher Rohre besteht aus α-Mischkristallen, wie aus Abb. 202 zu ersehen ist. Wenn nun an irgendeiner Stelle des Rohrs durch ungenügende thermische Nachbehandlung gewisse Mischkristalle nur unvollständig rekristallisiert sind

Abb. 202. Gefügebild aus einem Kühlerrohr. Legierung: 70% Kupfer, 29% Zink und 1% Zinn (reines α-Gefüge).

und dementsprechend noch gewisse Reckspannungen aufweisen, dann ist an dieser Stelle bereits eine Potentialdifferenz vorhanden, die beim Zutritt einer entsprechenden Elektrolytflüssigkeit auf elektrochemischem Wege zur Zerstörung führt. (Selbstverständlich können solche Lokalelemente auch durch andere Umstände bedingt sein.) Wenn die richtigen Bedingungen vorhanden sind, dann können Kupfer- und Zinkionen des unedleren Gefügebestandteiles in Lösung gehen, wobei das Kupfer aber sofort wieder ausgefällt wird. Dadurch entstehen die sog. Kupferpfropfen, wie sie aus Abb. 203 auf der rechten Seite des Bildes zu ersehen sind. Der Kupferpfropfen ist infolge seiner Bildungsweise sehr porös und haftet schlecht auf der Unterlage. Mit der Zeit lockert er sich und kann durch die strömende Flüssigkeit weggeschwemmt werden. Dabei entstehen starke örtliche Anfressungen, wie sie aus Abb. 204 zu ersehen sind, und schließlich bilden sich durchgehende Löcher. Diese Erscheinung, die an bestimmte Stellen im Rohr gebunden ist, wird als die sog. selektive Korrosion bezeichnet. Es ist oft sehr schwierig, die Ursachen dieser Art von Zerstörungen zu ermitteln.

Abb. 203. Selektiv korrodiertes Kühlerrohr (reines α-Gefüge), Kupferpfropfen auf der rechten Seite der Abbildung.

Die zweitgenannte Legierung, die aus 63% Kupfer und 37% Zink besteht, befindet sich bereits in demjenigen Teil des Kupfer-Zinkdiagrammes, in dem bei unrichtiger thermischer Behandlung α- + β-Mischkristalle nebeneinander auftreten können. In Abb. 205 ist ein solches Mischgefüge gezeigt. Die hellen Stellen sind die α-, die dunkleren dagegen die β-Mischkristalle. Das β-Mischgefüge tritt in diesem Gebiet nur unter speziell ungünstigen Verhältnissen auf. Es ist als sog. Übergangsgefüge zu bezeichnen und daher sehr instabil. Es hat in diesem Falle ein wesentlich unedleres Potential als der α-Bestandteil und bildet bei Vorhandensein einer Elektrolytflüssigkeit ein Lokalelement. Der schon oben geschilderte Vorgang spielt sich zuerst in der Oberfläche ab. Der unedlere β-Bestandteil wird entzinkt, und an Stelle der β-Bestandteile bleiben die porösen Kupferpfropfen zurück. Auf diesem Wege kann der Angriff immer weiter und weiter in das Innere des Rohres vordringen und schließlich ist nur noch ein Sieb vorhanden, bestehend aus α-Anteilen. Dieser Zustand ist in Abb. 206 festgehalten. Es ist aus dieser Mikroaufnahme zu ersehen, daß an Stelle der schwarzen β-Bestandteile jetzt kleine Kupferpfropfen getreten sind. Wir haben es also mit einer durchgehenden partiellen Entzinkung zu tun. Infolge dieser siebartigen Durchlöcherung ist es selbstverständlich, daß das Rohr jede mechanische Festigkeit verloren hat.

Neben diesem Vorgang kann sich aber auch noch zusätzlich der zuerst beschriebene, die selektive Korrosion, abspielen und zur Bildung lokaler, großer Kupferpfropfen führen. Ein solcher Fall ist z. B. in Abb. 207 rechts auf dem Bilde zu ersehen.

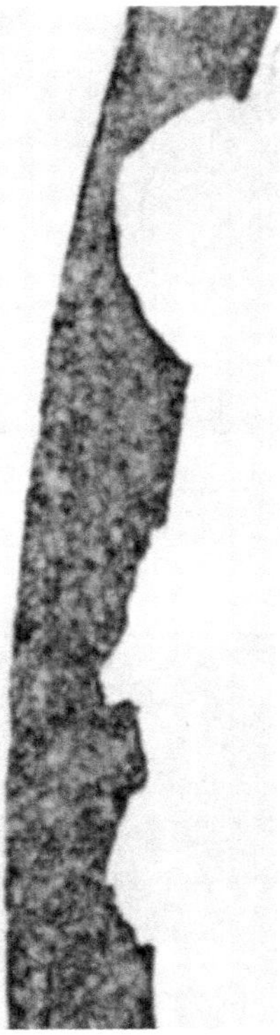

Abb. 204. Anfressungen an einem Kühlerrohr. Auf der rechten Seite sind infolge des Ausbruches des Kupferpfropfens zum Teil fast durchgehende Anfressungen vorhanden.

In Unkenntnis dieses wirklichen Sachverhaltes wird immer wieder behauptet, daß die Legierung 63% Kupfer, 37% Zink ungenügende Beständigkeit besitze, da sie durchgehender partieller Entzinkung ausgesetzt sei. Es ist hier nochmals mit Nachdruck darauf hinzuweisen, daß dies nicht den Tatsachen entspricht. Es ist bei richtiger thermischer Behandlung ohne weiteres möglich, auch bei dieser Legierung ein durchaus einwandfreies α-Gefüge zu erhalten, das die geschilderten Eigenschaften nicht aufweist und sich auf Grund des Gefügeaufbaues praktisch gleich verhalten wird, wie die zinnhaltige erste Legierung. Der Verbraucher solcher Rohre sollte daher vor ihrem Einbau durch einen Sachverständigen einige Stichproben untersuchen lassen, damit er vor unangenehmen Überraschungen geschützt ist. Das Eintreten der selektiven Korrosion, die durch rein örtliche Elementebildung unter verschiedenen Umständen eingeleitet werden kann, ist allerdings auch durch diese Vorsichtsmaßnahme nicht vorauszusagen. Daß das Kühlwasser, je nach seiner Zusammensetzung, die Korrosion befördern kann, soll hier nur erwähnt werden. Es kann aber auch möglich sein, daß bei der Reaktion zwischen gewissen Wasserbestandteilen und dem Metall sekundäre Reaktionsprodukte entstehen, die eine Schutzwirkung auf die Oberfläche der Rohre ausüben. Gelegentlich sind es aber gerade diese Produkte, die auch weiterhin die Korrosion befördern. Daraus geht hervor, daß es immer schwierig sein wird, Korrosionserscheinungen, deren Bildungsbedingungen nicht ganz einwandfrei bekannt sind, zu erklären. Wenn etwa durch Ablagerungen

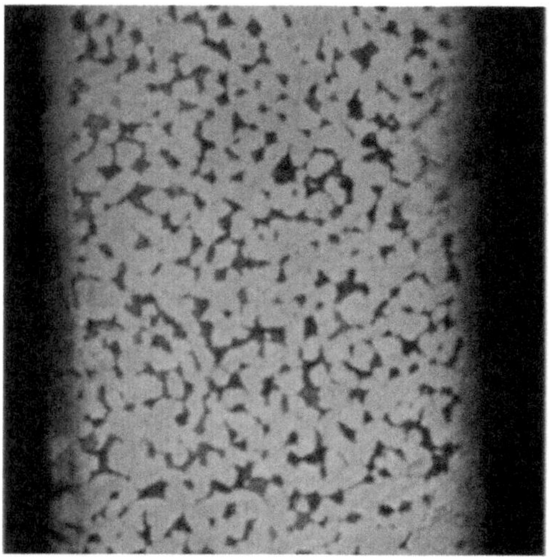

Abb. 205. Mischgefüge aus einem Kühlerrohr mit α+β-Mischkristallen. Unrichtige thermische Behandlung. Die hellen Stellen sind die α-Mischkristalle, die dunklen sind β-Mischkristalle.

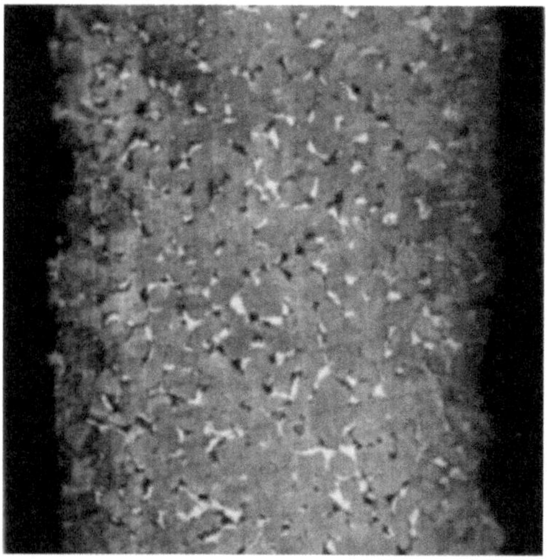

Abb. 206. Durchgehende partielle Entzinkung eines Kühlerrohres, das infolge unrichtiger thermischer Behandlung α + β-Mischgefüge enthält. Die schwarzen β-Mischkristalle sind durch poröse Kupferpfropfen ersetzt.

im Rohre gewisse ungleichmäßige Wasserströmungen erzeugt werden, dann können noch zusätzliche Erosionswirkungen auftreten, die das Bild der Korrosion verwischen.

An Wasseranlassern sind Korrosionen von anderer Natur möglich (siehe Abschn. A.C.3.). Es handelt sich dort gewöhnlich um Abrosten von Stahlteilen infolge ungenügenden Rostschutzes. Da in der Widerstandsflüssigkeit gewöhnlich Soda verwendet wird, so müssen für diese Stahlteile alkalibeständige Anstriche oder Überzüge verwendet werden, wenn ein guter Schutz erreicht werden soll. Wenn Chloride in Lösung vorhanden sind, dann kann die Zersetzung sehr befördert werden. Es muß daher darauf geachtet werden, daß sowohl das Lösungswasser als auch die verwendete Soda möglichst geringe Chloridmengen enthalten.

Seit einiger Zeit werden auch im Elektromaschinen- und Apparatebau immer mehr und mehr Leichtmetalle verwendet. Es ist nun eine bekannte Erscheinung, daß die Berührung von Aluminium und ähnlichen Leichtmetallen mit Stahl, speziell bei Freiluftaufstellung, zu starken Korrosionen führen kann. Da sich das

Leichtmetall mit einer schützenden Schicht überzieht, so ist der damit in Verbindung stehende Stahl durch diese Schicht sehr gefährdet. Es muß dafür gesorgt werden, daß ein guter Schutzüberzug angebracht wird. Ein Mittel, das sich sehr gut bewährt hat, um eine gute metallische Verbindung aufrechtzuerhalten, ist das Einlegen einer Kadmiumfolie zwischen Leichtmetall und Stahl.

Sogenannte vagabundierende Ströme oder Lagerströme können die Korrosionen noch befördern. Es ist mit verhältnismäßig einfachen Hilfsmitteln, meist durch geeignete Isolation, möglich, solche Ströme zu verhindern und damit die Gefahr zu beheben (siehe Abschn. M. G. 2.).

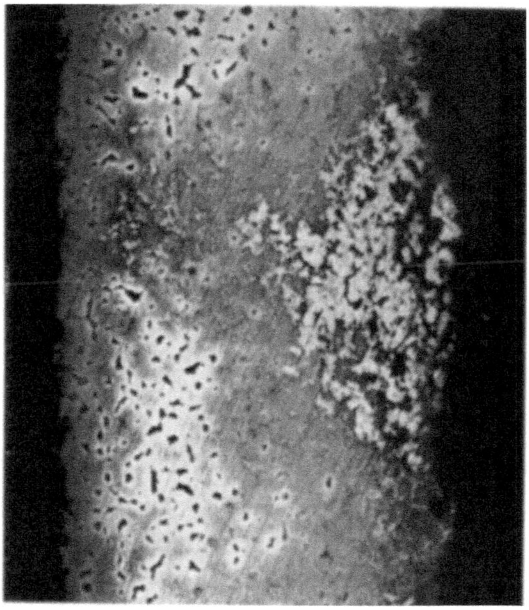

Abb. 207. Partielle Entzinkung und selektive Korrosion an einem Kühlerrohr aus $\alpha + \beta$-Mischkristallen.

6. Kesselsteinbildung.

In allen Kühlsystemen, in denen Leitungswasser als Kühlmittel verwendet wird, können Ausscheidungen mehr oder weniger löslicher Salze vorkommen, die Ablagerungen bilden, wie sie allgemein unter dem Namen „Kesselstein" bekannt sind. Sie verhindern den Wärmeübergang und können unter Umständen sehr gefährlich werden. Es ist immer noch die irrige Auffassung verbreitet, daß der Kesselstein aus ausgeschiedenem Kalziumkarbonat (Kalk) bestehe. Eingehendere neue Untersuchungen haben aber gezeigt, daß Kesselstein kein einheitliches Produkt ist, sondern verschiedene im Wasser gelöste Salze enthalten kann. Vor allem ist auch der Gipsgehalt des Wassers von Bedeutung. Als Hauptbestandteile dieser steinartigen Ausscheidungen können wohl Gips und Kalk angenommen werden. Daneben vermögen aber auch Kieselsäure, Magnesia, Tonerde, Eisensalze, Chloride und Sulfate die Natur der Ablagerungen stark zu beeinflussen. In gewissen Wässern werden auch noch beträchtliche Mengen organischer Stoffe mitgeschwemmt, die ebenfalls auf die Ablagerungen von Einfluß sein können. Die kristallisierten mitgerissenen Anteile des Kühlwassers lagern sich oft in einzelnen Schichten zwischen den anderen Ausscheidungen ab. Aus allem ergibt sich, daß es sehr zweifelhaft sein dürfte, aus der Wasseranalyse auf die Zusammensetzung des daraus sich bildenden Kesselsteines zu schließen.

Gewisse Zusammenhänge können allerdings gefunden werden, wenn man an Stelle der üblichen wasseranalytischen Daten verschiedene Quotienten verwendet, so z. B.

für das Wasser:

$$\frac{\text{Gipshärte}}{\text{Karbonathärte}} = \text{Härtequotient},$$

$$\frac{SiO_2}{CaO} = \text{Kieselsäurequotient},$$

$$\frac{MgO}{CaO} = \text{Magnesiaquotient}.$$

Für Ablagerungen:

$$\frac{CaO\ (\text{in } CaSO_4 \text{ gebunden})}{CaO\ (\text{in } CaCO_3 \text{ gebunden})} = \text{Härtequotient},$$

$$\frac{SiO_2}{CaO} = \text{Kieselsäurequotient},$$

$$\frac{MgO}{CaO} = \text{Magnesiaquotient}.$$

Da diese Quotienten, sowohl diejenigen für das Wasser als diejenigen für die Ablagerungen, reine Verhältniszahlen sind, so kann man sie unmittelbar miteinander vergleichen; sie ergeben, in gegenseitiger Beziehung beurteilt, ein übersichtliches Bild der Ablagerung. So ist es möglich, gewisse Schlüsse auf die Art der entstehenden Ausscheidungen zu ziehen.

Die Wärmeleitfähigkeit und damit die Wärmeabfuhr der verschiedenen Arten von Ablagerungen ist je nach ihrer Zusammensetzung und Dichtigkeit verschieden. Eine steinartige Ausscheidung, die aus Gips besteht, hat die beste Wärmeleitfähigkeit. Die reinen Kalksteine haben zwar eine ähnliche Dichte wie Gips, aber eine wesentlich schlechtere Wärmeleitfähigkeit. Sehr schlecht verhalten sich diesbezüglich die silikatreichen Ausscheidungen. Wenn sie nur in einem Zwanzigstel oder einem Dreißigstel der Dicke eines Kalk- oder Gipsbelages auftreten, dann können sie die gleiche wärmeisolierende Wirkung hervorrufen.

Wenn solche kesselsteinähnliche Ablagerungen in den Kühlsystemen vorkommen (siehe Abschn. A. C. 3.), dann müssen sie von Zeit zu Zeit mit Salzsäure davon befreit werden. Dabei darf die verwendete Säure nicht zu lange in den Rohren verbleiben, damit diese nicht angegriffen werden. Nach Entfernung der Reinigungssäure ist empfehlenswert, mit Hilfe von Alkali (Soda) den zurückgebliebenen Rest zu neutralisieren. Bei vorsichtigem Arbeiten genügt aber auch schon ein gutes Nachspülen mit Wasser.

Die Kühlerrohre können aber auch von mitgeschwemmten Bestandteilen zusammen mit den Ablagerungen verstopft werden. Solange die so entstandenen Krusten nicht zusammenhängend festsitzen, ist es gewöhnlich möglich, die Röhren durch sog. „Gegenwasser" zu reinigen.

Neben Ausscheidungen können die Kühlwässer auch gewisse korrosive Wirkungen erzeugen, von denen im Abschn. S. A. 5. kurz die Rede ist.

In Ölkühlern kommt es gelegentlich vor, daß ein Teil des Schlammes, der durch Zersetzung des Öles im Betrieb entsteht, sich auf den Kühlrohren ansetzt. Je nach der Art dieser außenseitigen Ablagerungen kann dann eine starke Verschlechterung der Wärmeüberführung festgestellt werden. Eine Schlammschicht von nur einem Fünftel der Dicke einer schlechtwärmeleitenden Kesselsteinschicht ist bezüglich der Wärmeübertragung ebenso schädlich. Weitere Angaben über Ölzersetzungsprodukte sind in den Abschnitten S. B. 1. und S. C. 5. enthalten.

S. B. Schmierstoffe.

1. Schmieröle.

Zur Schmierung elektrischer Maschinen werden heute wohl meistens Mineralöle verwendet. Es sind dies Gemische von Kohlenwasserstoffen, die durch Destillation und nachherige Raffination von verharzenden Stoffen befreit und je nach dem Verwendungszweck auf verschiedene Viskositäten eingestellt werden. Früher wurde beim Studium und bei der Auswahl der Schmiermittel auf Grund der hydrodynamischen Theorie nur darauf geachtet, daß das zu verwendende Öl einen geeigneten Flüssigkeitsgrad, d. h. die richtige Viskosität besaß. Eine eingehendere Beschäftigung mit dem Schmiervorgang zeigte dann aber bald, daß für die Schmierfähigkeit und damit auch für die Schmierergiebigkeit noch andere Eigenschaften in Betracht gezogen werden müssen. Die modernsten Anschauungen über Grenzflächenvorgänge und die Röntgenographie wurden herbeigezogen, um die Struktur des Schmierfilmes zu erkennen. Es hat sich dabei gezeigt, daß tatsächlich gewisse chemische Wechselwirkungen zwischen dem Schmiermittel und dem Lagermetall möglich sind. Wenn die beste Schmierergiebigkeit erreicht werden soll, müssen diese beiden Elemente richtig einander angepaßt sein (s. a. „Lagermetalle"). Es ist vor allem das Gebiet der sog. halbtrockenen Reibung beim An- und Auslauf, in dem die Molekularvorgänge die Hauptrolle spielen; dort gelten die hydrodynamischen Gesetze für den

Schmierfilm noch nicht. Ein Schmiermittel soll denmach eine möglichst gute Fähigkeit zur Schmierfilmbildung besitzen, d. h. der Zustand der halbtrockenen Reibung soll in möglichst kurzer Zeit durchlaufen werden. Dazu kommt im weiteren die Forderung, daß der einmal gebildete Schmierfilm eine große Beständigkeit aufweisen soll und nicht bei jeder Gelegenheit wieder abreißen darf.

Obschon eine große Menge von Schmiermitteln auf dem Markt sind, so kann man doch zur Schmierung von elektrischen Maschinen (ausgenommen Dampfturbinen-Aggregate) ungefähr folgende zwei Hauptgruppen von Mineralölen als geeignet erklären:

1. Für Maschinenlager mit einem Produkt $P \cdot v < 50 \frac{\text{kg}}{\text{cm}^2} \cdot \frac{\text{m}}{\text{sec}}$;

Art des Öles:	Raffinat
Spezifisches Gewicht bei 20° C:	nicht über 0,94 (nicht ausschlaggebend)
Flammpunkt im offenen Tiegel:	nicht unter 150° C
Stockpunkt:	nicht über 0° C für geheizte Innenräume, nicht über −15° C für Außenaufstellung
Säurezahl:	nicht über 0,14
Gehalt an Mineralsäuren:	0
Viskosität bei 20° C:	nicht über 25° E
„ bei 50° C:	2,5 bis 3,5° E
Asphaltgehalt:	0
Gehalt an fetten Ölen:	normalerweise = 0
Aschegehalt:	max. 0,02%.

2. Für Maschinen mit einem Faktor $P \cdot v > 50 \frac{\text{kg}}{\text{cm}^2} \cdot \frac{\text{m}}{\text{sec}}$;

Spezif. Gewicht bei 20° C:	nicht über 0,95 (nicht ausschlaggebend)
Flammpunkt im offenen Tiegel:	nicht unter 175° C
Stockpunkt:	nicht über 0° C für geheizte Innenräume, nicht über −15° C für Außenaufstellung.
Säurezahl:	nicht über 0,14
Gehalt an Mineralsäuren:	0
Viskosität bei 20° C:	nicht über 60° E
„ bei 50° C:	6 bis 7° E
„ bei 80° C:	nicht unter 2° E
Asphaltgehalt:	0
Gehalt an fetten Ölen:	0
Aschegehalt:	max. 0,02%.

Wie aus den beiden Zusammenstellungen hervorgeht, müssen bei Außenaufstellung der Lager, z. B. in Freiluftanlagen, bei Kranen usw., Öle verwendet werden, die etwas kältebeständiger sind und dementsprechend einen tieferen Stockpunkt aufweisen. Es ist von verschiedenen Seiten vorgeschlagen worden, zur Erhöhung der Schmierergiebigkeit den Mineralölen fette Öle zuzusetzen, da diese die Schmierfilmbildung erhöhen sollen. In diesem Falle müßten dann die obigen Vorschriften für die Säurezahl entsprechend geändert werden. Die so gemischten Öle müssen jedoch mit Vorsicht aufgenommen werden, da oft Zusätze verwendet werden, die am Anfang wohl den gewünschten Erfolg zeigen, nach einiger Zeit aber unangenehme Nebenerscheinungen ergeben.

In besonderen Verwendungsfällen, wie z. B. bei Dampfturbinen-Aggregaten, wo das gleiche Schmiermittel für die Turbine wie für den Generator verwendet wird, müssen die Öle speziell hohen Anforderungen genügen, sowohl hinsichtlich der Beständigkeit gegen hohe Temperaturen als auch gegen eventuell eintretenden Dampf und gegen gewisse Bestandteile, die von der Wasserenthärtung herrühren und beim „Spucken" des Kessels in den Dampf gelangen. Wenn das Öl bei diesen höheren Temperaturen in Berührung mit Luftsauerstoff steht, dann wird es zersetzt, unter Bildung von zum Teil löslichen sauren Produkten. Daneben entstehen noch Oxydationsprodukte, die im warmen Öl nicht löslich sind und solche, die sich als asphaltartige Produkte ausscheiden. Die beiden letztgenannten setzen sich im Ölkühler ab und verunmöglichen eine zweckmäßige Kühlung, um so mehr noch, als sie schlechte Wärmeleiter sind. Dadurch wird das Öl immer mehr und mehr aufgewärmt und muß einer raschen Zerstörung anheimfallen. Für Öle zur Schmierung von Turbo-Aggregaten müssen daher die Vorschriften noch wesentlich verschärft werden.

Im folgenden sind die Anforderungen angegeben, die von der AG. Brown, Boveri an Turbinenöle gestellt werden. — Weitere Einzelheiten enthalten die „Richtlinien zur Bewertung von Schmiermitteln" des Schweiz. Verbandes für die Materialprüfungen der Technik, SVMT 17.

Art des Öles:	Raffinat
Spez. Gewicht bei 20° C:	nicht über 0,94 (nicht ausschlaggebend)
Flammpunkt im offenen Tiegel:	nicht unter 165° C
Stockpunkt:	nicht über −5° C (bei entsprechenden Temperaturverhältnissen sind auch höhere Stockpunkte zulässig)
Viskosität bei 20° C:	nicht über 30° E
„ „ 50° C:	zwischen 3,5—5,5° E
„ „ 80° C:	nicht unter 1.5° E
Säurezahl:	nicht über 0,10 (max. zulässiger Wert)
Gehalt an Mineralsäuren:	0
Gehalt an fetten Ölen:	0
Aschegehalt:	nicht über 0,01%

Alterungsprobe:

Säurezahl im Anlieferungszustand:	0,1
„ nach der Alterung:	nicht über 0,3
Verseifungszahl:	nicht über 2,0
Schlammgehalt:	0%
Dampfstrahlprobe:	
Emulgierung in dest. Wasser:	0 cm^3
Emulgierung in 1proz. Sodalösung:	0 cm^3.

Die oben erwähnte, als Alterung bezeichnete Erscheinung an Turbinenölen kann prinzipiell natürlich auch bei den beiden früher genannten Ölsorten auftreten, gewöhnlich sind jedoch die Betriebstemperaturen verhältnismäßig niedrig, so daß für ihre Alterung keine große Gefahr besteht.

Wenn Schmieröle verwendet werden, die nicht einwandfrei raffiniert sind, dann können sich allerdings auch bei niedrigen Temperaturen harzige Produkte bilden, die den Schmierfilm zerstören. Bei diesem Vorgang der Alterung bilden sich, wie schon erwähnt, auch gewisse saure Reaktionsprodukte, und es kommt immer wieder vor, daß bei Wellenanfressungen diesen Stoffen die Schuld zugeschrieben wird. Demgegenüber möchten wir hier festhalten, daß auch bei verhältnismäßig hoher Säurezahl — solange es sich natürlich nicht um Mineralsäuren handelt, — die Wellenmaterialien bei den gegebenen Betriebsbedingungen nicht angefressen werden. Es sind gewöhnlich ganz andere Vorgänge, die mit der oxydativen Alterung zusammenhängen, welche die Wellenanfressungen verursachen. Bei Dampfturbinen-Aggregaten ist auch schon die Befürchtung ausgesprochen worden, daß diese Öle durch die dauernde Berührung mit den Metallen der Kühlerrohre schneller altern. Dagegen ist jedoch einzuwenden, daß die Temperaturen im Ölkühler bereits so niedrig sind und die Fließgeschwindigkeit so groß ist, daß von einem schädlichen Einfluß kaum die Rede sein kann.

Es kommt auch zuweilen vor, daß gewisse Öle ein besonders gutes Lösungsvermögen für Luft zeigen und sich dann im Betriebe mit dieser sättigen; alle Mineralöle besitzen ohnehin eine verhältnismäßig große Absorptionsfähigkeit für Luft. Der gelöste Sauerstoff kann einerseits unbeständige Oxydationsprodukte erzeugen, die beim Zerfall dann sekundär die Metalle angreifen. Außerdem können gesättigte Öl-Luftgemische in einen Maschinenteil gelangen, in dem ein geringer Unterdruck herrscht, so daß dann ein Teil der gelösten Luft austreten kann, wobei kavitationsähnliche Erscheinungen hervorgerufen werden. Solche Möglichkeiten bestehen vor allem dann, wenn Öl als Absperrflüssigkeit gegen Luft, die unter erhöhtem Druck steht, benutzt wird. Im Zusammenhang mit dem Austritt der Luft können auch sehr unangenehme Geräusche entstehen; bei anderen Verhältnissen kann starkes Schäumen auftreten. Diese oft gefürchteten Schaumbildungen sind nicht so sehr von der Qualität des verwendeten Öles abhängig, vorausgesetzt natürlich, daß dessen Eigenschaften den Grundanforderungen genügen, die weiter oben angegeben wurden. Es sind vielmehr die besonderen Betriebsverhältnisse, die es ermöglichen, daß sich das Öl mit Luft sättigt oder gar übersättigt und daß die aufgenommene Luft wieder austreten kann.

Die Säurezahl ist kein Kriterium für die Angriffsfähigkeit eines Schmieröles, da sie ja nur den quantitativen Gehalt an Säuren, nicht aber die Natur der Säuren erfaßt; diese sind aber bei weitem nicht alle gleich angriffsfähig. Ebensowenig ist die Verseifungszahl ein Maß für die Alterungsfähigkeit eines Öls. (Die Verseifungszahl gibt an, wieviel mit Alkali verseifbare Stoffe im Öl enthalten sind.) Die Bestimmung der Verseifungszahl ist in letzter Zeit verschiedentlich vorgeschlagen worden, um den Alterungszustand und die weitere Verwendbarkeit von gebrauchten Mineralölen eindeutig zu beurteilen. Es muß aber dringend davor gewarnt werden, diese Praxis allgemein einzuführen. Es gibt verschiedene Eigenschaften, die für die Eignung des Öls im Betrieb von größter Bedeutung sind, wie z. B. die Emulgierbarkeit, die Schaumbildungsfähigkeit, die mit der Verseifungszahl nicht das geringste zu tun haben. Es ist nach der Ansicht des Verfassers heute überhaupt nicht möglich, auf Grund einer der üblichen analytischen Prüfmethoden über das Betriebsverhalten der Mineralöle etwas auszusagen. Für diesen Zweck kommen vielmehr technologische Methoden in Betracht.

2. Schmierfette.

Neben den Mineralölen werden bei schwer zugänglichen Maschinenteilen und bei Kugel- und Rollenlagern auch konsistente Maschinenfette zur Schmierung verwendet. Es sind dies gewöhnlich Auflösungen von Kalk- oder Magnesiaseifen in Mineralölen; sie enthalten stets geringe Mengen Wasser. Als Nebenbestandteile befinden sich in den Maschinenfetten: Unverseift gebliebenes Fett, Glyzerin, freier Kalk und bei billigeren Produkten auch noch Beschwerungsmittel. Im folgenden sind die Anforderungen zusammengestellt, die man an gute Maschinenfette stellen muß.

Art:	Feste Gemische von Seifen und Mineralölen	
Tropfpunkt:	nicht unter 75° C	für helle Fette
	nicht unter 65° C	für dunkle Fette
Aschegehalt:	nicht über 4%	bei höheren Aschegehalten ist das Fett als beschwert zu deklarieren, sofern der Seifengehalt unter 25% liegt
Säurezahl:	nicht über 1	für Kugel- und Rollenlagerfette
Gehalt an Mineralöl:	nicht unter 70%	es soll nur reines Mineralschmieröl verwendet werden
Wassergehalt:	nicht über 4%	bei Emulsionsfetten höher
Gehalt an Fremdstoffen:	nicht über 0,5%	darf keine kratzenden und schleifenden Bestandteile enthalten
Homogenität:	beim dünnen Aufstrich zwischen zwei Glasplatten dürfen keine Entmischungen auftreten	
Gehalt an Farbstoffen:	0	es sollen nur naturfarbene Fette verwendet werden, da durch den Farbstoffzusatz der Schmierwert herabgesetzt wird.

Für Rollenlager, wie sie z. B. in Straßenbahnfahrzeugen vorhanden sind, werden auch sog. hochschmelzende Maschinenfette benützt, die folgende Eigenschaften aufweisen sollen:

Art:	feste Gemische von Seifen und Mineralölen	
Fließpunkt:	nicht unter 120°C	
Tropfpunkt:	nicht unter 140°C	für Straßenbahnmotoren kann der Tropfpunkt auch tiefer liegen
Säurezahl:	nicht über 1	
Aschegehalt:	nicht über 4%	sofern der Seifengehalt unter 25% liegt
Wassergehalt:	nicht über 0,5%	
Gehalt an fest. Fremdstoffen:	nicht über 0,5%	darf keine kratzenden und schleifenden Bestandteile enthalten
Homogenität:	bei dreimaligem Erwärmen bis zum Fließpunkt und sofortiger Abkühlung dürfen sich die einzelnen Bestandteile nicht trennen.	

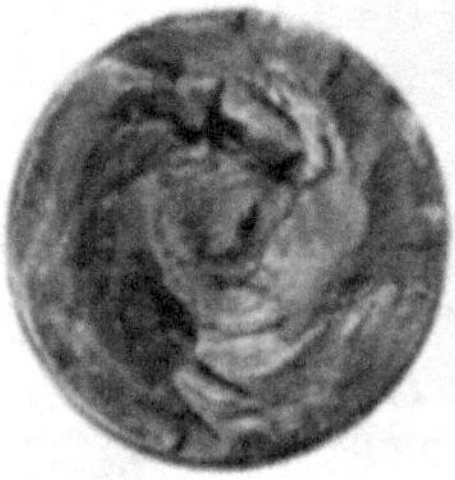

a

Abb. 208. Torsionsbruch der Welle einer Zugbeleuchtungsmaschine, verursacht durch das Festklemmen des Kugellagers. a Torsionsbruchfläche. b Mikroaufnahme eines Wellenteiles mit gefalteter Oberfläche und Einschluß (rechts auf der Abbildung).

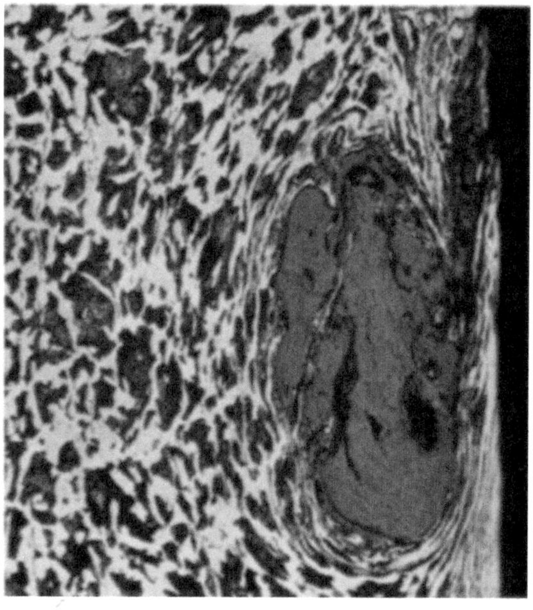

b

Wenn die konsistenten Fette nicht homogen durchgearbeitet sind oder zu große Mengen Kalkseife enthalten, dann können schwere Störungen auftreten, speziell bei Kugel- und Rollenlagern. Durch die Knetwirkung im Lager wird das Öl aus dem Fett hinausgedrückt und zurück bleibt nur die Seife. Diese schmiert aber nicht mehr, es treten deshalb erhöhte Temperaturen auf und schließlich verkohlt die Seife. Die Kugeln oder Rollen und die zugehörigen Führungsringe können dabei stark angefressen werden. Es kann aber auch vorkommen, daß durch die starke Erwärmung die Welle festgeklemmt und dann durch Torsionswirkung abgewürgt wird. In Abb. 208 ist ein solcher Fall gezeigt, der sich an einer Zugsbeleuchtungsdynamo ereignet hat. Abb. 208a zeigt deutlich die Torsionsbruchfläche; in Abb. 208b ist eine Mikroaufnahme gezeigt, aus der zu erkennen ist, wie stark die Materialverschiebungen in solchen Fällen sein können. An der Oberfläche der Welle wurden an einigen Stellen direkt Falten gebildet, in die dann Gemische von Oxyden und Schmutz eingeprägt wurden. Eine solche Falte ist mit ihrem Einschluß auf der rechten Seite der Abb. 208b zu ersehen. Die Kugeln des Lagers und die Führungsringe waren stark angefressen und mit vollständig verkohlter Kalkseife bedeckt.

Wenn konsistente Fette im Außenbetrieb, z. B. bei Freiluftanlagen (Schalterkontakte), verwendet werden, dann dürfen sie keine Kalkseife enthalten, da sonst im Winter sofort Seifenausscheidungen auftreten, die dann Klemmwirkungen erzeugen und zu ähnlichen Störungen führen, wie sie eben kurz besprochen wurden, und auch im Abschnitt A. A. 3. erwähnt sind.

S. C. Isolierstoffe, nicht-elektrische Krankheiten.

1. Faserstoffe.

Die einzelnen Faserstoffe werden zu Isolationszwecken in verschiedener Form verwendet, so z. B. als gesponnene Fäden, als Gewebe, als Papiere und Preßspäne. Die verschiedenen Sorten werden gebraucht als Träger für Imprägnierstoffe, als Zwischenlagen oder zur direkten Isolation ohne weitere Behandlung.

Wohl die wichtigste Faserart, die zur Verwendung kommt, ist die Baumwolle, an zweiter Stelle steht die Seide. Beide Fasern sind organischer Natur und bestehen aus hochmolekularen Bausteinen, die kristallinen Aufbau aufweisen und in eine amorphe Kittsubstanz eingebettet sind. Zwischen den einzelnen Elementarfasern befinden sich dann noch mehr oder weniger große Zwischenräume, die als Kapillaren wirken. Da die Kittsubstanz in Berührung mit Feuchtigkeit irgendwelcher Art zu quellen vermag, so können damit wesentliche Querschnitts- und Festigkeitsveränderungen verbunden sein. Diese Aufnahme von Feuchtigkeit, die selbsttätig so lange vor sich geht, bis ein Gleichgewichtszustand zwischen Faserfeuchtigkeit und Feuchtigkeit der Umgebung hergestellt ist, wird allgemein als hygroskopische Eigenschaft der Faserstoffe bezeichnet. Da in Faserstoffen immer kleinere oder größere Mengen von Elektrolyten enthalten sind, die mit ihrer Fabrikation im Zusammenhang sind, so beeinflußt der Elektrolytgehalt, vor allem bei wechselnden Feuchtigkeitsmengen, die Faserleitfähigkeit und damit das Isoliervermögen. Fasern irgendwelcher Art, die für elektrische Isolationen Anwendung finden sollen, müssen deshalb vorher so behandelt werden, daß der Elektrolytgehalt auf ein Minimum gebracht wird. Aber auch die mechanischen Eigenschaften der Faserstoffe werden durch ihren Feuchtigkeitsgehalt beeinflußt. Es muß dafür gesorgt werden, daß beim Trocknen nicht zu rasch auf hohe Temperatur gegangen wird, da sonst das Quellungswasser aus der Faser zu rasch austritt und dabei das Gefüge zerstört. Als Folge davon ist ein starkes Zurückgehen der mechanischen Festigkeit festzustellen. Es soll also beim Trocknen von Isolationen, die organische Faserstoffe enthalten, die Trocknungstemperatur langsam gesteigert werden und auch am Ende nicht zu hoch sein.

Wie schon erwähnt wurde, stellt sich immer ein bestimmtes Feuchtigkeitsgleichgewicht zwischen Umgebung und Faser ein. Um daher eine trockene Faser vor weiterer Feuchtigkeitsaufnahme mehr oder weniger zu schützen, muß sie mit irgendwelchen Imprägnierungsmitteln behandelt werden. Über diese sind einige Mitteilungen im Abschnitt **S.** C. 4. enthalten.

Neben diesen Eigenschaften, die mit dem Faseraufbau zusammenhängen, müssen alle Faserstoffe, die in der Isoliertechnik gebraucht werden, noch zwei andere wichtige Eigenschaften besitzen: Sie dürfen, da sie im Betriebe gewöhnlich bei hohen Temperaturen arbeiten müssen, nicht übermäßig temperaturempfindlich sein und müssen bei der erhöhten Temperatur der Einwirkung des Sauerstoffes standhalten. Durch diese beiden Forderungen ist die Grenzerwärmung einer Maschine oder eines Apparates bestimmt.

Die meistgebrauchte Baumwolle besteht vorwiegend aus Zellulose. Hinsichtlich ihrer Wärmebeständigkeit sind jedoch alle Isolierstoffe, die Zellulose enthalten, seien es nun Tücher, Papiere u. a., gleich zu beurteilen. Die Zellulose, als organischer Naturstoff, hat nur eine beschränkte Wärmebeständigkeit. Wenn die Faser getrocknet wird, tritt eine allmähliche Abnahme der mechanischen Festigkeit ein, bis sie dann bei dauernder Wärmebeanspruchung schließlich pulverartig zerfällt. Es ist oft die Auffassung vertreten worden, daß die Zerreißfestigkeit der Faserstoffe im Anlieferungszustand einen möglichst guten Wert besitzen soll, damit sie auch im späteren Betriebe nicht zu stark zurückgehe. Es ist aber nicht allein die mechanische Festigkeit, die bei solchen Erscheinungen beurteilt werden muß, sondern vor allem auch die sog. Bruchdehnung. So kann es z. B. vorkommen, daß papierisolierte Drähte nachträglich gebogen und gewunden werden müssen. Es hat sich dabei sehr oft gezeigt, daß Papiere mit guter Zerreißfestigkeit nach dieser zusätzlichen Behandlung im nachherigen Betriebe vollständig versagten, da ihre Bruchdehnung zu gering war. Bei Angaben über die Wärmebeständigkeit von Geweben, Papieren u. a. muß man also in dieser Hinsicht sehr vorsichtig sein; man wird nur dann zuverlässige Konstruktionsunterlagen bekommen, wenn auf die erwähnten Erscheinungen Rücksicht genommen wird.

Bei ungeschützten Faserstoffen, die deshalb im Betriebe mit Luftsauerstoff in Berührung kommen, muß bei den Betriebstemperaturen auch noch der Einfluß der Oxydation berücksichtigt werden. Wenn eine solche möglich ist, wird die Festigkeit wegen gleichzeitiger Bildung pulverförmiger Zersetzungsprodukte viel rascher abnehmen, als wenn die Faser nur durch die konstante Temperatureinwirkung allein zerstört wird, was an Versuchen im Vakuum reichlich belegt werden kann. In Abb. 209 ist z. B. das Verhalten von Baumwollband in ungeschütztem Zustande bei Dauererwärmung bei verschiedenen Temperaturen gekennzeichnet. Es ist daraus deutlich zu entnehmen, daß bei einer Temperatur von 100° C die Schädigung der Faser noch nicht gefahrdrohend ist, auch nicht innerhalb längerer Zeit. Vor allem bleibt die Faser ziemlich elastisch, wie aus der geringen Abnahme der Dehnung zu ersehen ist. Bei 150° C ist der Einfluß dann schon beträchtlicher, sowohl die mechanische Festigkeit als auch die Dehnung gehen schon nach kurzer Zeit beträchtlich zurück. Bei 200 und 250° C verschlechtert sich die Faser immer mehr. Das gleiche Verhalten zeigen natürlich auch andere Isolierstoffe, die aus Zellulosefasern aufgebaut sind, also auch Papiere, Preßspäne u. a. Als Gegenbeispiel ist in Abb. 210 das Verhalten eines Lackbandes, also einer geschützten Zellulose gezeigt. Die Bruchfestigkeit ist bei 100° C auch innerhalb längerer Zeit noch durchaus befriedigend. Dagegen gilt die Bruchdehnung schon nach kurzzeitiger Temperatureinwirkung zurück und erreicht sehr niedrige Werte. Als Isolation, von welcher gute Elastizität verlangt wird, ist also ein solches Band zu verwerfen.

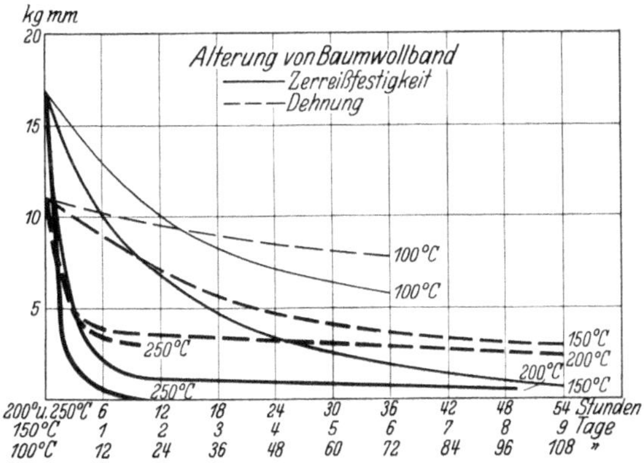

Abb. 209. Verhalten von nicht imprägniertem Baumwollband bei Dauererwärmung. Die ganzen Linien bedeuten die Veränderung der Zerreißfestigkeit und die gestrichelten die Veränderung der zugehörigen Bruchdehnung.

Auch in diesem Zusammenhange muß wieder bemerkt werden, daß allgemeingültige Angaben nicht gemacht werden können; sowohl die Betriebsverhältnisse als auch das verwendete Material müssen bei der

Beurteilung immer mit berücksichtigt werden. Für wärmebeständige Isolationen muß aber nicht nur der Träger (Gewebe oder Papier) gute Eigenschaften aufweisen, sondern auch das Imprägnierungsmittel. Es kann nämlich auch vorkommen, daß durch das schlechte Verhalten einer ungeeigneten Imprägnierung die Unterlage zerstört wird.

Es muß im weiteren auch darauf geachtet werden, daß die Faserstoffe nicht mit irgendwelchen Füllstoffen behandelt sind, die bei längerem Temperatureinfluß sich zersetzen können und auf diesem Wege die Fasern stark zu schädigen vermögen. Solche Stoffe werden zugesetzt z. B. in der Weberei als sog. Schlichte oder in der Papierfabrikation zur Fixierung der Leimung, und ähnliches mehr. Beim Vorhandensein gewisser Füllstoffe fällt die mechanische Festigkeit katastrophal zusammen. Wenn es an schon zerstörten Objekten noch möglich ist, dann muß sogleich danach gesucht werden, ob schädliche Stoffe im Ausgangsmaterial enthalten waren.

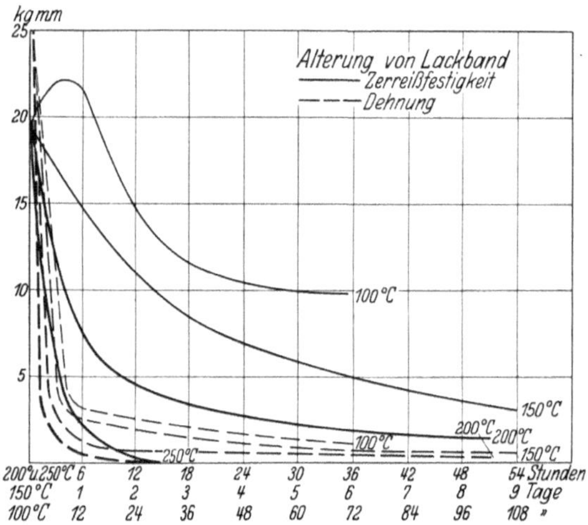

Abb. 210. Verhalten von Lackband (geschützte Baumwolle) bei Dauererwärmung. Die ganzen Linien bedeuten die Veränderung in der Zerreißfestigkeit, die gestrichelten die Veränderung der zugehörigen Bruchdehnung.

Im Zusammenhang mit den oben erwähnten hygroskopischen Eigenschaften stehen auch gewisse Volumänderungen. Diese können sich bei nicht imprägnierten Faserstoffen in ziemlich starkem Maße geltend machen. So kommt es z. B. vor, daß im Ruhezustand, bei hohem Feuchtigkeitsgehalt der Atmosphäre, sich solche Teile vergrößern und nachher im Betrieb wieder stark zusammenziehen. Durch diese fortwährenden Bewegungen können die Isolationen unter Umständen an gewissen Stellen durchgescheuert werden oder sie können sich zusammenstauchen, z. B. in Nutenkanälen. Ein solcher Vorgang spielt sich gelegentlich auch ab bei Nutenkeilen, die nicht imprägniert sind. Je nach dem verwendeten Material: Holz, Hartpapier, Transformerboard u. a. sind die Volumenänderungen mehr oder weniger groß. Eine Imprägnierung ist also auch im Hinblick auf diese Erscheinungen für die entsprechenden Werkstoffe empfehlenswert.

Neben der Veränderung durch den dauernden Temperatureinfluß muß bei geschichteten Isoliermaterialien auch noch die Veränderung der Bindemittel berücksichtigt werden, die zur Verbindung der einzelnen Faserstoffschichten benutzt werden. In diesem Zusammenhange ist vor allem das Verhalten von Hartpapierfabrikaten (Platten oder Röhren) zu erwähnen. Zur Herstellung dieser Produkte werden die sog. Kunstharze verwendet, welche die Eigenschaft besitzen, bei höherer Temperatur zu erhärten, d. h. in unlösliche, unschmelzbare Harze überzugehen. Dabei entstehen verschiedene Zwischenreaktionsprodukte — darunter auch Wasser —, die gewöhnlich in Form von Gasen austreten. Wenn diese Gase einen genügenden Druck erreichen, dann blähen sie das Material auf und verursachen die Bildung von mehr oder weniger großen Blasen. Es kommt leider oft vor, daß solche Fabrikate, vor allem beim Auskochen in Öl, sehr starke Blasenbildung zeigen. Dieser Übelstand kann nur dann verhindert werden, wenn durch langsam gesteigerte Temperatureinwirkung bei der Fabrikation den Zwischenreaktionsprodukten die Möglichkeit gegeben wird, aus dem Innern der Platten oder Röhren heraus zu diffundieren, also auch bei der Behandlung von Hartpapierfabrikaten muß dafür gesorgt werden, daß die Temperatureinwirkung nicht zu schroff ist und daß nicht zu hohe Temperaturen verwendet werden.

Beim Umpressen von Leitern mit sog. Mikafolium, bei dem ein natürliches Harz — Schellack — als Bindemittel verwendet wird, können ähnliche Erscheinungen auftreten, wie sie z. B. in Abb. 211a und b gezeigt werden. Durch ungleichmäßige Erwärmung bei der Herstellung hat sich in der rechten Seite der Umpressung eine Blase gebildet, die in Abb. 211b noch deutlicher zu ersehen ist. Wenn solche Stellen auf höhere Betriebstemperatur kommen, dann blähen sie sich noch weiter auf und schließlich kann der Vorgang zu Rissen in der Isolation führen.

Es zeigt sich ferner bei geschichteten Isolierstoffen, daß gewisse Bindemittel sich mit den Trägerstoffen oder mit den Stoffen, die aufgetragen werden sollen, nicht verbinden. So ist es bis heute noch nicht gelungen, mit den Formaldehydkunstharzen Glimmer zu kleben. Es muß also nicht nur der richtige Faserstoff mit dem richtigen Imprägniermittel vereinigt werden, sondern in den letztgenannten Fällen muß auch dafür gesorgt werden, daß gute Bindemittel die Temperaturbeständigkeit der Gesamtisolation erhöhen.

Als ein weiterer Baustoff, der seine wichtigsten Eigenschaften der Faserstruktur verdankt, ist das Holz zu erwähnen. Auch Holz besteht, wie Baumwolle und entsprechende Papiere, aus Zellulose. Es gibt nun drei Sorten von Zellulose, die eine verschiedene Beständigkeit gegen äußere Einflüsse wie Temperatur, Oxydation usw. aufweisen. Man kann daher nicht von allgemeinen Eigenschaften reden, sondern muß immer berücksichtigen, in welchem Verhältnis die drei Zelluloseearten in dem vorliegenden Objekt vorhanden sind. Die Hölzer werden, um die auch in ihnen vorhandenen Kapillarräume — Saftkanäle usw. — zu schließen und damit die hygroskopischen Eigenschaften nach Möglichkeit zu unterdrücken, ähnlich imprägniert wie die bereits erwähnten Faserstoffe. Auch für diese Zwecke kommen Imprägniermittel in Betracht, die schon früher besprochen wurden. Dabei muß ausdrücklich

a

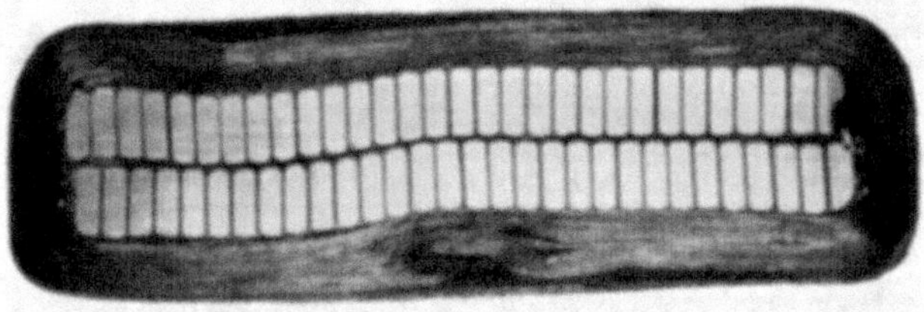

b

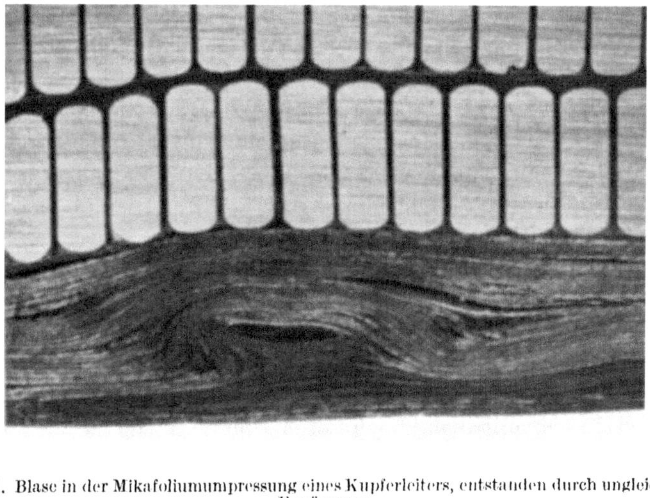

Abb. 211. Blase in der Mikafoliumumpressung eines Kupferleiters, entstanden durch ungleichmäßige Erwärmung.
a Lage der Blase in der Isolation, b Bild der Stelle mit Blase.

darauf hingewiesen werden, daß je nach der verschiedenen Bauart des zu verwendenden Holzes auch das Imprägniermittel entsprechend ausgewählt werden muß. So gibt es z. B. Holzsorten, die infolge ihres großen Gehalts an instabiler Zellulose das Imprägnierungsmittel zerstören können (siehe darüber auch den Abschnitt S. C. 5.). Es kann auch der Fall eintreten, daß das Imprägnierungsmittel selbst, durch eine gewisse eigene Zerstörung, einen Angriff auf die Zellulose des Holzes ausübt und dadurch seine mechanische Festigkeit sehr stark herabsetzt. Für gewisse Imprägnierungsmittel, wie z. B. Kunstharz, gelten auch beim Holz die gleichen Bemerkungen, die vorstehend beim Hartpapier gemacht sind. Wenn zur Imprägnierung von Holz Stoffe gebraucht werden, die bei höherer Temperatur noch weiter reagieren und gasförmige Produkte abspalten, dann kann auch bei bestimmten Hölzern die Rißbildung und Zerstörung des Fasergefüges vorkommen.

Wenn die weitere Entwicklung und Anwendung der Faserstoffe für die Isoliertechnik Erfolg haben soll, dann muß dafür gesorgt werden, daß die hier gestreiften Gesichtspunkte berücksichtigt werden. Es ist irreführend zu glauben, auf Grund einiger Daten allgemeine Angaben über die Eigenschaften und die Beständigkeit von Isolationen machen zu können.

2. Ausguß- und Füllmassen.

Faserstoffe, wie Gewebe, Papiere u. a., können auch mit Hilfe von Isolierfüllmassen vor Feuchtigkeitsaufnahme und Wärmezerstörung geschützt werden; mit Isolierlacken wird in gewissen Fällen der gleiche Zweck erreicht. Zwischen den beiden Imprägnierungsarten besteht folgender Unterschied: Bei der letzteren werden die einzelnen Fasern mit dem Imprägnierungsmittel gefüllt, die vorhandene Luft wird verdrängt und die Faser in Lack eingebettet; dabei werden jedoch die Zwischenräume der Fasern unter Umständen nicht ausgefüllt. Bei der Imprägnierung mit Füllmasse ist auch dies der Fall.

Die Ausguß- oder Füllmassen sind selten einheitliche Stoffe; es sind gewöhnlich Gemische von Asphalten mit Harzen, von Asphalten mit Ölen oder von Harzen mit Mineralölen. Je nach der Konsistenz, die man erreichen will, muß die Zusammensetzung dieser Tränkmittel geändert werden. Da gewöhnlich auch eine gewisse Plastizität gefordert wird, muß auch der Zusatz von Asphalten in richtigen Grenzen gehalten werden. Für einwandfreie Isoliermassen sollten nur wirkliche Naturasphalte verwendet werden und keine Teerpeche, die bisweilen fälschlich auch als Asphalte bezeichnet werden; sie enthalten immer freien Kohlenstoff, der elektrisch sehr ungünstig wirkt. Es ist wohl möglich, durch eine gewisse Vorbehandlung diesen Kohlenstoff aus den Pechen zu entfernen und dann mehr oder weniger brauchbare Produkte zu erhalten. An Stelle der oben erwähnten Öle können auch Vaseline oder Paraffine verwendet werden. Bei der Herstellung von Isoliermassen muß darauf geachtet werden, daß die verschiedenen Komponenten gut durchgeschmolzen sind, sonst kann beim Erkalten die Masse sich in einzelne Schichten trennen, die unter Umständen ungleichmäßige Beanspruchungen zeigen, was sowohl mechanisch als auch elektrisch nachteilig ist. Es kann allerdings auch möglich sein, daß Ausscheidungen entstehen, welche die Güte der Isoliermasse nicht wesentlich beeinflussen. So sieht man gelegentlich feinkristalline Ausscheidungen in Massen, die Kolophonium enthalten. Es sind dies Kristalle der Abietinsäure, welche den Hauptbestandteil dieses Harzes ausmacht. In elektrischer Beziehung sind im Zusammenhang damit keine Nachteile festzustellen. Die Ausscheidung kann durch ein nochmaliges Aufwärmen und langsames Abkühlen wieder in Lösung gebracht werden.

Es ist aber auch möglich, daß sich Isoliermassen beim Vergießen und Erstarren einwandfrei verhalten und erst nach einiger Betriebszeit Ausscheidungen zeigen. Es muß dann durch systematische Untersuchungen der einzelnen Mischungen dafür gesorgt werden, daß die homogene Lösung auch in festem Zustande dauernd erhalten bleibt.

Weitere Schwierigkeiten mit Füllmassen können im Betriebe durch die auftretenden Temperaturschwankungen entstehen. Bei erhöhter Temperatur dehnen sich die Isoliermassen, je nach der Zusammensetzung mehr oder weniger stark aus. Auch hierbei können nur einige Vorversuche darüber Auskunft geben, ob die einzelnen Komponenten nicht übermäßigen Volumveränderungen unterliegen. Diese Erscheinung tritt oft deshalb noch unangenehmer hervor, weil z. B. in Durchführungsisolatoren die Erwärmung nur einseitig erfolgt. Es entsteht deshalb an der erwärmten Stelle eine einseitige Volumvergrößerung und eine Drucksteigerung. Wenn nun die andere Seite diesen Druck nicht aufzunehmen vermag, dann kommt es zum Bruch des Isolators. Auch in solchen Fällen hat es sich gezeigt, daß es wohl Mischungen gibt, die den früher erwähnten Bedingungen genügen, aber einen einseitigen Druck nicht auszugleichen vermögen. Aus diesen wenigen Ausführungen geht hervor, daß man bei der Auswahl von Isoliermassen sehr vorsichtig sein muß und ihre Zusammensetung immer dem Verwendungszweck anpassen soll. Es ist bei weitem nicht gesagt, daß eine Vergußmasse, die für Kabelendverschlüsse einwandfreie Eigenschaften aufweist, sich auch zum Ausfüllen von Durchführungsisolatoren eignet.

In gleichem Maße wie die Ausdehnung bei erhöhter Temperatur ist auch die Kontraktion beim Abkühlen von den Mischungskomponenten abhängig. Letzteres Verhalten wird allgemein als Schwund der Isoliermassen bezeichnet. Daraus ergibt sich, daß nur durch geeignete Versuchsreihen die günstigsten Mischungen hinsichtlich Schwund ermittelt werden können. Dem Schwund muß die größte Aufmerksamkeit geschenkt werden, da als Folge davon Risse in den Isoliermassen auftreten können.

Auf einen weiteren Punkt, die Möglichkeit der Oxydation bei der Herstellung der Isoliermassen, soll hier noch aufmerksam gemacht werden. Es kommt nämlich vor, daß unter dem Einflusse des Luftsauerstoffes bei der Fabrikationstemperatur sich Oxydationsprodukte bilden, die sehr zähflüssig sind und eine geringe Penetrationskraft haben. Solange die Masse flüssig ist, kann die Veränderung nicht festgestellt werden; sobald aber die Erstarrung beginnt, kann man beobachten, daß sich feine Häute ausscheiden, die nicht in den zu imprägnierenden Faserstoff eindringen, sondern lediglich auf der Oberfläche sitzen bleiben. Eine Imprägnierung findet in diesen Fällen natürlich nicht statt. Je nach der Art der einzelnen Komponenten ist die Empfindlichkeit der Masse gegenüber Sauerstoff verschieden groß und auch in dieser Hinsicht muß dafür gesorgt werden, daß die richtigen Bestandteile für die Mischung ausgewählt werden.

3. Kitte.

Gewisse Isolationsteile müssen mit ihren Halte- oder Führungsteilen oft durch Kitte verbunden werden. Diese werden, ähnlich wie die Lote, in flüssiger Form in die Kittstelle eingebracht und bilden eine feste Verbindung, indem sie aus dem geschmolzenen Zustande erstarren oder indem ihr Lösungsmittel verdunstet. Neben den rein physikalischen Veränderungen können sich dabei noch chemische Reaktionen abspielen, wobei sich dann auf diesem Weg feste Verbindunegn bilden. Ein brauchbarer Kitt muß gute Haftfestigkeit an den beiden zu verbindenden Teilen aufweisen und soll beim Erstarren eine gute innere Festigkeit bekommen. Wenn die Haftfestigkeit ungenügend ist, dann löst sich der Kitt, bei mechanischer Beanspruchung, von den zu verbindenden Teilen. Wenn die innere Kittfestigkeit ungenügend ist, dann erfolgt der Bruch im Innern des Kittes selbst. Die mechanische Festigkeit der Kittverbindung ist aber noch abhängig von einem dritten Punkt: dem Material, das verkittet werden soll. Ein Metall bedingt eine andere Haftfestigkeit als Porzellan oder Hartpapier und ähnliche Stoffe. Auch für Kitte muß gesagt werden, daß es keinen Universalkitt gibt, der in allen Fällen eine mechanisch einwandfreie Kittverbindung herstellt.

Neben den mechanischen Beanspruchungen soll die Kittstelle, je nach dem Ort wo sie angebracht ist, noch verschiedenen anderen Einflüssen standhalten. In gewissen Fällen muß eine große Dichtigkeit verlangt werden, oder es kann möglich sein, daß, wenn die Kittstelle mit Öl in Berührung kommt, sie öldicht sein soll und gleichzeitig durch das Öl nicht zerstört werden darf. In anderen Fällen wiederum muß die Forderung gestellt werden, daß der Kitt nach der Erhärtung nicht mehr innerlich weiter reagiert und nicht nachträglich, z. B. durch atmosphärische Einflüsse, zerstört wird. Gewisse Kittmischungen können während des Abbindens stark schwinden und Risse bekommen; auch sind Mischungen bekannt, die beim Abbinden oder nachher zu treiben beginnen. Es können dabei so große Volumveränderungen vorkommen, daß die einzelnen Teile zersprengt werden.

Bis vor kurzer Zeit wurden die Kittmischungen rein empirisch zusammengestellt. Erst neuerdings sind systematische Versuche durchgeführt worden, die gezeigt haben, wie die verschiedenen Eigenschaften dieser Mischungen beeinflußt werden können. Dabei hat sich auch die große Variationsfähigkeit der einzelnen Verkittungen sowohl in bezug auf mechanische Festigkeit als auch in bezug auf Beständigkeit gegen chemische, atmosphärische u. a. Einflüsse herausgestellt.

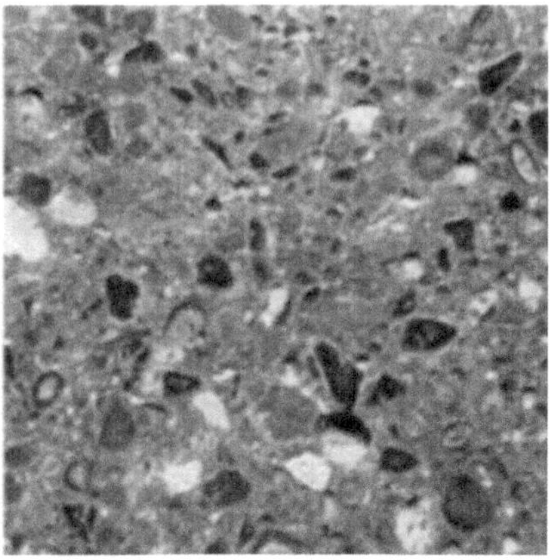

Abb. 212. Gefüge eines Bleiglätte-Glyzerinkittes, hergestellt mit einer mittelkörnigen Bleiglätte.

Eine große Verbreitung hat heute immer noch der sog. Bleiglätte-Glyzerinkitt. Das Abbinden dieses Kittes beruht auf einer chemischen Reaktion zwischen der Bleiglätte und dem Glyzerin. Je nach der Art der Bleiglätte, d. i. ihrer Herstellung und der dadurch bedingten Pulverfeinheit — Körnung — muß mehr oder weniger Glyzerin zugegeben werden und entsteht ein mehr oder weniger fester, d. h. dichter Kitt. In Abb. 212 und 213 sind zwei Gefügeaufnahmen solcher verschiedener Kitte gezeigt. Abb. 212 läßt deutlich einzelne mehr oder weniger grobe Körner in einer harten Grundmasse ersehen. Diese Kittverbindung wurde hergestellt mit einer mittelkörnigen Bleiglätte und ist mechanisch sehr fest. Bei der gleichen Mischung, nur durch Verwendung einer feinpulverigen Bleiglätte, entsteht ein Gefüge, das in Abb. 213 ersichtlich ist. Es sind viel weniger grobe Körner zu ersehen; die Grundmasse ist ganz fein kristallin bis pulverig, und die mechanische Festigkeit der Verbindung ist sehr schlecht. Wenn man keine Fehlschläge erleben will, dann muß man bei jeder Neulieferung von Bleiglätte zuerst einige Probekittungen ausführen, um diejenige Kittmischung, welche die maximale Festigkeit und größte Dichtigkeit ergibt, zu ermitteln. Im weiteren muß darauf geachtet werden, daß die Bleiglätte möglichst rein ist von Verunreinigungen.

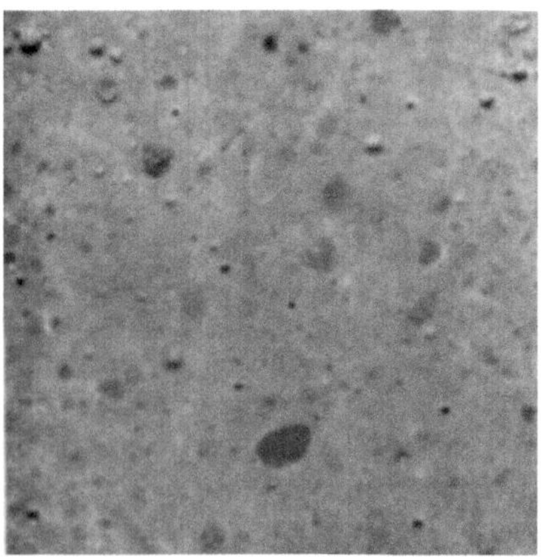

Abb. 213. Gefüge eines Bleiglätte-Glyzerinkittes, hergestellt mit einer feinkörnigen Bleiglätte.

Beim längeren Lagern bildet sich unter dem Einfluß der Kohlensäure der Luft Bleikarbonat und dieses bindet mit dem Glyzerin nicht ab. Wenn solche Bestandteile in eine Kittverbindung gelangen, so fällt ihre mechanische Festigkeit gewöhnlich durchaus ungenügend aus. Aber auch das Glyzerin muß bestimmte Eigenschaften aufweisen. Es muß eine bestimmte Konzentration haben, darf aber auch nicht zu konzentriert sein. Gut bewährt hat sich eine 85proz. Lösung. Im weiteren dürfen im Glyzerin keine Schwefelsäure- oder Sulfatreste enthalten sein, da diese sonst mit dem Bleioxyd wiederum Salze bilden, welche die mechanische Festigkeit der Kittverbindung sehr verschlechtern. Wenn die Mischung Bleiglätte—Glyzerin richtig hergestellt ist und auf die erwähnten Punkte geachtet wird, dann ist die Kittverbindung, die nach dem Abbinden entsteht, mechanisch einwandfrei und auch beständig gegen irgendwelche Einflüsse. Bei unrichtiger Mischung kann es vorkommen, daß wohl eine Abbindung vor sich geht, aber die mechanische Festigkeit ungenügend bleibt und die ganze Masse porös ist. Es können dann an der Oberfläche sog. „Ausblühungen" entstehen, die von der Kohlensäure der Luft verursacht sind. Eine solche Verbindung ist natürlich auch nicht dicht gegen Flüssigkeiten.

Für gewisse Zwecke haben sich die sog. Magnesium- und Zinkoxychloridkitte eingeführt. Auch für diese Kitte gilt dasselbe in bezug auf die Kornfeinheit und Herstellungsart der verwendeten Oxyde, wie für die Bleiglätte. Es ist also auch hierbei wiederum nicht gleichgültig, ob frischgebranntes Magnesium- oder Zinkoxyd verwendet wird, oder ein Oxyd, das schon längere Zeit an der Luft gelagert hat. Selbst bei guten Ausgangsmaterialien und richtigen Mischungsverhältnissen ist jedoch die Kittverbindung, die auf diesem Wege entsteht, in mechanischer Hinsicht schwächer als die Bleiglätteverkittung. Dazu kommt noch, daß beim Abbinden unter Umständen Wasser abgespalten wird, das längere Zeit nach dem scheinbar beendigten Abbinden immer noch ausschwitzt. Ein wesentlicher Unterschied in praktischer Hinsicht konnte immerhin zwischen dem Magnesiumoxychlorid- und dem Zinkoxychloridkitt nicht festgestellt werden. Neuerdings sind sehr gute, öldichte und mechanisch einwandfreie Kitte dadurch erhalten worden, daß man das Magnesiumchlorid durch Magnesiumsulfat ersetzte und dem Pulver Aluminiumsilikatzuschläge beigab, wobei eine magnesiazementartige Verbindung entsteht.

Gelegentlich sind auch verschiedene Zementsorten zu Verkittungen vorgeschlagen worden, die aber nur in bestimmten Fällen mit Erfolg anzuwenden sind. Es konnten bei gewissen Mischungen nur mittelmäßige Resultate erzielt werden.

Neben diesen Kittsorten, die in vielerlei Massen empfohlen und angewendet werden zur Befestigung von Porzellanisolatoren, Stahlflanschen und von ähnlichen Teilen, sind auch noch Kitte üblich, an die weniger große mechanische Anforderungen gestellt werden und die lediglich den Zweck haben, z. B. einen Leiterdraht zu befestigen. Solche Verbindungen werden am einfachsten mit Lösungen von Harzen: Schellack, Kunstharze u. a. hergestellt. Bei diesen Verbindungen findet meistens keine chemische Veränderung statt, sondern die Verkittung beruht nur auf dem Verdunsten des Lösungsmittels und auf der Bildung einer klebenden Harzzwischenschicht. Solche Verbindungen sind nur in dünnen Schichten vorteilhaft. Wenn sie als dickere Aufträge angewendet werden sollen, dann gibt man ihnen gewöhnlich noch irgendeinen Füllkörper hinzu, wie Asbestmehl oder ähnliches. Solche Gemische können auch mit Harzen und Füllstoffen in geschmolzenem Zustande zur Anwendung kommen. Bei Verwendung von Kunstharzen oder Schellack kann die Erhärtung noch befördert werden durch erhöhte Temperaturen während der Erhärtung. Auch nach dem Festwerden des Kittes kann noch etwas erwärmt und dadurch ein nachträglicher Härtungsvorgang veranlaßt werden, der die Verbindung beträchtlich fester macht.

Es wurde schon einleitend darauf hingewiesen, daß eine sehr große Variation zwischen den einzelnen Komponenten eines Kittes möglich ist. An dieser Stelle konnten nur einige Hauptrepräsentanten erwähnt werden.

4. Isolierlacke.

Alle zur Isolierung elektrischer Maschinen- und Apparateteile verwendeten Faserstoffe haben im ungetränkten Zustand mehr oder weniger hygroskopische Eigenschaften, die im Abschnitt S. C. 1. näher beschrieben sind.

Wohl die allgemein verbreitetsten Imprägnierungsmittel für diese Stoffe sind die Isolierlacke. Je nach dem Anwendungszweck müssen wir unterscheiden zwischen Imprägnierlacken, die durch Tränkung in die Faserstoffe eindringen sollen, und Überzugslacken, die lediglich auf der Oberfläche einen nach außen abschließenden Überzug erzeugen sollen. Es soll an dieser Stelle schon bemerkt werden, daß es keinen „Universal"-Isolierlack gibt; er muß je nach der Verwendung zweckmäßig zusammengesetzt sein.

Die Isolierlacke können im weiteren unterschieden werden in Lacke, deren Trocknungsprozeß lediglich auf der Verdunstung des Lösungsmittels beruht und in Lacke, bei denen sich nach der Verdunstung des Lösungsmittels auch noch gewisse chemische Vorgänge abspielen, die erst die Bildung eines Filmes herbeiführen. Zur erstgenannten Gruppe gehören die sog. Spritlacke; z. B. alkoholische Kunstharzlösungen, alkoholische Schellacklösungen u. a. Zur zweiten Gruppe sind die sog.

Öllacke zu zählen, deren Lackkörper aus einem zusammengekochten Gemisch von Harzen oder Asphalten mit trocknenden Ölen, wie Leinöl oder Holzöl besteht.

Eine weitere Unterscheidung stützt sich auf den Trocknungsvorgang. Es lassen sich diesbezüglich zwei Klassen auseinanderhalten: die sog. Luftlacke und die Ofenlacke. Die ersteren trocknen bei mittlerer Zimmertemperatur an der Luft, die zweiten dagegen bei erhöhter Temperatur in besonderen Trockenschränken. Im Zusammenhang mit den verschiedenen Zusammensetzungen und Trocknungsvorgängen stehen nun die verschiedenen Eigenschaften der aus diesen Lacken sich bildenden Imprägnierungen oder Überzüge.

An die Isolierlacke müssen je nach ihrer Verwendung verschiedene Anforderungen gestellt werden. Wenn eine Isolation einwandfrei imprägniert werden soll, muß ein Lack verwendet werden, der gut in die Faserstoffe eindringt und die Kapillarräume vollständig ausfüllt. Damit die erste Forderung erfüllt wird, muß der Lack so zusammengesetzt sein, daß er keine zu große Zähflüssigkeit aufweist und sich beim Einsaugen nicht entmischt, da sonst bei der Tränkung vor allem das Lösungsmittel in den Faserstoff eindringt, während der Lackkörper auf der Oberfläche der Fasern zurückgehalten wird. Wenn dann beim nachherigen Trocknen das Lösungsmittel verdampft, kann es stellenweise die Lackhaut sprengen und damit zur Haarrißbildung Anlaß geben. Wenn die zweite Forderung erfüllt werden soll, muß der Lack andererseits eine bestimmte Konsistenz haben, damit er zwar noch in die Kapillaren eindringt, diese aber nach dem Verdunsten des Lösungsmittels wirklich noch ausfüllt. Aus diesen beiden Gegenüberstellungen ersieht man deutlich, daß es nicht möglich ist, einen Universallack für die Imprägnierung herzustellen. Am empfehlenswertesten ist wohl die Verwendung eines dünnflüssigen Lackes, der in einem ersten Arbeitsgang vorerst in die Fasern eindringt und erst in einem zweiten Arbeitsgang die Kapillarräume zwischen den Fasern ganz ausfüllt. Bei diesem Vorgehen muß aber darauf geachtet werden, daß die erste Lackschicht vor dem zweiten Prozeß wirklich gut getrocknet ist, da sonst beim zweiten Imprägnieren die erstere durch das Lösungsmittel Schaden nehmen kann. Für solche Zwecke eignen sich daher am besten ofentrocknende Öllacke. Auf die so vorbehandelten faserartigen Isolierstoffe kann dann bei außenliegenden Teilen noch ein Überzuglack aufgebracht werden. Für diesen Zweck wird gewöhnlich ein lufttrocknender Lack gebraucht, der durch Spritzen oder durch Tauchen auf die vorher imprägnierte Isolation aufgebracht werden kann. Zum Spritzen haben sich in neuester Zeit die sog. Niederdruckspritzpistolen als sehr geeignet erwiesen, die vor den Überdruckpistolen den großen Vorteil haben, daß sie den Lack nicht so stark zerstäuben.

Als Luftlacke kommen, wie schon erwähnt, alkoholische Lösungen von Harzen oder Asphalten in anderen Lösungsmitteln, sowie auch Luftlacke in Betracht, deren Lackkörper trocknende Öle enthält. Die Alkohollacke haben gewöhnlich den Nachteil, daß sie einen mehr oder weniger spröden Film bilden, der bei gewissen Betriebsbedingungen leicht Haarrisse bilden kann. In diesen können sich Feuchtigkeit und Schmutz festsetzen. Empfehlenswerter sind Luftlacke, die mehr elastische Filme ergeben und den erwähnten Nachteil nicht zeigen. Wenn auch das Spritzen von Isolierteilen mit Luftlacken einen gewissen Vorteil hat, so muß doch erwähnt werden, daß, wenn nicht mit äußerster Vorsicht gearbeitet wird, gewisse Teile einen ungleichmäßigen Auftrag zeigen können oder sogar Stellen vorhanden sind, die überhaupt nicht mit Überzugslack bedeckt wurden. Beim Tauchverfahren tritt dieser Nachteil nicht in gleichem Maße in Erscheinung.

Mit Lack imprägnierte Isolierteile, die unter Öl arbeiten müssen, wie z. B. Wicklungen von Transformatoren, dürfen durch das warme Öl nicht angegriffen werden. Für solche Zwecke ist nur ein besonders ölfester Lack geeignet. Wenn derselbe nicht genügend durchgetrocknet ist oder an und für sich schon eine ungenügende Ölfestigkeit besitzt, dann ist das warme Transformatoröl imstande, den Lack von den Faserstoffen abzulösen. Je nach seiner Zusammensetzung kann der Lack das Transformatorenöl nachteilig beeinflussen und die Zersetzung desselben befördern. Solche Isolationen müssen also ganz vorsichtig behandelt werden.

Bei Reparaturen an lackierten Maschinenteilen muß darauf geachtet werden, daß die lufttrocknenden Öllacke gewöhnlich eine ungenügende Beständigkeit aufweisen gegen Lacklösungsmittel. Wenn also solche Teile mit flüssigem Lack in Berührung kommen, so kann durch das Lösungsmittel der alte Überzuglack teilweise zum Quellen, zum Erweichen oder gar zum Lösen gebracht werden. Wenn dann solche Teile im Trockenschrank nachgetrocknet werden, kann die neu aufgebrachte Lackschicht durch das Auftreiben des darunterliegenden Überzuglackes nicht gut haften oder ein unschönes Aussehen erhalten. In solchen Fällen muß die Trocknung sehr vorsichtig durchgeführt werden. Es empfiehlt sich aber, wenn die Möglichkeit besteht, die reparierten Teile vor dem Zusammenbau zu imprägnieren und zu trocknen, dann einzubauen und schließlich das Ganze mit dem Überzuglack zu überziehen. In solchen Fällen ist wohl das Spritzen dem Tauchen vorzuziehen, da es möglich ist, mit der Spritzpistole viel besser die einzelnen Teile zu treffen, als es beim Tauchen der Fall ist.

Bei jeder Art der Lackbehandlung, vor allem aber beim Imprägnieren, muß darauf geachtet werden, daß sich keine sog. Lacksäcke bilden, da der Lack in den dicken Schichten nicht durchtrocknet und dann bei Erwärmungen ausgetrieben wird. Für rotierende Teile ist es daher vorteilhaft, auch die Imprägnierung im drehenden Zustand durchzuführen, um dabei den überschüssigen Lack mehr oder weniger abzuschleudern. Bei größeren Stücken oder Einzelteilen, die z. B. zum Trocknen auf eine Seite gelegt werden müssen, muß darauf geachtet werden, daß bei der zweiten Behandlung das Stück richtig auf die andere Seite gelegt wird, um ein Nachfließen des Lackes und damit einen ungleichmäßigen Auftrag nach Möglichkeit auszugleichen.

Bei der Auswahl des Isolierlackes muß aber nicht nur der Arbeitsprozeß und der Zweck, den die Lackbehandlung zu erfüllen hat, berücksichtigt werden, sondern auch der Standort der fertigen Maschine oder des fertigen Apparates. Auch in diesem Zusammenhange muß wieder darauf hingewiesen werden, daß es keinen Universallack gibt, der allen Ansprüchen genügen kann. So muß z. B. ein Lack, der Feuchtigkeitsschutz gewähren soll, ganz anders zusammengesetzt sein als ein Lack, der hauptsächlich temperaturbeständig sein muß. Überzüge, die Säuredämpfen ausgesetzt sind, erfordern wiederum eine andere Zusammensetzung als solche, die mit alkalischen Stoffen in Berührung kommen. Auf Wicklungen von Maschinen können sich, je nach dem Standort, verschiedene flüssige oder feste Stoffe ablagern. So können sich z. B. Ölspritzer, von der Schmierung herrührend, darauf niederschlagen. Gewöhnlich sind die bewährten ölhaltigen Luftlacke bei Zimmertemperatur gegen Schmieröl noch genügend widerstandsfähig, obschon sie gegen warmes Mineralöl nicht beständig sind.

Es kann ferner möglich sein, daß durch Staub oder ähnliche Stoffe die Oberflächenleitfähigkeit herabgesetzt wird; die Wicklungen müssen in solchen Fällen von Zeit zu Zeit gereinigt werden. Dies läßt sich am besten bewerkstelligen durch Ausblasen mit Preßluft, wobei darauf geachtet werden muß, daß diese trocken und ölfrei ist. Es können aber auch Pinsel, Lappen u. a. zum gleichen Zwecke verwendet werden. Wenn die Schmutzschicht mit Öl oder anderen Stoffen durchsetzt ist und fest auf der Wicklung sitzt, dann muß die Verunreinigung mit einem Lösungsmittel entfernt werden. Es kann dazu gewöhnlich Benzin, wenn möglich Leichtbenzin, benützt werden. Dabei ist allerdings darauf zu achten, daß z. B. die erwähnten lufttrocknenden Öllacke nicht absolut benzinfest sind. Man beachte also, daß der Überzugslack durch das Reinigungsbenzin nicht zu stark angegriffen wird. Es empfiehlt sich in solchen Fällen, nach gründlicher Trocknung der gereinigten Maschinenteile, dieselben neu mit Lack zu bespritzen. Unter Umständen kann auch Alkohol als Reinigungsmittel angewendet werden; gewarnt werden muß jedoch vor Sodawasser, weil dadurch möglicherweise auch die darunterliegenden Schichten, nicht nur der schmutzige Überzug, angegriffen werden. Unter anderen Lösungsmitteln muß noch vor Benzol gewarnt werden; an Stellen, wo lufttrocknende Asphaltlacke als Überzugslack verwendet wurden; die Asphalte sind zum großen Teil im Benzol löslich.

5. Isolieröle.

In Schaltern und Transformatoren werden heute hauptsächlich Mineralöle verwendet. Es sind dies Gemische von Kohlenwasserstoffen, die je nach ihrer Herkunft verschieden aufgebaut sein können und damit auch verschiedene Eigenschaften aufweisen. Durch geeignete Destillation und Raffination gehen aus den Rohölen die hochqualifizierten Isolieröle hervor. Diese müssen sehr sorgfältig hergestellt werden, damit sie den Anforderungen des Betriebes vollauf gewachsen sind und nicht zur Ursache von Betriebsstörungen werden. Alle diese Mineralöle haben nur eine beschränkte Beständigkeit gegen höhere Temperaturen und gegen Oxydationswirkungen, damit auch gegen den Luftsauerstoff.

Im Transformatorenbetrieb sind die Isolieröle aber gerade den letzten beiden Einflüssen dauernd ausgesetzt. Es muß daher durch sachgemäße Prüfung dafür gesorgt werden, daß nur Öle mit relativ hoher Beständigkeit zur Verwendung kommen. Unter dem Einflusse des Luftsauerstoffes und der erhöhten Temperatur bilden sich in den Isolierölen verschiedene Oxydationsprodukte. Am meisten auffallend ist wohl die Bildung schwarzgefärbter, schlammartiger Ausscheidungen, die man kurz als „Schlamm" bezeichnet. Diese Schlammbildung ist aber nicht der Anfang der Zerstörung, sondern bereits das Ende.

Es bilden sich bei der Oxydation zuerst öllösliche Säuren, die gewöhnlich durch die sog. „Säurezahl" bestimmt werden (Anzahl mg KOH pro Gramm Öl, notwendig zur Neutralisation). Es wird oft die Auffassung vertreten, daß diese Säuren besonders schädlich seien und vor allem die Isolation der Wicklungen angreifen können. Darum wird verschiedentlich die Vorschrift gemacht, daß die Säurezahl einen bestimmten Wert nicht überschreiten darf, wenn der Transformator nicht gefährdet werden soll. Demgegenüber muß darauf aufmerksam gemacht werden, daß die Säurezahl nur die Menge der vorhandenen Säuren angibt, nicht aber die Art derselben. Bei der Zersetzung der Isolieröle können sich aber, je nach der Natur des Öles, verschiedene Säuren bilden, die auch für die Isolation selbst eine ganz verschiedene Gefährlichkeit besitzen. Mit der Säurezahl ist also in dieser Hinsicht gar nichts gesagt. Es muß ausdrücklich davor gewarnt werden, auf Grund der Säurezahl die Öle zu erneuern. Aus diesen sauren Reaktionsprodukten entstehen dann beim weiteren Fortschreiten der Zersetzung Polymerisationsprodukte, die bei höheren Temperaturen im Öl noch löslich sind, bei gewöhnlichen Temperaturen dagegen als Schlamm bereits ausflocken. Auch in diesen Bestandteilen sind noch Säuren enthalten. Solange der Transformator bei höherer Temperatur arbeitet, sind diese Bestandteile nicht gefährlich. Bei Ölkühlern aber ist die Temperaturerniedrigung bereits so groß, daß der bisher lösliche Schlammanteil ausgeschieden wird und sich auf den Kühlerrohren absetzen kann. Da diese Zersetzungsprodukte schlechte Wärmeleiter sind, wird die Wärmeabgabe sehr verschlechtert und das Öl nicht mehr richtig gekühlt. Infolge der erhöhten Temperatur entstehen nun weitere schlammartige Ausscheidungen, die selbst im warmen Transformatorenöl nicht mehr löslich sind, sondern sich als asphaltartige Ausscheidungen auf den Wicklungen absetzen können. Dieser Vorgang spielt sich auch im Ölkühler ab, da der auf den Kühlerrohren sitzende, ursprünglich noch lösliche Schlamm durch die dauernde Erwärmung in das unlösliche asphaltartige Produkt übergeführt wird. Infolge dieses Vorganges kann es möglich sein, daß der Kühler vollständig verkrustet und alsdann seine Funktionen einstellt. Wenn dieser Vorgang nicht rechtzeitig bemerkt wird, können daraus sehr unangenehme Folgen entstehen. Sind die Ausscheidungen auf den Kühlerrohren noch nicht zu alt, also noch nicht zu lange unter dem Einflusse der Temperatur des warmen Öles gestanden, dann ist es noch möglich, die Kühlsysteme mit Benzol zu reinigen, da die anfänglichen Ausscheidungen in diesem Lösungsmittel aufgelöst werden. Wenn aber die Bildung des asphaltartigen Schlammes schon eingesetzt hat und derselbe längere Zeit der höheren Temperatur ausgesetzt war, dann werden diese Krusten gewöhnlich so hart, daß sie auf dem bereits besprochenen Wege nicht mehr zu entfernen sind. In diesem Falle muß an Stelle von Benzol Chloroform als Lösungsmittel verwendet werden. Es kann aber auch möglich sein, daß selbst damit eine Reinigung nicht mehr gelingt; dann bleibt allein die mechanische Entfernung der Ausscheidungen im Ölkühler übrig.

Im Transformator selber können sich die schlammartigen Zersetzungsprodukte auf den Wicklungen, Traversen und anderen Stellen absetzen, wie z. B. aus Abb. 214 zu ersehen ist. Infolge der schlechten Wärmeleitfähigkeit des Schlammes werden die Wicklungen übermäßig erhitzt und die Zersetzung schreitet immer rascher vor sich. Als Lösungsmittel für diese Ablagerungen kommen die gleichen Stoffe in Betracht, wie sie eben für die Ölkühler angegeben wurden. Dabei muß allerdings ausdrücklich bemerkt werden, daß nach der Entfernung des Schlammes mit solchen Lösungsmitteln für gute Entfernung derselben aus den Wicklungen heraus vor Wiederinbetriebnahme gesorgt werden muß. Es kann nun durch die erhöhte Temperatur durch ungenügende Abfuhr der Verlustwärme sogar die Baumwolle zerstört werden. Es ist dies aber nicht so sehr eine direkte Wirkung des Transformatorenöles, als vielmehr eine Wärmezerstörung infolge der Ausscheidungen aus dem Öl.

Neben den erwähnten Zersetzungsprodukten bilden sich im Öl noch Stoffe, die nicht beständig sind und gewöhnlich kurz nach ihrer Bildung wieder zerfallen, zum Teil unter Abgabe von Sauerstoff, der sehr aggressiv sein kann und bei den gegebenen Betriebsbedingungen die

Abb. 214. Verschlammter Transformator. Auf den Wicklungen und an den Ableitungen haben sich asphaltartige Zersetzungsprodukte ausgeschieden, nachdem der Transformator einige Jahre mit einem ungeeigneten Öl in Betrieb gewesen ist.

Baumwolle und andere Isolierstoffe zerstört. Es gibt gewisse Öle, die eine große Neigung zur Bildung solcher Zwischenoxydationsprodukte zeigen und diese sind viel gefährlicher als Öle, die eine höhere Säurezahl aufweisen. Bei dieser Reaktion bilden sich keine oder nur geringe Mengen von Säuren, so daß die Säurezahl gerade über diesen gefährlichen Prozeß keinen Anhaltspunkt gibt. Bei diesem Vorgang bilden sich in der Regel nur verhältnismäßig geringe Schlammengen, bei ganz gefährlichen Ölen überhaupt keine Spur von Schlamm; ebenso ist die Verfärbung sehr gering.

Die verschiedenartige Zersetzung der einzelnen Mineralöle ist in hohem Maße bedingt durch den sog. Raffinationsgrad, d. i. die Art und Weise der Behandlung der Öle in der Raffinerie zur Entfernung gewisser verharzender Substanzen. Es ist also nicht so sehr die Herkunft des Öles selbst, als vielmehr sein Verarbeitungsverfahren, das ausschlaggebend ist für das Verhalten im Betrieb. Wir werden in einem andern Zusammenhang noch auf die Frage der Herkunft der Öle zu sprechen kommen.

Um gewisse Reaktionsprodukte zu erfassen, ist neuerdings auch noch die sog. Verseifungszahl eingeführt worden; diese gibt an, wieviel verseifbare Stoffe in 1 g Öl enthalten sind. Es muß hier bemerkt werden, daß auch die Verseifungszahl nichts aussagt über die Art der Reaktionsprodukte, sondern nur über die Menge derselben. Wie wir gesehen haben, gibt es aber Zersetzungsprodukte, die sehr gefährlich werden können, aber durch eine gewöhnliche analytische Methode nicht erfaßbar sind. Dasselbe gilt auch in bezug auf die Verseifungszahl. Es werden mit deren Hilfe wohl bestimmte öllösliche Reaktionsprodukte erfaßt, die jedoch in verhältnismäßig großer Menge vorhanden sein können, ohne den geringsten Schaden anzurichten. Daneben kann es aber Öle geben, die eine geringe Verseifungszahl aufweisen, aber in dem erwähnten Sinne schädlich sein können. So wenig es möglich ist, mit Hilfe der Säurezahl zu entscheiden, ob ein Transformatorenöl ausgewechselt werden muß oder nicht, ebensowenig ist es möglich, diese Entscheidung auf Grund der Verseifungszahl zu treffen. Es muß im Interesse eines rationellen Ölhaushalts immer wieder davor gewarnt werden, das Lebensalter und die weitere Betriebsfähigkeit eines Transformatorenöles auf Grund von solchen analytischen Zahlen festzulegen, da diese nur quantitative Aufschlüsse zu geben vermögen, dagegen aber nichts aussagen über die Art und das Wesen der Oxydationsprodukte.

Es ist selbstverständlich, daß durch elektrische Überlast, die zu erhöhter Verlustwärme führt, die erwähnten Zersetzungsvorgänge noch beschleunigt werden. Im allgemeinen ist zu sagen, daß bis zu den mittleren Temperaturen von ungefähr 55 bis 60° C die oben erwähnten Vorgänge verhältnismäßig langsam verlaufen. Steigt dagegen die Temperatur gegen 90 bis 95° C, dann ist schon eine beträchtliche Beschleunigung der Zersetzung festzustellen. Bei noch höheren Temperaturen, ungefähr 115 bis 120° C, tritt dann eine andere Art der Zersetzung ein. Es bilden sich dann mehr leichtflüchtige Zersetzungsprodukte, die vor allem für die Isolationsteile sehr gefährlich sind. Neben der Temperatur befördert auch noch die Anwesenheit von Metallen mehr oder weniger stark die Zersetzung. Wohl das wirksamste Metall in dieser Hinsicht, das im Transformator mit Öl in Berührung kommt, ist das Kupfer. Die anderen Metalle, wie Eisen, Zink oder Leichtmetalle, sind praktisch fast unwirksam. Aber auch über den Einfluß des Kupfers wird gewöhnlich viel zu viel Lärm gemacht, da dasselbe seine befördernde Wirkung auf die Zersetzungsvorgänge erst bei höheren Temperaturen ausüben kann.

Es wird gelegentlich auch behauptet, daß die Isolierstoffe, die mit dem Transformator ins Öl kommen, einen schädlichen Einfluß auf das Transformatorenöl haben können. Dazu ist zu erwähnen, daß z. B. ungeeignete Hölzer tatsächlich schädigend einwirken können; es ist nicht gleichgültig, welche Holzarten beim Aufbau des Transformators verwendet werden. Vor allem ist darauf zu achten, daß das Holz durch geeignete Vorbehandlung möglichst harzfrei gemacht wird, da das Harz die Zersetzung befördern kann. Aber auch verhältnismäßig gut entharzte Hölzer können durch ihren chemischen Aufbau nachteilige Einflüsse auf das Mineralöl ausüben.

Weiter muß darauf geachtet werden, daß die einzelnen Holzteile mit geeigneten Leimen oder Kitten verbunden werden. So kann es vorkommen, daß z. B. Kaltleime verwendet werden, die sehr viel Alkali enthalten, um die Bindekraft zu erhöhen. Dieser Zusatz kann in Isolierhölzern sehr schädlich sein, da er hygroskopisch ist und längs den Leimfugen Kriechwege bilden kann, wodurch dann wiederum das Öl an diesen Stellen stark zersetzt wird, welche als Keim für die Weiterzersetzung der ganzen Ölmasse wirken.

Von den weiteren Faserstoffen, die im Transformator enthalten sind, sollen noch die Preßspäne und preßspanähnlichen Produkte erwähnt werden, die gelegentlich, ebenfalls durch ungeeignete Zusammensetzung, Einflüsse auf das Öl ausüben können, die jedoch gering sind. Auch in diesem Falle muß das Hauptaugenmerk auf geeignete Leimstoffe gelegt werden. Es kann vorkommen, daß z. B. schlecht ausgewaschene Säuredextrine zum Leimen der Preßspäne verwendet werden. Dann können ähnliche Erscheinungen auftreten, wie sie vorhin beim Holz erwähnt wurden.

Zur Imprägnierung der Wicklungen werden häufig Isolierlacke verwendet, die teils aus Harzen, teils aus Asphalten, mit trocknenden Ölen zusammengekocht, bestehen. Wenn die Zusammensetzung nicht richtig gewählt oder der Trocknungsprozeß nicht genügend weit getrieben wird, dann sind diese Lacke mehr oder weniger löslich in heißem Mineralöl. Die Imprägnierung wird durch diese Auflösung des Lackes illusorisch; die im warmen Öl umherschwimmenden Lackbestandteile können bei gegebener Zusammensetzung auch nachteilig auf das Transformatorenöl einwirken. Wenn hingegen ein richtiger Speziallack bei sachgemäßer Imprägnierung und Trocknung verwendet wird, dann sind beide beschriebenen Erscheinungen nicht möglich. In diesem Falle findet auch keine zusätzliche Zerstörung des Transformatorenöles statt.

Welches sind nun die Anforderungen, denen ein gutes Mineralöl genügen muß, damit der Transformatorenbetrieb auch bei eventuellen Überlasten nicht gefährdet wird? Seit einiger Zeit werden gerade in dieser Richtung verschiedentlich die unglaublichsten Vorschriften erlassen, die aber das Wesen der Sache bei weitem nicht erfassen und damit auch nicht in der Lage sind, wirklich brauchbare Öle ausfindig zu machen. Sie haben höchstens den Erfolg, die Ölerzeuger vollständig zu verwirren, ohne irgendwelche technische Berechtigung.

Es kann hier natürlich nicht auf die Diskussion der verschiedenen Ölprüfmethoden eingegangen werden. Dagegen sollen kurz einige wichtige Streitpunkte und deren Bedeutung für die Technik erörtert werden.

Das spezifische Gewicht der Transformatorenöle ist gewöhnlich in Vorschriften aufgeführt, zur Kontrolle der Gleichmäßigkeit der Lieferung. Es darf aber keinesfalls als weiteres Qualifikationsmoment in Betracht kommen.

Der Flammpunkt sollte heute nur im offenen Tiegel bestimmt werden. Es ist ihm lediglich eine orientierende Bedeutung zuzuschreiben, keinesfalls aber ist er eine Qualifikation für die technische Verwendbarkeit eines Öles. Im Betriebe geht nämlich der Flammpunkt zurück, er erniedrigt sich infolge der Zersetzung des Öles. Dazu kommt aber, daß der Flammpunkt lediglich diejenige Temperatur angibt, bei welcher die entwickelten Gase beim Hinzutreten einer Flamme abbrennen, ohne daß das Öl selbst verbrennt. Er ist also nicht maßgebend für die Brandgefahr. Wenn etwa im Betriebe irgendwelche größeren oder kleineren Stehlichtbogen auftreten, dann werden so viele leicht brennbare Zersetzungsprodukte gebildet, daß der Flammpunkt keine Rolle spielt. Man sollte daher auf seine Bestimmung nur im bereits erwähnten Sinne zurückgreifen, ohne ihn als Qualitätsmerkmal zu benützen.

Mehr Bedeutung hat die Zähigkeit oder die Viskosität der Transformatorenöle. Damit die entwickelte Verlustwärme möglichst gut abgeführt wird, muß das Öl eine gewisse Dünnflüssigkeit aufweisen. Da die Betriebstemperatur meist einen Betrag erreicht, der die Viskosität wesentlich herabsetzt, so ist diese Forderung gewöhnlich erfüllt. Viel wichtiger ist es aber zu wissen, wie sich das Öl bei tiefen Temperaturen verhält, da bei der Freiluftaufstellung der Transformatoren in den Kühlsystemen unter Umständen bereits starke Verdickungen bei zu großer Zähigkeit des Öles auftreten können.

In diesem Zusammenhange muß noch eine prinzipielle Feststellung gemacht werden, daß wir nämlich, je nach der Zusammensetzung der

Öle, zwischen sog. Paraffinölen und Naphthenölen unterscheiden müssen. Die ersteren zeigen nun die unangenehme Eigenschaft, daß sie je nach der Art der Herstellung im Bereich von 0 bis — 5° C infolge der Ausscheidung von Paraffin sehr zähflüssig werden oder gar eine vaselinartige Konsistenz annehmen. Es kann möglich sein, daß in Kühlradiatoren das Paraffin sich an den kalten Wänden ausscheidet und den Durchflußquerschnitt verringert oder gar ganz verschließt. Die sog. Naphthenöle dagegen zeigen diese Eigenschaft nicht; sie sind bis zu sehr tiefen Temperaturen (— 30 bis — 40° C) ohne Ausscheidungen flüssig. Für Freiluftaufstellung sind also nur diese Öle zulässig. Es wird oft davon gesprochen, daß russische Öle die besten Transformatorenöle seien. Demgegenüber muß darauf hingewiesen werden, daß es sich weniger um das Ursprungsland des Öles handeln kann, als vielmehr um seine chemische Zusammensetzung und vor allem um eine zweckmäßige Verarbeitung. Mit der Unterscheidung zwischen russischen, amerikanischen und anderen Ölen ist über die Verwendung noch gar nichts gesagt.

Wie eingangs erwähnt wurde, sollen die Transformatorenöle eine bestimmte Wärme- und Oxydationsbeständigkeit aufweisen. Die Prüfmethoden, die zur Ermittlung dieses Verhaltens empfohlen werden, sind unter verschiedenen Gesichtspunkten vorgeschlagen worden. Als Hauptgrundsatz muß dabei festgehalten werden: Die Bestimmung eines einzelnen Reaktionsproduktes, der Säuren oder des Schlamms, ist nicht genügend. Säure- und Schlammbestimmungen genügen auch bei Oxydation nicht, da, wie wir gesehen haben, Reaktionsprodukte entstehen, die wohl schädliche Wirkungen auf die Faserstoffe ausüben können, aber durch gewöhnliche analytische Methoden nicht erfaßbar sind. Die Temperatur bei der Prüfung, d. h. bei der künstlichen Alterung, darf 115° C nicht überschreiten, da sich über dieser Temperatur ganz andere Zersetzungsvorgänge abspielen als darunter. Wenn zur Beschleunigung der Zersetzung während der Prüfung Metalle verwendet werden, dann ist zu beachten, daß Metalle, wie Kupfer, Zink, Zinn, Aluminium, den gleichen Reaktionsverlauf bedingen, wobei allerdings das Kupfer das wirksamste ist. Metalle wie Blei ergeben einen ganz anderen Zersetzungsprozeß; es ist daher unstatthaft, die Ergebnisse dieser verschiedenen Prüfungen miteinander zu vergleichen und die Begutachtung über die Verwendbarkeit eines Transformatorenöles von solch falschen Grundlagen aus durchzuführen. Die gefährlichen Zwischenreaktionsprodukte können nur an ihren zerstörenden Wirkungen, nicht aber durch analytische Daten erkannt werden.

Neben den besprochenen Eigenschaften sind aber bei Transformatorenölen auch noch einige andere Gesichtspunkte zu berücksichtigen. So sind alle üblichen Mineralöle mehr oder weniger hygroskopisch. Es sollen deshalb nicht Öle ausgesucht werden, die gerade in dieser Beziehung eine besonders ungünstige Zusammensetzung aufweisen. Auch dürfen natürlich in solchen Ölen keine Verunreinigungen enthalten sein, welche die hygroskopischen Eigenschaften noch unterstützen, wie etwa Fasern oder Staub usw. Bei der Zersetzung der Mineralöle bildet sich unter Umständen auch Wasser als Reaktionsprodukt. Wenn nun solche hygroskopischen Stoffe im Öle enthalten sind, dann kann sich dieses gebildete Wasser sehr schädlich auswirken. Es ist vor allem die elektrische Festigkeit, die infolge von solchen Verunreinigungen sehr stark zurückgeht. Um das Öl möglichst in einwandfreiem Zustande dem Betrieb zu übergeben, muß es daher durch geeignete Verfahren getrocknet und gereinigt werden. Gewöhnlich werden auch beide Vorgänge miteinander verbunden.

Das Trocknen wird gewöhnlich so durchgeführt, daß man das Öl auf eine bestimmte Temperatur im Vakuum erhitzt. Es muß dafür gesorgt werden, daß am Anfang des Prozesses die Temperatur möglichst langsam gesteigert wird, damit die im Öl enthaltene Luft nicht sofort als Oxydationsmittel wirkt und nicht die oben erwähnten Zersetzungen einleitet. Durch den im Öl enthaltenen Luftsauerstoff werden aber immer geringe Oxydationen veranlaßt, die aber für die Qualität des Öles und sein Verhalten im weiteren Betriebe nicht die geringste praktische Bedeutung haben. Wenn etwa Leitungen oder Flanschen der Trockenapparatur nicht dichten, dann kann es möglich sein, daß Luft durch das Öl hindurchgesaugt wird, wodurch dasselbe bereits während der Trocknung in erhöhtem Maße oxydiert werden kann. Wenn allerdings einwandfreie Öle verwendet worden sind, ist auch unter diesen Bedingungen von einer gefährlichen Wirkung nicht zu reden. Bei der Trocknung muß dafür gesorgt werden, daß nicht nur die Feuchtigkeit entfernt wird, sondern daß auch der gelöste Luftsauerstoff aus dem Öl ausgetrieben wird.

Für die Reinigung von Isolierölen sind verschiedene Verfahren im Gebrauch. Das älteste und meist verbreitete ist die Reinigung mit der Filterpresse. Damit wird erreicht, daß alle Verunreinigungen, Schlammanteile u. a. vom Filterpapier zurückgehalten werden. Es wird dieser Reinigungsart oft vorgeworfen, daß Faserteile, herrührend vom Filterpapier, in das Öl gelangen können. Wenn mit der Filterpresse ein wasserhaltiges Öl auch getrocknet werden soll, dann müssen Filterpapiere verwendet werden, die sehr saugfähig sind. Es kann wohl der Fall eintreten, daß solche Fasern mitgerissen werden. Dem Übelstand kann aber ohne weiteres dadurch begegnet werden, daß man für die letzten zwei oder drei Lagen sog. gehärtetes Filterpapier verwendet, das auch die feinsten Faserteile zurückhält. Um eine Trocknung zu erzielen, müssen die Filterpapiere selbst vor der Inbetriebnahme sachgemäß getrocknet werden.

Seit einiger Zeit werden zur Reinigung auch Zentrifugen verschiedenster Konstruktion verwendet. Es ist mit diesen Apparaten wohl möglich, grobe Verunreinigungen aus den Ölen zu entfernen; dagegen ist es damit unmöglich, feinverteiltes Wasser auszuscheiden. Im Gegenteil tritt sehr oft die Erscheinung auf, daß das Wasser durch das Schleudern fein emulgiert wird. Wenn das Öl sofort nach dem Zentrifugieren geprüft wird, dann sind wohl die Werte der elektrischen Festigkeit gut, nach einiger Zeit des Stehens scheiden sich aber die feinen Wasserteilchen wieder aus und dementsprechend verschlechtert sich die elektrische Festigkeit. Im weiteren ist als Nachteil zu erwähnen, daß gewöhnlich bei höherer Temperatur zentrifugiert werden muß; dabei geht der ganze lösliche Schlamm in Lösung und scheidet sich erst im kalten Zustande wieder aus. Wenn frisches Öl auf diese Weise gereinigt wird, dann besteht bei gewissen Systemen die Gefahr, daß sich dasselbe bei der feinen Zerstäubung mit Luft sättigt und infolge der erhöhten Temperatur beim Auskochen schon ziemlich stark oxydiert. Es ist nicht sehr empfehlenswert, nach diesem Verfahren zu arbeiten. Denn nachdem man das ganze System: Transformator, Ölleitungen usw. peinlichst von der Luft frei hält, schaltet man damit einen Apparat ein, der die Luft und damit den Sauerstoff in feinster Verteilung in das Öl hineinbringt. Die modernen Zentrifugen arbeiten daher im Vakuum oder in einer inerten Gasatmosphäre. Dadurch wird wohl der letztere Nachteil behoben. Die anderen Nachteile, die speziell bei der Reinigung von gebrauchtem Öl zur Auswirkung kommen, bleiben jedoch in vollem Umfange bestehen.

Neuerdings sind auch noch verschiedene andere Reinigungsverfahren empfohlen worden, die sich zum Teil sehr gut bewährt haben, so die Ultrafiltration, die Elektrokapillar-Reinigung und die Streamline-Filterpresse der Streamlinefilter-Comp. in England.

Die Mineralöle werden auch in Ölschaltern als Dielektrikum verwendet. Um die Lagerhaltung zu vereinfachen, sollten für diesen Zweck die gleichen Sorten verwendet werden wie für Transformatoren. Bei dieser Verwendung spielt allerdings die Oxydationsbeständigkeit keine so große Rolle wie bei Transformatoren. Um einwandfreie Qualitäten zu erhalten, sollten aber auch hier die gleichen Anforderungen gestellt werden, wie sie vorher kurz erwähnt wurden. Bei Freiluftaufstellung ist vor allem darauf zu achten, daß der Stockpunkt möglichst tief liegt, damit das Öl in kalten Wintern eine genügende Dünnflüssigkeit behält und beim Schalten möglichst rasch nachfließt, um den Lichtbogen schnellstens zu löschen. Auch zu diesem Zweck sind die sog. Naphthenöle geeigneter als die Paraffinöle. Das spezifische Gewicht muß auch bei tiefen Temperaturen niedriger sein als dasjenige des Wassers bzw. des Eises, damit dieses nicht im Öl aufsteigt oder im Öl schweben bleibt, da sonst leicht Überschläge zwischen Schaltkontakten und Kastenwand stattfinden können. Dieser Möglichkeit wird leider sehr oft im Betriebe zu wenig Aufmerksamkeit geschenkt.

Beim Schaltvorgang werden die Mineralöle zersetzt unter Bildung von gasförmigen Produkten, die hauptsächlich Wasserstoff enthalten und von kohleartigen Ausscheidungen. Je nach dem Schaltvorgang bilden sich verschiedene Ausscheidungen, entweder grobflockige voluminöse, oder feinflockige dichte. Bei der Reinigung mit der Filterpresse können solche Bestandteile aus dem Öl wieder entfernt werden. Mit der Zentrifuge dagegen werden die sog. Kohleteilchen gewöhnlich im Öl nur feiner verteilt und bilden dann sehr beständige Aufschlämmungen, die kaum mehr zu trennen sind.

Abb. 215. Transformator, gefüllt mit Harzöl. Das Harzöl hat infolge der dauernden Erwärmung eine asphaltartige Konsistenz angenommen.

In früheren Zeiten wurden an Stelle der heute üblichen Mineralöle die sog. Harzöle in Transformatoren verwendet. Diese entstehen bei der trockenen Destillation von Kolophonium und werden nach zweckentsprechender Reinigung in verschiedenen Flüssigkeitsgraden auf den Markt gebracht. Bei höheren Temperaturen, wie sie im Betriebe vorkommen, zeigen sie nicht die gleichen Zersetzungserscheinungen wie die Mineralöle. Sie bilden hingegen schwerflüssige, asphaltartige Polymerisationsprodukte, die sich nicht ausscheiden und als Schlamm absetzen, sondern die ganze Masse gleichmäßig verdicken. In Abb. 215 ist ein Transformator abgebildet, der erst nach mehrstündigem Erhitzen des eingedickten Harzöles aus dem Kasten entfernt werden konnte. Damit dieser Vorgang etwas zurückgedrängt wird, müssen die Harzöle von Zeit zu Zeit mit sog. Verdünnungsöl (einem dünnflüssigen Harzöl) vermischt werden. Sehr nachteilig wirken geringe Mengen von Harzöl, wenn sie zu den eingangs erwähnten Mineralölen zugesetzt werden. Es bilden sich dann sehr rasch starke Schlammausscheidungen infolge der forcierten Oxydation des Mineralöles durch die Harzölreste. Es muß also darauf geachtet werden, daß solche Mischungen nicht vorkommen.

In Ölschaltern können die Harzöle nicht verwendet werden, da sie bei der Zersetzung im Lichtbogen außerordentlich starke Kohleabscheidungen zeigen.

Während Harzöle und Mineralöle nicht gemischt werden dürfen, taucht oft die Frage auf, ob verschiedene Mineralöle ohne Nachteile für den Betrieb mischbar sind. Wir haben schon weiter oben bemerkt, daß mit der oft üblichen Bezeichnung: „amerikanisches“ oder „russisches“ Öl, bei den heutigen vervollkommneten Raffinationsverfahren, über die Qualität eines Mineralöles an und für sich noch nichts ausgesagt ist. Wenn über die Mischbarkeit verschiedener Öle entschieden werden soll, dann müssen genaue Angaben vorliegen, ob es sich um Paraffin- oder um Naphthenöle handelt. Wenn die Art des Öles genau bekannt ist, dann kann die Frage dahin entschieden werden, daß chemisch gleichartige Öle, die durch entsprechende Raffination auf die gleichen Werte der Lieferungsbedingungen gebracht worden sind, ohne Bedenken gemischt werden können. Dabei muß noch ergänzt werden, daß das Raffinationsverfahren selbst für die Mischbarkeit in dieser Hinsicht keine Rolle spielt. Solche Mischungen sind sowohl in ihren elektrischen Eigenschaften wie auch in ihrem chemischen Verhalten gleichwertig mit den einzelnen Mischungskomponenten.

Seit einiger Zeit werden auch gebrauchte Öle durch sog. Regeneration wieder verbessert. Die vollständige Regeneration ist nichts anderes als eine nochmalige Raffination. Durch diese Behandlung werden gewisse Stoffe, wie Säuren, Schlammprodukte u. a., aus dem gebrauchten Öl entfernt. Daneben bilden sich im Betrieb aber noch Zersetzungsprodukte, die öllöslich sind und durch die heute üblichen analytischen Untersuchungsmethoden nicht erfaßt werden. Diese werden bei der Regeneration nicht entfernt. Regenerate sind also vor allem in dielektrischer Beziehung bei weitem nicht gleichwertig wie neue Öle, obschon die analytischen Werte nach dieser Behandlung fast gleich lauten können wie im Ausgangszustand.

Im Zusammenhang mit der Reinigung steht die Frage der Erneuerung der Öle. Als dafür ausschlaggebende Kriterien werden heute vor allem die Säurezahl und die Verseifungszahl benützt. Wie aber schon weiter oben bemerkt wurde, ist es mit diesen Angaben keinesfalls möglich, über die weitere Verwendbarkeit zu entscheiden. Erst eingehende Untersuchungen über das dielektrische Verhalten werden uns die Möglichkeit geben, eine einwandfreie Entscheidung treffen zu können. Leider sind gerade diese Untersuchungen bis heute sehr vernachlässigt worden. Die Frage der Erneuerung von Isolierölen kann also nicht generell gelöst werden dadurch, daß man zulässige Werte für die Säurezahl oder die Verseifungszahl festlegt, sondern es muß von Fall zu Fall, vor allem unter Berücksichtigung der Angriffsfähigkeit des Öles auf Isolierstoffe, entschieden werden.

Es wurde schon erwähnt, daß die Feuchtigkeit im Öl vor allem das dielektrische Verhalten stark beeinflußt. Es soll deshalb als Ergänzung noch angeführt werden, daß das Vorhandensein von Feuchtigkeit wohl am einfachsten durch die sog. Spratzprobe festgestellt werden kann. Sie besteht darin, daß man eine kleine Ölprobe im Reagensgläschen über der Bunsenflamme erhitzt und dann feststellt, ob im Öl enthaltenes Wasser aus dem Öl austritt, wobei ein ganz schwach knallendes Geräusch festgestellt werden kann. Wenn diese Probe positiv ausfällt, muß das Öl einer vorsichtigen Trocknung unterzogen werden. Empfindlicher als diese Prüfart ist aber die Bestimmung der Durchschlagfestigkeit, die bei geringsten Spuren von Wasser schon eine deutliche Veränderung zeigt.

Die Bildung von schlammartigen Ausscheidungen in Ausdehnungsgefäßen aus Glas — an Durchführungen — ist im Abschn. A. G. 3. erwähnt. Eine Gefahr für die elektrische Festigkeit des Öls entsteht daraus nicht; hingegen muß die Erscheinung als „Schönheitsfehler“ angesehen werden.

S. D. Isolierstoffe. elektrische Krankheiten.

1. Durchschläge.

Beim Durchschlag von festen Isolierstoffen wird das Material im Innern durch einen leitenden Kanal oder durch eine ausgedehntere Brandstelle als Isolator wertlos gemacht. Flüssige oder gasförmige Isolierstoffe können an der Durchschlagstelle unter Umständen durch das nachströmende, noch gesunde Isoliermittel wieder erneuert werden und nachher die alte Isolierfähigkeit wieder besitzen.

Unter den Ursachen elektrischer Durchschläge kommen an erster Stelle die Überspannungen in Betracht, hervorgerufen durch elektrische Störungen aus der Atmosphäre (direkter oder indirekter Blitzschlag). Ferner wirken sich Kurz- und Erdschlüsse sowie Fehlschaltungen oft durch Überspannungen aus. Auf ihre Entstehung kann nicht näher eingegangen werden.

Eine weitere Gruppe von Ursachen für elektrische Durchschläge bilden die eigenen Fehler des Isoliermaterials, nämlich seine technologische Beschaffenheit und die Änderungen derselben unter dem Einfluß von Wärme und Hitze, Feuchtigkeit, mechanischer Beanspruchung oder chemischer Angriffe, sowie von eindringenden Fremdstoffen, die das Material verunreinigen.

a) Feste Isolierstoffe. Die Vorgänge beim Durchschlag fester Isolierstoffe sind zur Zeit noch ungenügend erforscht und sind dauernd Gegenstand wissenschaftlicher Arbeiten. Allgemein werden folgende Grundbeobachtungen gemacht: Der elektrische Durchschlag wird sehr häufig durch die Erwärmung des Materials wesentlich beeinflußt. Oft muß eine vorherige Erwärmung als unmittelbare Ursache des Durchschlags angesehen werden. Woher entsteht diese Erwärmung? In einem festen Isolierstoff, der einem elektrischen Wechselfeld ausgesetzt ist (die meisten Hochspannungsisolationen liegen betriebsmäßig an Wechselspannung), werden die sog. dielektrischen Verluste hervorgerufen. Diese sind von vielen Einflußgrößen abhängig, und in den meisten Materialien immerhin so beträchtlich, daß im Dauerbetrieb eine Erwärmung gegenüber der Umgebung auftritt. An richtig konstruierten und aus zweckmäßigem Material sorgfältig hergestellten Isolierkörpern ist bei Normalspannung eine gefährliche Erwärmung in keiner Weise zu erwarten. Die geringe Verlustwärme kann durch die entstandene kleine Übertemperatur an die Umgebung abgegeben werden. Dies ist auch bei solchen Konstruktionen noch möglich, die von außen her bereits auf eine höhere Temperatur gebracht werden, z. B. Durchführungs-Isolatoren von Transformatoren, deren Unterteile vom Öl erhitzt werden, oder Maschinenspulen, deren Isolation von innen und außen durch die Kupfer- und Eisentemperatur auf die bekannten zulässigen Grenztemperaturen erhöht wird.

Die Gefahr eines Durchschlages durch zu große Erwärmung entsteht erst dann, wenn die inneren oder äußeren Erwärmungsursachen übermäßig ansteigen. Aus ungeeignetem Material hergestellte oder mangels hinreichender Erfahrung schlecht fabrizierte Isolationen können entweder überall oder nur an einzelnen Stellen zu hohe dielektrische Verluste aufweisen. Die gesteigerte Verlustwärme ruft eine größere Übertemperatur hervor, wobei wiederum die Verluste steigen. Die Temperatur der Isolation gelangt dadurch auf Werte, welche für das Material deshalb kritisch und gefährlich werden, weil schließlich ein Leitungsvorgang zustande kommt, welcher als Wärmedurchschlag bezeichnet wird. Der Isolierstoff ist dabei auf eine größere Stelle durch die Erhitzung verdorben und durch den nachfolgenden Durchschlag verbrannt. Die Zerstörung ist also ganz aus dem Innern der Isolation heraus entstanden. Abb. 125, S. 183 zeigt die Wirkung eines Wärmedurchschlages an einer schlechten Kondensator-Durchführung.

Äußere Übererwärmungen durch benachbarte Konstruktionsteile vermögen den Wärmedurchschlag zu begünstigen, das sie die Umgebungstemperatur und damit die Innentemperatur der Isolation in die Höhe treiben.

Die Auswirkungen dieses Durchschlages sind abhängig von der Energie, die nach der Durchschlagsstelle geflossen ist, und nach der Wirksamkeit der vorhandenen Schutzart, da der Durchschlag ja meistens einen Kurz- oder Erdschluß bedeutet und durch den entsprechenden Schutz abgetrennt werden soll.

Als vorbeugende Maßnahmen kommen in Betracht: Sorgfältige Fabrikation, Spannungsprüfung und eventuelle Verlustmessung an den Fertigfabrikaten, was von führenden Firmen auch dauernd durchgeführt wird. Im Betrieb sind die Isolierkörper vor einer unvorhergesehenen Erwärmung der Umgebung zu schützen. Die Kontrolle einer kritischen Erwärmung ist eventuell durch Befühlen mit der Hand möglich, anläßlich von Revisionen. Dauernde Überspannungen können ebenfalls zu einer Steigerung der Verluste und damit der Erwärmung führen. Jedoch sind daraus schädliche Folgen nicht zu erwarten, falls es sich nur um betriebsmäßig auftretende Spannungserhöhungen handelt und die Isolation bei Nennspannung vollständig gesund war.

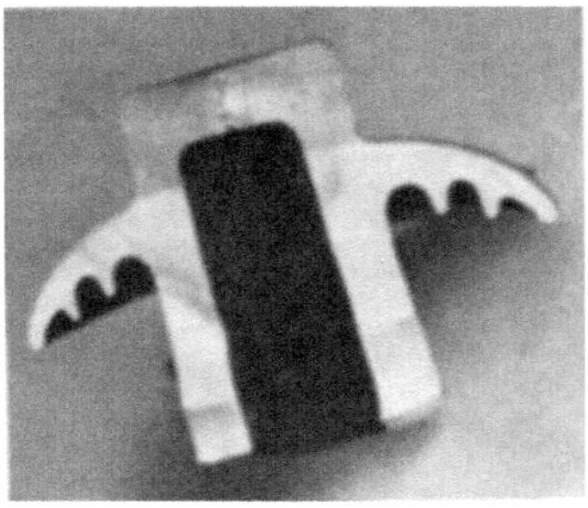

Abb. 216. Elektrischer Durchschlag in einem Isolatorkopf.

Neben den typischen Wärme-Durchschlägen werden an festen Isolierstoffen auch Durchschläge beobachtet, bei denen eine Wärmewirkung als Ursache ausgeschlossen erscheint. Diese sog. „kalten“ oder „rein-elektrischen“ Durchschläge treten meist als momentane Folge hoher Überspannungen (bei Prüfungen oder im Betrieb) auf. Das so durchschlagene Dielektrikum weist eine nur linienförmige Durchschlagsstelle etwa nach Abb. 216 auf, ohne Spuren einer vorherigen Erwärmung der ganzen Stelle. Gegen diese Art der Durchschläge kann nur eine richtige Bemessung des Dielektrikums und günstige Form der Elektroden als Sicherheitsmaßnahme vorgeschlagen werden. Ebenso kann ein zweckmäßiger Überspannungsschutz diese gefährliche Beanspruchung eventuell verhüten.

Überlegungen bei der Bemessung der Stärke fester Isolationen:

Nach dem vorher Gesagten ist sowohl die Art der Beanspruchung wie auch die Verschiedenheit eines bestimmten Isolierstoffes hinsichtlich Bestandteilen, Fabrikation, Form, Temperatur usw. maßgebend dafür, welche Dauerspannung eine Isolation auszuhalten vermag. Es ist daher unmöglich, allgemein gültige und zuverlässige Angaben hierüber zu machen. Tabellen, die etwa die zulässige Spannung pro 1 cm Materialdicke für verschiedene gebräuchliche Isolierstoffe angeben, sind sehr vorsichtig zu benützen. Es ist dabei zu bedenken, daß ein und dasselbe Fabrikat von verschiedenen Herstellern bezogen, sehr abweichende elektrische Festigkeitswerte haben kann. Zudem fehlen sehr oft Angaben über die Spannungsart (Gleich- oder Wechselspannung), die Frequenz, die Elektrodenform (Flächen, Abrundungen, Spitzen, Kanten) und deren Druck, sowie nähere Angaben über die Vorbehandlung und den Zustand des betreffenden Isoliermaterials, für den die angegebenen Festigkeitswerte Gültigkeit haben. Auch ist die Durchschlagspannung in der Regel nicht proportional mit der Dicke des Dielektrikums, sondern verläuft eher nach der typischen Kurve von Abb. 217.

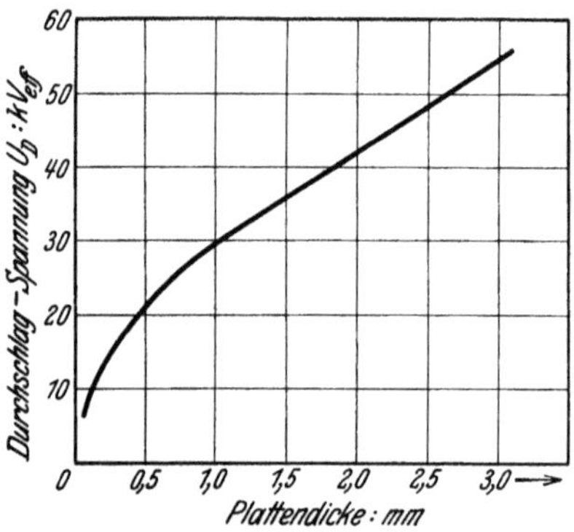

Abb. 217. Durchschlagsspannung zwischen 1 Kugel und Platte von Transformerboard, welches vorher 36 Stunden in Transformatorenöl von 105° ausgekocht wurde. Die angegebene Spannung wurde unter Öl eine Minute gehalten.

Werden also zuverlässige Angaben über die elektrische Festigkeit eines Materials benötigt, so können nur gewissenhafte Angaben des Herstellers selbst oder einer zuverlässigen Prüfstelle die geforderte Sicherheit geben. Abbildung 217 zeigt als Beispiel, welche Angaben für die Verwendung eines Preßspans (Transformerboard) bestimmter Fabrikation[1] erforderlich sind. Wird auf Grund einer solchen Kurve eine bestimmte Materialbeanspruchung gewählt, so weiß man, mit welcher Sicherheit das Material verwendet ist.

b) Flüssige Isolierstoffe (Öle). Die elektrische Festigkeit des Öles wird durch alle Verunreinigungen herabgesetzt, die unter S. C. 5. ausführlich erwähnt sind. Zieht man diese verschiedenartigen und zahlreichen Faktoren in Betracht: Feuchtigkeit in verschiedenen Formen, Lufteinschlüsse, eigene und fremde Zersetzungsprodukte, Fremdkörper (Kohleteilchen, Staub, Fasern), so muß es begreiflich erscheinen, daß die elektrische Festigkeit des Isolieröles nicht durch eine einfache Durchschlagsprobe bewertet werden kann, wie dies mittels der elektrischen Ölprüfapparate üblich ist.

[1] Nach Angaben der A. G. Weidmann, Rapperswil.

Das Zustandekommen des Durchschlags im sog. „technischen“, d. h. praktisch verunreinigten Öl wird dann auch auf sehr abweichende Weise von den verschiedenen Forschern zu erklären versucht. Während man einerseits die eingeschlossene Feuchtigkeit vorwiegend als Ursache des Durchschlags erklärt, wird andererseits die „Brückenbildung“ durch feste Verunreinigungen (Fasern usw.) als Anlaß zum elektrischen Durchschlag im Öl angesehen. In Wirklichkeit sind beide Fremdeinschlüsse im Isolieröl gleichzeitig vorhanden. Aus beiden Anschauungen geht aber hervor, daß man den Fremdeinflüssen die größte Bedeutung für die Ölfestigkeit beimißt. Tatsächlich beobachtet man an chemisch reinen Ölen, die völlig frei von Wasser und Fremdstoffen sind, Durchschlag-Feldstärken über 200 kV_{eff}/cm. Werden an technischen Ölen in den normierten Ölprüfgeräten noch Werte von 100 kV_{eff} (auf 1 cm Schlagweite umgerechnet) erhalten, so gelten sie als „hinreichend gut“. Diese Werte besitzen nach dem Gesagten nur orientierende Bedeutung. Sie können nicht allein, sondern nur in Verbindung mit den übrigen Bewertungszahlen (siehe S. C. 5.) zu einer Beurteilung des Öles benützt werden.

Im Gegensatz zur Beanspruchung fester Isolierstoffe, wo sich eine sehr hohe, aber nur an einzelnen Stellen (Spitzen) vorkommende Feldstärke unmittelbar zerstörend auf das dort befindliche Material wirken kann, stehen die Verhältnisse bei der Ölbeanspruchung. Um eine gefährliche „Spitzenwirkung“ zu erzeugen, muß hier das elektrische Spannungsgefälle nach Versuchen von Roth[1] längs eines längeren Wegstückes von der Spitze oder Kante hinweg ins Öl hinein sehr hoch sein, um einen Durchschlag hervorzurufen.

Glimmerscheinungen, ähnlich wie in Luft, können auch im Öl beobachtet werden und führen zu chemischen Einflüssen auf das davon betroffene Öl. Als betriebsmäßige Erscheinungen dürfen sie demnach nicht vorkommen.

c) Luft. Der elektrische Durchschlag einer Luftstrecke zwischen zwei Elektroden (Leiter/Leiter oder Leiter/Erde) ist durch das Vorhandensein elektrisch geladener Gasteilchen (Ionen) zu erklären. Bei hinreichender Stärke des Feldes bildet sich dadurch ein leitender Kanal, der unter der Spannung der Elektroden steht. Er bietet dem Lichtbogenstrom einen bestimmten Widerstand, der mit wachsender Stromstärke sinkt. Die zur Verfügung stehende, bisweilen ganz beträchtliche Energie setzt sich in Wärme um und entzündet den ganzen, vom Funken überbrückten Zwischenraum der Elektroden. Sind zur Führung oder Lö-

---

[1] Roth: Hochspannungstechnik, Abschnitt III.

schung des Lichtbogens nicht bestimmte Anordnungen vorhanden (Funkenhörner an Isolatoren, magnetische Blasfelder an Luftschaltern) und ist die Energie groß genug, so muß ein Stehlichtbogen erwartet werden. Dieser kann sowohl die Elektroden wie die im Lichtbogen liegenden Anlageteile (Leitungen, Apparate und Gebäudeteile) zusammenbrennen. Ebenso steht dem sog. „Wandern" oder „Klettern" des Lichtbogens dann nichts im Wege.

Vorausgesetzt, daß eine Luftdistanz anfänglich richtig bemessen war, kommen als Ursache des Luftdurchschlages in Betracht: Entweder eine Überspannung zwischen den Elektroden oder eine an den Elektroden selbst liegende Störursache bei normaler Spannung. Gegen die Folgen der Überspannungen schützt nur eine zweckmäßig gebaute und gut unterhaltene Anlage, die mit wirksamen Überspannungs-Ableitern (nach Abschn. A. F. 6.) ausgerüstet ist. Die Zweckmäßigkeit und vor allem die Wirksamkeit der verschiedensten Überspannungs-Schutzapparate wird zwar durch die Erfahrung teilweise in Frage gestellt. Moderne Schaltanlagen für Höchstspannungen vermeiden mitunter den Einbau derselben. Mit höherer Betriebs- und Prüfspannung steigt allerdings auch die Sicherheit einer Anlage gegen Überspannungen ohnehin.

Die Ursachen von Luftdurchschlägen liegen aber oft an den Elektroden selbst. An verschiedenen Stellen des Buches ist auf lockere Klemmen oder Leitungsverbindungen aufmerksam gemacht. Bei Stromstößen können dieselben so stark überlastet oder „übersprungen" werden, daß glühende Metallteile von ihnen wegfliegen und dabei Lichtbogen einleiten.

In ähnlicher Weise, jedoch nicht so unmittelbar, wirken Glimm- und Büschelentladungen von spannungführenden Oberflächen aus in die Luft. Scharfe Ecken und Kanten von Konstruktionen sind in erster Linie die Ursachen. An Hochspannungskonstruktionen sind solche Stellen möglichst zu vermeiden durch geeignete Elektroden-Formgebung. Auch an diesen sind nach längerer Betriebszeit doch Spitzenwirkungen zu erwarten, da die Umgebungsluft immer mehr oder weniger staubhaltig ist. Sie lagert auf den Elektroden körnige oder faserige Teilchen ab, die nicht so oft entfernt werden können. Die Vorteile der Abrundungen gehen damit zum Teil wieder verloren.

Bei der Bemessung von isolierenden Luftabständen muß dieser Verstaubung und Spitzenbildung Rechnung getragen werden. Um ganz sicher zu gehen, müssen diese Abstände für die Elektrodenform: Spitze/Spitze berechnet werden. Man benutzt dazu die Erfahrungsformel (gültig von ca. 40 kV Betriebsspannung an aufwärts):

$$U = 14 + 3{,}2 \times A\,;\ \mathrm{kV}_{\mathrm{eff}}\,,$$

worin:

U in kV = die effektive Durchschlagsspannung der Luftstrecke,
A in cm = der erforderliche Elektrodenabstand für die betreffende Spannung.

Für Anlagen in großer Meereshöhe ist zu berücksichtigen, daß die Durchschlagsfestigkeit der Luft mit kleiner werdendem Druck ebenfalls sinkt. Es kann näherungsweise Proportionalität mit dem mittleren Barometerstand angenommen werden.

Die Gefahren der sog. Vorentladungen, „Glimmen" und „Büschel", sind nicht zu überschätzen, falls sie sich in freier Luft ausbilden können, wo eine natürliche Luftbewegung herrscht. Jedoch sollte bei der nächsten Gelegenheit die Ursache dieser Entladungen beseitigt werden. Gefährlich werden solche Entladungen in ganz eingeschlossenen luft- oder gashaltigen Hohlräumen fester Isolationen, in denen die Lufterneuerung ausgeschlossen ist. Gefährlich ist hierbei besonders die Nachbarschaft von Faserstoffen. In den Abschnitten M. B. 10. und T. D. 2. sind zwei Fälle solcher inneren Glimmentladungen erwähnt.

Abb. 218. Lichtbogenanbrennungen an einem Porzellanisolator.

2. Überschläge.

Darunter sind Entladungen zwischen zwei Elektroden längs einer Trennschicht von zwei Isolierstoffen zu verstehen, z. B. längs einer Isolatoroberfläche, die an Luft grenzt, oder längs Isolationsteilen unter Öl sowie auch längs einer Trennschicht von festen Isolierstoffen (geschichtete Isolierstoffe). Die Entladung längs diesen Grenzflächen wird in keiner Weise mehr durch die elektrische Festigkeit der angrenzenden Stoffe bestimmt. Vielmehr muß der Vorgang anfänglich als unvollkommene Leitung auf den Flächen angesehen werden.

Diese Stromleitung wird sehr begünstigt durch Ablagerungen auf den Isolator-Oberflächen aus dem umgebenden Gebiet (Luft, Öl). An Luftoberflächen kommen in Betracht: Feuchtigkeit als Überzug (Film), Staub, Ruß (an Brandstellen), Öl. An Oberflächen unter Öl kommen in Betracht: Ölschlamm, Ruß und evtl. Gewebefasern. Flüssige und feste Ablagerungen zusammen können zu eigentlichen „Deckschichten" führen, in denen sich leicht Kriechwege und dadurch Überschläge ausbilden können. Die Gefährlichkeit der Überschläge ist darin begründet, daß sie oft viel früher auftreten als die Durchschläge in den benachbarten Isolierkörpern. Die Folgen sind von der vorhandenen Energie und den betroffenen Stoffen abhängig. Isolatoren in Luft werden deshalb mit Vorrichtungen versehen, die einen Durchschlag in freier Luft einleiten sollen, bevor ein Überschlag längs der Oberfläche eintritt, z. B. die bekannten Schutzringe und Hörner an Hochspannungs-Freileitungsisolatoren. Einem Stehlichtbogen, der aus einem Überschlag entstehen kann, ist kein Isoliermaterial, auch nicht Porzellan, auf die Dauer gewachsen. Selbst dort sind Anbrennungen der Glasur möglich, wie Abb. 218 zeigt.

Auch in festen Isolierstoffen, die schichtartig aufgebaut sind, können Überschläge längs der Trennschichten leichter eintreten als quer zur Schichtrichtung. Diese Tatsache ist durch die technologische Unvollkommenheit der Trennschichten begründet, obwohl die vorerwähnte Ablagerung von Fremdstoffen hier nicht möglich ist. Die elektrische Festigkeit längs Trennschichten in festen Stoffen ist bisweilen, je nach Fabrikat, ein Vielfaches kleiner als die Durchschlagfestigkeit senkrecht durch das Material.

Sachverzeichnis.

Frage-Blatt.

Der Herausgeber ersucht die Leser des Buches, zu den nachstehenden Fragen Stellung zu nehmen, um zukünftige Auflagen dem Interesse des Leserkreises noch mehr anzupassen.

Allgemeine Fragen:

Mehr theoretische Erklärungen?

Mehr praktische Beispiele?

Mehr allgemeine Tabellen oder Kurven?

Mehr Anleitungen für Messungen und Versuche?

Besondere Fragen:

Welche Abschnitte sind zu erweitern?

Welche anderen Störungsgebiete sind noch aufzunehmen?

Freie Anregungen:

Ausgefertigt von:

Ort, Datum und Adresse:

Die Mitteilungen werden an die folgende Adresse erbeten:
Prof. Dipl.-Ing. Robert Spieser, Winterthur (Schweiz), St. Georgenstr. 12.

Melde-Blatt.

Der Herausgeber ersucht diejenigen Leser des Buches, welche in ihrem beruflichen Arbeitsgebiet Krankheitsfälle an elektrischen Maschinen, Transformatoren und Apparaten, sowie an deren Bau- und Isolierstoffen beobachtet und untersucht haben, ihm davon Mitteilung zu machen. Diese Mitteilungen dienen dem weiteren Ausbau des vorliegenden Buches.

Objekt:

Aufstellungsort:

Technische Erläuterungen: Bauart, Nennwerte.

Störungsvorgang:

Störungsursache:

Störungsbehebung:

Ausgefertigt von:

Ort, Datum und Adresse:

Die Mitteilungen werden an die folgende Adresse erbeten:

Prof. Dipl.-Ing. Robert Spieser, Winterthur (Schweiz), St. Georgenstr. 12.

GPSR Compliance

The European Union's (EU) General Product Safety Regulation (GPSR) is a set of rules that requires consumer products to be safe and our obligations to ensure this.

If you have any concerns about our products, you can contact us on ProductSafety@springernature.com

In case Publisher is established outside the EU, the EU authorized representative is:

Springer Nature Customer Service Center GmbH
Europaplatz 3
69115 Heidelberg, Germany

Batch number: 10682323

Printed by Printforce, the Netherlands